W0260502

Natur denken

Peter Cornelius Mayer-Tasch · Armin Adam ·
Hans-Martin Schönherr-Mann
(Hrsg.)

Natur denken

Eine Genealogie der ökologischen Idee.
Texte und Kommentare

2. Auflage

Hrsg.
Peter Cornelius Mayer-Tasch
LMU München und Hochschule für
Politik München
München, Deutschland

Armin Adam
München, Deutschland

Hans-Martin Schönherr-Mann
Ludwig-Maximilians-Universität
München
München, Deutschland

ISBN 978-3-658-24634-1   ISBN 978-3-658-24635-8   (eBook)
https://doi.org/10.1007/978-3-658-24635-8

Die Deutsche Nationalbibliothek verzeichnet diese Publikation in der Deutschen National-
bibliografie; detaillierte bibliografische Daten sind im Internet über http://dnb.d-nb.de abrufbar.

Springer VS
1.Aufl.: © Fischer Taschenbuch Verlag 1991
2.Aufl.: © Springer Fachmedien Wiesbaden GmbH, ein Teil von Springer Nature 2019

Springer VS ist ein Imprint der eingetragenen Gesellschaft Springer Fachmedien Wiesbaden GmbH
und ist ein Teil von Springer Nature
Die Anschrift der Gesellschaft ist: Abraham-Lincoln-Str. 46, 65189 Wiesbaden, Germany

Inhalt

3. Teil: Naturvorstellungen in der Renaissance

4. Teil: Neuzeitliche Naturvorstellungen

5. Teil: Denker des Übergangs

Überblick 297

Vorwort zur Neuausgabe

Die Erstauflage dieses Werkes erschien im Jahre 1990 unter dem Titel »Natur denken« in einer zweibändigen Taschenbuchausgabe – zu einem Zeitpunkt also, zu dem in Deutschland die Hauptkampfzeit der sich in zahlreichen Bürgerinitiativen, Widerstandszirkeln und Selbsthilfegruppen artikulierenden Ökologiebewegung ihren Zenit bereits überschritten hatte und der »grüne Protest« sich längst in einer Vielzahl sozialer und politischer Neugründungen einschließlich der Formierung politischer Parteien mit umweltpolitischer Zielrichtung und der Begründung von Umweltschutz-Ministerien gefestigt hatte. Zu einer Zeit also, zu der – zumindest in den westlichen Pionierstaaten – das Nötigste zur Vermeidung von Umweltkatastrophen auf den Weg gebracht und eine neue Nachdenklichkeit angesagt schien. Auch für die Herausgeber von ›Natur denken‹, die im Jahre 1984 am Geschwister Scholl-Institut für Politische Wissenschaft der Universität München die »Forschungsstelle für Politische Ökologie« gegründet hatten, war die Komposition dieses Werks ein Akt der reflektiven Selbstvergewisserung im Blick auf ihre Forschungs- und Lehraufgaben im Rahmen einer normativ akzentuierten Politikwissenschaft.

»Natur denken« war schon bald vergriffen, weil es an mehreren Universitäten als eine Art von Lesebuch und Arbeitsgrundlage in sozialwissenschaftlichen und philosophischen Seminaren genutzt wurde. Inzwischen ist nun ein Vierteljahrhundert übers Land gezogen, ohne die zeitlose Aktualität der in diesem Buch vereinigten Texte zu mindern. Die umweltpolitischen Bemühungen um eine Stabilisierung des durch unseren Lebens- und Wirtschaftsstil zunehmend gefährdeten ökologischen Gleichgewichts sind zwar längst weithin akzeptierte Komponenten unseres nationalen wie internationalen politischen Alltags, werden jedoch keineswegs überall mit demselben Engagement und Nachdruck betrieben. Während es in Deutschland und einigen wenigen anderen Ländern (sogar) gelang, die ökologischen Risiken der Kernspaltungsenergie wenigstens im eigenen Land mittelfristig zu bannen und mit der Privilegierung erneuerbarer Energien dem Klimawandel zu begegnen, werden die Uhren in anderen Teilen der Welt noch immer anders gestellt. Paukenschläge wie der Rückzug der durch ihren Handel und Wandel die »Weltnatur« (Malunat) nach China am stärksten bedrängenden U.S.A. aus dem globalen Klimaabkommen von Paris werden zwar an der Unumgänglichkeit und Unumkehrbarkeit der Bemühungen um einen »Frieden mit der Natur« (Meyer-Abich) wenig ändern, erhellen aber doch auch schlaglichtartig die Notwendigkeit, unser Verhältnis zu »*Deus sive natura*« (Spinoza) stets aufs Neue zu überdenken. Dies in Begleitung nobler Geister tun zu können, betrachten wir als Privileg. Und von den Lesern dieses Buches erhoffen wir dasselbe.

München, im Herbst 2018   Die Herausgeber

Vorwort zur ersten Auflage

Wie jung der Begriff der »Ökologie« auch sein mag – ein Nachdenken über den Aspekt des Lebens, für den er steht, hat es schon immer gegeben. Erst gegen Ende des zweiten nachchristlichen Jahrtausends aber und vor dem düsteren Horizont einer globalen (Über-)Lebenskrise erhebt sich die ins Politische und Meta-Politische ausgreifende Ökologie – nunmehr ein ganzes Netzwerk von Gedanken und Reden über den *einen* Haushalt der Natur – zur normativen Leitwissenschaft.

Vor dem Hintergrund dieser Entwicklung wird auch ein Problem erkennbar, das sich den Herausgebern der hier vorgestellten Genealogie der ökologischen Idee gestellt hat: Sie suchten nach Zeugnissen ökologischen Denkens, wo von Ökologie nicht die Rede ist.

Aus der Bemühung, diese Not in eine Tugend zu verwandeln, erwuchs eine erhebliche Erweiterung des ökologischen Blickfeldes – eines Feldes, das vor allem durch die naturwissenschaftliche Markierung des Begriffs in der Nachfolge Ernst Haeckels (1834–1919), der die Ökologie als universitäre Disziplin begründet hat, vergleichsweise eng umgrenzt schien. Durch die mehr und mehr in die Rolle einer normativen Leitwissenschaft hineinwachsende Politische Ökologie – der auch die hier vorgelegte Genealogie der ökologischen Idee zuzurechnen ist – erfährt die überkommene Begriffsbildung eine doppelte Erweiterung: Durch die Einfügung des (vergesellschafteten) Menschen in seine natürliche Um- und Mitwelt erschließt sie die Erkenntnis von Einbindungen und Abhängigkeiten, die die Selbstherrlichkeit des *homo faber* eng umgrenzen und so die politische Reflexion verschieben. Zugleich verschiebt die Politische Ökologie aber auch den Begriff der Ökologie selbst, indem sie ihn als wissenschaftliche Disziplin aus den überkommenen Einbindungen löst. So nimmt die (Politische) Ökologie geistes- und sozialwissenschaftliche Themen und Methoden auf und öffnet sich damit einem – und sei es auch negativen – hermeneutischen Horizont, wird zur verstehenden Wissenschaft. Natur denken heißt daher auch nicht zuletzt Natur verstehen.

Für eine so verstandene Ökologie haben wir nach historischen Zeugnissen gesucht. Diese Suche war in besonderem Maße ein interpretatorisches Unternehmen auf dem Felde der Philosophie und der Theologie. Dort, wo von Natur bzw. von der Natur und dem Menschen die Rede ist, forschten wir nach Motiven, die unseren – zwangsläufig in eine neue Dimension hineingewachsenen – Begriff von Ökologie stützen oder gar spiegeln. Gegenüber einem zum bloßen Objekt menschlicher Aneignung und Ausbeutung degradierten Naturbegriff haben wir nach den Spuren eines Denkens geforscht, dessen Niederlage auf den soziokulturellen, sozioökonomischen und soziopolitischen Turnierplätzen (oder muß man sagen: Schlachtfeldern?) der geschichtlichen Entwicklung die Menschheit heute an die Grenzen ihrer Überlebensfähigkeit drängt.

Daß wir bei dieser Spurensuche zuweilen ungewöhnliche Wege gegangen sind, gestehen wir gerne ein. Wenn etwa – um ein Beispiel zu nennen – der Neuplatonismus eines Plotin in dieser Genealogie der ökologischen Idee auftaucht, wird der fiktive Charakter dieser Legitimationskette deutlich, die wir ganz bewußt nicht eine »Geschichte« genannt haben, um nicht ohne Not mit der Verwendung dieses Begriffs vielfach verbundene, hier jedoch kaum erfüllbare Kohärenz- und Konsistenzerwartungen entstehen zu lassen. Mit Einreihungen und Zuordnungen der erwähnten Art sollten bislang unberücksichtigt gebliebene Dimensionen so manch »klassischen« Textes der abendländischen Kultur ins Blickfeld gerückt werden. Die interpretatorische Gewalt, die wir so manchen Texten – scheinbar – zugefügt haben, mag den verstellenden und verschleiernden Bann sprengen, den die für die zivilisatorische Entwicklung schicksalhaft gewordene Lesart unserer Geistesgeschichte um diese Texte gelegt hat.

In demselben Maße, in dem wir auf diese Weise bedeutsame Zeugnisse der abendländischen Geistesgeschichte entstellt und entschleiert zu haben glauben, haben wir auch den Begriff des Ökologischen erweitert – und dies in erster Linie in eine geistige, vielleicht auch spirituelle Richtung. Bei der Durchforstung von Texten aus drei Jahrtausenden fanden wir zwar genügend ökologische Motive; zumeist waren sie jedoch in einen nicht-materialistischen Zusammenhang eingebunden. Dies gilt nicht zuletzt für die »christlichen« Zeugnisse. So ist etwa der Gedanke der *einen Schöpfung* in seiner Ganzheitsdynamik ein eminent »ökologischer« Gedanke – ein Gedanke freilich, der zu einer Vernachlässigung der durch die Sinne erschließbaren Natur zugunsten ihrer ästhetischen oder heilsgeschichtlichen Wirklichkeit führen kann, wobei dann nicht selten wegen irreführender Abkürzungen auch die unabdingbare Einbeziehung dieser Wirklichkeit ins Hier und Jetzt verfehlt wird.

Der anti-technizistische Charakter der Politischen Ökologie eignet auch manchen Aspekten der naturwissenschaftlichen Ökologie. Wissenschaftskritik und damit auch die Frage nach der Erkennbarkeit der Natur sind daher Leitmotive, für die wir

Vorläufer gesucht haben. Insoweit wird die Ernte für jene pragmatisch gesinnten Zeitgenossen schwierig, die in erster Linie nach dem »Was-nützt-mir-das« und nach dem »Was-können-wir-ändern« fragen. Nicht wenige der in dieser Genealogie versammelten Autoren deuten in ihren Texten zumindest indirekt auf die Sperre hin, die zwischen uns als sprachliche Wesen und die zuallererst nicht-sprachliche Natur gesetzt ist. Diese Sperre darf nicht vergessen werden. Zwar hoffen auch wir mit Ernst Bloch, daß die Steine einst zu reden beginnen mögen; mehr noch aber hoffen wir, daß die allzu schwatzhaft und dreist gewordene Menschheit begreifen wird, daß der Mensch wieder lernen muß, zu schweigen, um die Natur wieder zu Wort kommen zu lassen – und dann auch zu vernehmen. An diesem Punkte begegnen sich die Entwürfe modernen ökologischen Denkens – diejenigen, die sich aus der Tradition der einen oder anderen Spielart des Pantheismus speisen, wie diejenigen, die versuchen, nach der Erfahrung der Dialektik der Aufklärung am Begriff einer – wenn auch geschwächten – Vernunft festzuhalten. Soviel jedenfalls steht für die Archivare dieser Genealogie der ökologischen Idee fest: Wird ohne Rücksicht auf die Quintessenz ihrer »Botschaft« an der Oberfläche weiterhin so geredet – und gehandelt – wie bisher, so wird uns die Natur in absehbarer Zeit eine Antwort erteilen, an der es nichts mehr zu verstehen oder zu mißverstehen gibt.

Zum Schluß dieser Vorbemerkungen noch eine praktische Anmerkung. Jeder Leser wird natürlich selbst entscheiden, wie er dieses Buch nutzen will; insbesondere wird er entscheiden, ob er bei der Lektüre unserer Systematik folgen oder ob er das Buch nur sporadisch als »Fundgrube« in Anspruch nehmen will. Gemeint ist die Systematik jedenfalls so, daß der einführende Essay mit der Thematisierung von Ganzheit und Gliedhaftigkeit *das* Grundmotiv ökologischen Denkens aufzuzeigen versucht, während die Texte selbst dem bewährten Muster einer chronologischen Akzentuierung folgen. Die Abschnitts- und Autorenkommentare mögen dem Leser den jeweiligen geistesgeschichtlichen Hintergrund erhellen und so zu einem besseren Verständnis des jeweiligen Textes verhelfen. Wenn der Leser bei der Lektüre der Texte noch Entdeckungen machen wird, auf die wir ihn noch nicht hingewiesen haben, so wäre auch eine – pädagogisch eingefärbte – Zusatzhoffnung der Herausgeber erfüllt.

Daß die »Genealogie der ökologischen Idee« uns von der Konzeption über die Auswahl der Texte und die Kommentierung bis zur Herstellung des Manuskriptes mancherlei Kopfzerbrechen und mancherlei Mühen beschert hat, bedarf keiner besonderen Hervorhebung. Wohl aber, daß uns dabei Dipl.Ing. Jolanda Englbrecht, Ilse März, Georgette Neu, M. A. und Andrea Koeppler, M. A. mit Elan und Kompetenz zur Seite standen. Dafür sagen wir ihnen aufrichtigen Dank.

München, im Herbst 1990
Peter Cornelius Mayer-Tasch, Armin Adam und Hans-Martin Schönherr-Mann

Das Ganze und die Glieder
Zur Genealogie der ökologischen Idee

Peter Cornelius Mayer-Tasch

Natur denken heißt nicht zuletzt, Ganzheit und Gliedhaftigkeit zu denken, organisch zu denken. So vielfältig sich die Genealogie der ökologischen Idee daher auch präsentieren mag – in einem Grundmuster begegnen und spiegeln sich all' ihre Entwicklungslinien, Facetten und Perspektiven: im Muster der Verknüpfung nämlich, der Verknüpfung des Ganzen mit den Gliedern und der Glieder mit dem Ganzen. Geometrisch darstellbar wären diese Muster der Verknüpfung etwa als im Kreis stehender Sechsstern oder Achtstern – in der ikonographischen Tradition eine der Symbolvarianten des Sonnenrades[1] –, als magische Mitte also, von der alle Lebensströme ausgehen und auf die alle Lebensimpulse zurückverweisen.

I   Das »Fundament der Wahrheit«
oder: Die Antwort der Dinge

»Das Fundament der Wahrheit liegt in der Verknüpfung«[2], erklärt Gottfried Wilhelm Leibniz, ein früher Kritiker der Naturwissenschaft neuzeitlicher Prägung. Und in seiner Lehre von den Monaden – in jedem Lebewesen wirkenden, das Absolute mit dem Relativen verbindenden Kräften – bietet er zugleich auch ein Deutungs- und Begründungsmuster für die Art dieser Verknüpfung.

Zu erklären, daß in der Verknüpfung das Fundament der Wahrheit liege, heißt mit der Möglichkeit der Erfüllung auch die Möglichkeit der Versagung und des Versagens ins Auge zu fassen, heißt die Unfähigkeit zur Ver-knüpfung, Ver-flechtung, Ver-(oder Ineinander-)fügung als eine Modalität des Seins anzunehmen, dabei jedoch deren Implikationen und Konsequenzen als Un-fug, un-nütz (d.h. unver-fugt) oder gar un-heil-voll zu erleben. Die Menschen – so der Pythagoreer Alkmaion von Kroton – gehen zugrunde, wenn und weil sie nicht in der Lage sind, »den Anfang mit dem Ende zu verknüpfen«.[3]

© Springer Fachmedien Wiesbaden GmbH, ein Teil von Springer Nature 2019
P. C. Mayer-Tasch et al. (Hrsg.), *Natur denken*,
https://doi.org/10.1007/978-3-658-24635-8_1

Unfug, unnütz und unheilvoll bedeutet aus diesem Blickwinkel: Nicht zu erkennen, was von allen Stammvätern des ökologischen Denkens erkannt und ausgesprochen wurde – daß nämlich »das All eine Einheit« ist (Antiphon[4]) bzw. »das Universum Eines« (Bruno[5]), daß der Kosmos ein wohlgeordnetes Knüpf- und Maßwerk ist, in dessen kunstvoller Fügung »die Dinge« einander antworten, in der sie einander nicht zuletzt auch – um mit dem Vorsokratiker Anaximander zu sprechen – »Buße und Vergeltung (leisten) für ihr Unrecht nach der Ordnung der Zeit«.[6]

Das wohl bewirkte Kunst- und Wunderwerk der Schöpfung, in der »die Dinge« einander belohnen und bestrafen, verweist auf den wirkenden Schöpfer. Natur zu denken heißt daher auch von den Anfängen des philosophischen Denkens an, eine – bald transzendent, bald immanent verstandene – »natura naturans« (Spinoza[7]) zu denken. Im »Timaios« hat Platon den Rückschluß von der Schöpfung auf den Schöpfer, von der Ordnung auf den Ordner ausdrücklich vollzogen[8] und damit einen Akkord angeschlagen, der fortan durch die ganze Philosophiegeschichte hindurchklingen sollte.

Vor allem in der christlichen Philosophie des hohen Mittelalters kamen die von Stoa, Hermetik[9] und Patristik übermittelten, aber auch schon vom Verfasser des Johannes-Evangeliums und von Paulus kraftvoll verstärkten Impulse der griechischen Klassik auch insoweit voll zum Tragen. Während sein Schüler Thomas von Aquin noch viel Sorgfalt auf die Darlegung von (fünf) Gottesbeweisen verwendet,[10] schöpft Albert Magnus unverkennbar aus den – nur im Medium inniger Gläubigkeit erschließbaren – Tiefen der Seins- und Schöpfungsgewißheit, wenn er lapidar erklärt, daß »für jedermann ... klar« sei, daß die Vielzahl der Kosmischen Sphären »aus der Einheit des Ersten Bewegens« herzuleiten sei, »nach der alle niedrigen Dinge in ihren Vollzügen ... natürlich verlangen«.[11] Immer wieder ist es die »bewunderungswürdige Ordnung« der »nach Zahl, Gewicht und Maß« in ihm gründenden Elemente, die den »in unzugänglichem Lichte« (Cusanus[12]) Wohnenden als den alle Vielheit in seiner Einheit umfassenden Einen erkennen läßt. Er ist das alles Elementare transzendierende Meta-Elementare, ist »coincidentia oppositorum«[13] und damit zugleich auch pulsierender Kern jener »quinta essentia«, nach der die Elementenlehre von ihren vorsokratischen Anfängen bis hin zu ihrer Auflösung in der analytischen Naturwissenschaft der Neuzeit stets geforscht hatte. Bruno bannte sie schließlich in den Begriff der in allen Einzelungen des Lebens vorfindbaren Weltseele und Leibniz in das Bild der sich als Spiegel des Universums erweisenden Monade – Begriffe und Bilder also, die die so viele Gemüter so lange so leidenschaftlich bewegende Frage, ob die Deus-sive-natura-Formel Spinozas[14] Frevel sei, letztlich gegenstandslos oder doch zur quantité négligeable werden ließen.

Quintessenz, Weltseele und Monade(n) verschmelzen zu einer allgegenwärtigen Einheit in der Vielheit. Wie der menschliche Atem den menschlichen Körper durchgliedert und durchströmt, so durchgliedert und durchströmt aus solcher Sicht der Weltatem – das *Prana* der indischen und das *Pneuma* der stoischen Philosophie[15] – den Weltkörper. Als der All-Eine ist er inmitten von Allem und wird daher auch von Agrippa von Nettesheim (wie zuvor schon von Paracelsus) die »mittlere Natur« genannt.[16] Diese »mittlere Natur«, in der sich Spinozas *natura naturans* und *natura naturata* begegnen, ist der allgegenwärtige Nabel der Welt. Im mediatisierenden Blick auf diesen imaginären Nabel der Welt kann Cusanus (in seiner Schrift vom »Nicht-Anderen«) sagen: »Die Welt ist im Monde Mond, in der Sonne Sonne«.[17] Und der Romantiker J.W. Ritter fügt im selben Sinne hinzu: »Nur die ganze Natur ist die Gattung; bey jeder Begattung zeugt die ganze Natur.«[18]

Die Reihe solcher Ganzheits-Wahrnehmungen zu verlängern würde nicht schwerfallen. Die im Rahmen dieser Genealogie des ökologischen Denkens vorgelegten Texte liefern hierfür – und damit zugleich auch dafür, daß (natur-)philosophisches Denken von allen Anfängen an im Kern auch ökologisches Denken war – überreichen Beleg. Und doch hat der Hauptstrom des abendländischen Denkens seit dem Ausgang des Mittelalters eine andere Richtung genommen. Um dieselbe Zeit, in der das Ganzheitsdenken – mit Albertus Magnus, Thomas von Aquin und Meister Eckhart – einen Höhepunkt erlebte, erfolgte in der – durch Robert Roscelin, Pierre Abaelard und Wilhelm Ockham vollzogenen – nominalistischen Wende[19] ein mehr oder minder deutlicher Umschwung, der die geistigen Bemühungen der nachmittelalterlichen Welt in wachsendem Maße aus der Ganzheits- in die Einzel- und Vielheitswahrnehmung hineinführen sollte. Die neuzeitliche Zivilisationsgeschichte braucht hier nicht nachgezeichnet zu werden. Soviel aber bleibt festzuhalten: Je erfolgreicher sich Wissenschaft und Technik dem Geschäft der Zergliederung, der Demontage und der Remontage zuwandten, desto mehr geriet über der Effektivität des Detailgeschehens die Integrität des Ganzheitsprozesses in Gefahr. Und dies um so unausweichlicher, als selbst diejenigen soziopolitischen Kräfte, die eigentlich das Geschäft der Ganzheitshegung zu besorgen gehabt hätten – die kirchlichen und die politischen Eliten nämlich – dem zivilisatorischen Trend nur noch halbherzig Widerstand leisteten oder gar im Gros, wenn nicht in der Vorhut des ganzheitsvergessenen Fortschrittsheeres mitmarschierten.

Wenn dennoch ein bestimmtes Maß an Ganzheitswissen und an Ganzheitsorientierung fortlebte – und es lebte natürlich auch jenseits des Bewußtseins einiger weniger Gralshüter im soziopolitischen Untergrund (nicht zuletzt von Geheimbünden) fort –, so doch eher als mehr oder minder vage Idee oder auch als bis zur Farblosigkeit abgeblätterte Konvention, der keine gesellschaftliche Gestaltungskraft mehr zuwachsen konnte. Von der – zumindest potentiell – normativen Kraft der Erkenntnis Anaximanders, daß die Dinge einander nach Gebühr antworten, war in den Jahrhunderten immer gründlicherer Eroberung der Weite, Tiefe und Höhe des Raumes nicht mehr viel zu spüren. Der behutsame bis liebevolle Umgang des Heiligen von Assisi mit aller Natur und Kreatur einschließlich der Felsen, die sein Fuß nur sacht beschritt,[20] blieb jedenfalls ein einsames, wenn auch nie ganz vergessenes Fanal. Daß bei Verkehrung dieser Behutsamkeit zu Brutalität »die Dinge einander Sühne und Buße« zu leisten haben »nach ihrer Ungerechtigkeit« müssen wir nachgeborenen Erben und Vollender dieser Geschichte der Eroberungen nun allerdings umso schmerzlicher erfahren. Die nach der Terminologie der überkommenen Wirtschaftslehre »freien« Güter der Natur, die wir zu rechtlosen Objekten unserer – in den letzten Jahrhunderten mit so viel Intellekt, Blut und Pathos erkämpften – »bürgerlichen Freiheit« gemacht haben, sind nun ihrerseits so frei, uns *ihre* Rechnung zu servieren – eine Rechnung, die in unaufhörlich wachsendem Maße nicht nur unsere Freiheit, sondern auch unser Leben bedroht.

Die unser zivilisatorisches Karma – unser Eingebundensein also in die Gesetzlichkeit von Aktion und Reaktion – vollstreckende Revanche der Natur birgt freilich auch eine vielleicht letzte Chance, die verstopften Poren unserer Wahrnehmungsfähigkeit wieder zu öffnen. Gerade und einzig dies aber ist es, was unsere ökologische Not wenden könnte und daher auch not tut – eine nachdrückliche und nachhaltige Renaissance der Ganzheitswahrnehmung nämlich, und die nicht minder nachdrückliche und nachhaltige Bereitschaft zu der aus dieser Ganzheitswahrnehmung kraftvoll schöpfenden Verknüpfungs- und Versöhnungstat.

II　　　Ganzheitswahrnehmung als »Beruf unserer Zeit«

»Wenn es das Einzige gibt«, schreibt Botho Strauss in seinen »Fragmente(n) der Undeutlichkeit«, »dann muß es auch zu finden sein.«[21] Für die Urväter des Ganzheitsdenkens stand dies noch außer Frage, stand noch außer Frage, daß »aus Allem … Eines und aus Einem Alles« (Heraklit[22]) wird und wurde und daß das All-Eine daher auch in Allem zu erkennen ist, daß die Geschöpfe einen Weg zu Gott weisen (Meister Eckhart[23]). »Es gibt eine Stimme der stummen Erde«, heißt es bei Augustinus, »das ist das schöne Antlitz der Erde … Und was du in ihr gefunden hast, das ist die Stimme ihres Lobpreises, mit der sie den Schöpfer rühmt.«[24] Selbst Holz und Stein, so Augustinus, loben dann »Gott als Ganzes«.

Wie kein anderer seit dem ägyptischen Pharao Amenophis IV (Echen-Aton[25]) und vergleichbar allenfalls noch mit essenischen Hymnikern der Zeitenwende[26] (unter deren Eindruck und Einfluß er unverkennbar stand) hat dann Franz von Assisi das Preislied der Schöpfung und des Schöpfers in und aus der Natur heraus gesungen.[27] Der Schlüssel zur Gotteserkenntnis, die für ihn mit der Erkenntnis des Schönen,

Wahren, Guten und Ganzen zusammenfällt, lag ihm zu Füßen. Unverkennbar ist jedenfalls, daß Franziskus ein Großfürst war jener eigentlichen, spirituellen Kirche, die Meister Eckhart tiefsinnig im Auge hat, wenn er – Vordergrund und Hintergründe geschickt vertauschend – schreibt: »Nicht umsonst hat Gott Sankt Peter den Schlüssel übergeben; denn Peter bedeutet soviel wie Erkenntnis, und Erkenntnis hat den Schlüssel und schließt auf und dringt ein und bricht durch, findet Gott unverhüllt …«[28] Gotteserkenntnis und die Erkenntnis der Einheit in der Vielheit sind mithin dasselbe. »Und diese Einheit zu erkennen, ist der Zweck und das Ziel aller Philosophie und Betrachtung der Natur.«[29]

Der diesen monumentalen Satz in ungebrochenem Selbst- und Einheitsbewußtsein aussprach, Giordano Bruno nämlich, sollte die Unumkehrbarkeit und Unerbittlichkeit dieser Gottes- und Ganzheitssuche nicht nur im Vexierbild seines eigenen »Ketzer«schicksals erfahren, sondern auch im Spiegel jenes Ahnungsvermögens, das ihn an der Schwelle zur Neuzeit in der Aufnahme des Aktaion-Mythos sowohl deren zivilisatorische Anabase als auch deren potentielle Transformationschance vorwegnehmen ließ. Für jeden, der Augen hat zu sehen, und Ohren hat zu hören, ist die exoterische Dimension des Mythos längst blutige Gegenwart geworden: Die gejagte Göttin (Natur) macht den (fortschrittstrunkenen) Jäger zum Gejagten, läßt den zum (überstolzen) Hirsch Verwandelten von den eigenen (Habsuchts- und Spaltungs-)Hunden zerfleischen. Die esoterische Dimension des Mythos jedoch, die auf die in der Selbstüberschreitung liegende Heilungs- und Heiligungs- (d. h. also: Verganzheitlichungs-)chance baut,[30] ist bislang kaum mehr als eine mehr oder minder vage Vision. Eine Vision freilich, ohne deren Inspirations- und Motivationskraft das auch in unserer Zivilisationsdämmerung noch unverkennbar vorhandene Transformationspotential niemals verwirklicht werden könnte.

An- und Einsatzbereich der Politischen Ökologie allerdings ist in erster Linie die exoterische Dimension der im Aktaion-Mythos Sinnbild gewordenen Problematik. Ihr wächst die Aufgabe zu, durch die Verhinderung der Jagd oder doch zumindest durch die gezielte Bemühung um die Veränderung des Jagdstils der drohenden Umkehrung von Jäger und Gejagtem zuvorzukommen. Die Annäherung an die »Göttin« hat ganz offenkundig in einer anderen Gefühls- und Geisteshaltung zu erfolgen; sie hat behutsam, achtungs- und ahnungsvoll zu sein. Behutsam, achtungs- und ahnungsvoll kann die Annäherung aber nur sein, wenn der darum Bemühte die ihm in der Natur begegnenden »Stücke in der Hand« mit dem – schon in Goethes »Faust« beschworenen – »geist'gen Band«[31] der Ganzheitswahrnehmung zu verbinden sucht, indem er auf jene Antwort der »Dinge« achtet, auf die uns Anaximander in so eindrucksvoller Weise aufmerksam gemacht hat.

Wenn auch unverkennbar ist, daß wir einerseits Teil der Natur sind und andererseits nicht genügend Anteil an der »mittleren Natur« haben, so ist eine Annäherung der erwähnten Art wohl dennoch möglich. Albrecht Dürer sprach davon, daß man die Kunst aus der Natur reißen müsse.[32] Die Gotteskunst der Ganzheitserkenntnis, der Verknüpfung also, läßt sich aber wohl auch auf weniger martialische Weise üben. Der liebevolle Umgang des Ganzheit lebenden – und nichts anderes als dieses heißt: *heiligen* – Mannes von Assisi mag dem einen oder anderen noch immer lediglich als fromme Idylle erscheinen. In Wirklichkeit aber erwuchs diese Haltung aus dem Wissen um das Geheimnis und um die Kunst der Verknüpfung, gründet also auf dem »Fundament der Wahrheit« von dem bei Leibniz die Rede ist. Wenn Franziskus selbst Felsen brüderlich begegnete, wenn er mit Pflanzen sprach und Vögeln predigte – wenn er das, was wir heute besser *Mit-* denn *Um*welt nennen, in echter Brüderlichkeit erfuhr, so lag darin ein tiefes, vielleicht antizipatorisches Wissen um die rechte Medizin für unser zivilisatorisches Leiden. Heute, in der Abenddämmerung der Epoche des bloßen Wägens, Zählens und Messens, wissen wir weltweit mehr über Lohn und Buße der Dinge; heute reicht unser Umgang mit der Schöpfung nicht nur bis in die Tiefen des Meeres und bis zu den Gipfeln der Berge, überschreitet vielmehr die Schwelle der Atmosphäre und der Stratosphäre. Und so beginnt nun auch der erfahrbare Bereich des Himmels, uns seine Antwort zu erteilen. Phänomene wie das Zerfallen der Ozonschicht und das Schmelzen der Pole in diesem Zusammenhang zu sehen ist unsere Aufgabe. Erkenntnis ist daher auch insoweit tatsächlich ein Schlüssel zum Himmelreich – ein Schlüssel, der von den vorgeblich Schlüsselgewaltigen in der ständigen Fehlinterpretation des alttestamentarischen »Macht Euch die Erde Untertan« (Gen 1,28) nur allzu oft unzulänglich geführt wurde. Noch Papst Leo XI glaubte sich unter Berufung auf die angeblich fehlende biblische Anleitung gegen eine Tierschutzkonvention wenden zu müssen …

Je länger sie dauert, je virulenter sie wird, desto deutlicher wird auch, daß die sozioökologische Krise unserer Zeit in erster Linie eine Wahrnehmungs- und Erkenntniskrise ist. Noch immer wird vieles von vielen und manches von manchen entweder überhaupt nicht oder doch nur in vagen Umrissen wahrgenommen, was anderen längst klar vor Augen steht. Die – allenfalls ethisch-normativ umdeutbare – Ungleichheit der Menschen nach spiritueller, genetisch-biologischer und sozialer Konstitution äußert sich nicht zuletzt in dem Ausmaß ihrer subjektiven Betroffenheit durch das sich mehr und mehr zur Agonie steigernde Leiden unserer Um- und Mitwelt. Vor allem aber äußert es sich in dem Ausmaß ihrer Fähigkeit, das Ganze im Glied und im Glied das Ganze wahrzunehmen und auf diesem (Verknüpfungs-) »Fundament der Wahrheit« ihr Lebenshaus zu erbauen.

Solche Zusammenhänge bilden auch den Hintergrund für das triste Phänomen, das Klaus Michael Meyer-Abich[33] in den – die heutige Situation durchaus treffenden – Dreisatz faßt:

»(1) So wie bisher darf es nicht weitergehen.
(2) Was statt dessen geschehen müßte, ist längst bekannt.
(3) Trotzdem geschieht nichts.«

Es geschieht eben deshalb nichts, weil Berührbarkeit und Betroffenheit, weil Ganzheitsempfinden und Ganzheitswissen der Menschen unterschiedlich entwickelt sind und es deshalb auch nicht genügt, daß (vielen, manchen, einigen, wenigen) »längst bekannt« ist, was geschehen müßte. Wer noch kein Gefühl dafür entwickelt hat, noch nicht weiß, daß die »Dinge« *tatsächlich* »einander Buße und Vergeltung« leisten und daß *tatsächlich* »aus Allem … Eines« wird »und aus Einem Alles«, hat auch noch nicht die Ausgangslage für die innere Entwicklung und äußere Umsetzung einer sozioökologischen Verantwortungsethik erreicht. Wer noch nicht wirklich erfühlt und erfahren hat, daß wir – um mit Albert Schweitzer zu sprechen – »Leben inmitten von Leben sind, das leben will«,[34] wird sich auch schwerlich auf die anstehenden Aktualisierungen des Kant'schen Kategorischen Imperatives einlassen können.

Hinzu kommt, daß es in einer von ökologischen Gewittern umstellten Gesellschaft auch keineswegs gleichgültig sein kann, *wer* diese Ausgangslage erreicht hat. Wenn insoweit ein »governmental lag« besteht, wenn sich also gerade die Regierenden nicht als die Wahrnehmungsstärksten erweisen, so ist dies – an dem physischen Überlebenswillen der meisten Menschen gemessen – tragisch bis fatal. Selbst in dieser politischen Dimension kommt aber noch die Dialektik von Ganzheit und Gliedhaftigkeit zum Ausdruck. Das alte Wort, daß jedes Volk die Regierung erhalte, die es verdient, verweist auf diese Dialektik. Fürstenspiegel zu verfassen und den Regierenden fortwährend auf die Finger zu sehen und – soweit erforderlich – zu klopfen, ist daher zwar unumgänglich, andererseits aber auch nur bedingt aussichtsreich und sinnvoll. Und dies selbst dann (nicht), wenn die »admonitio generalis« et specialis von solchen Zeitgenossen ausgeht, die sich selbst zu dem Erkenntnis- und Verhaltensniveau durchgerungen haben, das der Krise die Stirn bieten kann. Trifft diese Mahner – vielleicht sogar im Blick auf ihren ganzen Entwicklungsweg – keine unmittelbare Mitverantwortung (mehr) für das zu Gemeinwohlschäden führende Fehlverhalten einer – unter ihrem eigenen Erkenntnis- und Verhaltensniveau agierenden oder stagnierenden – Regierung, so sind doch auch sie in die mehrdimensional aspektierte Geschlechterkette einer (zumindest) durch Raum und Geschichte definierte (Über)-Lebensgemeinschaft verflochten, haben auch sie das Geschick dieser Schicksalsgemeinschaft mit einem gerüttelt Maß an Schicksalsergebenheit zu tragen. Ganzheitswahrnehmung als »Beruf unserer Zeit« zu empfinden (wie es der Rechtshistoriker Carl Friedrich von Savigny Anfang des letzten Jahrhunderts für die Gesetzgebung postuliert hat[35])

heißt, neben allen anderen Formen der Verknüpfung nicht zuletzt auch diese
Schicksalsgemeinschaft anzunehmen.

III Konstruktive Schizophrenie
oder: Schicksalsergebenheit und Verknüpfungstat

Schicksalsergebenheit in dem hier angesprochenen Sinn bedeutet alles andere
als Lethargie; es heißt lediglich, daß man in dem Bewußtsein handelt oder auch
nicht handelt, sowohl die Vergangenheit als auch die Zukunft eines kollektiven
Schicksals auf den eigenen Schultern mitzutragen, Glied einer sozialen Ganzheit
zu sein. Schicksalsergebenheit schließt also keineswegs aus, daß man auch oder
gerade dann, wenn die eigene Zivilisation moribunde Züge anzunehmen droht,
als »ein froher, verantwortlicher Teilnehmer an einem großartigen Unternehmen
… im und vom Universum« leben darf und soll, wie es Scott Nearing, der 1983
im Alter von 100 Jahren in Neuseeland verstorbene Aussteiger und Philosoph des
»guten Lebens«, einmal formuliert hat.[36]
   Ganz unabhängig davon, welche individuellen oder kollektiven Formen diese
verantwortliche Teilnahme annimmt, ob sie sich nun als mutiges Vorpreschen, als
besonnenes Innehalten oder als geordneter Rückzug präsentiert – stets bedeutet
sie die Teilnahme an dem Unternehmen Evolution, das nach allen bisherigen
Menschheitserfahrungen ohne die sich fortzeugende Dialektik von Aufstieg und
Niedergang, Tod und Wiedergeburt nicht denkbar ist. Für die Fühlsamen und die
Bewußten mag sich daher so etwas wie eine Haltung konstruktiver Schizophre-
nie anbieten, die den sich zu ihr Bekennenden als Verhaltensmaxime auferlegt,
so zu handeln, als ob dem (gegenwärtigen sozioökologischen) Niedergang noch
Einhalt zu gebieten wäre, die aber doch stets auch damit rechnet, daß das eigene
verantwortliche Handeln oder Nicht-Handeln nur noch ein Beitrag zur Vorberei-
tung des Lebens nach einer – möglicherweise in einer unübersehbaren Kette von
Katastrophen erfolgenden – »Wiederherstellung aller Dinge« (Carl Amery[37]) sein
kann. Auch in einer solchen Bewußtseinshaltung zu leben heißt, in der Bedingtheit
bloßer Partialität und Potentialität Totalität zu erfahren. Es heißt, fest auf dem
Leibniz'schen (Verknüpfungs-) »Fundament der Wahrheit« zu stehen und mit dem
Dritten Auge der Ganzheitswahrnehmung jene »goldenen Fäden«, von denen Jesus
im sog. Essener Evangelium spricht,[38] nicht nur zu sehen, sondern auch dann noch
dankbar als Geschenk anzunehmen, wenn sie uns über den Umweg des Leidens
und Sterbens »mit dem Leben überall verbinden«.[39] Und der Gedanke, daß die sich
mit atemberaubender Schnelligkeit beschleunigende ökologische Dekadenz eine

kathartische Krankheit oder gar ein Tod zum Leben sein könnte, liegt heute auch solchen Menschen nahe, die mit den überkommenen metaphysischen Vorstellungen unseres Kulturkreises nicht mehr viel anzufangen wissen.

Als Grundpostulat einer am (Über-)Leben und guten Leben orientierten pragmatischen Ethik mag die alte Hoffnungsregel »Dum spiro, spero« (Solange ich atme, hoffe ich) gelten. Und dies umso mehr, als schon lange ehe in Leonardo da Vinci die Vision der zu Boden sinkenden und durch die Luft fliegenden Wälder Europas aufstieg,[40] Hildegard von Bingen sah, daß die Menschen eines Tages nicht mehr wagen würden, zu atmen.[41] Dafür zu kämpfen, daß uns der – hier als Teil für das Ganze beschworene – Lebensatem wieder unverfälscht und unbehindert durchströmen kann, ist daher auch unsere »heilige« (d. h. also: ganzheitliche) Pflicht. Gerade dies aber scheint unendlich schwer zu sein. Solange nicht ein jeder, der auch nur Zigaretten raucht, begreift, daß er auf seine Weise genausoviel zur Erstickung unseres Lebensatems beiträgt wie der ein Automobil fahrende Privatmann, der mit einer antiquierten Kohlen- oder Ölheizung feuernde Haushalt, der ungenügend gefilterte Abgase durch den Schornstein jagende Industriebetrieb, der lasche Immissionsschutznormen erlassende Gesetzgeber oder die diese Normen lasch handhabenden Verwaltungsbehörden – solange wird dieser Lebensatem von den Wurzeln her weiterfaulen.

Die »goldenen Fäden« haben nun einmal einen alles andere als goldenen Schatten – jenen Schatten, den Anaximander schon am Beginn des natur-philosophischen Denkens auf eine so eindrucksvolle Formel gebracht hat. Erkennt man die von ihr umschlossene Symmetrielogik, so weiß man auch, daß sie im Kern alles enthält, was man über das Wechselverhältnis von Ganzheit und Gliedhaftigkeit zu lernen hat. Und diese Erkenntnis dann auch noch zu leben hieße die geistige Brücke zur Lösung aller ökologischen Probleme zu beschreiten, für die der *point of no return* noch nicht überschritten ist. Sollte er schon an der ganzen menschlichen Lebensfront überschritten sein (was wir nicht wissen, sondern höchstens vermuten oder befürchten können), so gilt, was Martin Heidegger in seinem »Spiegel«-Interview aus dem Jahre 1966 bereits als Faktum und Fatum markiert hat – »dann kann nur … ein Gott … uns (noch) retten«.[42] Dann kann uns nur noch retten, wer die »goldenen Fäden« ge- und verknüpft hat und die gerissenen daher auch auf diese oder jene Weise – und sei es durch einen völligen Neubeginn – wieder zu verbinden, wieder ganz zu machen, in der Lage ist.

Anmerkungen

1   Vgl. hierzu u. a. Adrian Frutiger, Der Mensch und seine Zeichen, Wiesbaden 1989, S. 280ff., sowie Karl-Theodor Weigel, Germanisches Glaubensgut in Runen und Sinnbildern, München 1939, und J. C. Cooper, Illustriertes Lexikon der traditionellen Symbole. Aus dem Englischen von Gudrun und Mathias Middi, Wiesbaden o. J. (1987/88), S. 147f.

2   Zitiert nach Heinrich Rombach, Substanz, System, Struktur. Die Ontologie des Funktionalismus und der philosophische Hintergrund der modernen Wissenschaft, 2. Aufl. Freiburg 1981, Bd. II, S. 305.

3   Nach Pseudoaristoteles, Probleme 17, 3, 916a 33ff. = fr. 2 (Die Vorsokratiker. Die Fragmente und Quellenberichte, übersetzt und eingeleitet von Wilhelm Capelle, Stuttgart 1968, S. 112).

4   Vgl. unten, S. 57, Auszug 1 (Band 1).

5   Vgl. unten, S. 58, Auszug 1 (Band 2).

6   Vgl. unten, S. 32, Auszug 1 (Band 1).

7   Vgl. Johannes Scotus Eriugena, Auszug I.

8   Vgl. Timaios, 27 c ff., (Sämtliche Werke, Bd. 5, nach der Übersetzung von Friedrich Schleiermacher und Hieronymus Müller mit der Stephanus-Numerierung herausgegeben von Walter F. Otto, Ernesto Grassi, Gert Plamböck, Reinbek 1959ff., S. 153ff.).

9   »Das ist das Gute Gottes, das ist seine Tugend, daß er sich durch alles offenbart« – denn: »alle Dinge sind in Gott« (Die XVII Bücher des Hermes Trismegistos. Neuausgabe nach der ersten deutschen Fassung von 1706, Icking 1964, S. 17.)

10   Vgl. des näheren: Thomas von Aquin, Die Gottesbeweise in der »Summe gegen die Heiden« und der »Summe der Theologie«. Text mit Übersetzung, Einleitung und Kommentar, herausgegeben von Horst Seidl, Lateinisch-Deutsch, Hamburg 1982, passim.

11   Vgl. unten, S. 177, Auszug 3b (Band 1).

12   Vgl. unten, S. 35ff., Auszug 4, passim (Band 2).

13   Nikolaus von Cues, Die belehrte Unwissenheit, übers. u. mit einem Vorwort versehen von Paul Wilpert, Hamburg 1967, Bd. II, S. 17 u. S. 31.

14   Im Wortlaut heißt es bei Spinoza »aeternum namque illud, et infinitum Ens, quod Deum seu Naturam appelamus«, Baruch Spinoza, Ethica, in: Opera-Werke, hrsg. v. Konrad Blumenstock, Darmstadt 1967, Bd. 2, S. 382 (Eth. IV, praef).

15   Zur indischen Prana-Lehre vgl. etwa Heinrich Zimmer, Philosophie und Religion Indiens, aus dem Amerikanischen übertragen von Lucy Heyer-Grote, 6. Aufl., Frankfurt 1988, S. 287ff. und passim, sowie: Helmuth von Glasenapp, Die Philosophie der Inder. Eine Einführung in ihre Geschichte und ihr Leben, 4. Aufl., Stuttgart 1985, S. 33, S. 291, S. 393. Zur stoischen Pneuma-Lehre vgl. Max Pohlenz, Die Stoa – Geschichte einer geistigen Bewegung, Göttingen 1948, S. 73ff., und passim.

16   Vgl. unten, S. 47, Auszug 2 (Band 2).

17   Nikolaus von Cues, Vom Nichtanderen, übers. u. mit einer Einführung von Paul Wilpert, Hamburg 1957, S. 28.

18   Vgl. Johann W. Ritter, Fragmente aus dem Nachlaß eines Physikers (1810), Heidelberg 1969, Fr. 659.

19   Vgl. hierzu statt anderer Wolfgang Stegmüller, Das Universalien-Problem, Darmstadt 1978.

20   Wie uns sein Biograph Thomas von Celano überliefert hat. Vgl. unten, S. 170, Auszug 1.

21 Botho Strauss, Fragmente der Undeutlichkeit.
22 Vgl. unten, S. 34, Auszug 16 (Band 1).
23 Vgl. Meister Eckhart, Deutsche Predigten und Schriften, Ausgewählt und übersetzt aus dem Mittelhochdeutschen von G. Durstewitz, Paderborn 1936, S. 9.
24 Vgl. unten, S. 143, Auszug 4 (Band 1).
25 Vgl. Der Sonnenaufgang des Ech-en-Aton (nach den Übersetzungen von Her-man Ranke, Kurt Sethe, Ludwig Goldscheider und Alexander Scharff), 2. Aufl., Heilbronn.
26 Vgl. unten, S. 128–131 (Band 1).
27 Vgl. unten, S. 172f., Auszug 4. Vgl. auch die – im Rex Verlag Luzern/Stuttgart erschienene – zweisprachige Ausgabe des »Sonnengesangs«, die den italienischen Urtext enthält.
28 Vgl. unten, S. 204, Auszug 5 (Band 1).
29 Vgl. unten, S. 58 ff. (Band 2).
30 Vgl. hierzu die von mir betreute Arbeit von Jochen Winter, Im Angesicht des Unbekannten. Giordano Bruno und kosmisches Denken (München, Mag. Diss. 1989/90) S. 126ff.
31 Vgl. Johann Wolfgang von Goethe, Faust I, in: Ders., Werke, hrsg. von Ernst Trunz, 13. Aufl., München 1906, Bd. III, S. 63.
32 Vgl. Henry Makowski/Bernhardt Buderath, Die Natur dem Menschen Untertan. Ökologie im Spiegel der Landschaftsmalerei. München 1983, S. 53.
33 Von der Umwelt zur Mitwelt. Unterwegs zu einem neuen Selbstverständnis des Menschen im Ganzen der Natur. In: Scheidewege, Jg. 18 (1988/89), S. 147.
34 Albert Schweitzer, Kultur und Ethik, in: Gesammelte Werke in 5 Bänden, Bd. 2, Berlin/ Zürich 1974, S. 377.
35 Friedrich Carl Savigny. Vom Beruf unserer Zeit für Gesetzgebung und Rechtswissenschaft (1814); abgedruckt in: Thibaut und Savigny. Ihre programmatischen Schriften, mit einer Einführung von Hans Hattenauer, München 1973, S. 95ff.
36 Die Suche nach dem guten Leben. Aus dem Amerikanischen von Cecil Sprenger und Ronald Steinmeyer, Reinbek 1986 (1954/74), S. 147.
37 Der Untergang der Stadt Passau, München 1975, S. 29.
38 Das geheime Evangelium der Essener. Der Originaltext aus dem Hebräischen und Aramäischen, übersetzt und herausgegeben von Edmond Bordeaux Szekely, 3. Aufl., Südergellersen 1984, S. 9ff. (15). Zu den Essenern vgl. M. Friedländer, Die religiösen Bewegungen innerhalb des Judentums im Zeitalter Jesu, Berlin 1905, S. 114ff.
39 a. a. O.
40 Vgl. die bei Herbert Gruhl (Glücklich werden die sein … Zeugnisse ökologischer Weisheit aus vier Jahrtausenden, Düsseldorf 1984, S. 145f., 226f.) abgedruckten Auszüge aus Leonardos Prophezeiungen.
41 Vgl. unten, S. 161 (Band 1).
42 Vgl. Der Spiegel Nr. 23 (1976), S. 193ff. (209). Das Interview selbst fand schon am 23.9.1966 statt, durfte aber nach dem Willen Heideggers erst nach seinem Tode veröffentlicht werden.

1. Teil

Antike Naturvorstellungen

© Springer Fachmedien Wiesbaden GmbH, ein Teil von Springer Nature 2019
P. C. Mayer-Tasch et al. (Hrsg.), *Natur denken*,
https://doi.org/10.1007/978-3-658-24635-8_2

Überblick

Mit den Anfängen der Philosophie beginnt nicht nur ein Fragen nach Zusammenhängen zwischen Mensch und Natur. Die Vorsokratiker als Anfänger des philosophischen Denkens betrachten in erster Linie die Ursprünge und Urgründe der Natur, so daß man – wenn auch mit einer gewissen Vorsicht – behaupten kann, daß am Anfang der abendländischen Wissenschaften neben der schon bei Hesiod und Homer angelegten Rechtsphilosophie die Naturphilosophie steht. Es ist daher auch nicht erstaunlich, daß bereits bei den Vorsokratikern wesentliche Topoi des erst zweieinhalbtausend Jahre später entstehenden ökologischen Denkens zu finden sind. Schon Anaximander vertritt die These, daß auch die Naturdinge in einer Rechtsordnung zueinander stehen, d.h. daß sie sich gegenseitig unvermeidlich beeinflussen und voneinander abhängen. Das gilt vor allem hinsichtlich negativer Entwicklungen, die weitere negative Konsequenzen nach sich ziehen. Heraklit spricht von einer unsichtbaren Harmonie des Kosmos, Parmenides von seiner Einigkeit. Empedokles entwickelt den Kreislaufgedanken. Nach Philolaos entspringt die Einheit der Welt ihrer Mitte, auf die hin sie zentriert ist.

Gesellschaftlich relevante Aspekte des Verhältnisses zwischen Mensch und Natur, die gerade für eine Politische Ökologie heute von Belang sind oder auf die ein polit-ökologisches Denken zurückgreifen kann, finden sich dann bei den Sophisten, deren Denken um den Menschen zu kreisen beginnt und damit jenen Anthropozentrismus bestärkt, der auch in der heutigen ökologischen Debatte umstritten ist: Muß ökologisches Denken im Anthropozentrismus verbleiben, weil wir von uns selbst nicht absehen können, oder müssen wir ökologisch in der Lage sein, gerade von diesem Anthropozentrismus zu abstrahieren? Wer den ersten Teil der Frage bejaht, für den bieten die Sophisten interessante anthropozentrische Ansätze, die zugleich ihrer Naturverbundenheit eingedenk bleiben. Sogar bei Protagoras, dem Urheber der Homo-mensura-Maxime, wird deutlich, daß die menschlichen Gesetze nicht der Naturordnung widersprechen dürfen. Sind sie ungerecht, was nur allzu häufig der Fall ist, so widersprechen sie der Natur. Nicht verwunderlich ist es daher auch, daß mit den Sophisten die Kulturkritik beginnt, die für das ökologische Denken heute eine der theoretischen Voraussetzungen darstellt.

Hatte schon Hippokrates den praktischen Zusammenhang von Umwelt und Gesundheit erkannt, so befaßt sich auch die griechische Klassik mit den konkreten Problemen, wie die Polis – der griechische Stadtstaat – eingerichtet werden muß, damit die Menschen in ihr gesund leben können. Vor allem aber finden hier zusammen mit dem philosophischen Denken auch die beiden Grundmodelle des ökologischen Denkens ihren Ausgangspunkt – natürlich nicht als Ökologie, sondern als Teil der Philosophie, von der erstere ihre theoretischen Konzepte übernimmt. Mit Platons Ideenlehre, in deren Licht wir die Welt verstehen lernen und mit der die harmonische Vernunftordnung der Natur wie die Einheit des Kosmos erkennbar wird, entspringt die Hauptstrebung des ganzheitlichen Denkens, das sich durch alle Epochen des abendländischen Denkens hindurchziehen wird. Aristoteles betont nicht nur ökologisch so einschlägige Ideen wie die der Mitte und die des rechten Maßes. Mit seiner Hinwendung zur konkreten Erfahrungswelt und der Einsicht in die Vielfalt der Natur begründet er ein plurales Denken, das für die Ökologie heute jenseits des ganzheitlichen Denkens Relevanz besitzt. Aristoteles integriert die Natur dabei auch in eine umfassende Teleologie und begreift sie als Organismus, dessen Prinzipien der Bewegung eine einheitliche Grundstruktur besitzen, so daß er auch als Pate einer ökologischen Metaphysik betrachtet werden kann.

Auch die weitere Entwicklung des antiken Denkens zeigt noch viele Aspekte, auf die ein heutiges ökologisches Denken zurückgreifen muß, bzw. auf die es seine Tradition zu gründen hat. Dabei treten auch überraschende Ansätze zutage. Beispielsweise verbindet Epikur seine Vorstellungen von Glück und Lust mit Selbstgenügsamkeit. Wenn wir gut leben wollen, meint Epikur, dürfen wir die Grenzen der Natur nicht überschreiten – eine Einsicht, die ökologisch gerade dort besonders bedeutsam ist, wo immer behauptet wird, Glück und Lust seien untrennbar mit dem Wachstum der Industriegesellschaft verbunden.

Die Stoa, mit der sich die Philosophie von einer griechischen zu einer römischen wandelt, entwickelt im Logos-Gedanken, einer Idee umfassender Vernunft und allbeseelenden Geistes, Vorformen ganzheitlichen Denkens. Die Natur wird als lückenloser harmonischer Zusammenhang betrachtet, in den auch der Mensch verflochten ist.

Spätestens mit den Neuplatonikern und ihrem Hauptvertreter Plotin wird dann das ganzheitliche Denken auf den Begriff gebracht. Im Anschluß an Platons Ideenlehre und teilweise schon beeinflußt durch das Christentum begreifen die Neuplatoniker den Kosmos als umfassenden harmonischen Organismus, in dem Geist, Natur und Schönheit miteinander verschmelzen. Boethius verschärft in seinem kosmischen Mythos die sophistische Einsicht noch, daß das Schlechte naturwidrig ist, während das Gute die Ordnung der Natur bewahrt – Einsichten, die das ökologische Denken der Gegenwart antizipieren.

Wenn ökologisches Denken folglich darangehen will, seine Vorläufer wie sein Sinnesfundament zu eruieren, so muß es einsehen, daß bereits mit dem Beginn des europäischen Denkens fast alle wesentlichen Aspekte des naturphilosophischen Denkens vorliegen, auch wenn sie häufig entweder gegenüber anderen Themen in den Hintergrund treten oder wenn sie in späteren Epochen wieder vernachlässigt werden. Insofern ist Ökologie in Zusammenhang mit der Naturphilosophie allerdings keine neue Denkweise, sondern der heutige Name für Überlegungen, deren Wesen schon lange auf dem Grund des okzidentalen Denkens verborgen lag, und die die Philosophie durchaus auch schon seit ihren Anfängen mitbedachte.

Vorsokratiker

Anaximander (610–547 v. Chr.)

Von Anaximander stammt nicht nur das früheste Dokument dieses Bandes; er legt auch das Fundament (archè) dessen, was wir eine Genealogie der Politischen Ökologie nennen. Anaximandros ist der Schüler des Thales. Die Spekulation über die Entstehung des Kosmos geht bei Anaximander auf die Annahme einer unendlichen Substanz. Nicht aus dem Wasser oder dem Feuer haben die Dinge ihre Entstehung, sondern aus einem Grenzenlosen. Wohl niemand hat bislang den Kern des folgenden Fragments einfühlsamer interpretiert als Werner Jaeger: »Nicht das Dasein ist eine Schuld, das ist eine ungriechische Auffassung, sondern Anaximander stellt sich leibhaftig vor, daß die Dinge unter sich im Streit leben wie die Menschen vor Gericht. Wir sehen eine ionische Polis vor uns. Wir sehen den Markt, wo das Recht gesprochen wird, und den Richter, der auf dem Stuhle sitzt und die Buße festsetzt. Er heißt Zeit. Wir kennen ihn aus Solons politischer Gedankenwelt, sein Arm ist unentfliehbar. Was einer der Streitenden zu viel vom anderen genommen hat, wird ihm unweigerlich wieder entzogen und dem gegeben, der zu wenig erhielt. Solons Gedanke war der: Die Dike ist Ausgleich, der auf jeden Fall kommt, und eben diese Unentrinnbarkeit ist die »Strafe des Zeus«. Anaximander geht viel weiter. Er sieht diesen ewigen Ausgleich nicht nur im Menschenleben, sondern in der ganzen Welt, an allen Wesen sich verwirklichen. Die in der menschlichen Sphäre sich zeigende Immanenz seines Vollzuges drängt ihm den Gedanken auf, daß die Dinge der Natur, ihre Kräfte und Gegensätze gleichfalls einer immanenten Rechtsordnung unterworfen sind … Die Welt erweist sich … als ein »Kosmos« im großen, zu deutsch: als eine Rechtsgemeinschaft der Dinge.« (Paideia I, 218f.)

Wenn es je ein Zeugnis gegeben hat, daß die Kombination von Politik und Ökologie zur Politischen Ökologie rechtfertigt, dann ist es das nun folgende Fragment.

1.* Der Ursprung der Dinge ist das Grenzenlose. Woraus sie entstehen, darein vergehen sie auch mit Notwendigkeit. Denn sie leisten einander Buße und Vergeltung für ihr Unrecht nach der Ordnung der Zeit.

Heraklit (535–475 v. Chr.)

Heraklit sieht sich als Teil der göttlichen Weltvernunft, die er durch Einkehr zu sich selbst zu erkennen trachtet. Es geht ihm weniger um Wissen, denn um innere Einsicht. Er kritisiert die religiösen Riten seiner Zeit, ist aber von tiefer Religiosität beseelt. So sucht er weniger sinnliche Wahrnehmung als tiefe Einsicht. Seine drei Grundideen, die der Geist einzusehen habe, sind: die Einheit der Welt, das ewige Werden und die unabänderliche Gesetzmäßigkeit allen Geschehens. Daraus folgt die Idee der umfassenden Einheit und Geschlossenheit. Sie hat ihren tiefsten Grund in der Substanz des Feuers – Heraklit kannte wohl den indisch-persischen Lichtkultus. In diesem Feuer, das er als vernunftbegabt begreift, kommen Materie und Geist zu einer Einheit. In ihm kehren die Weltperioden mit innerer Gesetzmäßigkeit wieder. Aber nichts ist starr und unbeweglich. Alles befindet sich vielmehr im Prozeß des Werdens und Vergehens. So ist die Gegensätzlichkeit und der Krieg zwar der Beweger allen Werdens. Doch dieses Werden ist in eine große göttliche Gesetzmäßigkeit und Harmonie der Natur eingebunden. Das Feuer als die göttliche Weltseele garantiert diese Einheit. In ihr geht die Welt auf, wobei Heraklit das Göttliche mit dem Spielerischen des Kindes vergleicht, so daß wir von einer auf der Intuition beruhenden künstlerisch ästhetischen Weltanschauung sprechen können.

Der Mensch steht bei Heraklit deutlich im Hintergrund, wenn er ihn auch vom Tier unterscheidet. Sein Schicksal ist in den allgemeinen Weltlauf verstrickt, dem er nicht zu entgehen vermag. Er kann nur versuchen, davon etwas einzusehen, indem er sich darum bemüht, in die Natur hineinzuhören. So versucht Heraklit wohl als einer der ersten, die Welt und ihre Geschichte in umfassender Einheit zu denken. Dadurch gelangt er zu einer ersten Theodizee, die eher als Kosmodizee verstanden werden sollte. Um die ökologisch wesentlichen Gedanken darzustellen, geben wir die folgenden Fragmente wieder, in denen Heraklit von der Harmonie und Gesetzmäßigkeit des Kosmos und der Bewegung, vom Streit und vom Feuer spricht:

---

*   Die Numerierung entspricht der Reihenfolge der von den Herausgebern jeweils ausgewählten Texte.

1. Die Natur liebt es, sich zu verbergen.

2. Verständige Rede muß sich stark machen durch das, was allgemein verstanden wird, wie ein Staat durch das Gesetz, ja noch viel stärker. Denn alle menschlichen Gesetze ziehen ihre Nahrung aus dem einen göttlichen. Dieses nämlich herrscht soweit es will und genügt für alles und hat alles in seiner Macht.

3. Diese Welt, dieselbe für alles, hat weder ein Gott noch ein Mensch erschaffen, sondern sie war immer und ist und wird sein ewig lebendiges Feuer, das periodisch aufflammt und wieder verlischt.

4. Der Steuermann des Weltalls ist der Blitz.

5. Das Feuer ist Mangel und Sättigung.

6. Alles wird das Feuer, wenn es hereinbricht, richten und ergreifen.

7. Das Feuer verwandelt sich in das All und das All in Feuer wie das Gold in Münze und Münze in Gold.

8. Der Weg aufwärts und abwärts ist ein und derselbe.

9. Das Feuer lebt auf in der Luft Tod, die Luft lebt auf in des Feuers Tod; das Wasser lebt auf in der Erde Tod, die Erde in dem des Wassers.

10. Verwandlungsformen des Feuers sind zuerst das Meer, die eine Hälfte des Meeres aber die Erde, die andere Flamme. Das Meer zerrinnt und gewinnt seine Grenze nach demselben gesetzmäßigen Verhältnis, das vorhanden war, ehe es Erde wurde.

11. Alles ist in Bewegung und nichts bleibt stehen.

12. Man kann nicht zweimal in den gleichen Fluß steigen.

13. Auch der Mischtrank zersetzt sich, wenn man ihn nicht umrührt.

14. Der Krieg ist der Vater von allem, der König von allem: die einen erweist er als Götter, die anderen als Menschen; die einen macht er zu Sklaven, die andern zu Freien.

15. Man muß wissen, daß der Krieg etwas Allgemeines ist und daß der Streit zu
    Recht besteht und daß alles durch Streit und Notwendigkeit entsteht.

16. Verbindungen gehen ein: Ganzes und Nichtganzes, Übereinstimmendes und
    Verschiedenes, Akkorde und Dissonanzen; und aus Allem wird Eines und aus
    Einem Alles.

17. Das Entgegengesetzte paßt zusammen, aus dem Verschiedenen ergibt sich die
    schönste Harmonie, und alles entsteht auf dem Wege des Streitens.

18. Mit Unrecht sagt Homer: »Möchte doch schwinden der Streit aus der Welt
    der Götter und Menschen!« Dann ginge ja alles zugrunde. Denn es gäbe keine
    Harmonie, wenn es nicht hohe und tiefe Töne gäbe, und keine lebenden Wesen
    ohne Weibliches und Männliches, was doch Gegensätze sind.

19. Sie verstehen es nicht, wie das Verschiedene unter sich übereinstimmt: es ist
    eine rückwärts gewandte Harmonie wie beim Bogen und bei der Leier.

Parmenides (540–470 v. Chr.)

Von Anaximander und Xenophanes tief beeinflußt, wurde Parmenides zum An-
tipoden des Heraklit. Parmenides, der in der Vernunft allein das entscheidende
Organ der Erkenntnis erblickt und der aller sinnlichen Wahrnehmung von Grund
auf mißtraut, gelangt trotzdem zu einer Einheit von Denken und Sein, nämlich in
Form des vom reinen Geist erkannten All-Seins, einer absoluten Einheit des Seins
im Denken, wo es keine Bewegung, kein Werden, keine Teilungen gibt, sondern
nur Allgegenwart, zeitlich aber nicht räumlich unbegrenzt. Er vergleicht diese
All-Einheit des Seins im Denken mit einer Kugel – sicherlich ein Reflex der pythagoreischen Lehre. Alle anderen philosophischen Lehren sprechen für Parmenides
nur über Scheinwelten. So sieht Parmenides das Wesen der Welt nur im Denken
und bringt damit historisch den Dualismus von Vernunft und Sinnlichkeit auf
den Weg. Er selbst jedoch wollte wohl eher dem Denken gegenüber dem Sinnlichen zu seinem Recht verhelfen. So ist am parmenideischen Denken ökologisch
vor allem sein trotzdem durchgehaltener Monismus interessant, der gedanklich
an der Einheit von Welt und Denken festhält. Andererseits drückt er mit seiner
extremen Betonung des Gleichbleibenden auch die Unteilbarkeit der Welt aus, die
von einer wesensmäßigen Ordnung beherrscht wird. Gegen das Werden gerichtet,

formuliert er aber auch nicht nur die Beständigkeit einer Ordnung, sondern das Vorhandensein des Seins als etwas Unhintergehbarem, das sich im ökologischen Denken als natürliche Bedingung allen Lebens zeigt. Die folgenden ausgewählten Stellen sprechen über die Unteilbarkeit des Seins, die Einheit von Sein und Denken, die unbewegte Gegenwärtigkeit des Denkens, die lückenlose Ruhe des Seins, die umfassende göttliche Ordnung des Kosmos und die Liebe als erste Schöpfung:

1. Schau, wie nun auch was fern dir deutlich nah ist im Geiste.
    Denn das Seiende kannst du vom Seienden nimmermehr trennen.
    Immer hängt es zusammen, so daß es sich nie aus der Ordnung
    Löst, um sich zu zerstreuen und wieder sich dann zu vereinen.

2. Lückenlos steht mir das Seiende da, und wo ich auch immer
    Möge beginnen, dahin wird' ich doch wieder gelangen.

3. Sein und denken sich lassen: dies beides ist ein und dasselbe.

4. So ist nur noch die Rede von einem Weg, der uns bleibet:
    Daß das Seiende ist. Merkzeichen hat dieser gar viele:
    Niemals ist es geworden, so kann es auch nimmer vergehen.
    Ganz ist es, einzig nach Art und ohne Bewegung und Ende.
    Niemals war es noch wird es je sein, nur Gegenwart ist es,
    Ununterbrochene Einheit.

5. Überall ist das Seiende gleich; nicht läßt es sich teilen.
    Nicht gibt's hier ein stärkeres Sein, ein schwächeres dorten,
    Das den Zusammenhang störte; von Seiendem voll ist ja alles.
    Seiendes schließt sich an Seiendes an: nie klafft eine Lücke.
    Ohne Bewegung ruht es von mächtigen Banden umschlossen.
    Ohne Beginn, ohn' Ende. Denn weit in die Ferne verschlagen
    Sind Entstehn und Vergehn, verscheucht von des Wahren Gewißheit.
    Immer dasselbe, verharrt es im selben Zustand und ruhet
    In sich selbst und bleibet dort fest; in engenden Banden
    Hält es die starke Notwendigkeit ja, die rings es umfassen.
    Und weil nichts dem Seienden fehlt, so auch nicht ein Abschluß;
    Müßte es diesen entbehren, so mangelte damit ihm alles.

6. Aber da alles die Namen des Lichts und der Nacht hat erhalten.
    Und der Bedeutung gemäß sie zugeteilt wurden den Dingen,

Ist nun alles zugleich voll Lichts und nächtlichen Dunkels.
Beides hält sich die Waage; denn keins hat am anderen Anteil.

7. Denn voll waren die engeren Kreise von lauterem Feuer
    Und von Dunkel die nächsten; dazwischen züngelt die Flamme.
    Doch in der Mitte thront, die alles steuert, die Göttin.
    Überall läßt unsel'ge Geburt sie und Paarung beginnen,
    Sendet dem Manne das Weib und dem Weib den Mann zur Vermählung.

8. Und von sämtlichen Göttern zuerst erschuf sie die Liebe.

9. Kennen wirst du des Äthers Natur und im Äther der Sterne
    Sämtliche Bilder, der Sonnenleuchte, der heiligen, reinen
    Sengenden Wirkung und wie und woraus das alles geworden.
    Des rundäugigen wandelnden Mondes Natur und Verrichtung
    Wirst du verstehn und erfahren vom allumfassenden Himmel,
    Wie er entstand und wie der Notwendigkeit festes Gesetz ihn
    Zwang, den Lauf der Gestirne in sicheren Schranken zu halten.

10. Wie die Erde zu werden begann und der Mond und die Sonne,
    Wie des Äthers Gewölbe und hoch am Himmel die Milchstraß',
    Wie der fernste Olymp und die glühende Kraft der Gestirne.

11. Immer schaut er sich um, der Mond, nach den Strahlen der Sonne.

12. Erdumwandelnd erhellt er die Nacht mit geliehenem Lichte.

13. Je nachdem sich die Mischung vollzieht in den schwanken Organen,
    Ist die Tätigkeit auch des menschlichen Geistes. Nichts andres
    Als der Organe Natur ja ist's, was denkt in den Menschen,
    Und zwar in allen und jedem. Was stärker, bestimmt den Gedanken.

14. Also entstand die Welt dem Wahne nach und so besteht sie
    Und wird fernerhin wachsen, um schließlich ein Ende zu nehmen.
    Allen Erscheinungen gab der Mensch die bezeichnenden Namen.

Empedokles (490–430 v. Chr.)

Am Ende der ionischen Physik, die von Thales bis Parmenides reicht, steht Empedokles von Agrigent, der sowohl eine Physik als auch eine Mystik entwarf, die man in der Literatur häufig verschiedenen Phasen seines Lebens zuordnet. Ziel ist ihm nicht die Naturerkenntnis als solche, sondern die Naturbeherrschung. Aber darüber hinaus entwickelt er eine Form des Glaubens als Einsicht in die normativen Grundlagen des Lebens. Der Dualismus seines Denkens zieht aber nicht nur eine scharfe Grenzlinie zwischen Materie und Geist, sondern sucht auch die Weisen ihres Ineinanderwirkens, die für eine ökologische Fragestellung wegweisend sein können. Zwar kennt Empedokles kein Werden und Vergehen seiner vier Grundstoffe, Wasser, Feuer, Erde, Luft, die er der ionischen Physik entnimmt, aber er sieht diese Unvergänglichkeit nur in einem absoluten Sinn. Gegen Heraklit, für den das Prinzip des Werdens im Streit liegt, erklärt er die Liebe als einigende und treibende kosmische Kraft. Ein natürliches Gleichgewicht entsteht aus dem Ineinanderwirken von Liebe und Haß, aus denen heraus sich die Einzeldinge entwickeln und die zuletzt in die Einheit des Sphairos zurückkehren. Den Menschen betrachtet Empedokles derart als Mikrokosmos, der Anteil am Makrokosmos hat und daher auch die Fähigkeit, diesen zu erkennen. Beseelt sind auch nicht nur die Menschen, sondern alle organischen Dinge, die in der Einheit des Universums aufgehoben sind, das seine Grundlage in einem mystischen Reich des göttlichen Geistes besitzt, dessen Emanationen die Seelengeister sein sollen. Sein Bild der stofflichen Welt kennt jedoch keine Teleologie, sondern einen reinen Mechanismus. In diesem Zusammenhang wurde er Begründer der Chemie, leitete er die stoffliche Welt von einer beschränkten Zahl von Elementen ab. Aus seinem Gedicht »Über die Natur« stammt der folgende längere Auszug, in dem die Grundideen der Liebe, des Gleichgewichts, der Einheit, des beständigen Kreislaufs und der Vielfalt der irdischen Dinge formuliert werden:

1. Aber sofern die Veränderung dauert und nimmermehr aufhört,
   Bleiben bewegungslos die Stoffe im ewigen Kreislauf.
   Hör' meine Worte, wohlan! Denn Lernen erweitert den Geist dir.
   Wie ich schon vorher erklärt, das Ziel der Lehre erläuternd:
   Zweierlei künd' ich; bald wächst aus mehreren Teilen ein Ganzes,
   Bald auseinander tritt wieder das Eine in mehrere Teile:
   Feuer und Wasser und Erde und Luft unendlich an Höhe;
   Diesen abseits der verderbliche Haß, das Gleichgewicht haltend,
   Und in der Mitte die Liebe von gleicher Länge und Breite.
   Diese betrachte im Geist, doch nicht mit starrendem Staunen!

Zwar ist bekannt sie den Menschen als Trieb in den Gliedern des Leibes,
Wie sie die Sehnsucht erregt und das Werk der Vermählung vollendet;
Wonne benennt man sie wohl und Aphrodite mit Namen.
Doch daß sie auch die Stoffe in Schwung setzt, wußte bis jetzo
Noch kein Mensch. Du aber vernimm die wahre Begründung.
Denn die Stoffe sind alle sich gleich an Kraft und Alter,
Aber jeder von anderer Art und anderer Wirkung
Und im Laufe der Zeiten gelangen sie wechselnd zur Herrschaft.
Nichts kommt zu ihnen hinzu noch geht davon etwas verloren.
Gingen sie nämlich völlig zugrunde, so wären sie nicht mehr.
Was aber sollte dies Weltall vermehren? Woher sollt' es kommen?
Und wie sollt' es vergehen, da leer von Stoffen kein Raum ist?
Nein! Die Stoffe nur sind; indem durcheinander sie laufen,
Wird bald dies bald das und ewiglich immer das Gleiche.

2. Allda erblickt man noch nicht des Helios hurtige Glieder
    Noch auch die zottige Kraft der Erde noch Wogen des Meeres.
    Also ruhet im dichten Dunkel harmonische Einheit,
    Seiner Einsamkeit froh, der Sphairos zur Kugel gerundet.

3. 3. Gleich nach sämtlichen Seiten war der und ringsum ohn' Ende.
    Noch nicht herrschte verwerflicher Streit und Zwist in den Gliedern.

4. Denn nicht schwingen vom Rücken sich ihm zweigartig zwei Arme
    Noch hat er Füße noch hurtige Knie noch zeugende Glieder,
    Sondern er war eine Kugel, ganz gleich nach sämtlichen Seiten.

5. Aber nachdem in den Gliedern der Haß ihm groß war gewachsen
    Und sich zu Ehren erhoben, dieweil sich die Zeit ihm erfüllte,
    Dran durch mächtige Eide sie wechselnd waren gebunden,
    Da erbebten die Glieder des Gottes der Reihe nach alle.

6. Wieder anhebend betret' ich den früheren Pfad des Gesanges,
    Den ich beschrieb; aus einem Satz leit' ab ich den andern.
    Wenn in die unterste Tiefe des Wirbels der Haß sich gesenkt hat
    Und in die Mitte des Strudels die Kraft der Liebe getreten,
    Dann tritt alles in dieser zur Einheitsbildung zusammen,
    Nicht zugleich; wie jegliches will, so erfolgt die Verbindung.
    Während sich diese vollzog, entwich der Haß an die Grenze,

Doch blieb vieles noch unvermengt inmitten der Mischung,
Das dort schwebend der Haß festhielt; denn noch war er restlos
Nicht entwichen und ganz, an der Rundung äußerste Enden,
Sondern er steckte noch teils in den Gliedern, teils war er entflohen.
Aber je mehr er enteilte, um so viel rückte der Liebe
Sanfte, vollkommene Kraft vorwärts in göttlichem Drange.
Rasch ward Vergängliches nun aus unvergänglichen Stoffen
Und, was lauter zuvor, vermischte sich kreuzend die Pfade.
Zahllos aus dem Gemenge ergossen sich irdischer Wesen
Scharen in mancherlei Form und Gestalt, ein Wunder zu schauen.

7. Laß dir nun nennen die ersten und gleich ursprünglichen Stoffe,
Draus dies alles ans Licht sich rang, was jetzt wir erblicken:
Erde und wogende See, das Luftmeer feucht und der Äther,
Der den gesamten Kreis der Welt, ein Titane, umklammert.

8. Wechselnd nun herrschen die Stoffe im Schwung des beständigen Kreislaufs.
Und sie schwinden und wachsen im Wechsel nach fester Bestimmung.
Immerdar sind sie sie selbst. Doch durcheinander sich mengend
Lassen sie Menschen entsteh'n und Gattungen anderer Tiere,
Bald sich in Liebe vermählend zu einem geordneten Ganzen,
Bald wieder einzeln sich trennend, getrieben vom haßvollen Streite,
Bis zum All-Einen verwachsen sie wieder aufs neu unterliegen.
Also, sofern sie aus Einem zu Mehrerem pflegen zu werden
Und nach der Spaltung des Einen sich wieder in Mehreres teilen,
Gibt es für sie ein Werden und ist nicht dauernd ihr Leben;
Aber, indem sie sich fortgesetzt ändern, was nimmermehr aufhört,
Bleiben unwandelbar doch sie im immerwährenden Kreislauf.

9. Sonne und Erde und Himmel und Meer; sie halten zusammen,
Freundlich verbunden ein jedes in seinen verschiedenen Teilen,
Ob sie gleich fern voneinander im irdischen Weltall erwuchsen.
Ebenso ist, was irgend aus glücklicher Mischung entstammt ist,
Liebend vereint, aneinander gepaßt von der Macht Aphrodites.
Feindlich dagegen erscheint, was am weitesten getrennt voneinander
Ist durch Ursprung und Mischung und ausdrucksvolle Gestaltung,
Nimmer gewohnt, mit anderem sich zu verbinden und elend
Auf des Hasses Geheiß, der seine Entstehung bewirkt hat.

10. Komm, die Zeugen schau an, ob wahr, was ich bisher gesungen,
    Oder ob irgendwo sich ein Mangel an Formen ergeben!
    Sieh, wie die wärmende Sonne versendet die leuchtenden Strahlen
    Und die unsterblichen Sterne erglüh'n in schimmerndem Glanze,
    Wie das Gewässer dunkel und kühl in allem erscheinet
    Und aus der Erde sich drängen die festen, gediegenen Stoffe.
    All dies wogt noch im Zwist zwiespältig in wirren Gestalten,
    Doch in der Liebe dann zieht es sich an und wächst ineinander.
    Alles entsteht ja daraus, was war und was ist und was sein wird,
    Dinge verschiedenster Art: so bunt ist der Wechsel der Mischung.

11. Gleichwie Maler, geschickte, die wohl auf die Kunst sich verstehen,
    Wenn sie bunte Gemälde zu Weihegeschenken entwerfen,
    Mancherlei Farben verwenden, da mehr, dort weniger nehmend,
    Um aus harmonischer Mischung das fertige Bild zu gestalten –
    Allem möglichen ähnlich erschaffen sie da die Figuren:
    Bäume stellen sie hin und Menschen, Männer und Frauen,
    Allerlei Tiere, Gevögel und wasserbewohnende Fische,
    Götter sogar, langlebend auch, die herrlich an Ehren –
    So sind die Stoffe der Quell der unzähligen irdischen Dinge,
    Die wir erschau'n. Laß nie vom Truge den Sinn dir berücken,
    Sondern sei fest überzeugt! Ein Gotteswort hast du vernommen.

Anaxagoras (500–428 v. Chr.)

Die »Betrachtung des Göttlichen« ist für den Zeitgenossen des Empedokles kontemplativer Lebenszweck, allerdings nicht im Sinne mystischer Frömmigkeit, sondern ganz auf wissenschaftliches Forschen und Philosophieren ausgerichtet. Derart weltabgewandt, vernachlässigte er sogar die Verwaltung des eigenen umfangreichen Vermögens. Als Freund des Perikles führte er die Athener, die bis dahin zwar eine blühende Kunst entwickelt hatten, aber von der Philosophie noch weitgehend unberührt waren, in das philosophische Denken ein.

Unter dem Blickwinkel einer Genealogie des ökologischen Denkens ist Anaxagoras vor allem deshalb besonders interessant, weil sein Hauptaugenmerk der Natur und dem Himmel galt. Sein Hauptwerk trägt den Titel »Über die Natur«.

Als Kritiker unseres Erkenntnisvermögens geht er davon aus, daß uns unsere Sinneswahrnehmung sehr leicht über Naturvorgänge täuschen kann. Auch die

Vernunft ist nicht in der Lage, die Natur umfassend zu verstehen. Trotzdem befaßte er sich empirisch mit verschiedenen Natur- und Himmelserscheinungen, wobei er für seine Zeit schon zu erstaunlichen Einsichten gelangte (siehe Nr. 1, 2). Den Geist verstand er als Prinzip der Bewegung in der Welt, die von ihm ihre übergreifende Ordnung empfängt (Nr. 3–7). Der Geist als Urbeweger gibt jedoch nur den ersten Anstoß, er setzt die erste welterzeugende Kreisbewegung der Elemente in Gang, die dann mechanisch weiterläuft (Nr. 8, 9). Eine Teleologie kennt Anaxagoras nicht, wenn der Geist auch die Beseelung der Welt ursprünglich veranlaßt (Nr. 10–14). Er war also ein religionskritischer Naturforscher, dem seine entmythologisierenden Thesen in Athen den ersten bekannten Prozeß wegen Ketzerei einbrachten, etwa 30 Jahre bevor Sokrates zum Tode verurteilt wurde.

1.   Der Mond hat sein Licht von der Sonne.

2.   Iris nennen wir den Abglanz der Sonne in den Wolken. Dieser zeigt schlechtes Wetter an. Denn das die Wolke umströmende Wasser verursacht einen Luftzug oder bewirkt Regenfälle.

3.   Das Weltall bildet eine Einheit und die Stoffe, woraus es besteht, sind nicht voneinander getrennt oder mit dem Beil abgehauen, weder das Warme vom Kalten noch das Kalte vom Warmen.

4.   Da das Große und das Kleine eine gleichgroße Zahl von Teilen hat, so ist auch unter diesem Gesichtspunkt alles in allem enthalten. Und es ist keine Möglichkeit, daß etwas für sich gesondert existiere, sondern alles trägt einen Teil von allem in sich. Da es kein Kleinstes geben kann, kann es sich auch nicht absondern noch für sich bestehen, sondern, wie es am Anfang war, so ist auch jetzt alles beisammen. In allem aber sind vielerlei Stoffe, und zwar in den größeren wie in den kleineren der sich ausscheidenden Dinge gleich viele an der Zahl.

5.   Wie sollte aus etwas, das nicht Haar ist, Haar und Fleisch aus etwas, das nicht Fleisch ist, werden?

6.   In allem ist ein Teil von allem enthalten, ausgenommen den Geist; in manchem aber ist auch Geist.

7.   Die übrigen Dinge tragen von allem einen Teil in sich, der Geist aber ist etwas Einfaches, sein eigener Herr und mit keinem Ding vermischt, sondern er ist einzig und allein für sich selbst. Denn wäre er nicht für sich selbst, sondern

mit irgend etwas anderem vermischt, so hätte er damit teil an allen Dingen, wofern er nämlich mit irgend etwas vermischt wäre; denn in allem ist ein Teil von allem enthalten, wie ich schon früher gesagt habe. Jede Beimischung würde ihn hindern, alle Dinge so zu beherrschen, wie er es tut, da er einzig und allein für sich selbst ist. Denn er ist das feinste und reinste von allen Dingen und er hat vollständige Kenntnis von allem und die größte Kraft. Alles was Seele hat, Großes und Kleines, beherrscht der Geist. Auch über die ganze Kreisbewegung ward der Geist Herr, so daß er diese Bewegung ihren Anfang nehmen ließ. Zuerst begann die Kreisbewegung irgendwo im kleinen, dann nahm sie einen größeren Umfang an und sie wird noch mehr zunehmen. Und was sich vermengte und sonderte und schied, von all dem hat der Geist Kenntnis. Alles ordnete der Geist, wie es künftig sein sollte, wie es war (was jetzt nicht mehr besteht) und wie es augenblicklich ist, auch diese Kreisbewegung, in der jetzt die Sterne, die Sonne und der Mond begriffen sind sowie Luft und Äther, die sich ausscheiden. Eben die Kreisbewegung ist es, welche die Ausscheidung bewirkt. Es scheidet sich vom Dünnen das Dichte, vom Kalten das Warme, vom Dunkeln das Helle und vom Feuchten das Trockene. Da gibt es viele Teile von vielen Stoffen. Jedoch scheidet oder löst sich kein Stoff ganz vom andern, ausgenommen den Geist. Geist aber, ob größer oder kleiner, ist stets von gleicher Art. Dagegen ist sonst kein Ding dem andern gleich sondern jedem Einzelwesen verleihen und verliehen die Stoffe, deren es am meisten enthält, die deutlichsten Kennzeichen.

8. Demnach muß man annehmen, daß viele und verschiedenerlei Stoffe in allen Verbindungen enthalten sind und Keime von allen Dingen, verschieden an Form, Farbe, Geruch und Geschmack; daß ferner auch Menschen und alle sonstigen beseelten Wesen durch solche Verbindungen zustande kommen; daß diese Menschen bewohnte Städte und bestellte Felder haben wie bei uns und ihnen Sonne und Mond und die andern Gestirne scheinen wie bei uns; daß die Erde ihnen viele und verschiedenerlei Früchte wachsen läßt, wovon sie die nützlichsten einheimsen und verbrauchen. Dies habe ich ausgeführt in Beziehung auf die Ausscheidung, daß diese nicht nur bei uns stattgefunden haben mag, sondern auch anderswo. – Ehe nun die Ausscheidung stattfand, solange noch alles beieinander war, war auch keinerlei Farbe deutlich; denn die Vermengung aller Stoffe, des Feuchten und Trockenen, des Warmen und Kalten, des Hellen und Dunklen, verhinderte es sowie der Umstand, daß viel Erde darunter war und unendlich viele Keime, die einander in nichts glichen. Denn auch von den andern Stoffen gleicht keiner dem andern. Demnach muß man annehmen, daß in dem All alle Dinge enthalten sind.

9. Man muß nun einsehen, daß, nachdem diese Stoffe sich so geschieden haben,
    die Gesamtmasse weder weniger noch mehr wird (denn es kann unmöglich
    mehr als alles geben) sondern alles sich gleich bleibt.

10. So geraten denn diese Stoffe in eine Kreisbewegung und scheiden sich aus
    unter der Wirkung von Kraft und Geschwindigkeit. Die Geschwindigkeit aber
    ist es, welche die Kraft erzeugt. Ihre Geschwindigkeit gleicht jedoch nicht der
    Geschwindigkeit irgendeines der jetzt in der Welt vorhandenen Dinge, sondern
    sie ist durchweg vielmal so schnell.

11. Nachdem der Geist den Anstoß zu der Bewegung gegeben hatte, begann die
    Ausscheidung aus dem in Bewegung gesetzten All und alles, was der Geist in
    Bewegung gesetzt hatte, das löste sich voneinander. Und während die Stoffe
    sich bewegten und voneinander lösten, bewirkte die Kreisbewegung, daß die
    Loslösung an Stärke noch zunahm.

12. Der Geist, welcher immer ist, ist wahrhaftig auch jetzt vorhanden da wo auch
    alles Übrige ist, in der umgebenden Masse, in den sich daran ansetzenden und
    in den schon davon ausgeschiedenen Stoffen.

13. Das Dichte, Feuchte, Kalte und Dunkle trat da zusammen, wo jetzt die Erde
    ist, das Dünne, Warme und Trockene aber entwich weit hinaus in den Äther.

14. Aus diesen Ausscheidungen bildet sich feste Erde; denn aus den Wolken scheidet
    sich Wasser aus, aus dem Wasser Erde, aus der Erde aber bilden sich infolge von
    Kälte feste Steine und diese treten noch mehr aus dem Wasser hervor.

Diogenes von Apollonia (2. Hälfte des 5. Jahrhunderts)

Vermutlich Arzt von Beruf befaßte sich der Kreter Diogenes von Apollonia vor
allem mit physischer Anthropologie. In seinem Buch »Die Natur« ist ihr ein ganzes
Kapitel gewidmet. Er behandelte die formalen Bedingungen der Wissenschaften und
entwickelte wohl so etwas wie eine vorsichtige Form des erkenntnistheoretischen
Skeptizismus. Andererseits vertrat er ein stark monistisches Denken, das gegen
den Dualismus des Anaxagoras von der Einheit der Welt und des Kosmos ausging.
Grundlage der Welt ist der Stoff, der unvergänglich, ewig und vernunftbegabt ist:
die Luft als das Lebenselement aller Organismen wie der Seele, die nach dem Tode

im göttlichen Äther wiederaufgeht, dem sie einst entsprang. So vertrat Diogenes weitverbreitete Vorstellungen, die wenig originell waren, die aber, weil leicht verständlich, die ionische Naturphilosophie, populär werden ließen.

So zeigen die folgenden Überlieferungen, daß Diogenes sich keine Ordnung des Kosmos vorstellen kann ohne diesen beseelten und beseelenden Stoff. Ohne Denkvermögen dieses Stoffes ist auch keine Naturordnung vorstellbar. Der Kern der Welt ist stofflich, aber dieser Stoff ist gerade die die Welt einrichtende Vernunft. Luft, Vernunft und Gott sind das einheitliche Gesamtprinzip der Natur, aus der alle Mannigfaltigkeit entsteht. Diese Suche nach einer universalen Einheit und Verbundenheit der natürlichen Vielfalt können wir als einen Ansatz zu ökologischem Denken begreifen.

1. Mir scheint, um es auf einmal zu sagen, alles, was existiert, nichts anderes zu sein als Wandlungen eines und desselben Stoffes und somit ein und dasselbe. Und dies springt in die Augen: denn wenn das, was jetzt in diesem Weltall vorhanden ist, Erde und Wasser, Luft und Feuer und alle sonstigen Bestandteile dieser Erscheinungswelt, wenn davon irgend etwas anders wäre als das andere, anders vermöge seines eigenen Wesens, wenn es nicht vielmehr ein und dasselbe Wesen wäre, das sich nur mannigfach verwandelt und verändert, so könnten die Dinge schlechterdings keine Verbindungen miteinander eingehen noch einander gegenseitig nützen oder schaden, und es könnte weder eine Pflanze aus der Erde wachsen, noch ein Lebewesen oder sonst etwas entstehen, wenn es nicht so eingerichtet wäre, daß alles ein und dasselbe ist. All das geht jedoch durch Verwandlung aus einem und demselben Stoff hervor, wird bald dies, bald das und kehrt dann wieder in denselben Stoff zurück.

2. Und eben dieser Stoff ist ein ewiger und unvergänglicher Körper; von den Einzeldingen aber nehmen die einen ihren Anfang, die andern ihr Ende.

3. Das scheint mir klar zu sein, daß dieser Stoff ausgedehnt, stark, ewig, unvergänglich und reich an Wissen ist.

4. Denn ohne Denkvermögen könnte unmöglich eine solche Verteilung getroffen sein, daß alles, Winter und Sommer, Tag und Nacht, Regen, Sturm und schönes Wetter, sein Maß hat. Auch das übrige wird man, wenn man nur darauf achten will, so schön als möglich angeordnet finden.

5. Außerdem liegen auch noch in folgenden Tatsachen starke Beweise: die Menschen und die übrigen Lebewesen leben, indem sie Luft einatmen. Daraus besteht ihre

Seele und ihr Denkvermögen, wie in dieser Schrift noch einleuchtend gezeigt werden wird; entweicht dieser Stoff, so tritt der Tod ein und das Denkvermögen entschwindet.

6. Und so scheint mir denn: dieser Stoff, welcher Denkvermögen besitzt, ist das, was die Menschen die Luft nennen, und er lenkt und beherrscht sie alle. Denn eben dieser Stoff, scheint mir, ist Gott, er gelangt überall hin, ordnet alles an und ist in allem enthalten. Es gibt kein einziges Ding, das daran nicht teilhätte. Es hat aber auch kein einziges Ding in ganz gleicher Weise daran teil wie das andere, sondern es gibt viele Grade sowohl bei der Luft selbst als auch beim Denkvermögen. Denn sie kann mannigfaltige Eigenschaften annehmen: bald ist sie wärmer bald kälter, bald trockener bald feuchter, bald ruhiger bald stärker bewegt; und noch viele andere Wandlungsmöglichkeiten trägt sie in sich und unendlich viele Unterschiede in Geschmack und Farbe. Die Seele aller Lebewesen besteht aus demselben Stoff, nämlich aus Luft, die zwar wärmer ist als die äußere, die uns umgibt, aber viel kühler als diejenige im Umkreis der Sonne. Ihr Wärmegrad ist jedoch bei keinem der Lebewesen, auch nicht bei den Menschen untereinander, ganz derselbe, sondern er ist verschieden, freilich nicht viel, sondern so, daß sie einander ähnlich sind. Doch kann von den Dingen, die sich verwandeln, keines dem andern ganz gleich werden, ohne daß es vollends dasselbe wird. Da nun die Wandlungsmöglichkeiten mannigfaltig sind, so sind auch die Lebewesen mannigfaltig und vielerlei und weder in ihrem Aussehen noch in ihrer Lebensweise noch in ihrem Denkvermögen einander gleich infolge der Menge der Wandlungsmöglichkeiten. Und dennoch leben, sehen und hören alle vermittels desselben Stoffes, und auch das Denkvermögen haben sie alle von ihm.

Philolaos (2. Hälfte des 5. Jahrhunderts)

Philolaos stammt wahrscheinlich entweder aus Tarent oder Kroton und war wie Diogenes ob seines medizinischen Eklektizismus vermutlich ebenfalls Arzt. Er hat die pythagoreischen Vorstellungen womöglich als erster in einem Buch veröffentlicht, wobei nicht mehr rekonstruiert werden kann, welche Gedanken von Philolaos selbst stammen. Jedenfalls verkörpert er den Pythagoreismus am Ende des 5. Jahrhunderts. Zentrum seiner Welterklärungsformel ist der Gegensatz von Bestimmtem und Unbestimmtem: der gestaltlosen Masse als dem Unbestimmten steht die Zahl als Urprinzip der Bestimmung wie der Formung gegenüber. Aus der Zahl entspringt sowohl der Prozeß des Werdens wie die Bedingung der Möglichkeit des Erkennens. Dieser grundlegende Gegensatz, dem Philolaos noch einige andere hinzugesellt, wird, wie der erste Auszug auch zeigt, von der Harmonie überwunden, die aus der Musik stammend sich auf das ganze Universum ausbreitet. Nicht nur stellte der Pythagoreismus fest, daß sich die physikalischen Gesetze durch Zahlen leicht darstellen lassen. Er gab den Zahlen auch substantiellen Charakter. Sie erhielten damit bestimmte Funktionen in den Vorgängen in der Welt. So ist die Eins der Mittelpunkt und Ausgangspunkt der Welt und wird, wie wir nachlesen könnnen, Hestia genannt. Die Zahl Zehn beispielsweise verkörpert das Prinzip des Lebens. Die Zahl Fünf spielt eine wesentliche Rolle in der Astronomie. Hier wie auch in den Organismen, so können wir in den Auszügen lesen, zeigt sich die Einheit der Welt.

Bedeutung besitzt der Pythagoreismus aber vor allem als Vorreiter des heliozentrischen Weltbildes. Trotz vieler phantastischer Auffassungen überwindet er die Vorstellung einer Erde in Ruhe und als Mittelpunkt der Welt. Von Pythagoras über Aristarch von Samos, der etwa um 280 v. Chr. zum heliozentrischen Weltbild gelangte, geht hier die Linie über Cicero und Plutarch als Vermittler zu Kopernikus.

Trotz überwiegend aristokratischer Geisteshaltung gelangten die Pythagoreer auch auf dem Gebiet der Ethik zu sehr sozialen Prinzipien, bei denen die Freundlichkeit auch gegenüber Sklaven und Frauen eine herausragende Rolle spielte.

1. Mit Natur und Harmonie verhält es sich folgendermaßen: Um das Wesen der Dinge, das ewig ist, und die Natur selbst zu erfassen, bedarf es göttlicher, nicht menschlicher Erkenntnis, um so mehr als nichts von dem, was existiert, je von uns erkannt werden könnte, wenn nicht das Wesen der Dinge zugrunde läge, woraus das Weltall sich zusammensetzte, sowohl der bestimmten als auch der unbestimmten. Da aber die beiden zugrunde liegenden Prinzipien nicht gleichartig oder verwandt waren, so hätte auch jetzt noch unmöglich daraus eine Weltordnung sich bilden können, wenn nicht die Harmonie dazugetreten wäre, wie nun diese auch entstanden sein mag. Das Gleichartige und Verwandte bedurfte ja der Harmonie nicht, aber das Ungleichartige, Heterogene und Disparate bedurfte notwendig des Zusammenschlusses durch die Harmonie, um so in der Weltordnung festgehalten zu werden.

2. Die Welt bildet eine Einheit; der Prozeß ihrer Entstehung begann in der Mitte, und er vollzog sich von der Mitte aus gleichmäßig nach oben wie nach unten. Was oberhalb der Mitte ist, liegt dem, was unterhalb derselben ist, gegenüber. Denn für das Unterste ist die Mitte gewissermaßen das Oberste usw. Beide Hälften verhalten sich nämlich zur Mitte gleich, außer daß das Verhältnis das umgekehrte ist.

3. Die Weltkugel besteht aus fünf Körpern: diese sind innerhalb der Kugel Feuer, Wasser, Erde, Luft und außerdem fünftens das Gehäuse der Kugel selbst.

4. Es gibt vier Grundbestandteile des vernünftigen Lebewesens: Gehirn, Herz, Nabel und Geschlechtsteil. Das Gehirn ist das Organ des Denkens, das Herz das des Seelenlebens und der Empfindung, der Nabel ist der Sitz der Anwurzlung und des Aufwachsens und des ersten Keims, der Geschlechtsteil ist das Organ der Samenabgabe und der Zeugung. Das Gehirn bedeutet das Prinzip des Menschen, das Herz das des Tieres, der Nabel das der Pflanze, der Geschlechtsteil das aller zusammen; denn alle blühen und gedeihen.

Sophisten

Protagoras (485–415 v. Chr.)

Von seinem Werk mit dem aggressiven Titel »Der Niederboxer« ist nur der erste Satz erhalten, den wir eingangs zitieren, nicht weil mit ihm die subjektivistische und sensualistische Erkenntnistheorie auf den Weg gebracht wird, sondern weil mit diesem Satz letztlich der Anthropozentrismus seinen philosophischen Ausgang nimmt, der ja in der heutigen Ökologie-Debatte immer wieder »niedergeboxt« wird. Auch unter den Ökologen gibt es jedoch nicht wenige, die den anthropozentrischen Standpunkt als unumgehbar betrachten. Wenn auch mit diesem Satz aus der objektiven Vernunft des Heraklit eine subjektive geworden sein mag, so schwächt sich hier beim Aufklärer Protagoras, dem ältesten unter den Sophisten, die Vernunft auch im kritischen Verständnis der Mathematik, die nicht Garant objektiver Erkenntnis ist, wie die zweite von uns zitierte Stelle zeigt. Auf dem Weg zu einer ökologischen Erfahrungsbegründung unter Einbeziehung des Naturerlebens beruht die Erfahrung vielmehr auf konkreten sinnlichen Eindrücken.

Auch der Subjektivismus, von dem Protagoras ausgeht, beruht auf einem Verständnis von Gesellschafts- und Kulturentwicklung, die harmonisch von der Natur ausgeht und in sie eingebunden ist. Prometheus und Hermes statten die Menschheit so aus, daß sie bestehen und sich schützen kann. Staat und Sitte entspringen der Natur.

1. Den Maßstab für alle Dinge bildet der Mensch, wofern sie sind, dafür daß sie sind, und wofern sie nicht sind, dafür daß sie nicht sind.

2. Die sinnlich wahrnehmbaren Linien sind nicht von derselben Art wie diejenigen, von denen der Geometer redet. Es ist nämlich nichts sinnlich Wahrnehmbares in dieser Weise gerade oder rund. Denn der Kreis berührt das Richtscheit nicht nur an einem Punkte.

3. Von den Göttern weiß ich nichts, weder daß es solche gibt, noch daß es keine
    gibt. Denn viele Hindernisse versperren uns diese Erkenntnis: die Unklarheit
    der Sache und die Kürze des menschlichen Lebens.

4. Es war einmal eine Zeit, da es zwar Götter gab, die Gattungen der lebenden
    Wesen jedoch noch nicht existierten. Als aber auch für diese die vom Schicksal
    bestimmte Zeit ihrer Entstehung gekommen war, da bildeten sie die Götter
    im Innern der Erde aus einer Mischung von Erde und Feuer und den Stoffen,
    die sich mit Feuer und Erde verbinden. Als sie dieselben nun ans Licht führen
    wollten, trugen sie dem Prometheus und Epimetheus auf, sie auszustatten und
    den Einzelnen ihre Fähigkeiten zuzuteilen, wie es sich gebührt. Epimetheus
    aber bat den Prometheus, diese selbst austeilen zu dürfen. »Wenn ich sie dann
    ausgeteilt habe«, sagte er, »so sieh nach!« Dieser gab seine Einwilligung, und
    Epimetheus teilte die verschiedenen Fähigkeiten aus. Dabei verlieh er den einen
    Geschöpfen Stärke, aber keine Schnelligkeit, die schwächeren dagegen stattete er
    mit Schnelligkeit aus; die einen rüstete er mit Waffen aus, für die anderen, deren
    Natur er wehrlos gemacht hatte, ersann er sonst ein Mittel, sich zu erhalten. Den
    Tieren, denen er eine kleine Gestalt geliehen hatte, teilte er Flügel zu, damit sie
    sich flüchten können, oder eine unterirdische Behausung; denjenigen aber, die
    er durch Größe bevorzugt hatte, gab er eben in dieser Eigenschaft das Mittel,
    sich zu erhalten. So suchte er auch sonst bei der Verteilung eine Ausgleichung
    herbeizufuhren. Diese Maßregeln traf er mit der Absicht, die gänzliche Vertilgung
    irgendeiner Art zu verhüten. Nachdem er die Gefahr gegenseitiger Ausrottung
    bei ihnen beseitigt hatte, gewährte er ihnen Schutzmittel gegen die Witterung der
    Jahreszeiten, indem er sie mit dichten Haaren und dicken Fellen bekleidete, die
    geeignet waren, die Kälte von ihnen abzuwehren, aber auch imstande, die Hitze
    von ihnen abzuhalten, und die zugleich jedem als seine eigene und natürliche
    Decke dienen sollten, wenn sie ihr Lager aufsuchten. Auch versah er an den
    Füßen die einen mit Hufen, die andern mit harten, blutlosen Häuten. Ferner
    beschaffte er für jede Gattung wieder eine andere Art von Nahrung. Die einen
    richtete er so ein, daß sie nur wenige Junge zur Welt bringen, die andern, die
    von diesen gefressen werden, so, daß sie zahlreiche Junge bekommen, wodurch
    er die Erhaltung der Gattung sicherte.

    Da nun aber Epimetheus nicht eben sehr klug war, so merkte er nicht , daß
    er alle Fähigkeiten für die Tiere aufgebraucht hatte, während doch die Gattung
    des Menschen noch nicht ausgestattet war, und er wußte nicht, was er damit
    anfangen sollte. In dieser Verlegenheit traf ihn Prometheus, der kam, um nach
    der Austeilung zu sehen, und fand die übrigen Geschöpfe mit allem versorgt,
    den Menschen aber noch nackt und bloß, ohne Schuhe, ohne Lager, ohne

jeglichen Schutz. Schon aber war der bestimmte Tag angebrochen, an dem auch der Mensch aus der Erde ans Licht treten sollte. Ratlos, welches Mittel man für die Erhaltung des Menschen erfinden könnte, stahl Prometheus die Kunstfertigkeit des Hephaistos und der Athene samt dem Feuer – denn ohne Feuer konnte man sie sich unmöglich aneignen und sie nutzbar machen – und schenkte beides dem Menschen. So hatte nun der Mensch die für seinen Lebensunterhalt notwendige Kunstfertigkeit bekommen; die gesellschaftliche Organisation aber besaß er noch nicht. Denn diese war noch bei Zeus, und es war dem Prometheus nicht mehr möglich gewesen, in die Burg, die Zeus bewohnte, hineinzugelangen. Denn dort standen die schrecklichen Wachen des Zeus. In die gemeinsame Wohnung der Athene und des Hephaistos aber, wo sie beide mit Liebe ihre Kunst betrieben, gelangte er unbemerkt, entwendete die mit dem Feuer arbeitende Kunst des Hephaistos sowie die andere der Athene und verlieh sie dem Menschen. Infolgedessen gewann nun der Mensch die Möglichkeit, sein Leben vorteilhafter einzurichten; den Prometheus aber ereilte, wie es heißt, später die Strafe für seinen Diebstahl.

Nachdem der Mensch am göttlichen Eigentum Teil bekommen hatte, kam er fürs erste allein von allen lebenden Wesen auf den Glauben an Götter und begann Altäre und Götterbilder zu errichten; alsdann brachte er vermöge seiner Kunstfertigkeit bald die artikulierte Sprache und Wörter hervor und erfand Häuser, Kleider, Schuhe, Betten und die Herstellung seiner Nahrung aus den Erzeugnissen des Bodens. So ausgerüstet wohnten die Menschen anfangs zerstreut und hatten noch keine Städte. Sie wurden daher die Beute der wilden Tiere, weil sie durchweg schwächer als diese waren. Die handwerksmäßige Kunstfertigkeit genügte ihnen wohl zur Beschaffung ihrer Nahrung, zum Kampf gegen die wilden Tiere aber reichte sie nicht aus; denn noch kannten sie nicht die gesellschaftliche Organisation, von der die Kriegskunst ein Bestandteil ist. Sie suchten sich nun zu vereinigen und sich durch Gründung von Städten zu erhalten. Wenn sie sich aber vereinigten, fügten sie allemal einander Unrecht zu, da sie noch keine gesellschaftliche Organisation hatten, so daß sie sich abermals zerstreuten und dem Untergang entgegengingen. In der Befürchtung, unsere Gattung möchte ganz zugrunde gehen, sandte nun Zeus den Hermes, der den Menschen das sittliche Bewußtsein und das Rechtsgefühl brachte, damit geordnete Gemeinwesen entstünden und Bande der Freundschaft sie verknüpften. Hermes fragte den Zeus, in welcher Weise er sittliches Bewußtsein und Rechtsgefühl den Menschen verleihen solle. »Soll ich diese ebenso verteilen, wie die übrigen Fertigkeiten verteilt sind? Diese sind nämlich so verteilt, daß z. B. ein Mensch, der sich auf Medizin versteht, für viele Laien genügt, und so ist es auch bei den anderen Berufen. Soll ich nun das sittliche Bewußtsein und das Rechtsgefühl

auch in dieser Weise unter die Menschen bringen oder es auf alle verteilen?«
»Auf alle«, erwiderte Zeus, »alle sollen daran teilhaben; denn wenn, wie an den
andern Fertigkeiten, nur wenige Menschen daran teilhätten, so könnten keine
Gemeinwesen bestehen. Ja gib in meinem Namen das Gesetz, daß man einen
Menschen, der nicht fähig ist, das sittliche Bewußtsein und das Rechtsgefühl
zu teilen, als einen Krebsschaden des Gemeinwesens vernichten soll.«

Gorgias (483–375 v. Chr.)

Der Rhetoriker Gorgias verlangte zur Ausübung der Redekunst durchaus auch
umfassende Bildung, vor allem Kenntnisse der Astronomie. Im Gegensatz zu
Protagoras vertritt er eine rationalistische Theorie des Kulturfortschritts als Entwicklung von Techniken, die bedeutende Männer erfunden hätten. In der Schrift
»Palamedes« schreibt Gorgias: »Ich darf wohl sagen … daß ich nicht nur kein Ver-
brechen begangen habe, sondern sogar euer und der Hellenen, ja aller Menschen,
der jetzt lebenden und der künftigen Geschlechter, großer Wohltäter bin. Denn
wer sonst hat den Menschen in ihrem hilflosen Leben Hilfsmittel verschafft, wer
sie aus einem unzivilisierten Zustand durch seine Erfindungen zur Zivilisation
geführt? Bin ich es nicht, der die Kriegskunst erfand, das gewaltigste Mittel zur
Vermehrung der Macht; die geschriebenen Gesetze, die Hüter des Rechts; die
Buchstabenschrift, die Stütze des Gedächtnisses; Maß und Gewicht, die bequemen
Wertmesser des Warenaustausches; die Rechenkunst, die Hüterin des Geldes; des
Feuertelegraphen, des besten und schnellsten Boten; das Brettspiel, einen heiteren
Zeitvertreib in Mußestunden?«

Aber Gorgias schrieb auch eine Naturphilosophie, die an Empedokles anschließt.
Von ihr können wir nur noch die beiden unten angeführten ersten Sätze zitieren. Vor
allem aber ist Gorgias Skeptiker, der die Möglichkeiten unserer Einsichtsfähigkeit
hinterfragt, und insoweit die Differenz von Vernunft und Natur analysiert – dazu
zitieren wir die dritte Stelle – die Fragwürdigkeit einer rationalen Annäherung
an das Sein. Gleichzeitig aber bedenkt er die Abhängigkeit der Erkenntnis von
unseren sinnlichen Fähigkeiten – ein Problem, das die Ökologie nicht bloß mit der
schleichenden, nicht spürbaren Verseuchung betrifft, sondern als ein Problem der
Sprache und der Mitteilbarkeit des Seienden, des Natürlichen – als ökologisches
Grundproblem des Verhältnisses zwischen Sprache und Natur.

1.   Farbe ist eine Ausströmung von Körpern, dem Gesichtssinn entsprechend und
     von diesem wahrnehmbar.

2. Mittels der Sonnenstrahlen kann man durch Brechung in einem Spiegel ein Licht anzünden, weil das Feuer durch dessen Poren hindurchgeht.

3. Es existiert nichts; und wenn etwas existiert, so ist es für den Menschen unbegreiflich; wäre es aber auch begreiflich, so könnte man es doch einem andern nicht mitteilen oder erklären.

   Denn wenn etwas existiert, so ist es entweder das Seiende oder das Nichtseiende oder beides. Das Nichtseiende nun existiert nicht. Denn wenn das Nichtseiende existierte, so würde es zugleich sein und nicht sein. Es ist aber durchaus ungereimt, daß etwas zugleich sei und nicht sei. Folglich existiert das Nichtseiende nicht.

   Aber auch das Seiende existiert nicht. Denn wenn es existiert, so ist es entweder ewig oder geworden oder beides. Es trifft jedoch keine dieser drei Annahmen zu und somit existiert es nicht.

4. Wie aber das, was man sieht, deswegen sichtbar genannt wird, weil man es sieht, und das, was man hört, deswegen hörbar, weil man es hört, und wie wir nicht das Sichtbare verwerfen, weil man es nicht hört, noch das Hörbare ablehnen, weil man es nicht sieht (denn jede Wahrnehmung muß von dem ihr entsprechenden Sinnesorgan und nicht von einem andern gemacht werden), so existiert das Denkbare, auch wenn man es nicht mit Augen sieht oder mit Ohren hört, weil es von dem ihm entsprechenden Organ erfaßt wird. Wenn sich nun jemand Wagen denkt, die auf dem Meere fahren, so muß er, auch wenn er es nicht sieht, glauben, daß es Wagen gibt, die auf dem Meere fahren. Dies ist aber ungereimt. Folglich wird das Seiende nicht gedacht oder begriffen.

   Wenn aber das Seiende auch begriffen würde, so könnte man die Erkenntnis doch niemand anders mitteilen. Denn wenn das Seiende, das draußen liegt, sichtbar und hörbar und allgemein wahrnehmbar ist, und davon das Sichtbare durch den Gesichtssinn, das Hörbare durch das Gehör erfaßt wird, und nicht umgekehrt, wie kann es dann mittels eines andern Organs mitgeteilt werden; das Organ der Mitteilung aber ist das Wort; dieses ist jedoch nicht das, was zugrunde liegt und existiert. Wir teilen also einem andern Menschen nicht das Seiende mit, sondern ein Wort, das von dem, was zugrunde liegt, verschieden ist. Wie nun das Sichtbare nicht hörbar gemacht werden kann, oder umgekehrt, so ist es auch bei unserem Worte, da das Seiende draußen liegt. Wenn aber das Wort nicht etwas Seiendes ist, so kann es auch einem andern nicht mitgeteilt werden.

5. Das Sein ist etwas Unsichtbares, dem es nicht gelingt zu scheinen, das Scheinen
    etwas Schwaches, dem es nicht gelingt zu sein.

Antiphon (2. Hälfte des 5. Jahrhunderts)

Der ansonsten umstrittene und weniger beachtete ehemalige Traumdeuter, der
wohl weitgehend naive eklektische Positionen vertrat, entwirft für die menschliche Gesellschaft eine Vertragstheorie, bei der das Naturrecht die wesentliche und
wirkende Kraft darstellt. Besonders bedeutsam und auf ein ökologisches Denken
zu übertragen ist seine logische und wesentlich rechtsphilosophische Einsicht,
daß man zwar gegen das positive, aber nicht gegen das Naturrecht ungestraft
verstoßen kann. Bei ihm leuchtet auch schon eine Idee von Rücksicht gegenüber
den Schwachen und eine kosmopolitische Idee der Gleichheit durch, die er auch in
romantischer Form am Beispiel mythologischer Naturvölker zu begründen sucht.
Vom Gegensatz von Kultur und Natur ausgehend, vertritt er jedoch trotzdem die
Auffassung von einer Vernunft, die das Universum als Einheit erkennt.

1. Für die Vernunft ist das All eine Einheit; wenn du das erkannt hast, wirst du
    einsehen, daß nichts von dem, was man mit dem Auge schaut, so weit auch der
    Blick reichen mag, noch von dem, was man mit dem Verstande erkennt, soweit
    auch die Erkenntnis reichen mag, für sie etwas Einzelnes ist.

2. Wenn in der Luft Regen und einander entgegengesetzte Winde entstehen, dann
    zieht sich das Wasser in Menge zusammen und verdichtet sich. Was nun bei
    dem Zusammenstoß überwältigt wird, das zieht sich zusammen und verdichtet
    sich (zu Hagel) vom Wind und seiner Gewalt gedrängt.

3. Das Feuer, das die Erde zum Glühen und Schmelzen bringt, macht sie gekrümmt.

4. Das Meer ist der Schweiß der ersten Feuchtigkeit, die infolge der Hitze ver-
    dampfte; daraus sonderte sich die zurückbleibende feuchte Schicht ab und
    wurde Meer genannt, nachdem sie durch die Erhitzung salzig geworden war:
    ein Vorgang, der bei jeder Art von Schweiß stattfindet.

5. Die Gerechtigkeit besteht darin, daß man Gesetz und Brauch in dem Staat,
    in dem man Bürger ist, nicht übertritt. Am vorteilhaftesten wird sich dabei
    der einzelne Mensch zur Gerechtigkeit stellen, wenn er in Anwesenheit von

Zeugen Gesetz und Brauch hochhält, ohne solche dagegen die Gebote der Natur. Denn die Forderungen von Gesetz und Brauch sind willkürlich auferlegt, die Gebote der Natur dagegen beruhen auf Notwendigkeit. Denn die Forderungen von Gesetz und Brauch sind vereinbart, nicht natürlich geworden, die Gebote der Natur aber sind natürlich geworden, nicht vereinbart. Wenn man nun bei der Übertretung von Gesetz und Brauch von denen, welche die Vereinbarung getroffen haben, unbemerkt bleibt, ist man von Schande und Strafe frei, andernfalls nicht. Vergewaltigt man dagegen die mit der Natur verwachsenen Gesetze über das mögliche Maß hinaus, so ist das Unheil um nichts geringer, wenn es auch kein Mensch merkt, und um nichts größer, auch wenn es alle Welt sieht. Denn der Schaden erwächst nicht aus der Meinung, sondern aus der Wirklichkeit. Die Untersuchung dieser Fragen stelle ich ganz und gar deswegen an, weil das meiste von dem, was nach Gesetz und Brauch für recht gilt, im Widerspruch mit der Natur festgesetzt worden ist. Denn durch Gesetz und Brauch ist bestimmt, was die Augen sehen dürfen und was nicht; (was die Ohren hören dürfen und was nicht;) was die Zunge sagen darf und was nicht; was die Hände tun dürfen und was nicht; wohin die Füße gehen dürfen und wohin nicht und was unser Wille begehren darf und was nicht. Und zwar ist das, wovon Gesetz und Brauch die Menschen ablenken, um nichts freundlicher gegen die Natur oder mit ihr verwandter als das, wozu sie dieselben antreiben. Nun sind aber Leben und Sterben Naturvorgänge, und zwar kommt das Leben den Menschen von dem, was ihnen nützt, das Sterben von dem, was ihnen schadet. Das Nützliche nun, das Gesetz und Brauch als solches bestimmt hat, ist eine Fessel der Natur, dasjenige aber, das aus der Natur kommt, beruht auf Freiheit. Es nützt also nach richtiger Auffassung das, was Leid bringt, der Natur nicht mehr als das, was Freude bringt. Also ist das, was Unlust bringt, nicht zuträglicher als das, was Lust bringt. Denn das wahrhaft Zuträgliche darf nicht schaden, sondern muß nützen. Folglich ist das, was hievon der Natur zuträglich ist (lustvoll; was aber Gesetz und Brauch bestimmt, ist, sofern es Unlust erregt, wider die Natur und also schädlich. So wird von Gesetz und Brauch für gerecht erklärt,) wer sich erst zur Wehr setzt, wenn er einen Schaden erlitten hat und nicht selbst mit dem Handeln den Anfang macht; ferner wer seinen Eltern wohl tut, auch wenn sie böse gegen ihn sind, und wer einräumt, eine Anklage gegen ihn zu beschwören, selbst aber von diesem Recht keinen Gebrauch macht. Viele von den angeführten Handlungen stehen, wie man finden wird, im Widerstreit mit der Natur. Denn bei solchen Grundsätzen hat man mehr Leid, während man weniger haben könnte, und weniger Lust, während man mehr haben könnte, und es geht einem schlecht, während es einem gut gehen könnte. Der Gehorsam gegen Gesetz und Brauch wäre nun nicht unvorteilhaft, wenn von ihrer Seite denen, die sich solche Grundsätze zu eigen machen, irgendeine Unterstützung zuteil würde und denen, die sie sich nicht zu eigen machen, sondern ihnen zuwiderhandeln, irgendeine Benachteiligung. Nun ist es aber klar, daß die auf Gesetz und Brauch beruhende Gerechtigkeit nicht ausreicht denen, die sich solche Grundsätze zu eigen machen, zu Hilfe zu kommen. Denn diese läßt es zunächst zu, daß der, welcher Unrecht leidet, es erleidet, und der, welcher es begeht, es begeht, und es verhindert da weder den, der es erleidet, am Erleiden noch den, der es begeht, am Begehen. Wird aber die Sache nachträglich vor Gericht gebracht, so hat der, der Unrecht erlitten, vor dem, der es begangen hat, nichts voraus. Denn jener wird wohl den Wunsch hegen, die Richter zu überzeugen, daß er Unrecht erlitten hat, und die Möglichkeit zu gewinnen, mit der Anklage vor Gericht durchzudringen. Dieselbe. Möglichkeit bleibt aber auch dem, der das Unrecht begangen hat, wenn er sich mit Leugnen hinaushilft. (Und die Überzeugungskraft der Rede des Verteidigers des Angeklagten ist möglicherweise größer) als die Überzeugungskraft der Rede des Klägers, um den, der Unrecht erlitten, wie den, der es begangen hat, zu schützen. Denn der Sieg beruht auf Redewendungen und …

6. Die Leute, die von edlen Vätern abstammen, ehren und achten wir; diejenigen aber, die aus einer unedlen Familie sind, ehren und achten wir nicht. Bei dieser Auffassung behandeln wir uns gegenseitig wie Barbaren. Denn von Natur sind wir alle, Barbaren und Hellenen, in allem gleich veranlagt. Das läßt sich aus dem erkennen, was für alle Menschen naturnotwendig ist. Das können sich alle gleichermaßen verschaffen und in dem allen ist niemand von uns ausgeschlossen, weder ein Barbar noch ein Hellene. Denn wir atmen alle durch Mund und Nase in die Luft aus und essen alle mit den Händen.

Alkidamas aus Eläa (1. Hälfte des 4. Jahrhunderts)

Der Nachfolger in der Leitung der Rednerschule des Gorgias entwarf einen Dialog naturwissenschaftlichen Inhalts, erklärte aber Gesetz und Sitte als rational verän-der- und verbesserbar. So forderte er Philosophen als Staatsmänner. Andererseits faßte er den Naturzustand positiver als den Kulturzustand auf. Damit widersprach er nicht nur Aristoteles, für den es einen natürlichen Unterschied zwischen Freien und Sklaven gab, sondern auch der anderen sophistischen Schule, die von Gorgias einen elitär aristokratischen Ausgang nahm. Sie wird in der aristotelischen Politik mit den Worten zitiert: »Ich will dem Volke feindlich gesinnt sein und durch meinen Rat nach Kräften schaden.«

1. Gott hat alle Menschen freigelassen; die Natur hat niemand zum Sklaven gemacht.

2. Wenn der Krieg das augenblickliche Unheil verschuldet hat, so muß es der Friede wieder gutmachen.

3. Die Odyssee ist ein schöner Spiegel des menschlichen Lebens.

Griechische Klassiker

Hippokrates (ca. 460–370 v. Chr.)

Hippokrates, aus dem Adelsgeschlecht der Asklepiaden, die ihren Ursprung auf den Heilgott Asklepios selbst zurückführen, ist nicht nur durch das Pathos, das er der medizinischen Wissenschaft beigemessen hat (vgl. Hippokratischer Eid) zur zentralen Figur dieser Wissenschaft geworden, sondern mehr noch durch die wahrhaft wissenschaftliche Erfassung des ganzen Menschen. Und weil er sich dem ganzen Menschen im Gefüge der Umwelt widmet, ist Hippokrates nicht nur Wanderarzt, sondern zugleich Ätiologe, Ethnologe und nicht zuletzt: Meteorologe. Tatsächlich ist das Wissen von den atmosphärischen Bedingungen die Grundlage der hippokratischen Medizin. Eine Krankheit kann nur dann verstanden und das heißt erklärt und geheilt werden, wenn die Umwelt des Menschen, Luft, Wasser, Boden und Klima, bekannt ist. Allerdings umfaßt dieser Begriff der Umwelt, nach alter Tradition, noch das Himmelsgeschehen: Sternen- und Sonnenlauf haben für den Arzt eminente Bedeutung. Damit rückt die Medizin den Menschen in eine kosmische Perspektive, wobei jedoch zu berücksichtigen ist, daß das Himmelsgeschehen nichts Übernatürliches an sich hat. Bei Hippokrates gibt es keine magische Astrologie der Geister: alles ist Natur, »nichts geschieht ohne Natur«. Physis, Natur ist die alles schaffende und ordnende Instanz, außer der es nichts gibt. Und doch scheint es, als ob das hippokratische Denken, – gegen die Macht des Mythos aufklärend – gerade weil es die Welt entgöttlicht, sie dem Zugriff der Götter entzieht, zugleich die Welt selbst vergöttlichen könnte: der aufklärerische Physisbegriff, den Hippokrates der ionischen Naturphilosophie entnimmt, schließt die Welt von den Göttern ab. Erst als sich selbst schaffende Ordnung kann die Welt selber göttlich werden.

1. Wer die Heilkunst in der rechten Weise ausüben will, der muß folgendes tun:
    Zunächst muß er Jahreszeiten beachten, d.h., was eine jede von ihnen zu
bewirken vermag. Denn sie gleichen einander in keinerlei Hinsicht, sondern
weisen starke Unterschiede auf, sowohl an sich selber wie ganz besonders
während ihrer Wandlungen. Und dann die warmen und kalten Winde, vor
allem die, welche allen Menschen gemeinsam sind, dann aber auch die, welche
in jedem einzelnen Lande zu Hause sind. Er muß aber auch die Wirkungen
der Gewässer bedenken. Denn wie sie sich durch ihren Geschmack im Munde
und nach ihrem Gewicht voneinander unterscheiden, so unterscheidet sich
die Kraft jeden Wassers stark von anderen. Daher muß der Arzt, wenn er in
eine ihm unbekannte Stadt kommt, ihre Lage betrachten, d.h., wie sie zu den
Winden und zu den Sonnenaufgängen liegt. Denn es ist nicht einerlei, ob sie
nach dem Nordwinde oder nach dem Südwinde zu liegt, und auch nicht, ob sie
nach Sonnenaufgang oder nach Sonnenuntergang gelegen ist. – Diese Dinge
muß man genau beachten und noch eins: wie es mit dem Trinkwasser einer
Stadt steht; ob ihre Bewohner sumpfiges und weiches Wasser gebrauchen oder
hartes, das aus hochgelegenen und felsigen Gegenden kommt, oder salziges und
hartes. Er muß auch den Boden berücksichtigen, ob er kahl und wasserlos oder
dicht und wasserreich ist oder ob er in einem stickigen Tal eingeschlossen ist
oder hoch liegt und kalt ist. Und dann achte darauf, was für eine Lebensweise
den Bewohnern behagt: ob sie den Trunk lieben und zu frühstücken pflegen
und bequem sind, oder ob sie gerne Leibesübungen treiben und ihre Freude an
körperlichen Anstrengungen haben und weniger essen und trinken.
    Unter diesem Gesichtspunkt muß man jedes einzelne bedenken. Denn wenn
einer dies alles gut im Kopfe hat, am besten all dieses oder doch das meiste,
dann dürfte ihm wohl nichts entgehen, wenn er in eine ihm unbekannte
Stadt kommt, weder die dort einheimischen Krankheiten noch die Natur der
Unterleibsverhältnisse ihrer Bewohner, d.h., wie diese beschaffen ist. Dann
wird er bei der Behandlung der Krankheiten nicht ratlos sein und keine Fehler bei seinen Verordnungen machen, was eintreten würde, wenn einer diese
Grundsätze nicht schon vorher begriffen und daher nicht schon vorher jeden
Einzelfall bedacht hat.
    Wenn aber die Jahreszeit weiter vorrückt, dann kann er über das Jahr schon
urteilen, was für Krankheiten in diesem insgemein die Stadt befallen werden,
sei es im Sommer oder im Winter, und was für Krankheiten dem einzelnen
persönlich infolge des Wechsels der Lebensweise drohen. Denn wenn er die
Wandlungen der Jahreszeiten und die Auf- und Untergänge der Gestirne kennt,
d.h., unter was für Umständen jeder dieser Vorgänge erfolgt , dann kann er
schon vorher wissen, wie das Jahr voraussichtlich werden wird. Ein Arzt, der

solchermaßen alles erwägt und schon im Voraus bedenkt, der wird auch in jedem besonderen Fall am sichersten die rechte Entscheidung treffen und in den meisten Fällen mit seinen gesundheitlichen Verordnungen das Rechte tun und daher durch seine Kunst bei den Menschen Erfolg haben.

Wenn aber einer meint, daß diese Dinge vielmehr Sache des Meteorologen wären, der wird, wenn er solche Meinung aufgibt, einsehen, daß die Sternkunde keinen geringen Teil zur Heilkunst beiträgt, sondern vielmehr einen ganz bedeutenden. Denn zugleich mit den Jahreszeiten wandeln sich auch die Krankheiten und die Unterleibsverhältnisse bei den Menschen.

2. So steht es mit diesen Dingen. Nun aber will ich von Asien und Europa sprechen, inwieweit sie sich in jeder Hinsicht voneinander unterscheiden, auch über die Gestalt der Völker; sie unterscheiden sich nämlich sehr und gleichen einander überhaupt nicht. Über sie alle zu sprechen, wäre freilich ein zu weites Feld. Aber über die größten und stärksten Unterschiede will ich meine Ansicht darlegen.

Ich behaupte nämlich, daß sich Asien am stärksten von Europa unterscheidet hinsichtlich der Naturen all der Dinge, die aus der Erde kommen, wie auch ihrer Bewohner. Es wird ja alles weit größer und schöner in Asien. Auch ist das Land kultivierter als das Europas, und der Charakter der Menschen ist sanfter und gutartiger. Die Ursache hiervon ist die Mischung der Jahreszeiten, weil Asien gegen Morgen, in der Mitte der Sonnenaufgänge, liegt und daher von den Regionen der Kälte und Wärme weiter entfernt ist. Das Gedeihen und die Veredelung all seiner Gewächse beruht weit mehr als in allen anderen Ländern darauf, daß keine Naturgewalt das Übergewicht hat, sondern vielmehr ein Gleichgewicht aller Kräfte herrscht.

Es sind aber in Asien die Gegenden nicht überall gleich, sondern das Land, das in der Mitte zwischen der Wärme und der Kälte liegt, ist das fruchtbarste und hat die schönsten Bäume und das beste Klima wie auch die schönsten Wasser vom Himmel und aus der Erde. Denn es ist weder von Hitze zu sehr verbrannt noch durch Dürre und Wasserarmut ausgetrocknet; noch von Kälte in ihren Bann geschlagen. Es ist auch nicht feucht und von Regenmassen und Schnee durchnäßt. Es ist daher sehr natürlich, daß dort die Gaben der Jahreszeiten in Fülle gedeihen, sowohl die, welche von Menschen ausgesät sind, wie die, welche die Erde aus sich selbst hervorsprießen läßt, deren Früchte die Menschen gebrauchen, indem sie wilde Bäume und Sträucher veredeln und in geeignetes Erdreich verpflanzen. Kein Wunder, daß auch die dort gezüchteten Haustiere am besten gedeihen und sich stark vermehren und schönsten Nachwuchs haben. Und die Menschen sind dort wohlgenährt, ja, es sind die schönsten und größten Menschen, an Aussehen und Größe nur wenig voneinander unterschieden. Es leuchtet ein, daß dieses Land in seiner Natur und in dem rechten Mittelmaß seiner Jahreszeiten dem Frühling am nächsten kommt. Dagegen können Eigenschaften wie Tapferkeit, Standhaftigkeit gegenüber Ungemach, Straffheit und Mut in einer solchen Natur nicht aufkommen, weder bei den Eingeborenen noch bei Fremden. Vielmehr muß das Genießen ihren Lebensinhalt bilden.

3. So steht es mit dem Unterschied der Natur und der Gestalt von Menschen und Dingen in Asien und Europa. An dem Mangel an Mut und Tapferkeit der Menschen, d.h. daran, daß die Asiaten unkriegerischer als die Europäer sind und ein sanfteres Wesen haben, sind vor allem die Jahreszeiten schuld, die keinen großen Wechsel mit sich bringen, was Wärme oder Kälte betrifft, sondern einander ganz ähnlich sind. Denn da erfolgen keine starken Erschütterungen des Denkens und keine empfindliche Veränderung des Körpers, wodurch der Charakter des Menschen verwildert und ein trotziges und mutiges Wesen annimmt im Gegensatz zu Menschen, die immer in denselben Zuständen leben. Denn die Wandlungen aller Verhältnisse sind es, die das Denken der Menschen aufregen und nicht zur Ruhe kommen lassen.

4. Außerdem kommen bei den Skythen die meisten impotenten Männer vor; sie verrichten weibliche Arbeiten, leben wie Weiber und sprechen ganz ähnlich wie diese. Solche Menschen heißen bei ihnen »Anarier«. Ihre Landsleute schreiben die Ursache hiervon einer Gottheit zu; sie verehren diese Menschen und beten sie an, weil jeder für seine eigene Person dasselbe Schicksal fürchtet. Mir selber scheinen ebenfalls diese Leiden göttlicher Natur wie auch alles andere, und nichts ist göttlicher als das andere oder menschlicher, sondern alle Vorkommnisse sind gleicher Natur und überhaupt alle göttlich. Denn ein jedes dieser Dinge hat seine eigene Natur, und nichts geschieht ohne die Natur.

Platon (428/27–347 v. Chr.)

Platon, Begründer der Akademie, jener Philosophenschule, die erst Justinian zu Beginn des 6. nachchristlichen Jahrhunderts auflösen sollte, hat das abendländisch-christliche Denken tief geprägt. In seiner Lehre von den Ideen als zeitlose Urbilder der Dinge sucht er deren Wesen in einer geistigen Sphäre, die eine harmonische Vernunftordnung der Welt ausdrücken soll. Wie der Auszug aus dem Phaidon (Nr. 1) zeigt, erklärt er dabei die Zusammenhänge der Welt nicht materiell. Eine umfassende Ordnung des Kosmos, wie sie nicht nur im Hinblick auf

Gleichgewichts- und Kreislaufmodelle, sondern vor allem auch im Hinblick auf Ganzheitsvorstellungen Einfluß auf das ökologische Denken ausgeübt hat, findet in der platonischen Philosophie gerade dort ihren Ausgangspunkt, wo Platon der unmittelbaren sinnlichen Erfahrung mißtraut und zur Betrachtung der Welt sich der Ideen als Wesen der Dinge bedient. Ganzheitliche Vorstellungen nämlich bedürfen grundsätzlich der Verbindung von Geist und Kosmos; auf die sinnliche Wahrnehmung und Erfahrung im neuzeitlichen Sinne allein ist die Ganzheitlichkeit nicht gründbar.

Das Sonnengleichnis aus der Politeia (Nr. 2) vergleicht die Fähigkeit zu erkennen mit der zu sehen. Beide aber bedürfen eines Mediums: Wie die Sonne dem Sehenden, so hilft die Idee des Guten dem Erkennenden. Platon trennt noch nicht zwischen Ethik und Wissenschaft. Nur unter dem Gesichtspunkt des Guten gewinnt die Erkenntnis der Welt für ihn einen Wert – so wie die ökologische Krise uns lehrt, daß Wissenschaft und Technik sich nicht verselbständigen, sondern ihre Zwecksetzungen vielmehr unter dem Gesichtspunkt der Einheit von Mensch und Natur erhalten müssen, wenn nicht unübersehbare Zerstörung und unübersehbares Leid über unsere Zivilisation hereinbrechen soll.

Die Einheit von Geist und Kosmos führt der zweite Auszug aus der Politeia (Nr. 3) auf ihren Höhepunkt, wenn Platon Gesetzlichkeiten der Astronomie mit der Harmonielehre in der Musik vergleicht. Beide aber sind nur Vorstufen zur Dialektik, jener Wissenschaft, die die Einheit und Ganzheit des Universums – das Wesen der Dinge in der Idee – zu vereinen hat. In diesem Kontext steht auch die berühmte Stelle aus dem Timaios, in der eine Übereinstimmung von Natur und Vernunft beschrieben wird (Nr. 4).

Platon bringt jedoch nicht nur derartige Ganzheitsvorstellungen auf den abendländischen Weg, er konkretisiert sie auch in vielerlei Hinsicht. Hier nur vier Beispiele, die ökologische Ansätze implizieren: Der Auszug aus dem Symposion (Nr. 5) vereint in der Idee des Eros alles Bewegende in der Welt. Harmonie der Kultur verdeutlicht er am Beispiel der Medizin und der Sternkunde. Im ersten Auszug aus den Nomoi (Nr. 6) erklärt Platon, daß die Wächter für die Ordnung in der Stadt zu sorgen haben und neue Gesetze erlassen dürfen, wenn unvorhergesehene Probleme auftreten. Zwar handelt es sich noch nicht um eine Vorahnung der ökologischen Krise, wohl aber rechnet Platon hier mit dem Unvorhergesehenen, bezieht er das »Menschenrecht auf Irrtum« (Bernd Guggenberger) stillschweigend mit in seine Überlegungen ein – eine Haltung, die man in unseren allzu eilfertigen politischen Entscheidungen zugunsten riskanter (Groß-)Technologien schmerzlich vermißt.

1. Es bedünkte mich nämlich nach diesem, da ich aufgegeben, die Dinge zu betrachten, ich müsse mich hüten, daß mir nicht begegne, was denen, welche die Sonnenfinsternis betrachten und anschauen, begegnet. Viele nämlich verderben sich die Augen, wenn sie nicht im Wasser oder sonst worin nur das Bild der Sonne anschauen. So etwas merkte ich auch und befürchtete, ich möchte ganz und gar an der Seele geblendet werden, wenn ich mit den Augen nach den Gegenständen sähe und mit jedem Sinne versuchte, sie zu treffen. Sondern mich dünkte, ich müsse zu den Gedanken meine Zuflucht nehmen und in diesen das wahre Wesen der Dinge anschauen. Doch vielleicht ähnelt das Bild auf gewisse Weise nicht so, wie ich es aufgestellt habe. Denn das möchte ich gar nicht zugeben, daß, wer das Seiende in Gedanken betrachtet, es mehr in Bildern betrachte, als wer in den Dingen. Also dahin wendete ich mich, und indem ich jedesmal den Gedanken zugrunde lege, den ich für den stärksten halte: so setze ich, was mir scheint mit diesem übereinzustimmen, als wahr, es mag nun von Ursachen die Rede sein oder von was nur sonst, was aber nicht, als nicht wahr.

2. Und von welchem unter den Göttern des Himmels sagst du wohl, daß dieses abhänge, dessen Licht mache, daß unser Gesicht auf das schönste sieht und daß das Sichtbare gesehen wird? – Denselben, sagte er, den auch du und jedermann; denn offenbar fragst du doch nach der Sonne. – Verhält sich nun das Gesicht so zu diesem Gott? – Wie? – Das Gesicht ist nicht die Sonne, weder es selbst noch auch das, worin es sich befindet, und was wir Auge nennen. – Freilich nicht. – Aber das sonnenähnlichste, denke ich, ist es doch unter allen Werkzeugen der Wahrnehmung. – Bei weitem. – Und auch das Vermögen, welches es hat, besitzt es doch als einen von jenem Gott ihm mitgeteilten Ausfluß. – Allerdings. – Ist nun so auch die Sonne zwar nicht das Gesicht, wird aber als die Ursache davon von eben demselben gesehen? – So ist es, sprach er. – Und eben diese nun, sprach ich, sage nur, daß ich verstehe unter jenem Sprößling des Guten, welchen das Gute nach der Ähnlichkeit mit sich gezeugt hat, so daß, wie jenes selbst in dem Gebiet des Denkbaren zu dem Denken und dem Gedachten sich verhält, so diese in dem des Sichtbaren zu dem Gesicht und dem Gesehehen. – Wie? sagte er; zeige mir das noch genauer. – Die Augen, sprach ich, weißt du wohl, wenn sie einer nicht auf solche Dinge richtet, auf deren Oberfläche das Tageslicht fällt, sondern worauf die nächtlichen Schimmer: so sind sie blödsichtig und scheinen beinahe blind, als ob keine reine Sehkraft in ihnen wäre? – Ganz recht, sagte er. – Wenn aber, denke ich, auf das, was die Sonne bescheint: dann sehen sie deutlich, und es zeigt sich, daß in eben diesen Augen die Sehkraft wohnt. – Freilich. – Ebenso nun betrachte dasselbe auch an der Seele. Wenn sie sich auf das heftet, woran Wahrheit und das Seiende glänzt: so bemerkt und

erkennt sie es, und es zeigt sich, daß sie Vernunft hat. Wenn aber auf das mit Finsternis Gemischte; das Entstehende und Vergehende: so meint sie nur, und ihr Gesicht verdunkelt sich so, daß sie ihre Vorstellungen bald so und bald so herumwirft und wiederum aussieht, als ob sie keine Vernunft hätte. – Das tut sie freilich. – Dieses also, was dem Erkennbaren die Wahrheit mitteilt und dem Erkennenden das Vermögen hergibt, sage, sei die Idee des Guten; aber sofern sie der Erkenntnis und der Wahrheit, und zwar letzterer als erkanntseiender verstanden, Ursache allerdings ist: so wirst du doch, so schön auch diese beiden sind, Erkenntnis und Wahrheit, nur wenn du dir jenes als ein anderes und noch Schöneres als beide denkst, richtig denken. Erkenntnis aber und Wahrheit, so wie dort Licht und Gesicht für sonnenartig zu halten zwar recht war, für die Sonne selbst aber nicht recht, so ist auch hier diese beiden für gutartig zu halten zwar recht, für das Gute selbst aber gleichviel welches von beiden anzusehen nicht recht, sondern noch höher ist als die Beschaffenheit des Guten zu schätzen. – Eine überschwengliche Schönheit, sagte er, verkündigst du, wenn es Erkenntnis und Wahrheit hervorbringt, selbst aber noch über diesen steht an Schönheit. Für Lust nämlich hältst du es doch gewiß nicht. – Frevle nicht! sprach ich, sondern betrachte sein Ebenbild noch weiter so. – Wie? – Die Sonne, denke ich, wirst du sagen, verleihe dem Sichtbaren nicht nur das Vermögen, gesehen zu werden, sondern auch das Werden und Wachstum und Nahrung, unerachtet sie selbst nicht Werden ist. – Wie sollte sie das sein! – Ebenso nun sage auch, daß dem Erkennbaren nicht nur das Erkanntwerden von dem Guten komme, sondern auch das Sein und Wesen habe es von ihm, obwohl das Gute selbst nicht das Sein ist, sondern noch über das Sein an Würde und Kraft hinausragt.

3. Da ist mir recht geschehen, sagte er, und wohlverdient hast du mich gescholten. Aber wie, meinst du, müsse man die Sternkunde anders lernen, als jetzt geschieht, wenn sie mit Nutzen für das, was wir meinen, erlernt werden soll? – So, sprach ich, daß man diese Gebilde am Himmel, da sie doch im Sichtbaren gebildet sind, zwar für das beste und vollkommenste in dieser Art halte, aber doch weit hinter dem Wahrhaften zurückbleibend, nämlich den Bewegungen, in welchen die Geschwindigkeit, welche ist, und die Langsamkeit, welche ist, sich nach der wahrhaften Zahl und allen wahrhaften Figuren gegeneinander bewegen und was darin ist forttreiben, welches alles nur mit der Vernunft zu fassen ist, mit dem Gesicht aber nicht. Oder meinst du etwa? – Keineswegs wohl. – Also, sprach ich, jene bunte Arbeit am Himmel muß man nur als Beispiele gebrauchen, um jenes zu erlernen, wie wenn einer auf des Daidalos oder eines andern Künstlers oder Malers vortrefflich gezeichnete und fleißig ausgearbeitete Vorzeichnungen trifft. Denn wenn einer, der sich auf Meßkunde versteht, diese

sieht, so wird er wohl finden, daß sie vortrefflich gearbeitet sind, aber es doch lächerlich sei, diese im Ernst darauf anzusehen, als ob man darin das Wesen des Gleichen oder Doppelten oder irgendeines anderen Verhältnisses fassen könnte. – Wie sollte das nicht lächerlich sein! sagte er. – Meinst du nun nicht, sprach ich, es werde dem wahrhaft Sternkundigen ebenso ergehen, wenn er die Bewegungen der Gestirne betrachtet? Er werde zwar glauben, so vortrefflich nur immer dergleichen Werke zusammengesetzt sein können, sei gewiß von dem Bildner des Himmels dieser und was in ihm ist auch zusammengesetzt; aber das Verhältnis der Nacht zum Tage und dieser zum Monat und des Monates zum Jahr und der andern Gestirne zu diesen und unter sich, meinst du nicht, er werde den für ungereimt halten, welcher behauptet, diese erfolgen immer auf die gleiche Weise, ohne je um das mindeste abzuweichen, die doch Körper haben und sichtbar sind, und man müsse auf jede Weise versuchen, an ihnen das Wesen zu erfassen? – Das dünkt mich nun auch, sprach er, da ich dich höre. – Also, sprach ich, um uns der Aufgabe zu bedienen, welche sie darbietet, wollen wir wie die Meßkunde so auch die Sternkunde herbeiholen, was aber am Himmel ist, lassen, wenn es uns anders darum zu tun ist, wahrhaft der Sternkunde uns befleißigend das von Natur Vernünftige in unserer Seele aus Unbrauchbarem brauchbar zu machen. – Da gibst du vielmal mehr zu tun, als jetzt bei der Sternkunde geschieht. – Und ich denke wohl, sagte ich, wir werden es mit allem andern ebenso einrichten müssen, wenn wir als Gesetzgeber etwas nütze sein wollen.

Aber was hast du nun noch in Erinnerung zu bringen von hierher gehörigen Kenntnissen? – Nichts jetzt sogleich, sagte er. – Aber die Bewegung selbst, sprach ich, stellt uns nicht eine, sondern mehrere Arten dar; sie nun insgesamt mag ein Sachkundiger auszuführen wissen, die aber auch uns gleich auffallen, deren sind zwei. – Was für welche? – Es scheinen ja, sprach ich, wie für die Sternkunde die Augen gemacht sind, so für die harmonische Bewegung die Ohren gemacht, und dieses zwei verschwisterte Wissenschaften zu sein, wie die Pythagoreer behaupten und wir zugeben, oder wie sonst tun? – Zugeben. – Also, sprach ich, weil das eine weitläufige Sache ist, wollen wir nur von jenen vernehmen, was sie darüber sagen, und ob noch etwas anderes zu diesem; wir aber wollen außer dem allen das unsrige wohl in acht nehmen. – Was doch? – Daß nicht unseren Zöglingen einfalle, etwas hiervon unvollständig zu lernen, so daß es nicht jedesmal dahin ausgeht, worauf alles führen soll, wie wir eben von der Sternkunde sagten. Oder weißt du nicht, daß sie es mit der Harmonie ebenso machen? Wenn sie nämlich die wirklich gehörten Akkorde und Töne gegeneinander messen, mühen sie sich eben wie die Sternkundigen mit etwas ab, womit sie nicht zustande kommen. – Bei den Göttern, sagte er, und gar lächerlich halten sie bei ihren sogenannten Heranstimmungen das Ohr hin, als ob sie in der Nachbarschaft eine Stimme erlauschen wollten, wobei denn einige behaupten, sie hörten noch einen Unterschied des Tones, und dies sei das kleinste Intervall, nach welchem man messen müsse, andere aber leugnen es und sagen, sie klängen nun schon ganz gleich, beide aber halten das Ohr höher als die Vernunft. – Du, sprach ich, meinst jene Guten, welche die Saiten ängstigen und quälen und auf den Wirbeln spannen. Damit aber die Erzählung nicht zu lang werde, will ich dir die Schläge mit dem Hammer und das Ansprechen und Versagen und die Sprödigkeit der Saiten, diese ganze Geschichte will ich dir schenken und leugne, daß diese Leute etwas von der Sache sagen, sondern vielmehr jene, von denen wir eben sagten, wir wollten sie der Harmonie wegen befragen. Denn diese hier machen es ebenso wie jene Astronomen, nämlich sie suchen in diesen wirklich gehörten Akkorden die Zahlen, aber sie steigen nicht zu Aufgaben, um zu suchen, welches harmonische Zahlen sind und welche nicht, und weshalb beides. – Das ist auch, sagte er, eine gar wunderliche Sache. – Sehr nützlich allerdings, sprach ich, für die Auffindung des Guten und Schönen, wenn man sie aber auf andere Weise betreibt, ganz unnütz. – Wahrscheinlich wohl, sagte er. –

Ich meinesteils denke, fuhr ich fort, wenn die Bearbeitung der Gegenstände, die wir bis jetzt durchgegangen sind, auf deren Gemeinschaft unter sich und Verwandtschaft gerichtet ist und sie zusammengebracht werden, wie sie zusammengehören, so kann diese Beschäftigung schon etwas beitragen zu dem, was wir wollen, und ist dann keine unnütze Mühe; wenn aber nicht, so ist sie unnütz. – So ahnt auch mir, sagte er, aber das ist gar ein großes Werk, o Sokrates. – Schon das Vorspiel, sprach ich, oder was meinst du? Oder wissen wir nicht, daß alles dies nur das Vorspiel ist zu der Melodie, welche eigentlich erlernt werden soll? Denn du meinst doch nicht, daß die in diesen Dingen stark sind, schon die Dialektiker sind? – Nein beim Zeus, außer nur gar wenige von denen, die mir bekannt geworden. – Aber auch das doch nicht, daß solche, die nicht einmal vermögen, irgend Rede zu stehen oder zu fordern, irgend etwas wissen werden von dem, was man, wie wir sagen, wissen muß; – Auch das gewiß nicht, sagte er. – Also dieses, o Glaukon, ist nun wohl die Melodie oder der Satz selbst, was die Dialektik ausführt? Von dem auch, wie er nur mit dem Gedanken gefaßt wird, jenes Vermögen des Gesichts ein Abbild ist, von welchem wir sagten, daß es bestrebt sei, auf die Tiere selbst zu schauen und auf die Gestirne selbst, ja zuletzt auch auf die Sonne selbst. So auch wenn einer unternimmt, durch Dialektik ohne alle Wahrnehmung nur mittels des Wortes und Gedankens zu dem selbst vorzudringen, was jedes ist, und nicht eher abläßt, bis er, was das Gute selbst ist, mit der Erkenntnis gefaßt hat, dann ist er an dem Ziel alles

Erkennbaren, wie jener dort am Ziel alles Sichtbaren. – Auf alle Weise. – Und diesen Weg, nennst du den nicht den dialektischen; – Wie sonst; – Die Lösung aber von den Banden und die Umwendung von den Schatten zu den Bildern und zum Licht, und das Hinaufsteigen aus dem unterirdischen Aufenthalt an den Tag, und dort das zwar auf die Tiere und Pflanzen selbst und auf das Licht der Sonne noch bestehende Unvermögen hinzuschauen, wohl aber auf deren göttliche Abbilder im Wasser und Schatten des Seienden, nicht mehr der Bilder Schatten, welche durch ein anderes, in Vergleich mit der Sonne ebensolches Licht abgeschattet wären: das ist die Kraft, welche die gesamte Beschäftigung mit den Künsten besitzt, welche wir durchgenommen haben; solche Anleitung gewähren sie dem Besten in der Seele zum Anschauen des Trefflichsten unter dem Seienden, wie dort dem Klarsten am Leibe zu der des Glänzendsten in dem körperlichen und sichtbaren Gebiet. – Ich, sprach er, nehme es so an; wiewohl es mir gar schwer scheint, es anzunehmen, dann aber auch wieder schwer, es nicht anzunehmen. Doch – denn man muß das ja nicht diesmal nur hören, sondern noch gar oft darauf zurückkommen – laß uns setzen, dies verhielte sich, wie eben gesagt wird, und laß uns nun zu dem Satz selbst gehen und ihn ebenso durchnehmen, wie wir das Vorspiel durchgenommen haben. Sprich daher, welches ist das eigentümliche Wesen der Dialektik, in was für Arten zerfällt sie, und welches sind die Wege zu ihr; denn diese wären es nun endlich, dünkt mich, die dahin führen, wo für den Angekommenen Ruhe ist vom Wege und Ende der Wanderschaft. – Du wirst nur, sprach ich, lieber Glaukon, nicht mehr imstande sein zu folgen! Denn an meiner Bereitwilligkeit soll es nicht liegen, und du sollst nicht mehr nur ein Bild dessen, wovon wir reden, sehen, sondern die Sache selbst, so gut sie sich mir wenigstens zeigt; ob nun richtig oder nicht, das darf ich nicht behaupten, aber daß es etwas solches gibt , muß behauptet werden. Nicht wahr? – Notwendig. – Nicht auch, daß allein die Kraft der Dialektik es dem zeigen kann, welcher der erwähnten Dinge kundig ist, sonst aber es nicht möglich ist? – Auch dies, sagte er, darf man behaupten. – Und dies wenigstens, sprach ich, wird uns wohl niemand bestreiten, wenn wir sagen, daß, was jegliches selbst sei, dies keine andere Wissenschaft planmäßig von allem zu finden sucht, sondern alle anderen Künste sich entweder auf der Menschen Vorstellungen und Begierden beziehen oder auch mit Hervorbringen und Zusammensetzen oder mit Pflege des Hervorgebrachten und Zusammen-gesetzten zu tun haben; die übrigen aber, denen wir zugaben, daß sie sich etwas mit dem Seienden befassen, die Meßkunde und was mit ihr zusammenhängt, sehen wir wohl, wie sie zwar träumen von dem Seienden, ordentlich wachend aber es wirklich zu erkennen nicht vermögen, solange sie, Annahmen voraus-setzend, diese unbeweglich lassen, indem sie keine Rechenschaft davon geben können. Denn wovon der Anfang ist, was man nicht weiß, Mitte und Ende also aus diesem, was man nicht weiß, zusammengeflochten wird, wie soll wohl, was auf solche Weise angenommen wird, jemals eine Wissenschaft sein können? – Keine gewiß! sagte er. –

4. Soviel mag über die Mitursachen genügen, vermöge welcher die Augen die Kraft besitzen, die ihnen jetzt zuteil geworden. Nun müssen wir aber ferner des größten Nutzens derselben gedenken, wegen dessen Gott uns dieses Geschenk verlieh. Meiner Ansicht nach ist die Sehkraft uns die Ursache des größten Gewinns, da ja wohl von den jetzt über das Weltganze angestellten Betrachtungen keine stattgefunden hätte, wenn wir weder die Sonne, noch die Sterne noch den Himmel erblickten. Nun aber haben der Anblick von Tag und Nacht, der der Monate und der Jahre Kreislauf die Zahl erzeugt und den Begriff der Zeit sowie die Untersuchungen über die Natur des Alls uns übermittelt. Und hieraus haben wir uns verschafft das Wesen der Philosophie, als welches ein größeres Gut weder kam noch jemals kommen wird dem sterblichen Geschlecht als Geschenk von den Göttern. Das erkläre ich für den größten Vorzug des Gesichts. Warum sollten wir aber der übrigen, die von geringerer Bedeutung sind, rühmend gedenken, welche der Nichtphilosoph, würde er blind, »in eitlen Klagen wohl bejammerte«? Sondern davon, so werde von uns behauptet, sei dies die Ursache zu folgendem Zweck: Gott habe das Sehvermögen uns ersonnen und verliehen, damit wir beim Erschauen der Kreisläufe der Vernunft am Himmel sie für die Umschwünge der eigenen Denkkraft benutzen, welche jenen, die regellos den geregelten, verwandt sind, und, nachdem wir sie begriffen und zur naturgemäßen Richtigkeit unseres Nachdenkens gelangten, durch Nachahmung der durchaus von allem Abschweifen freien Bahnen Gottes unsere eigenen, dem Abschweifen unterworfenen danach ordnen möchten.

Von der Stimme und dem Gehör gilt wieder dasselbe, daß dieses Geschenk eben deshalb und zu demselben Zwecke uns von den Göttern verliehen sei; denn die Rede hat denselben Zweck und trägt das meiste zu dessen Erreichung bei. Soviel aber von der Musenkunst der Stimme nützlich sei, das wurde zum Hören des Einklangs wegen geschenkt, und der Einklang, welcher den Bewegungen unserer Seele verwandte Schwingungen in sich schließt, ist demjenigen, welcher vernünftig und nicht zu zweckloser Lust, welche jetzt für den damit verbundenen Gewinn gilt, sich den Musen hingibt, von ihnen zum Beistände verliehen, den in uns entstandenen ungeregelten Umlauf der Seele zu ordnen und mit sich selbst in Einklang zu bringen. Ebenso verliehen uns dieselben auch das Taktmaß, damit es die in uns in den meisten Fällen stattfindende maßlose und anmutleere Gemütsstimmung ordnen und bekämpfen helfe.

5. Darauf habe Eryximachos so gesprochen: Es scheint mir nötig zu sein, da
    Pausanias zwar einen schönen Ansatz genommen zu seiner Rede, sie aber
    nicht befriedigend zu Ende geführt hat, daß ich versuchen müsse, der Rede
    ihren Schluß zu geben. Denn daß es einen zwiefachen Eros gibt, dünkt er mich
    sehr richtig unterschieden zu haben; daß er aber nicht allein über die Seelen
    der Menschen waltet in Beziehung auf die Schönen, sondern auch auf vieles
    andere, und auch in allen andern Dingen, in den Leibern aller Tiere sowohl als
    in den Gewächsen der Erde, und kurz in allem was ist, das glaube ich ersehen
    zu haben aus unserer Kunst, der Heilkunde, wie groß und bewunderungs-
    würdig der Gott ist und über alles sich erstreckt in menschlichen sowohl als
    göttlichen Dingen. Anfangen aber will ich meine Rede mit der Heilkunde, um
    doch meiner Kunst Ehre zu Liebe. Denn der gesunde Zustand des Leibes und
    der kranke sind eingestandenermaßen verschieden und unähnlich; und das
    Unähnliche begehrt auch und liebt Unähnliches. Ein anderer Eros also ist der
    über den Gesunden und ein anderer der über den Kranken. Und es ist, wie auch
    eben Pausanias sagte, den Guten unter den Menschen zu willfahren schön; den
    Ungebändigten aber häßlich. So ist es auch mit den Leibern selbst; dem, was
    gut ist an einem jeden Leibe und gesund, ist es schön zu willfahren, und es
    gehört sich, und dies ist eben das, was wir heilkundig nennen; dem Schlechten
    aber und Krankhaften wäre es schändlich, und dem muß sich verweigern, wer
    irgend kunstverständig sein will. Denn die Heilkunde ist, um es in kurzem zu
    sagen, die Erkenntnis der Liebesregungen des Leibes in bezug auf Anfüllung
    und Ausleerung; und wer in diesen Dingen die schöne und die schlechte Liebe
    unterscheidet, dieser ist der Heilkundigste, und wer zum Tauschen bewegt,
    daß man statt der einen Liebe die andere sich aneigne, und wer, denen keine
    Liebe einwohnt und doch einwohnen sollte, sie beizubringen versteht oder eine
    einwohnende zu benehmen, der wäre der treffliche Künstler. Denn dieser muß
    das Feindseligste im Leibe einander zu befreunden wissen, daß es sich liebe.
    Das Feindseligste aber ist das Entgegengesetzteste, das Kalte dem Warmen, das
    Bittre dem Süßen, das Trockene dem Nassen und alles dergleichen. Daß diesen
    Liebe und Wohlwollen unser Ahnherr Asklepios einzuflößen verstand, dadurch
    hat er, wie die Dichter hier sagen und ich es glaube, unsere Kunst gegründet.
    Die Heilkunde also wird, wie gesagt, ganz von diesem Gott geleitet, ebenso
    auch die Gymnastik und der Landbau. Von der Tonkunst aber muß jedem
    offenbar sein, der nur ein wenig Nachdenken daran wendet, daß es sich mit ihr
    ebenso verhält wie mit jenen, was vielleicht auch Herakleitos sagen will, denn
    den Worten nach hat er es nicht richtig ausgedrückt. Er sagt nämlich, daß das
    Eins »in sich entzweit sich mit sich einige« »wie die Stimmung einer Lyra oder
    eines Bogens«. Es ist aber große Unvernunft, zu sagen, eine Harmonie sei in

sich entzweit oder könne aus noch Entzweitem bestehen. Vielleicht aber wollte er dieses sagen, daß sie aus dem vorher entzweiten Höheren und Tieferen, hernach aber einig Gewordenen durch die Tonkunst entstanden sei. Denn unmöglich kann aus noch entzweitem Höheren und Tieferen eine Harmonie bestehen. Denn Harmonie ist Zusammenstimmung, Zusammenstimmung aber ist eine Eintracht; Eintracht aber kann unter Entzweitem, solange es entzweit ist, unmöglich sein; und das Entzweite und nicht Einträchtige kann wiederum unmöglich zusammenstimmen. Wie auch das Zeitmaß aus dem Schnellen und Langsamen, vorher freilich entzweiten, hernach aber einig gewordenen, entsteht. Eintracht nun weiß allem diesem, wie dort die Heilkunst, so hier die Tonkunst einzuflößen, indem sie gegenseitig jedem Liebe und Wohlwollen einbildet. Und so ist wiederum die Tonkunst eine Wissenschaft der Liebe in bezug auf Harmonie und Zeitmaß. Und in dem Aufstellen des Wohllautes und des Zeitmaßes selbst ist es wohl nicht schwer, die Liebesregungen zu erkennen, noch findet sich hierin jener zwiefache Eros. Allein, wenn man vor den Menschen Wohllaut und Zeitmaß in Anwendung bringen soll, es sei nun dichtend, was man das Tonsetzen nennt, oder nur bereits gedichtete Gesänge und Silbenmaße recht gebrauchend, was die Ausübung heißt, alsdann ist es schwer und bedarf eines tüchtigen Meisters. Denn hier tritt wieder dasselbe Verhältnis ein, daß man den sittlichen Menschen, und damit auch die sittlicher werden, die es noch nicht sind, gefällig sein und ihre Liebe wohl in acht nehmen muß; und dies eben ist der schöne himmlische Eros, der der Muse Urania angehört, der andere aber der Polyhymnia ist der gemeine, den man mit großer Vorsicht anwenden muß, bei wem man ihn ja anwendet, damit man die Lust von ihm zwar einernte, er aber doch keine Ungebundenheit hervorbringe, sowie es in unserer Kunst gar schwer ist, mit den Gelüsten, die sich auf die Kochkunst beziehen, richtig zu verfahren, um die Lust davon zu genießen ohne Krankheit. Also in der Tonkunst wie in der Heilkunst und in allen übrigen menschlichen und göttlichen Dingen muß man, soweit es vergönnt ist, auf den zwiefachen Eros wohl acht haben; denn vorhanden sind beide darin.

6. Sind aber die Menschen dennoch einer Art von Mauern bedürftig, dann gilt es, von Anfang an den Grundriß der Einzelwohnungen so zu entwerfen, daß die ganze Stadt zu einer Mauer werde, indem alle Wohnungen durch ihre Gleichförmigkeit und Ebenmäßigkeit nach der Straße zu Sicherheit erlangen, und damit die Stadt, indem sie als eine Wohnung erscheint, keinen unangenehmen Anblick darbiete und sich in Hinsicht auf Leichtigkeit der Bewachung ganz und gar für die Rettung auszeichne. Dafür aber zu sorgen, daß die anfangs aufgeführten Wohnungen bestehen bleiben, dürfte zumeist den Bewohnern

derselben zukommen sowie den Stadtaufsehern, die Aufsicht hierüber zu führen, indem sie dieselben durch Bestrafung der Fahrlässigen dazu nötigen, auch für die in allen Teilen der Stadt zu beobachtende Reinlichkeit zu sorgen sowie, daß kein einzelner an einem der Stadt zugehörigen Platze Gebäude oder Gräben aufführe. So komme diesen auch die Sorge zu für den Abfluß des von Zeus gesandten Regenwassers und für alles, was sonst innerhalb und außerhalb der Stadt anzuordnen zweckmäßig sein dürfte. Indem aber die Gesetzeswächter durch die Erfahrung von diesem allen sich Kenntnis verschaffen, mögen sie die Gesetze auch im übrigen ergänzen, wo dieselben wegen Unvorhersehbarkeit etwas ausließen.

Aristoteles (384–323 v. Chr.)

In der okzidentalen Kulturentwicklung ist es Aristoteles, auf den man sich beruft, wenn man sich wissenschaftlich mit der erfahrbaren Welt auseinandersetzen will – sei es bei Thomas von Aquin oder in der heutigen ökologisch orientierten Wissenschaftskritik. Im Gegensatz zu seinem Lehrer Platon und dessen Ideenlehre kehrt sich Aristoteles vor allem der real möglichen Erfahrung zu und damit natürlich auch der sinnlich wahrnehmbaren Vielfalt, die er in einem System der Metaphysik zu begründen sucht. Insofern kann sich ökologische Technikkritik heute auf Aristoteles berufen, wenn sie der Herausforderung der Natur durch ideale, von der konkreten Erfahrung abstrahierende naturwissenschaftliche und technische Systeme wieder ein Recht lebensweltlicher Vielfalt – sei es der Arten oder der menschlichen Erfahrungsweisen und konkreten sinnlichen Wahrnehmungen – entgegenstellen will. Naturzerstörung bedeutet eben auch den Verlust von erfahrbaren Qualitäten und ästhetischen Erlebnissen, die wieder einzufordern die Aufgabe einer an Aristoteles orientierten Ökologie sein könnte. Im ersten Auszug aus der Metaphysik (Nr. 1) betont Aristoteles, daß es in der Erfahrungswissenschaft zwar um allgemeine Gesetze und Prinzipien geht, betont jedoch zugleich auch die Wichtigkeit der Erfahrung des konkreten Einzelfalls. Wenn er vom Seienden oder von der Natur spricht, so impliziert er, wie Auszug Nr. 2 zeigt, daß Natur auf ein einheitliches Prinzip zurückzuführen ist, wodurch sein Modell auch ganzheitliche ökologische Vorstellungen zu integrieren vermag. Er problematisiert aber im dritten Auszug (Nr. 3) auch die vielfältigen Dimensionen eines Naturbegriffs, der uns in der ökologischen Diskussion seit Descartes und Kant mehr und mehr verlorengegangen ist. Mit seinem differenzierten Naturbegriff öffnet er das Modell

der wesensmäßigen Ideen einer konkret erfahrbaren Vielfalt von Natur, die heute
immer mehr verlorenzugehen droht.

Aber nicht nur hinsichtlich der Naturbetrachtung weist Aristoteles dem ökologischen Denken einen interessanten Weg. In den Auszügen aus der Nikomachischen
Ethik (Nr. 4, 5, 6) entwirft er eine Form der Tugend, die sich auf das rechte, das
mittlere Maß richtet und insofern die ökologische Ethik dort antizipiert, wo es ihr
um die Behebung naturzerstörerischer Wirkungen eines entfesselten Wachstums,
eines schrankenlosen technischen Handelns und eines maßlosen Konsums geht.

Daß Ökologie aber nicht bloß ein ethisches oder technisches, vielleicht noch
wissenschaftliches Problem ist, sondern vielmehr originär mit dem Staat und dem
Politischen verbunden ist – ja daß Ökologie geradezu zur wesensmäßigen Aufgabe
eines Staates gehört, der das Leben seiner Bürger schützen will, das zeigt sich bereits
in der aristotelischen Politik. Und dies nicht nur dort, wo er den Menschen als po-
litisches Wesen begreift und den Staat gewissermaßen zum Naturprodukt erklärt
(Nr. 7), sondern vor allem auch dort, wo er das staatlich vermittelte Verhältnis
zwischen Mensch und Natur beschreibt und betont, daß Ökonomie und Politik
gemeinsam die Grenzen des Reichtums begreifen müssen.

1. Alle Menschen streben von Natur nach Wissen. Dies zeigt ihre Liebe zu den
    Sinneswahrnehmungen. Denn sie lieben diese Wahrnehmungen unabhängig
    vom Nutzen, und zwar mehr als alle anderen Wahrnehmungen diejenigen,
    die durch die Augen vermittelt werden. Nicht nur mit Rücksicht auf unser
    Handeln, und selbst dann, wenn wir gar nicht handeln wollen, ziehen wir das
    Sehen im großen ganzen allen anderen Wahrnehmungen vor. Die Ursache
    hierfür liegt darin, daß es uns mehr als alle anderen Sinne erkennen läßt und
    viele Unterschiede offenbart.

    Der Besitz von Sinneswahrnehmungen ist den Lebewesen von Natur ange-
    boren. Bei manchen Lebewesen entsteht aus diesen Wahrnehmungen keine
    Erinnerung; bei anderen dagegen entsteht Erinnerung. So sind die letzteren
    einsichtiger und gelehriger als diejenigen, die sich nicht zu erinnern vermö-
    gen. Ohne Lernen einsichtig sind alle Lebewesen, die nicht vermögend sind,
    den Schall zu hören – also die Bienen und jede andere derartige Gattung von
    Lebewesen, die es etwa gibt. Dagegen lernen alle Lebewesen, die außer der
    Erinnerung auch die Wahrnehmung des Schalles haben.

    Während nun die anderen Lebewesen ihren Vorstellungen und Erinnerungen
    leben und nur geringer Erfahrung teilhaftig werden, lebt die Menschengattung
    auch der Kunst und dem schlußfolgernden Denken. Aus der Erinnerung ent-
    steht nämlich für die Menschen Erfahrung. Viele Erinnerungen an dieselbe
    Sache schaffen das Vermögen *einer* Erfahrung. Die Erfahrung scheint nahezu

das gleiche zu sein wie Wissenschaft und Kunst, doch erlangen die Menschen Wissenschaft und Kunst *durch* die Erfahrung. Denn »Erfahrung schuf die Kunst« – Polos mit Recht sagt* –, »Unerfahrenheit aber die Fügung«. Kunst entsteht dann, wenn sich aus vielen durch Erfahrung gewonnenen Gedanken eine allgemeine Auffassung über Ähnliches bildet.

2. Von »Seiendem« spricht man in mehreren Bedeutungen, aber immer in bezug auf *eines* und *eine* Natur – und nicht im Wege bloßer Gleichnennung. In demselben Sinne hat alles »Gesunde« mit Gesundheit zu tun – indem es entweder die Gesundheit erhält oder hervorbringt oder ihr Anzeichen ist oder für sie empfänglich ist. So hat alles »Ärztliche« mit der ärztlichen Wissenschaft zu tun; und deshalb wird etwas »ärztlich« genannt, wenn es entweder diese Wissenschaft besitzt oder für sie geeignet ist oder ihr Werk ist. Entsprechendes können wir auch bei anderen Ausdrücken finden. In diesem Sinne nun wird auch von »seiend« zwar in mehreren Bedeutungen gesprochen, aber immer in Beziehung zu *einer* Quelle. So wird »seiend« genannt: einiges, weil es ein Wesen ist, anderes, weil es Affektion eines Wesens ist, wieder anderes, weil es Übergang zum Wesen oder Untergang, Privation, Qualität, Hervorbringendes oder Erzeugendes von Wesen oder von etwas ist, was nach seiner Beziehung zum Wesen benannt wird, – oder weil es Verneinung von etwas derartigem oder des Wesens selbst ist. Deshalb sagen wir ja auch vom Nichtseienden, es »sei« nichtseiend. Wie nun aber alles Gesunde zu *einer* Wissenschaft gehört, so gilt dies entsprechend auch bei allen anderen Ausdrücken. Gegenstand *einer* Wissenschaft ist nicht nur alles, was von *einem* her bezeichnet wird, sondern auch alles, was in Beziehung auf *eine* Natur bezeichnet wird: denn auch dies wird in gewissem Sinne von einem her bezeichnet. Es ist also klar, daß auch das Seiende, insofern es ist, von *einer* Wissenschaft zu betrachten ist. Überall aber beschäftigt sich die Wissenschaft vornehmlich mit dem Ersten und mit dem, wovon das andere abhängt und wonach es benannt ist. Wenn dies aber das Wesen ist, so muß der Philosoph zunächst die Quellen und Ursachen der Wesen begriffen haben.

3. *Natur* heißt: [1] die Entstehung der wachsenden Dinge (gleichsam als ob man das υ in φύσις gedehnt ausspräche**; [2] derjenige Bestandteil, aus dem das wachsende Ding als dem Ersten erwächst; [3] das Woher jener ersten Bewegung in jedem Naturdinge, die an ihm besteht, insofern es ein Naturding ist.

---

*.   Platon, Georgias 448 C.

**   φύεσται = wachsen, woraus φύσις = Natur abzuleiten ist, hat meistens ein langes υ.

Von Wachsen aber spricht man bei solchen Dingen, die durch etwas von ihnen Verschiedenes zunehmen, indem sie sich mit diesem berühren und entweder mit ihm zusammengewachsen oder – wie die Embryonen – ihm angewachsen sind. Zwischen Berührung und Zusammenwachsen besteht ein Unterschied: bei der ersten braucht nichts von der Berührung Verschiedenes zu existieren; beim Zusammenwachsen aber gibt es ein Eines, das in beiden Dingen dasselbe ist und bewirkt, daß die Dinge, statt sich bloß zu berühren, zusammengewachsen sind und eines sind nach Zusammenhang und Quantum, wenn auch nicht dem Quale nach. – [4] Natur wird dasjenige genannt, woraus als Erstem ein Naturding besteht oder entsteht: etwas Ungestaltetes, das sich aus eigenem Vermögen nicht verändern kann. Zum Beispiel bezeichnet man als Natur der Bildsäule und der ehernen Geräte das Erz, als Natur der hölzernen das Holz und entsprechend in anderen Fällen. Denn wenn das einzelne Ding aus diesen Naturen entsteht, bleibt der erste Stoff durch diese Entstehung hindurch erhalten. In diesem Sinne sagt man auch, daß die Elemente der Naturdinge ihre Natur seien: die einen Denker bezeichnen als solche Natur das Feuer, andere die Erde, die Luft, das Wasser oder irgend etwas anderes dieser Art – manche auch mehrere solcher Elemente, manche Denker alle. – [5] Man nennt Natur auch das Wesen der Naturdinge: z. B. diejenigen Denker, die sagen, daß Natur die erste Zusammensetzung sei, oder Empedokles, der sagt:

> »Natur gibt's bei keinem der Dinge,
> Sondern die Mischung allein und die Trennung allein des Gemischten
> Gibt es; den Namen Natur für dieses erfanden die Menschen.«[*]

Daher sagen wir bei Dingen, die von Natur bestehen oder entstehen – auch dann, wenn dasjenige schon vorhanden ist, woraus sie von Natur entstehen oder bestehen –, daß sie ihre Natur noch nicht hätten, solange sie noch nicht ihre Gestalt und damit ihre Form haben. Was aus beidem [4 und 5] besteht, ist »von Natur«: z. B. die Tiere und ihre Teile. »Natur« aber ist einerseits der Stoff (und auch dieser in zwei Bedeutungen: entweder als erster für das Ding selbst oder als erster überhaupt – wie z. B. bei Werken aus Erz für sie selbst das Erz etwas Erstes ist, das überhaupt Erste aber vielleicht Wasser, wenn nämlich alle schmelzbaren Dinge Wasser sind). Andererseits ist »Natur« die Gestalt und damit das Wesen; dieses aber ist das Endziel der Entstehung. – [6] In Erweiterung der letzten Bedeutung des Wortes »Natur« nennt man überhaupt jedes Wesen Natur, weil Natur eine Art Wesen ist.

---

[*] Empedokles, Fragm. 8.

Nach dem Gesagten ist erste Natur und Natur im eigentlichen Sinne des Wortes das Wesen derjenigen Dinge, die die Quelle der Bewegung in sich haben, insofern sie solche Dinge sind. Der Stoff nämlich wird Natur genannt, weil er für dieses Wesen empfänglich ist, die Entstehungen und das Wachsen aber deshalb, weil sie Bewegungen sind, die vom Wesen ausgehen. Und Natur in diesem Sinne ist die Quelle der Bewegung der Naturdinge, insofern sie in den Dingen entweder dem Vermögen oder der Vollendung nach irgendwie enthalten ist.

4. Daß man nach rechter Überlegung handeln müsse, ist zu allgemein und selbstverständlich, auch wird später noch davon die Rede sein, von ihrem Wesen und ihrem Verhältnis zu den andern Tugenden. Das eine soll jedoch von vornherein klargelegt sein, daß ein Gedankengang im Bereich des Handelns nur im Umriß und nie genau ausgeführt werden darf, wie wir ja von Anfang an sagten (94 b II–24), die Beweise müßten sich den Gegenständen anpassen. Denn was mit dem Handeln und dem Nützlichen zusammenhängt, bietet nichts Festes, so wenig wie das der Gesundheit dienliche. Wenn dies nun schon für den allgemeinen Beweis gilt, wird der mit dem einzelnen sich Befassende erst recht ungenau sein müssen, da er weder unter eine Kunst noch eine Lehre fällt, die Handelnden selbst vielmehr stets das für den Augenblick Günstige ersehen müssen, so wie es in der Heilkunst und in der Steuermannskunst ist.

Trotz dieser Eigenart unserer gegenwärtigen Vorlesung müssen wir versuchen, Hilfe zu bringen. Zuerst ist zu bedenken, daß in solchen Fällen ein Zuwenig und ein Zuviel verderblich ist (man muß ja das Sichtbare zum Zeugnis nehmen für das Unsichtbare), so wie wir es bei Kraft und Gesundheit beobachten: übertriebene und ungenügende Übungen schwächen die Stärke, so wie in Speise und Trank Unmäßigkeit und Mangel die Gesundheit schädigt, während alles Maßvolle sie schafft und fördert und rettet. Genau so ist es also auch bei der Mäßigung und Tapferkeit und den anderen Tugenden: wer alles meidet und flieht und keinem standhält, wird feige, wer überhaupt nichts fürchtet und alles angeht, wird frech, so wie der, der alle Lust auskostet und keine auslassen kann, zügellos wird, wer sie jedoch alle meidet, wie die Wilden, der wird unempfänglich. Mäßigung und Tapferkeit also werden von einem Zuviel und einem Zuwenig verdorben, von einem Mittelzustand gerettet.

5. Es ist also die Tugend eine vorsätzliche Handlung, in einem für uns gedachten mittleren Zustand, bestimmt durch Überlegung und so, wie der Verständige es abgrenzt. Die Mitte liegt zwischen zwei Lastern, deren eines das Übermaß, deren anderes die Dürftigkeit vorzieht und die teils über das rechte Maß hinausgehen, teils dahinter zurückbleiben in Gefühlen und Handlungen, während

die Tugend die rechte Mitte findet und innehält. Nach ihrem Wesen und nach dem Begriff, der ihr Wesen bestimmt, ist die Tugend also ein Mittelzustand, nach Rang und Wert dagegen ist sie ein Gipfelzustand.

Nicht jede Handlung aber und jedes Gefühl läßt einen solchen Mittelzustand zu, manchmal hegt in der Bezeichnung schon die Lasterhaftigkeit, z.B. Schadenfreude, Unverschämtheit, Neid und bei den Handlungen Ehebruch, Diebstahl, Mord. All dies und dergleichen wird verurteilt, weil es selber böse ist, nicht erst ihr Übermaß oder Mangel. Hierin kann man also nichts richtig treffen, sondern nur falsch machen, und es gibt hierin auch kein richtiges und unrichtiges Verhalten, daß man etwa Ehebruch beginge mit einer, mit der man soll oder dann oder so, sondern jede derartige Handlung ist schlechthin falsch. Ähnlich wäre das Ansinnen, bei ungerechtem, feigem oder zügellosem Verhalten noch Mittelmaß, Übermaß und Mangel unterscheiden zu sollen, weil dann bei Übermaß und Mangel je noch wieder eine Mitte herauskommen würde und ein Übermaß im Übermaß und ein Mangel im Mangel. So wenig wie es für Mäßigung und Tapferkeit ein Übermaß und einen Mangel gibt, weil die Mitte im gewissen Sinne einen Endpunkt darstellt, so gibt es auch in jenen Fällen nicht Mitte, Zuviel und Zuwenig, sondern wie sie auch begangen werden, sind sie verkehrt. Überhaupt gibt es ja innerhalb des Zuviel und des Zuwenig nicht wieder eine Mitte, noch innerhalb der Mitte ein Zuviel und Zuwenig.

6. Als nächstes soll die Freigebigkeit besprochen werden. Sie erscheint als Mittelhaltung in Gelddingen. Denn als freigebig wird man gelobt nicht in Kriegshandlungen, auch nicht in dem Bereich, der für den Mäßigen gilt, auch nicht bei Beurteilungen, sondern im Ausgeben und Einnehmen von Geld, besonders im Ausgeben. Unter Geld verstehen wir alles, dessen Wert man durch Münzen mißt. Auch bei Verschwendung und Geiz handelt es sich um das Geld, nämlich um das Zuviel und Zuwenig, den Geiz schreiben wir allen zu, die sich um Geld mehr haben, als man darf, unter Verschwendung versteht man häufig etwas Verwickelteres: wir nennen verschwenderisch die, die unbeherrscht und für Ausschweifungen Aufwendungen machen. Daher erscheinen sie auch als besonders schlecht, weil sie viele Laster zugleich haben. Das Wort bezeichnet also nicht Eigenes; denn die Meinung ist doch die, daß Verschwender jemand ist, der mit einem einzigen Laster behaftet ist, daß er nämlich sein Vermögen vertut. Verschwenderisch ist ja jemand, der durch sich selbst zugrunde geht und die Verprassung des Vermögens erscheint als Verderben seiner selbst, insofern man ja davon leben muß.

7. Endlich ist die aus mehreren Dorfgemeinden gebildete vollkommene Gesellschaft der Staat, eine Gemeinschaft, die gleichsam das Ziel vollendeter Selbst-

genügsamkeit erreicht hat, die um des Lebens willen entstanden ist und um des vollkommenen Lebens willen besteht.

Darum ist alles staatliche Gemeinwesen von Natur, wenn anders das gleiche von den ersten und ursprünglichen menschlichen Vereinen gilt. Denn der Staat verhält sich zu ihnen wie das Ziel, nach dem sie streben; das ist aber eben die Natur. Denn die Beschaffenheit, die ein jedes Ding beim Abschluß seiner Entstehung hat, nennen wir die Natur des betreffenden Dinges, sei es nun ein Mensch oder ein Pferd oder ein Haus oder was sonst immer. Auch ist der Zweck und das Ziel das Beste; nun ist aber das Selbstgenügen Ziel und Bestes.

Hieraus erhellt also, daß der Staat zu den von Natur bestehenden Dingen gehört und der Mensch von Natur ein staatliches Wesen ist, und daß jemand, der von Natur und nicht bloß zufällig außerhalb des Staates lebt, entweder schlecht ist oder besser als ein Mensch, wie auch der von Homer als Mann »ohne Geschlecht und Gesetz und Herd« gebrandmarkte. Denn er ist gleichzeitig von Natur ein solcher (staatsloser Mensch) und »nach dem Kriege begierig«, indem er isoliert dasteht wie ein Stein im Brett.

Daß der Mensch mehr noch als jede Biene und jedes schwarm- oder herdenweise lebende Tier ein Vereinswesen ist, tritt klar zutage. Die Natur macht, wie wir sagen, nichts vergeblich. Nun ist aber einzig der Mensch unter allen animalischen Wesen mit der Sprache begabt. Die Stimme ist das Zeichen für Schmerz und Lust und darum auch den anderen Sinneswesen verliehen, indem ihre Natur so weit gelangt ist, daß sie Schmerz und Lust empfinden und beides einander zu erkennen geben. Das Wort aber oder die Sprache ist dafür da, das Nützliche und das Schädliche und so denn auch das Gerechte und das Ungerechte anzuzeigen. Denn das ist den Menschen vor den anderen Lebewesen eigen, daß sie Sinn haben für Gut und Böse, für Gerecht und Ungerecht und was dem ähnlich ist. Die Gemeinschaftlichkeit dieser Ideen aber begründet die Familie und den Staat.

Darum ist denn auch der Staat der Natur nach früher als die Familie und als der einzelne Mensch, weil das Ganze früher sein muß als der Teil. Hebt man das ganze menschliche Kompositum auf, so kann es keinen Fuß und keine Hand mehr geben, außer nur dem Namen nach, wie man etwa auch eine steinerne Hand Hand nennt; denn nach dem Tode ist sie nur mehr eine solche. Ein jedes Ding dankt nämlich die eigentümliche Bestimmtheit seiner Art den besonderen Verrichtungen und Vermögen, die es hat, und kann darum, wenn es nicht mehr die betreffende Beschaffenheit hat, auch nicht mehr als dasselbe Ding bezeichnet werden, es sei denn im Sinnne bloßer Namensgleichheit.

Man sieht also, daß der Staat sowohl von Natur besteht, wie auch früher ist als der Einzelne. Denn wenn sich der Einzelne in seiner Isolierung nicht selber genügt, so muß er sich zum Staate ebenso verhalten, wie andere Teile zu dem Ganzen, dem sie angehören.

Wer aber nicht in Gemeinschaft leben kann, oder ihrer, weil er sich selbst genug ist, gar nicht bedarf, ist kein Glied des Staates und demnach entweder ein Tier oder ein Gott. Darum haben denn alle Menschen von Natur in sich den Trieb zu dieser Gemeinschaft, und der Mann, der sie zuerst errichtet hat, ist der Urheber der größten Güter. Denn wie der Mensch in seiner Vollendung das vornehmste Geschöpf ist, so ist er auch, des Gesetzes und Rechtes ledig, das schlechteste von allen. Die bewaffnete Ungerechtigkeit ist am ärgsten, und der Mensch tritt ausgestattet mit den Waffen seiner intellektuellen und moralischen Fähigkeiten ins Dasein, Waffen, die, wie sonst keine, so ganz entgegengesetzt gebraucht werden können. Deshalb ist er ohne Moralität das ruchloseste und roheste und in bezug auf Geschlechts- und Gaumenlust das allergemeinste Geschöpf. Die Gerechtigkeit aber, der Inbegriff aller Moralität, ist ein staatliches Ding. Denn das Recht ist nichts anderes als die in der staatlichen Gemeinschaft herrschende Ordnung, und eben dieses Recht ist es auch, das über das Gerechte entscheidet.

Epikur (341–270 v. Chr.)

Die Erkenntnislehre Epikurs beruht auf der sinnlichen Wahrnehmung und der damit verbundenen Erfahrung. Im ersten Auszug (Nr. 1) betont er die Abhängigkeit der Naturwissenschaft von den beobachtbaren Phänomenen, ohne die Natur nicht begriffen werden kann. Wenn Ökologie an die konkrete Erfahrung anschließen will, steht sie auch in der epikureischen Tradition. Epikur will mit seiner an Demokrit orientierten Naturlehre den Menschen von seiner Angst vor mythologisch verzerrten Naturgewalten befreien (Nr. 2). Eine Ökologie in der Tradition der Aufklärung hat letztlich denselben Zweck, dem Menschen seine Verbundenheit mit der Natur als Chance und nicht als Bedrohung vorzuführen, auch wenn heute, angesichts der Naturzerstörung Ökologie nicht zuletzt auch die Vorhersage, die Aufklärung und die Vermeidung von Katastrophen im Auge hat.

Gerade aber hinsichtlich der erstgenannten Absicht weist Epikur dem ökologischen Denken einen Weg, den man bisher kaum begriffen hat. Sein Hedonismus sucht keineswegs die blanke Lust ohne Rücksicht auf die Folgen. Seine Tugend ist keineswegs eine des Übermaßes, wie man sie heute einem konsumistischen Hedonismus attestieren muß. Im Gegenteil sieht Epikur (Nr. 2) fast ökologisch, daß Reichtum von Natur aus begrenzt ist und daß Grenzenlosigkeit und Maßlosigkeit nur der Eitelkeit und Hybris entspringen. Grenzenloser Reichtum wird selbst wieder Armut (Nr. 3). Insofern ist Lust zutiefst mit Selbstgenügsamkeit verbunden. Sie bedeutet für Epikur wesentlich die Abwesenheit von Schmerz und Sorge (Nr. 4). Es ist daher die Aufgabe des Menschen, seine naturgegebenen Grenzen zu erkennen, um zu einem gefestigten Zustand seines Lebens und damit zum guten und vor allem leichten Leben zu kommen (Nr. 5, 6). In Einheit mit der Natur zu leben, und ihr nicht Gewalt anzutun, ist also keine Form des Leidens, bereitet, wenn man sich von allerlei ängstigender Mythologie befreit, ein gutes und freudvolles Leben.

1. Denn man soll nicht Naturwissenschaft treiben auf Grund leerer Behauptungen und Verfügungen, sondern so wie es die Phänomene fordern. Denn unser Leben bedarf nicht der Unvernunft und des leeren Meinens, sondern daß wir ohne Störung leben.

    Ohne Erschütterung vollzieht sich nun alles in all jenen Dingen, die übereinstimmend mit den Phänomenen auf verschiedene Weise geklärt werden können, wenn man in richtiger Weise bei dem bleibt, was in diesen Dingen als wahrscheinlich ausgemacht werden kann. Wenn man aber das eine festhält und das andere verwirft, das doch genau so gut mit den Phänomenen übereinstimmt, dann ist es klar, daß man überhaupt den Bereich naturwissenschaftlicher Forschung verläßt und dem Mythos verfällt.

2. Wenn wir nicht beunruhigt würden durch den Verdacht, es möchten uns die Himmelserscheinungen und der Tod irgend etwas angehen, ferner durch die Tatsache, daß wir die Grenzen von Schmerz und Begierde nicht kennen, dann bedürften wir der Naturwissenschaften nicht.

    Es ist nicht möglich, sich von der Furcht hinsichtlich der wichtigsten Dinge zu befreien, wenn man nicht begriffen hat, welches die Natur des Alls ist, sondern sich durch die Mythen beunruhigen läßt. Es ist also nicht möglich, ohne Naturwissenschaft ungetrübte Lustempfindungen zu erlangen.

    Es nützt nichts, sich Sicherheit vor den Menschen zu verschaffen, während die Beunruhigung hinsichtlich der Dinge in der Höhe und unter der Erde und überhaupt im unbegrenzten Raume bestehen bleibt.

    Mag auch die Sicherheit vor den Menschen bis zu einem gewissen Grade zu erlangen sein durch eine fest gegründete Macht und durch Wohlhabenheit, so entsteht doch die reinste Sicherheit durch ein ruhiges und von der Menge abgesondertes Dasein.

    Der naturgemäße Reichtum ist begrenzt und leicht zu beschaffen, der durch eitles Meinen erstrebte läuft dagegen ins Grenzenlose aus.

Nur in wenigem gerät dem Weisen der Zufall herein, das Größte und Wichtigste aber hat die Überlegung geordnet und tat es während der ganzen Zeit des Lebens und wird es tun.

3. Die Liebesleidenschaft löst sich auf, wenn der Anblick, das Miteinander-Sprechen und das Zusammensein aufhören.

Er erinnert sich nicht an das Gute, das ihm geworden ist, und ist am selbigen Tage ein Greis geworden.

Man soll der Natur nicht Gewalt antun, sondern sie überreden. Wir werden die notwendigen Begierden überreden, indem wir sie erfüllen, die bloß natürlichen, indem wir sie gewähren lassen, vorausgesetzt daß sie nichts schaden, die schädlichen aber, indem wir sie scharf anfahren.

Jede Freundschaft ist um ihrer selbst willen zu wählen. Ihr Ursprung freilich besteht im Nutzen.

Die Träume haben keine göttliche Natur und keine zukunftverkündende Kraft, sondern sie entstehen gemäß dem Einfallen der Bilder.

Die Armut, die ihr Maß hat am Endziel der Natur, ist ein großer Reichtum. Der Reichtum, der keine Grenze hat, ist eine große Armut.

4. Wir halten auch die Selbstgenügsamkeit für ein großes Gut, nicht um uns in jedem Falle mit Wenigem zu begnügen, sondern damit wir, wenn wir das Viele nicht haben, mit dem Wenigen auskommen, in der echten Überzeugung, daß jene den Überfluß am süßesten genießen, die seiner am wenigsten bedürfen, und daß alles Naturgemäße leicht, das Sinnlose aber schwer zu beschaffen ist, und daß bescheidene Suppen ebensoviel Lust erzeugen wie ein üppiges Mahl, sowie einmal aller schmerzende Mangel beseitigt ist, und daß Wasser und Brot die höchste Lust zu verschaffen vermögen, wenn einer sie aus Bedürfnis zu sich nimmt. Sich also zu gewöhnen an einfaches und nicht kostspieliges Essen verschafft nicht nur volle Gesundheit, sondern macht den Menschen auch unbeschwert gegenüber den notwendigen Verrichtungen des Lebens, bringt uns in eine zufriedenere Verfassung, wenn wir in Abständen uns einmal an eine kostbare Tafel begeben, und erzeugt Furchtlosigkeit vor den Wechselfällen des Zufalls. Wenn wir also sagen, daß die Lust das Lebensziel sei, so meinen wir nicht die Lüste der Schlemmer und das bloße Genießen, wie einige aus Unkenntnis und weil sie mit uns nicht übereinstimmen oder weil sie uns mißverstehen, meinen, sondern wir verstehen darunter, weder Schmerz im Körper noch Beunruhigung in der Seele zu empfinden. Denn nicht Trinkgelage und ununterbrochenes Schwärmen und nicht Genuß von Knaben und Frauen und Fischen und allem anderen, was ein reichbesetzter Tisch bietet, erzeugt das

lustvolle Leben, sondern die nüchterne Überlegung, die die Ursachen für alles Wählen und Meiden erforscht und die leeren Meinungen austreibt, aus denen die schlimmste Verwirrung der Seele entsteht.

5.   Das Denken aber, das die Einsicht in das Ziel und die Grenze des Fleisches erlangt und die Ängste hinsichtlich der Ewigkeit zerstreut hat, beschafft das vollkommene Leben und bedarf nicht mehr weiter der unbegrenzten Zeit. Doch flieht es weder die Lust noch endigt es, wenn die Ereignisse den Ausgang aus dem Leben zubereiten, so, als wenn ihm irgend etwas am vollkommenen Leben mangelte.

Wer die Grenzen des Lebens begriffen hat, weiß, daß jenes leicht zu beschaffen ist, was das Schmerzende des Mangels beseitigt und das gesamte Leben zu einem vollkommenen macht. Darum bedarf es keiner Veranstaltungen, die Kämpfe mit sich bringen.

6.   Dafür, daß die Lust das Lebensziel ist, liegt der Beweis darin, daß die Lebewesen von Geburt an daran Gefallen finden, dagegen dem Schmerze naturgemäß und ohne Überlegung sich widersetzen. Auf Grund unserer eigenen Erfahrung also fliehen wir den Schmerz, wie denn selbst Herakles, während er von dem Gewande zerfressen wird, »laut schreit vor Schmerz, daß rings die Felsen hallen, der Lokrer Berge und Euboias Höhen«.

Ich weiß nicht, was ich mir als das Gute vorstellen soll, wenn ich die Lust des Geschmackes, die Lust der Liebe, die Lust des Ohres beiseite lasse, ferner die angenehmen Bewegungen, die durch den Anblick einer Gestalt erzeugt werden, und was sonst für Lustempfindungen im gesamten Menschen durch irgendein Sinnesorgan entstehen. So kann man auch nicht sagen, daß ausschließlich die Freude des Geistes das Gute ausmache. Denn die Freude des Geistes erkenne ich in der Hoffnung auf all jene Dinge, die ich eben genannt habe, und darauf, daß die Natur, wenn sie sie besitzt, von Schmerz frei sein wird.

Ich habe oftmals jene, die man weise zu nennen pflegte, gefragt, was ihnen an Gutem übrig bliebe, wenn sie jenes beiseite ließen, was ich erwähnt habe, und wenn sie sich nicht mit leeren Redensarten begnügen wollten. Ich habe nichts von ihnen erfahren können. Mögen sie auch mit Tugend und Erkenntnis groß tun, sie werden doch keinen anderen Weg nennen können als jenen, durch den jene Lustempfmdungen erzeugt werden, die ich oben angeführt habe.

Für Menschen die zu überlegen fähig sind, enthält der wohlgefestigte Zustand des Fleisches und die zuverlässige Hoffnung im Bezug auf ihn die höchste und sicherste Freude.

Man muß das Edle, die Tugenden und dergleichen Dinge schätzen, wenn sie Lust verschaffen; tun sie dies nicht, dann soll man sie fahren lassen.

Stoa

Zenon (354–262 v. Chr.) und Chrysippos (281–205 v. Chr.)

Die Anteile der beiden großen Philosophen der älteren Stoa an der Herausbildung der stoischen Lehre können nur noch schwer unterschieden werden. Zu fragmentarisch ist die Überlieferung, zu willkürlich erscheint in vielen Fällen die Zuschreibung der Gedanken, sei es an den Gründer der stoischen Schule, sei es an seinen Nachfolger. Die Ethik bildet – nicht zuletzt wirkungsgeschichtlich – den Mittelpunkt der Stoa. Diese Ethik aber gründet in einer ausgeprägten Physik. Von Anbeginn wird das menschliche Leben im Rahmen eines umfassenden Naturbegriffs gedacht: »congruenter naturae vivere«, der Natur gemäß leben, lautet die überlieferte Maxime des Chrysippos.

Die Einheit der Welt, die die monistische stoische Philosophie beschreibt, wird durch das eine Naturgesetz (Heimarmene) geordnet und zusammengehalten. Aus ihm fällt nichts heraus; auch der Mensch ist Teil dieser Natur und untersteht ihrem Gesetz. Die Rede vom Naturgesetz bildet die theoretische Basis des sogenannten Kosmopolitismus der Stoa. Vor dem Hintergrund der politischen Weiträumigkeit des alexandrinischen Weltreiches und seiner Nachfolgereiche wird die enge politische Gemeinschaft der Polis aufgebrochen zugunsten eines Weltbürgertums, das nicht nur menschlich gedacht ist.

Ergänzt wird die Rede von *einem* Naturgesetz durch den Begriff des Pneumas, des Atems oder des Hauchs, aus dem alle Dinge sind. Dieser Weltatem ist es, der quasi-materialistisch die Freiheit des Kosmos verbürgt. Der Begriff ist über hellenistische Kreise ins Christentum gesickert: Dabei ist er zunehmend vergeistigt worden, solange bis Pneuma schlichtweg den Gegensatz zum Materiellen bezeichnen konnte.

Und doch muß die Kluft genannt werden, die den Menschen vom Tier trennt: Während die Menschen durchs Recht – als der spezifisch menschlich Wort gewordenen Heimarmene – verbunden sind, kann ein solches Verhältnis zwischen Mensch und Tier nicht bestehen. Damit ist, modern gesprochen, die Frage nach der

Natur als Rechtssubjekt gestellt. Wieder eröffnet sich der Blick auf eine Hierarchie der Zwecke: »Der Mensch«, zitiert Cicero Chrysippos, »könne sich daher der Tiere bedienen, ohne damit ein Unrecht zu begehen.« Der antiken Bestimmung der Gerechtigkeit – jedem das Seine – wird damit kein Abbruch getan, denn sie zielt ja gerade nicht auf schematische Egalität, sondern eröffnet vielmehr der Maxime, daß Gleiches gleich und Ungleiches ungleich behandelt werden könne und müsse, einen weiten Spielraum.

Die These von der Einheit der Welt verwandelt diese durch einen Schluß von den Gliedern aufs Ganze in ein denkendes und fühlendes Wesen. Der Blick fällt nun auf einen globalen Organismus, nicht aber auf eine bloße Koinzidenz von Lebewesen und Nicht-Lebewesen im leeren Raum. Und diese Welt gibt ihren Gliedern die Gesetze *einer* Ordnung.

Zenon

1. Das Naturgesetz ist die bewegende Kraft des Stoffes, die immer sich selbst gleichbleibt und die man ebensogut auch Vorsehung oder Natur nennen kann.

2. Es gibt nur eine einzige Welt.

3. Das höchste Gut ist ein naturgemäßes, d. h. ein tugendhaftes Leben; denn dazu leitet uns die Natur an.

4. Substanz ist der Urstoff aller Dinge, der in seiner Gesamtheit ewig ist und weder zu- noch abnimmt. Dagegen bleiben seine Teile nicht immer dieselben, sondern sie trennen sich und verbinden sich. Ihn durchwaltet die Allvernunft, die man auch Naturgesetz nennt, gleich den Samen bei der Zeugung.

5. Was die Fähigkeit zu denken besitzt, ist besser als das, was diese Fähigkeit nicht besitzt; es gibt aber nichts Besseres als das Weltall; folglich besitzt das Weltall die Fähigkeit dazu… Kein empfindungsloses Wesen kann in einem seiner Teile eine Empfindung haben, die einzelnen Teile der Welt haben aber Empfindung; folglich muß auch das Weltall Empfindung haben.

Chrysippos

1. Außerhalb ist die Welt von dem unendlichen leeren Raum umgeben, der körperlos ist. Körperlos ist nämlich das, was von einem Körper eingenommen werden könnte, aber nicht eingenommen wird. Innerhalb der Welt aber gibt es keinen leeren Raum, sondern er bildet *Ein* Ganzes. Dies ergibt sich zwingend aus der Übereinstimmung und Harmonie der Vorgänge am Himmel mit denen auf der Erde.

2. Das Weltall ist ein vollkommener Körper; dagegen sind die Teile der Welt nicht vollkommen, da sie nur in irgendeiner Beziehung zum Ganzen stehen und nicht für sich selbst existieren. – Die Bewegung der Welt ist von Natur derart, daß alle ihre Teile nach Zusammenschluß und Zusammenarbeit, nicht nach Zerstreuung und Auflösung streben. – Wenn nun das All so auf denselben Punkt zustrebt und sich bewegt und auch die Teile gemäß des Körpers diese Bewegung haben, so ist es glaubhaft, daß die erste natürliche Bewegung aller Körper sich nach dem Mittelpunkt des Weltalls richtet, die der Welt, indem sie sich so auf sich selbst zu bewegt, und die ihrer Teile, sofern sie Teile sind.

3. Die Eigenschaften sind nichts anderes als Luft (pneuma); von dieser werden die Körper zusammengehalten und die zusammenhaltende Luft ist die Ursache der Eigenschaften der Dinge, durch welche sie zusammengehalten werden.

4. Es ist gewiß, daß es ein und dieselbe Substanz ist, durch die wir atmen und leben. Wir atmen aber durch den natürlichen Hauch (pneuma); also leben wir auch vermöge dieses selben Hauches.

5. Das Naturgesetz ist die Weltvernunft (kosmos logos) oder die Vernunft, die in der durch die Vorsehung geordneten Welt waltet, oder die Vernunft, der gemäß das Gewordene geworden ist, das Werdende wird und, was werden soll, werden wird.

6. Das Naturgesetz ist ewige, zusammenhängende, geordnete Bewegung.

7. Das Naturgesetz ist die natürliche Ordnung des Weltganzen nach der von Ewigkeit her eines aus dem andern folgt und sich wandelt, wobei diese Verflechtung unverbrüchlich ist.

8. Die Welt allein ist sich selbst genug, weil sie allein alles in sich trägt, was sie bedarf; sie nährt sich und wächst aus sich selbst, während ihre Teile wechselweise ineinander übergehen.

9. Die Welt ist ein vernunftbegabtes, beseeltes und denkendes lebendes Wesen.

10. Zeus ist die alles verwaltende Vernunft und die Seele des Weltalls und alles lebt nur, soweit es an ihr Anteil hat, auch die Steine. Deshalb nennt man ihn auch den »Lebendigen«; den »Verursacher« aber, weil er die Ursache und der Herr von allem ist. Die Welt ist beseelt und Gott ist ihr leitendes Prinzip und die Seele des Alls. Zeus heißt auch die gemeinsame Natur aller Dinge, das Naturgesetz und die Notwendigkeit. Dies ist gleichbedeutend mit Gesetzlichkeit, Recht, Eintracht, Frieden und allem dem Ähnlichen.

11. Das Wesen der Dinge besteht im Urstoff. Stoff ist das, woraus alles entsteht. Man kann dies Substanz oder Stoff nennen. Die erste Bezeichnung geht auf das Ganze, die zweite auf die Teile. Die Substanz im ganzen nimmt weder zu noch ab, der Stoff in den einzelnen Teilen aber kann mehr oder weniger werden.

12. Zwischen den Tieren und uns besteht kein Rechtsverhältnis.

13. Ein tugendhaftes Leben ist gleichbedeutend mit einem Leben auf Grund der Erfahrung von dem, was natürlicherweise geschieht. Denn unsere eigene Natur ist ein Teil der Gesamtnatur. Darum ist das höchste Gut ein naturgemäßes Leben, d. h. ein Leben gemäß unserer eigenen und der Gesamtnatur, so daß wir nichts tun, was das allgemeine Gesetz zu verbieten pflegt, nämlich die richtige, alles durchdringende Vernunft, die nichts anderes ist als Zeus, der Lenker der Weltregierung. Eben darin besteht die Tugend des Glücklichen und der schöne Fluß des Lebens, daß alles getan wird gemäß der Übereinstimmung der individuellen Persönlichkeit des Einzelnen mit dem Willen des Weltenlenkers.

Poseidonios (135–51 v. Chr.)

Poseidonios, der auf Rhodos lebte und lehrte, mag als die bedeutendste Gestalt nicht nur der mittleren, sondern der Stoa überhaupt gelten. Ihm ist es in der Nachfolge des Panaitos gelungen, die stoische Lehre auf eine Weise zu formulieren und zu aktualisieren, die es ihr ermöglichte, zur Bildungsreligion des Römischen Reiches zu werden. Einen wichtigen Beitrag dazu leistete namentlich Cicero, der große Hörer und Bewunderer des Poseidonios.

Poseidonios nimmt die Denkfiguren der älteren Stoa auf, besonders die über das Verhältnis von Naturerkenntnis und Ethik. Dem Anschein nach einem mystischen Interesse der Zeit gehorchend, erweitert er jedoch den physikalischen Monismus der älteren Stoa, indem er ihn mit der pythagoreisch-platonischen Tradition verbindet. Den stoischen Gedanken des Pantheismus setzt Poseidonios fort; zu stützen versucht er ihn aber jetzt durch einen Rekurs auf die exakten Wissenschaften und nicht mehr durch eine physiko-theologische Spekulation. Der Hauch (pneuma), der für die ältere Stoa zwischen Materialität und Spiritualität die Einheit der Welt zu begründen schien, wird beibehalten. Allerdings erscheint er jetzt auch als Logos, und zwar nicht nur im Sinne der göttlichen Vernunft, sondern auch als Lebenskraft (fr. 5).

Hatte die ältere Stoa größere Schwierigkeiten, die Einheit der Welt angesichts des Unterschiedes von Mensch und Tier beizubehalten, so greift Poseidonios an dieser entscheidenden Stelle auf Platons ›Timaios‹ zurück (fr. 8,9). Die Welt besteht aus einer Kette von Wesen, die in kleinen Abstufungen an der Vernunft teilhaben. So erscheint weder die anorganische von der organischen Natur getrennt, noch der Mensch vom Tier. Es ist im Gegenteil der Mensch, der durch seine Verankerung in der körperlichen *und* der vernünftigen Welt das entscheidende Bindeglied zur Herstellung der Einheit der Welt bildet – ein Gedanke, den dann in der Renaissance Pico della Mirandola aufnehmen sollte. Die Einheit der Welt kann jetzt in einem ganz und gar pantheistischen System sich voll zeigen. Diese sanfte Ergänzung des physikalisch-materialistischen Monismus stärkt die Stoa, so daß ihr Bild von der Einheit der Welt bis ins 18. Jahrhundert hinein immer wieder aktuell werden konnte.

Im Anhang sind zwei Auszüge aus der anonymen Schrift von der Welt abgedruckt, deren Autor (um 50 v. Chr.) man den Pseudo-Aristoteles nennt. Das eklektische Werk vereinigt stoische und aristotelische Gedankengänge. Es antwortet auf die Frage nach der Einheit der Welt angesichts des Widerstreits der Dinge und spricht somit die schon bei Heraklit anklingende und dann von Nikolaus von Cues so eindringlich diskutierte ›Coincidentia-oppositorum‹-Problematik an: Über alle scheinbaren Gegensätze hinweg ist die Welt eine Einheit. Die Welt wird dabei nach dem Modell der politischen Gemeinschaft bestimmt, in der nicht die Egalität, sondern der Wechsel der Gegensätze die Einheit herstellt. Ein Modell umgekehrter politischer Ökologie also: Nicht das Gemeinwesen wird nach dem Modell der Natur bestimmt, die Natur selbst wird verstanden durch die Anwendung eines menschlichen Modells.

1. Die Welt ist eine Einheit, und zwar eine begrenzte von kugelförmiger Gestalt; denn diese ist für die Bewegung am geeignetsten.

2. Wie die übrigen Geschöpfe, alles was entsteht und wächst, schon in ihrem Keimen enthalten sind, so vollzieht die Welt als Ganzes ihre freiwilligen Bewegungen, Strebungen und Triebe und vollbringt diesen entsprechende Handlungen wie wir, die wir uns mittels des Geistes und der Sinne bewegen. Da nun die Weltvernunft derart ist und deshalb mit Recht Weisheit und Vorsehung genannt werden kann, sorgt sie besonders dafür und befaßt sich vor allem damit, daß erstens die Welt so geeignet als möglich zu ihrem Bestande sei und ferner, daß ihr nichts fehle, besonders, daß in ihr die höchste Schönheit und jede Art von harmonischer Ausstattung vorhanden sei.

3. Aus den (zahlreichen) Gattungen der Fische, Vögel und Landtiere darf man auch nicht den Vorwurf gegen die Natur herleiten, daß sie uns zum Genusse verführen wolle; vielmehr liegt darin nur ein Tadel unserer eigenen Unersättlichkeit. Denn zur Vollendung des Alls gehörte es, daß lebende Wesen von jeder Art entstanden, damit in jedem seiner Teile gesetzmäßige Ordnung herrsche; keineswegs aber gehört es dazu, daß der Mensch, das mit der (göttlichen) Weisheit nächstverwandte Wesen, sich auf den Genuß aller dieser Schöpfungen werfe und so in tierische Wildheit verfalle. Darum enthalten sich auch bis heute diejenigen, die den Grundsatz der Mäßigkeit haben, alles dessen und genießen am liebsten Gemüse und Baumfrüchte als Nahrung. Für diejenigen aber, welche die Nahrung von den genannten Tieren für naturgemäß halten, sind Lehrer, Erzieher und Gesetzgeber in den Staaten aufgetreten, die sich bemühten, der Maßlosigkeit der Begierden Einhalt zu tun, indem sie nicht allen Menschen den Genuß von allem ohne Furcht (vor Strafe) gestatteten.

4. In jedem mehrteiligen Körper, der einen natürlichen Organismus bildet, ist eine beherrschende Kraft, wie man das bei uns im Herzen oder im Gehirn oder in einem anderen Körperteil annimmt, bei den Pflanzen aber nicht überall im gleichen, sondern bei den einen in den Wurzeln, bei den anderen in den Blättern, bei wieder anderen im Mark. Da nun auch die Welt ein vielseitiger Körper ist, der von einer Naturkraft regiert ist, so dürfte es auch in ihr eine beherrschende Kraft geben, die der Ursprung aller Bewegung ist. Derart kann aber nichts anderes sein als die Naturkraft des Alls, d.h. Gott.

5. Alles, was lebt, sei es ein Tier oder ein Gewächs der Erde, das lebt vermöge der in ihm eingeschlossenen Wärme. Daraus ist zu ersehen, daß dieses Element der Wärme, das sich durch die ganze Welt erstreckt, eine Lebenskraft in sich trägt.

6. Da dasjenige, was von der Erde in Wurzeln und Stämmen umschlossen wird, vermöge der Kunst der Natur lebt und sproßt, so wird gewiß die Erde durch dieselbe Kraft zusammengehalten, die ja doch von Samen geschwängert alles gebiert und aus sich hervorgehen läßt, die Wurzeln umschließt, nährt und wachsen läßt und selber wieder wechselweise von den über und außer ihr liegenden Elementen genährt wird. Und durch ihre Ausdünstungen wird wieder die Luft und der Äther und die ganze obere Welt ernährt. Wenn also die Erde von der Natur gehalten wird und durch sie lebt, so waltet dieselbe Vernunft auch in der übrigen Welt: denn die Wurzeln haften in der Erde; die lebenden Wesen aber erhalten sich durch die Einatmung der Luft; die Luft selber aber sieht, hört, tönt mit uns – denn keine dieser Wahrnehmungen ist ohne sie möglich –; ja sie bewegt sich sogar mit uns: denn wo wir immer gehen und uns bewegen, da scheint sie uns Platz zu machen und auszuweichen. Und was nach dem am tiefsten liegenden Mittelpunkt oder von diesem nach oben und was in kreisförmiger Drehung sich um den Mittelpunkt bewegt: alles das macht die zusammenhängende und einheitliche Natur der Welt aus.

7. Am Himmel gibt es keinen Zufall, keine Willkür, keinen Irrtum und keine Täuschung, sondern hier herrscht durchaus Ordnung, Wahrheit, Vernunft, Beständigkeit. Was diese Eigenschaften nicht besitzt und daher voll Unwahrheit, Falschheit und Irrtum ist, das bewegt sich unterhalb des Mondes, des letzten aller Gestirne, um die Erde und auf der Erde.

8. Der Mensch steht gewissermaßen auf der Grenze zwischen den denkenden und den nur empfindenden Wesen. Denn vermöge seines Körpers und seiner körperlichen Kräfte steht er mit den unvernünftigen und unbeseelten Wesen in Verbindung, vermöge seiner Vernunft aber mit den körperlosen Wesen... Denn der Weltschöpfer verbindet, wie es scheint, die verschiedenen Naturgebilde durch kleine Abstufungen miteinander, so daß die gesamte Schöpfung ein einheitliches Ganzes gleichen Ursprunges bildet... Denn wie er in jedem einzelnen lebenden Wesen die unempfindlichen Teile mit den empfindenden zu Einem Ganzen vereinigte, Knochen, Fett, Haare und die übrigen unempfindlichen Teile mit den empfindenden, den Nerven, Muskeln u. dgl., und so das lebende Wesen als eine Zusammensetzung aus unempfindlichen und empfindenden Teilen schuf, ja es nicht nur als eine Zusammensetzung, sondern

als einen einheitlichen Organismus bildete, so hat er es auch in den besonderen Gattungen der Schöpfung gemacht: er verknüpfte alle miteinander durch eine geringfügige Eigentümlichkeit und Verschiedenheit ihrer Natur, so daß die ganz unbeseelten Wesen nicht allzu weit abstehen von den mit der Fähigkeit der Nahrungsaufnahme ausgestatteten Pflanzen, diese wieder nicht von den noch unvernünftigen, aber empfindenden Tieren, und daß die Tiere auch von den vernunftbegabten Wesen nicht scharf getrennt sind noch ohne jede Beziehung und ohne jedes verwandtschaftliche und natürliche Band zwischen ihnen.

9. Beim Übergang wieder von den unvernünftigen Tieren zu dem vernunftbegabten Wesen, dem Menschen, bildete er ihn auch nicht auf einmal, sondern er verlieh zuvor den anderen lebenden Wesen eine Art natürlichen Verstand, Hilfsmittel und Kunstgriffe zum Zwecke ihrer Erhaltung, so daß sie den vernünftigen Wesen nahezukommen scheinen; dann erst ließ er das wahrhaft vernunftbegabte Wesen, den Menschen, erstehen. Untersucht man den Ursprung der Sprache, so wird man auch hier auf dasselbe Verfahren stoßen: von den einfachen und einförmigen Lautäußerungen der Pferde und Rinder entwickelte sie sich zu den mannigfaltigen und verschiedenartigen Stimmen der Raben und der (andere Laute) nachahmenden Vögel, bis sie schließlich die Stufe der vollkommenen und artikulierten Sprache erreichte. Und diese artikulierte Sprache verband der Weltschöpfer wieder mit dem Denkvermögen und der Vernunft, insofern sie der Ausdruck des geistigen Lebens sein sollte. So fügte er alles mit allem harmonisch zusammen und verband die Welt des Denkens und der Empfindung mittels der Entstehung des Menschen.

10. Es gibt nichts Größeres, als daß die Welt so dauerhaft ist und einen solchen immerwährenden Zusammenhang hat, daß man sich nichts Zweckmäßigeres denken kann. Denn alle ihre Teile streben gleichmäßig auf allen Seiten dem Mittelpunkte zu. Besonders aber dauern die miteinander verbundenen Körper, da sie gewissermaßen durch ein um sie gelegtes Band zusammengehalten werden. Dies ist das Werk der Natur, welche die ganze Welt durchströmt, indem sie alles mit Geist und Vernunft vollendet und auch das Äußerste nach dem Mittelpunkte zieht und richtet… Auf wen diese Verknüpfung und gewissermaßen harmonische Zusammenstimmung der Dinge zum Zwecke des Bestandes der Welt keinen Eindruck macht, von dem weiß ich bestimmt, daß er sich über diese Tatsachen nie einen Gedanken gemacht hat.

11. Auf Gott, dem Naturgesetz und der Natur beruht alle Kraft und Methode der Weissagung. Die Vernunft zwingt uns, einzugestehen, daß alles nach dem

Naturgesetz geschieht. Das Naturgesetz aber ist die Reihenfolge der Ursachen, wonach Ursache mit Ursache verknüpft eine Wirkung aus sich erzeugt. Es ist die aus aller Ewigkeit strömende immerwährende Wahrheit. Deshalb ist nichts geschehen, was nicht geschehen sollte, und ebenso wird nichts geschehen, dessen eben dies bewirkende Ursachen die Natur nicht enthielte. Daraus erkennt man, daß das Naturgesetz nicht ein Schicksal im abergläubischen, sondern im natürlichen Sinne ist: die ewige Ursache der Dinge, durch die das Vergangene geschehen ist und das unmittelbar Bevorstehende geschieht und das Zukünftige geschehen wird.

12. Den südlich gelegenen Teil Arabiens scheint die Lebenskraft der Sonne mit starkem Atem (pneuma) zu durchwehen und dadurch eine mannigfaltige Natur buntfarbiger und schöner Wesen hervorzubringen.

Aus der anonymen Schrift des »Pseudo-Aristoteles« von der Welt:

1. Die Welt ist ein zusammenhängendes Ganzes, das aus Himmel und Erde und den Naturgebilden, welche diese umfassen, besteht. Anders kann man die Welt auch bestimmen als Ordnung und Einrichtung des Alls, die von Gott und durch Gott aufrechterhalten wird.

2. Man könnte sich darüber wundern, wie es kommt, daß die Welt, die doch aus entgegengesetzten Prinzipien, nämlich dem Trockenen und Feuchten, dem Kalten und Warmen, besteht, nicht längst dem Untergange und der Vernichtung anheimgefallen ist. Das wäre aber geradeso, wie wenn man sich darüber wunderte, wie denn ein Staat von Dauer sein könne, der doch aus den entgegengesetztesten Bevölkerungselementen besteht: nämlich aus Armen und Reichen, Jungen und Alten, Starken und Schwachen, Guten und Bösen. Dabei denkt man nicht daran, daß das Wunderbarste am bürgerlichen Gemeinsinn das ist, daß aus vielen ungleichartigen Elementen ein einheitlicher und gleichartiger Organismus geschaffen wird, der individuellen Veranlagungen und Verhältnissen jeder Art in sich Raum gewährt. So hat die Natur wohl eine Vorliebe für die Gegensätze und schafft aus ihnen, nicht aus dem Gleichartigen, den Einklang. Sie führt ja auch das Männliche und das Weibliche zusammen und nicht jedes Geschlecht mit seinesgleichen. So hat sie auch die ursprüngliche Einheitlichkeit durch Verknüpfung der Gegensätze, nicht etwa des Gleichartigen erreicht… Und eben dies meint auch Herakleitos, der Dunkle, wenn er sagt: »Verbindungen gehen ein: Ganzes und Nichtganzes, Übereinstimmendes und Verschiedenes,

Akkorde und Dissonanzen; aus Allem wird eines und aus Einem Alles.« So hat auch den Bau des Alls, des Himmels und der Erde und der gesamten Welt eine einheitliche Harmonie durch Vermischung der engegengesetztesten Elemente in Ordnung gebracht. (…) Von den Einzeldingen sind die einen im Entstehen begriffen, andere stehen in der Blüte ihres Daseins, wieder andere gehen zugrunde: das Entstehen ruft das Vergehen hervor, das Vergehen ermöglicht das Entstehen. Indem alle Dinge einander die Waage halten und jedes bald die Oberhand hat, bald unterliegt, kommt schließlich die einheitliche Wohlfahrt zustande, welche das All unvergänglich in Ewigkeit erhält.

Neuplatoniker

Plotin (204–270)

Als letzte Richtung der klassischen Philosophie der Antike gilt die Schule des Neuplatonismus, die im dritten Jahrhundert n. Chr. entsteht und, auf Platon zurück-
greifend, das letzte einheitliche vorchristliche Denksystem entwirft. Wichtigster
Vertreter dieser Schule ist Plotin, der in Ägypten geboren wurde und 244 in Rom
seine Schule begründete. Grundlage seiner Lehre ist die Idee eines übervernünftigen
Ur-Einen, aus dem Geist, Vernunft und letztlich die Seele hervorgehen. In seiner
Philosophie vereinen sich platonische und stoische, religiöse und mystische Elemente.

Ähnlich wie Platon unterscheidet Plotin ein All des reinen Geistes von dem – in
ihm geborgenen – Kosmos. Im ursprünglichen Geistkosmos herrscht das Prinzip
der Einheit und der Ganzheit ungebrochen. In ihm kommen Geist, Gutes und Schönes zum Einklang (Nr. 1). Die Allordnung stellt sich als einheitlicher Organismus
dar. Umfassende kosmische Harmonie weist auch dem Menschen seinen Ort im
Universum zu (Nr. 2). Insoweit ist Plotin sicherlich einer der ersten Denker, die
systematisch ganzheitliches Denken auf den Weg bringen. Der Mensch befindet
sich in einer kosmischen Ordnung, die wir als Grundlage der Ökologie verstehen
können, auch wenn die Geistphilosophie bei Plotin zweifellos dominiert, alles
Materielle auf Geistiges zurückgeführt wird. Gleichzeitig versucht Plotin jedoch,
die Einheit von Geist und Welt in universeller und kosmischer Weise zu denken.
Ausdrücklich spricht er von Ganzheit.

Während im jenseitigen All das Prinzip der Sympathie und der Ganzheit ohne
Einschränkung herrscht, gilt für unseren Kosmos das Prinzip der Vielheit, der
Teilung, also der Feindschaft. Schon dies allein wäre letztlich ein Grund für die
ökologische Krise. Plotin richtet dann aber den Blick auf die umfassende Einheit
beider Welten. Hier stellt er Zusammenklang und Harmonie fest: Auch unser Kosmos ist ein Organismus, zu dem nun einmal Konflikte gehören (Nr. 3). Den Kampf
im Tierreich versteht er als einen fortlaufenden Prozeß des Austausches und der

Wiederkehr. Das Elend der Menschheitsgeschichte versucht er durch die Vorstellung von Seelenwanderung, Vorsehung und wiederum Harmonie zu mildern (Nr. 4).

Im übrigen bemüht sich Plotin um die Betrachtung der Vielheit der Natur. Dabei tritt er jedem mechanistischen Denken entgegen. Natur schafft nämlich durch ihr inneres Prinzip, das für Plotin eine rationale Formkraft darstellt. Damit legt er den Grund für einen Einklang von Geist und Natur, der für das neuzeitliche Denken zweifelhaft werden mußte, den Weg des mittelalterlichen Denkens jedoch tief beeinflußte, indem Plotin die Einheit von Mensch und Natur in der Vernunft a priori unterstellt. Natur gilt ihm als beseelt, ist zugleich ein inneres Sehen und ein inneres Wahrnehmen. Eine derart intuitive Einheit mit der Natur und dem Kosmos stellt einen wesentlichen Schritt auf dem Weg zum ökologischen Denken unserer Tage dar.

1. Und was ist dann? Die Möglichkeit des Gesamtseins; wäre sie nicht, so wäre das Gesamtsein nicht, wäre auch der Geist nicht das höchste Leben und das Gesamte. Was aber über das Leben hinausgeht, das ist Ursache des Lebens; denn das verwirklichte Leben, welches das Gesamtsein ausmacht, ist seinerseits gleichsam nicht das Erste, sondern quillt hervor wie aus einer Quelle. Stell dir eine Quelle vor, die keinen anderen Ursprung hat, sich aber selber ganz den Strömen dargibt und dabei nicht verbraucht wird durch diese Ströme, sondern selber im Stillesein beharrt, die Ströme aber, die aus ihr entspringen, bleiben zunächst, ehe sie hierhin und dorthin auseinanderfließen, noch eine Strecke beisammen, der einzelne weiß aber gewissermaßen schon, wohin er seine Wogen ergießen wird; oder einen gewaltigen Baum, dessen Lebenskraft den ganzen Baum durchläuft, sein Urgrund aber verharrt in sich und zerstreut sich nicht über das Ganze, da er gleichsam in der Wurzel seinen festen Sitz hat; so verleiht dieser Urgrund dem Baum sein ganzes Leben in all seiner vielfältigen Fülle, bleibt jedoch selbst an seiner Stelle, denn er ist nicht selber Vielheit, sondern Urgrund dieses vielfältigen Lebens. So ist es denn gar kein Wunder (oder ist es gerade ein Wunder?), wie die Vielheit des Lebens aus der Nicht-Vielheit stammt und wie die Vielheit nicht dasein könnte, wenn es nicht das Vor-der-Vielheit gäbe, das nicht Vielheit ist. Denn der Urgrund zerteilt sich nicht auf das Gesamtgebilde; denn zerteilte er sich, so würde er damit auch das Gesamtgebilde vernichten, und dies würde auch nicht von neuem entstehen können, wenn der Urgrund nicht bei sich verharrt in seiner Andersheit. Deshalb führt man denn auch überall die Dinge auf ein Eines zurück; bei jedem einzelnen Ding gibt es ein Eines, auf das man es zurückführen kann, auch das sinnliche All auf das vor ihm liegende Eine, das aber noch nicht schlechthin Eines ist, bis man schließlich bei dem schlechthin Einen anlangt: dies aber läßt sich nicht

mehr auf ein anderes zurückführen. Indessen, wenn man dies Eine, d. h. eben den verharrenden Urgrund, bei der Pflanze und das Eine beim Lebewesen, das Eine bei der Seele, das Eine beim All ins Auge faßt, so hat man jedesmal das Kraftvollste und das eigentlich Wertvolle: bei dem Einen aber, das zu dem wahrhaft Seienden gehört und sein Urgrund, seine Quelle und seine Kraft ist, da sollten wir auf einmal mißtrauisch werden und argwöhnen, es sei das Nichts? Gewiß, es ist nichts von dem, dessen Urgrund es ist, in der Art aber, da nichts von ihm ausgesagt werden kann, nicht Sein, noch Wesen, noch Leben, daß es über all das erhaben ist. Und faßt du es ins Auge, nachdem du das Sein von ihm genommen hast, so wirst du staunen vor dem Wunder; dann richte deinen Blick auf jenes, und trifft es sich, daß du in seinem Bereich zur Ruhe kommen kannst, so werde seiner inne, indem du es durch dein Hinblicken noch tiefer verstehst und seiner Erhabenheit sogleich gewahr wirst an den Dingen, die nach ihm sind und ihm ihr Sein verdanken.

Und dann verfahre weiter folgendermaßen! Der Geist ist ein Sehen, und zwar ein sehendes Sehen, und muß daher eine zur Verwirklichung schreitende Möglichkeit sein. Folglich ist an ihm Materie und Form zu unterscheiden, Materie allerdings im Geistigen; denn auch das aktuelle Sehen hat diese Zweiheit. Vor dem Sehakt jedenfalls war der Geist Einheit. Dies Eine ist also Zwei geworden und die Zwei wieder Eins. Für das Sehen kommt die Erfüllung, gleichsam die Erreichung des Zieles, von dem Wahrnehmbaren her; beim Sehen des Geistes aber bringt das Gute diese Erfüllung; denn wäre der Geist selber das Gute, wozu brauchte er überhaupt zu sehen und sich zu betätigen? Alles andere nämlich übt seine Betätigung um das Gute und wegen des Guten; das Gute aber bedarf keines Dinges, daher hat es auch nichts als sich selber. Sprichst du also das Wort »das Gute« aus, so denke nichts weiteres hinzu; denn setzt du etwas hinzu, so wirst du es um so viel, als du hinzugesetzt hast, vermindern. So tu auch nicht das Denken hinzu, auf daß du nicht damit ein Anderes hinzutust und eine Zweiheit hervorrufest, Geist und Gutes. Denn der Geist bedarf des Guten, das Gute aber nicht seiner; daher er denn, wenn er das Gute erlangt, ein gutgestaltiges wird und vom Guten seine Vollendung erhält, indem die ihn formende Gestalt vom Guten herkommt und so ihn gut gestaltig macht. Von der Art nun, wie der Schatten des Guten ist, der auf ihm sichtbar wird, muß man sich das Urbild denken, das wahre Bild von ihm, indem man aus dem Schatten folgert, der den Geist umspielt. Denn den Schatten von ihm, der auf dem Geiste ist, hat Es dem Geist zu Besitz gegeben, indem er Es anschaut. Daher ist im Geiste das Trachten, er trachtet immerdar und erlangt immerdar; Jener aber trachtet nicht (wonach denn auch?) und erlangt nicht (denn er trachtete ja nicht). Jener ist also auch nicht Geist. Denn in ihm ist ein Trachten und Gerichtetsein auf seine Grundgestalt.

Da nun der Geist schön ist, gar das Schönste von allem, in lauterem Licht und
»reinem Glanz« gelegen, und das Wesen der seienden Dinge in sich umfaßt,
wovon denn unser herrlicher Kosmos Schatten und Abbild ist, und in vollem
Leuchten daliegt, weil nichts Ungeistiges noch Dunkles oder Maßwidriges in
ihm ist, und ein seliges Leben lebt, so kann wohl von Bewunderung ergriffen
sein, wer ihn sieht und, wie es recht ist, sich in ihm versenkt und mit ihm eins
wird. Wie aber der, der zum Himmel aufblickt und den Glanz der Gestirne
leuchten sieht, ihres Schöpfers denkt und nach ihm fragt, so muß auch der,
der den Geisteskosmos erschaut und betrachtet und bewundert, nach dessen
Schöpfer fragen, wer es ist, der ein so Herrliches ins Dasein rief, wo er ist und
wie er es machte, er, der einen so herrlichen Sohn zeugte wie den Geist, der da
ersättigte Schönheit ist, und zwar Sohn von Jenem. Gewiß ist Jener weder Geist
noch Sättigung, sondern vor dem Geist und vor der Sättigung. Nach ihm erst
ist Geist und Sättigung, denn sie bedürfen des Ersättigtseins und des Denkens.
Nahe sind sie an dem Unbedürftigen, dem, welches des Denkens nicht bedarf,
wahre Befriedigung aber und wahres Denken haben sie, weil sie es aus erster
Hand haben. Aber das vor ihnen bedarf des Denkens nicht und hat es nicht;
sonst wäre es nicht das Gute.

2. Was also haben wir von diesen Fragen zu halten? Nun, der gesamte Weltplan
enthält die bösen Taten sowohl wie die guten, auch sie sind Teile von ihm; der
Weltplan erzeugt sie nicht, aber er ist nur der gesamte, wenn sie einbegriffen
sind. Denn die rationalen Formen (Pläne) sind die Betätigung einer Art Allseele
und ihre Teile diejenige von Teilseelen; und da diese einheitliche Seele unter-
schiedliche Teile hat, sind dementsprechend auch die rationalen Formen unterschiedlich; und somit auch die Taten, als die untersten Erzeugnisse. Es stehen
aber sowohl die Seelen wie auch ihre Taten zueinander im Einklang, Einklang
in dem Sinne verstanden, daß aus ihnen sich ein Eines ergibt, auch wenn es aus
Gegensätzen ist. Denn da alles aus einem herrührt, läuft es mit Naturnotwen-
digkeit auch wieder in Eines zusammen, daher auch das, was unterschiedlich
ersproß und als Gegensätzliches erstand, dennoch, weil es aus dem Einen ist,
zusammengebannt wird zu einer einheitlichen Ordnung. Denn so wie bei einem
Einzellebewesen, zum Beispiel einem Pferd, die Gattung einheitlich ist, auch
wenn die einzelnen Pferde sich bekämpfen, einander beißen, streitlustig sind
und vor Eifersucht wild werden, ebenso steht es auch mit den andern Einzel-
gattungen, und das gleiche hat dann auch vom Menschen zu gelten. Weiter sind
dann all diese Arten zusammenzufassen zu der einen Gattung »Lebewesen«;
ebenso sind dann die Nichtlebewesen in ihre Arten zusammenzufassen zu der
einen Gattung der »Nichtlebewesen«; und weiter dann meinetwegen zum »Sein«;

und weiter zu dem, was das Sein ermöglicht. Dann nimm dieses letzte Prinzip zum Ausgangspunkt der Verknüpfung, wende dich um und steige hinab: jetzt zergliederst du es und kannst beobachten, wie das Eine sich zerteilt, indem es zu allen Dingen hindringt und sie allesamt umfaßt in einheitlicher Ordnung; so ist es dann ein reicher, vielgegliederter und doch einheitlicher Organismus; denn jedes einzelne Wesen in ihm handelt nach seiner eigenen Anlage und ist dabei doch in ebendem Gesamtsein enthalten; zum Beispiel das Feuer zündet, das Pferd treibt seine Pferdedinge, die Menschen jeder sein eigenes Werk, zu dem sie geboren sind, unterschiedlich nach ihren Unterschieden.

3. Wesen und Bestand unseres Weltalls auf Ungefähr und Zufall zurückzuführen, ist unsinnig und verrät gänzlichen Mangel an Denkvermögen und Wirklichkeitssinn: das ist so klar, daß es nicht erst untersucht zu werden braucht, überdies sind zahlreiche Untersuchungen niedergelegt, die es treffend beweisen. Auf welche Weise aber all diese Dinge nun im einzelnen entstanden und erschaffen sind – einige Dinge, von denen man glaubt, sie seien nicht in der rechten Weise geschaffen, geben geradezu Anlaß, an der Vorsehung des Alls zu zweifeln, so daß einige sie überhaupt leugnen, andere behaupten, die Dinge seien von einem bösen Schöpfer hervorgebracht – diese Frage lohnt es sich, ausgiebig und von Grund auf zu überprüfen.

Vorsehung also; dabei möge beiseite bleiben diejenige »Vorsehung«, die sich auf ein einzelnes Ding bezieht und eine vorgängige Erwägung darstellt, auf welche Weise die Betätigung sich vollziehen soll oder auch (bei Dingen, die nicht ausgeführt werden sollen) nicht vollziehen soll, oder wie wir etwas bekommen oder nicht bekommen; wir haben es hier lediglich zu tun mit dem, was wir Vorsehung des Alls nennen, sie setzen wir voraus und wollen entwickeln, was aus ihr folgt. Würden wir nun lehren, das Weltall sei, nachdem es zuvor nicht vorhanden gewesen, an einem bestimmten Zeitpunkt zur Entstehung gelangt, dann würden wir mit solcher Lehre in der Vorsehung des Alls nichts anderes erblicken als die eben dargelegte Vorsehung der Teildinge, ein Voraussehen und Überlegen Gottes, auf welche Weise unser All etwa entstehen und wie es so gut wie irgend möglich sein könne. Da wir aber unserm Weltall vielmehr zuschreiben, daß es immer gewesen und niemals nicht gewesen ist, so müssen wir folgerichtig die Vorsehung für das All darin erblicken, daß es dem Geist gemäß ist und daß der Geist vor ihm ist; nicht als wäre der Geist der Zeit nach früher, sondern in dem Sinne, daß er vom Geist herstammt, daß der Geist dem Wesen nach früher und sein Urheber ist, gleichsam sein Urbild und Muster, während das All nur Nachbild ist und nur vermöge des Geistes existiert und ewig neu in die Existenz tritt. Und dies auf folgende Weise: Die Wesenheit des

Geistes und des Seienden ist das wahrhafte und ursprüngliche Weltall, welches nicht aus sich selber heraustritt und nicht kraftlos wird durch die Teilung und unvollständig, auch nicht an seinen Teilen, denn jeder Teil bleibt unabgespalten bei der Ganzheit; sondern die Gesamtheit seines Lebens und Geistes ist in einer Einheit versammelt, in welcher sie lebt und denkt, und so macht sie zugleich auch den Teil zur Ganzheit und macht das Ganze mit sich selbst einstimmig in Freundschaft, dergestalt daß nicht ein Teil vom andern geschieden ist und seine Andersheit ausprägt, indem er sich vereinzelt und sich den andern entfremdet; daher denn keiner dem andern ein Leid antut, selbst wenn es sein Gegensatz ist. Indem jenes höhere Weltall also durchgängig Einheit ist und allerwärts mangellos, steht es in sich stille und kennt keinen Wandel; es wirkt auch nicht als ein von dem Bewirkten unterschiedenes; um wessentwillen sollte es auch wirken, da es ihm an nichts gebricht? Und wozu sollte die Vernunft eine zweite Vernunft bewerkstelligen oder der Geist einen anderen Geist?

4. So also steht es mit den Einzeldingen, wenn man sie für sich betrachtet. Was aber die Gesamtverknüpfung dieser gezeugten und immer neu gezeugten Dinge betrifft, so kann sie insofern noch Bedenken und Schwierigkeiten erwecken, als die Tiere sich gegenseitig auffressen, die Menschen sich gegenseitig nachstellen und so ein dauernder Krieg herrscht, in dem keine Pause und kein Waffenstillstand zu hoffen steht: und das gilt insbesondere dann, wenn der Weltplan diesen Zustand bewirkt hat und wenn behauptet wird, es sei damit gut bestellt; denn denen, die solche Behauptung aufstellen, kann jene Rede keinen Beistand mehr leisten, es sei eben im Rahmen des Möglichen damit gut bestellt, und vermöge der Wirkung der Materie seien die Dinge in einem Zustand des geringeren Ranges, und »es gehe eben nicht an, daß das Böse ganz verschwinde«: denn (so war ja die Behauptung) es sollte doch eben dieser Zustand in Ordnung sein, es sollte damit gut bestellt sein, und die Materie kam ja gar nicht von sich aus herzu, um die Oberhand zu gewinnen, sondern sie wurde eben zur Erreichung dieses Zustandes beigezogen, besser besagt, sie befand sich schon von sich aus vermöge der Wirkung der Vernunft in diesem Zustande. So ist also der Urbeginn Vernunft, und Vernunft ist auch alles, was unter seiner Leitung entsteht und beim Entstehen durchaus entsprechend geordnet wird. Was also ist da noch für eine Notwendigkeit für den erbarmungslosen Krieg unter Tieren und unter Menschen? Nun, daß die Tiere sich gegenseitig fressen, ist notwendig, weil es sich dabei um einen Austausch von Wesen handelt, die ja doch, auch wenn sie niemand niedermacht, nicht für die Dauer in ihrem Zustand beharren dürften; wenn sie nun, zu einer Zeit, wo sie ohnehin abtreten mußten, nun so abtreten sollen, daß andern aus ihnen

Nutzen entsteht: warum sollten sie ihnen diesen Nutzen mißgönnen. Ferner, wenn sie gefressen werden, erstehen sie doch als neue Tiere wieder! So wie der Schauspieler, der auf der Bühne ermordet worden ist, etwa das Kostüm wechselt und in einer anderen Rolle von neuem auftritt. – Indessen, der Schauspieler ist ja nicht wirklich tot! – Nun, wenn das Sterben nur das Tauschen des Leibes ist, so wie das Wechseln des Kostüms beim Schauspieler oder auch, bei einigen, das Ablegen des Leibes, so wie beim Schauspieler, der erst ein andermal wieder mitzuspielen hat, der für diesmal endgültige Abtritt von der Bühne – was ist da Furchtbares an einer derartigen Wandlung der Tiere ineinander, die doch weit besser ist, als wären sie überhaupt nicht zur Entstehung gelangt! Denn dann würde eine Verödung an Leben eintreten, es gäbe keine Möglichkeit eines Lebens, das in einem andern ist; in Wirklichkeit aber schafft das Leben des Alls in seiner Fülle alle Dinge; indem es lebt, schafft es bunte Mannigfaltigkeit, es hält nicht inne, sondern erschafft unablässig schöne, wohlgestaltete lebendige Spielzeuge. – Der Menschen Kampffronten aber gegeneinander, in denen sie, wiewohl durchaus sterblich, so wohlgeordnet in Reih und Glied streiten, wie sie es im Spiel beim Waffentanz tun, offenbaren doch, daß die ernste Mühe des Menschen allesamt nur Spielwerk ist, und deuten uns daraufhin, daß der Tod nichts Furchtbares ist und daß diejenigen, die in Krieg und Schlacht sterben, nur um eine kleine Weile den Tod im Alter vorwegnehmen, sie treten eher ab, um desto eher wiederzukehren. – Nimmt man ihnen aber bei Lebzeiten ihr Hab und Gut, so haben sie Gelegenheit zu erkennen, daß es auch vorher ihnen nicht gehört hat und daß denen, die es geraubt haben, der Besitz zum Spotte wird, wenn andre es wieder ihnen fortnehmen; aber auch wenn's ihnen nicht fortgenommen wird: der Besitz ist schlimmer, als wäre es weggenommen. Und was Mord und Totschlag aller Art betrifft, Eroberung von Städten, Plünderung, so soll man es anschauen wie auf den Gerüsten der Schaubühne, es ist alles nur Umstellen der Kulisse und Wechsel der Szene und dazu gespielte Tränen und Wehklagen. Denn auch im Leben bei seinen Wechselfällen ist es nicht die Seele drinnen, sondern der äußere Schatten des Menschen, der schluchzt und jammert und sich toll gebärdet, wenn die Menschen auf jener Bühne, welche die ganze Erde ist, vielerorten ihr Spiel aufführen; denn so benimmt sich der Mensch, welcher nur in der niederen, der äußeren Welt zu leben versteht, da er nicht merkt, daß er auch in Tränen, seien sie auch ernstgemeint, nur am Spielen ist. Denn allein mit dem ernsten und edlen Menschenteile darf man bei ernstem Werke ernstlich sich mühen; was sonst aber am Menschen ist, ist eitel Spielwerk. Die aber sind auch beim Spielwerk ernst, welche nicht ernst zu sein verstehen und selber nichts als Spielwerk sind. Will aber einer mit ihnen spielen und ihm widerfährt dann das geschilderte Unheil, nun, er soll wissen, daß er unter spielende Knaben geriet und das Spielzeug ums Gesicht abgelegt hat. Und mag auch Sokrates einmal spielen, er spielt nur mit dem äußeren Sokrates. – Eins übrigens ist noch zu beachten: das Jammern und Weinen darf man nicht zum Zeugnis nehmen dafür, daß es Unglück gibt; denn kleine Kinder weinen und jammern ja auch bei Dingen, die gar kein Unglück sind.

Anicius Manlius Severinus Boethius (480–525)

Aus vornehmsten römischen Stadtadel stammend, diente er dem Ostgoten König Theoderich als Kanzler, der ihn unter dem (falschen) Verdacht hochverräterischer Konspiration mit dem byzantinischen Hof lange Zeit einkerkern und schließlich hinrichten ließ. Außer durch Kommentare und Übersetzungen von Schriften des Aristoteles und des Porphyrius, mit denen er das mittelalterliche Denken tiefgreifend beeinflußte und den scholastischen Streit um die Universalien auf den Weg brachte, wurde er vor allem durch sein Buch »De consolatione philosophiae« bekannt, das er teilweise in Prosa, teilweise als Dialog sich selbst zum Trost im Gefängnis geschrieben hat. Doch auch wenn er bereits Anhänger des christlichen Glaubens war, so sucht er in diesem Buch nicht den Beistand Christi, sondern den der Philosophie, die als Dialogpartnerin im Stile des Sokrates in Platons Dialogen auftritt. Derart prägt Boethius die christliche Weltsicht vor allem durch das philosophische Denken der Antike. Mit seinem Tod im Jahre 525 und der Auflösung der athenischen Akademie durch Kaiser Justinian im Jahre 529 geht die große Zeit der antiken Philosophie zu Ende.

Ökologisch interessant ist vor allem das dritte Buch von Boethius' »Trost der Philosophie«. Vom kosmischen Mythos des »Timäus« beseelt, stellt Boethius auf die Frage nach den Glücksgütern fest , daß die Menschen immer nur nach einzelnen Glücksgütern streben und dabei die Ganzheitlichkeit des Glücks verfehlen. Diese Einheit aber findet sich im Schöpfer, auf den hin die ganze Natur ausgerichtet ist. Nur die menschliche Schlechtigkeit trennt, was die Natur in göttlicher Harmonie vereint. Denn die Natur nimmt ihren Ausgang vom Vollständigen und Unbedingten. Ihr Urgrund ist das höchste Gut. Ihre Harmonie strebt zu Gott und damit zur Glückseligkeit. So erreichen die Guten ihr Ziel auf natürlichen Wegen, während die Schlechten durch Naturwidrigkeit gekennzeichnet sind (Nr. 1). Die Harmonie, das versucht Boethius zu zeigen, ist darauf gerichtet, Leben zu erhalten und seine Vernichtung zu vermeiden. Die Natur strebt nach Beständigkeit und sorgt für alle ihre Teile. Damit zielt die Natur auf Einheit hin, die für Boethius als das Gute schlechthin verstanden wird (Nr. 2). Diese Einheit sowie die sichere Ordnung der

Natur wird durch Gottes verknüpfende Schöpfung gewährleistet (Nr. 3). Boethius' trostreicher Idealismus gelangt zu seinem Höhepunkt, wenn er die Guten in ihrer Naturadaequatheit als stark und die Schlechten in ihrer Naturwidrigkeit als schwach charakterisiert. So entwickelt er die Vorstellung, daß die Schlechten im Grunde gar nicht existieren, da sie den ganzheitlichen Pfad der Einheit von Tugend und Erkenntnis verlassen haben. Doch zumindest zur ökologischen Weisheit muß Boethius' grandiose Idee gezählt werden, daß sich nur das zu bewahren vermag, was die Ordnung der Natur einhält, während das Naturwidrige untergeht (Nr. 4): Diese Sätze könnten zum Verdikt über das ökologische Schicksal der Menschheit werden.

1. Was nämlich einfach und von Natur ungeteilt ist, das trennt der menschliche Irrtum und führt es vom Wahren und Vollkommenen hinüber zum Falschen und Unvollkommenen. Oder glaubst du, daß jemand, dem nichts mangelt, der Macht entbehre? – Keineswegs. – Richtig, denn wenn ein Vermögen irgendwo schwächer ist, so daß es Schutz bedarf, so bedarf es auch eines andern. – So ist es, sagte ich. – Also ist die Natur des Selbstgenügens und der Macht ein und dieselbe? – So scheint es. – Hältst du nun das, was so beschaffen ist, für verächtlich, oder im Gegenteil für das Ehrwürdigste von allem? – Daran läßt sich wohl nicht zweifeln. – Fügen wir also dem Selbstgenügen und der Macht die Ehrwürdigkeit hinzu, um zu beweisen, daß diese drei eines sind. – Fügen wir sie hinzu, wenn wir die Wahrheit bekennen wollen. – Wie also? Erachtest du, daß dies dunkel und unansehnlich sei, oder von allem Glanz verklärt? Erwäge aber, daß das, was zugestandener Weise nichts weiter bedarf, was das Mächtigste, der Ehren Würdigste ist, wenn es des Glanzes entbehrte, den es sich selber nicht gewähren könnte, nach einer Seite hin erniedrigt schiene. – Ich muß, sprach ich, bekennen, daß dies, so wie es ist, auch das Glänzendste sein muß. – Also müssen wir Folgendes richtigstellen, daß der Glanz sich von den oben genannten drei Eigenschaften nicht unterscheidet. – Das folgt daraus, sagte ich. Was also nichts Fremdes bedarf, was alles aus eigner Kraft vermag, was glänzend und ehrwürdig ist, ist das nicht jedenfalls auch das Freudigste? – Woher sich in ein solches irgendeine Trauer einschleichen sollte, kann ich nicht einmal ausdenken, deshalb ist es notwendig zu bekennen, wenn die Obersätze bleiben, daß es voll Freude sei. – Dann ist es auch ebenfalls nötig, daß zwar die Namen Genügen, Macht, Glanz, Ehrwürdigkeit, Freude verschieden sind, ihre Substanz sich aber auf keine Weise unterscheidet. – Notwendig, sagte ich. – Das also, was von Natur einfach und einheitlich ist, zertrennt die menschliche Verkehrtheit, und während sie einen Teil eines unteilbaren Dinges zu erlangen sucht, erreicht sie nicht einmal einen Teil, den es nicht gibt, geschweige denn das Ganze selbst, nach dem sie ja auch am wenigsten strebt. – Wie das? fragte

ich. – Wer, sagte sie, auf der Flucht vor Armut Reichtum sucht, kümmert sich nicht um Macht, lieber will er im Dunkel und erniedrigt sein, auch entzieht er sich viel natürliches Vergnügen, um nur nicht das Geld, das er erworben, zu verlieren. Aber auf diese Art wird er kein Genügen finden, er, den die Kräfte verlassen, den Beschwerden stechen, den Erniedrigung verächtlich macht, den die Dunkelheit verbirgt. Wer aber nur Macht wünscht, verschwendet den Reichtum, blickt verächtlich auf das Vergnügen, schätzt sogar den Ruhm, der der Macht entbehrt, für nichts. Du siehst also, wieviel auch diesem fehlt. Denn so kommt es, daß er manchmal das Notwendige entbehrt, daß er von Angst gequält wird, und wenn er diese nicht vertreiben kann, aufhört das zu sein, was er am meisten begehrt, mächtig. Ähnlich darf man von Ehren, Ruhm und Vergnügen schließen; denn wenn auch von diesen jedes dasselbe ist wie das übrige, so erreicht der, welcher eines von ihnen erstrebt ohne die übrigen, nicht einmal das, was er wünscht. – Wie das? sagte ich. – Wenn jemand alles insgesamt und zugleich zu erlangen wünschen sollte, so würde er zwar die Summe der Glückseligkeit wollen, aber würde er sie in den Dingen finden, die, wie wir gezeigt haben, das nicht erfüllen können, was sie versprechen? – Keineswegs, sagte ich. – In diesen Dingen also, von welchen man glaubt, daß sie erstrebenswerte Güter bringen, ist die Glückseligkeit auf keine Weise auszuspüren. – Ich bekenne es, und nichts Wahreres als dies läßt sich sagen.

Du hast also, sprach sie, hiermit Gestalt und Ursache der falschen Glückseligkeit. Lenke nun das Schauen deines Geistes nach der entgegengesetzten Seite, denn dort wirst du, wie wir versprochen, sogleich die wahre sehen. – Das ist doch, sagte ich, auch einem Blinden durchsichtig, und du hast sie noch eben gezeigt, als du die Ursachen der falschen mir zu eröffnen suchtest. Denn wenn ich mich nicht täusche, ist das die wahre und vollkommene Glückseligkeit, die bewirkt, daß die Menschen selbstgenügend, mächtig, ehrwürdig, glänzend, fröhlich sind. Und auf daß du erkennst, daß ich es von ihnen begriffen habe, was eines von ihnen, denn sie sind ja alle eins und dasselbe, in Wahrheit leisten kann, ist die volle Glückseligkeit, dies erkenne ich eindeutig. – Ja, glücklich bist du, mein Schüler, in dieser deiner Meinung, wenn du noch etwas hinzufügst. – Was denn? fragte ich. – Glaubst du, daß in diesen sterblichen und hinfälligen Dingen etwas liegt, was einen Zustand dieser Art veranlassen könnte? – Keineswegs, antwortete ich, ich meine, daß du es so gezeigt hast, daß nichts weiter zu wünschen übrig bleibt. – Dies also scheint den Sterblichen entweder Abbilder des wahren Guten oder unvollständige Güter zu geben, wahres und vollständiges Gut aber kann es nicht verleihen. – Ich stimme zu, sagte ich. – Da du also erkannt hast, was jene wahre Glückseligkeit ist und was eine falsche erlügt, bleibt uns nun übrig, daß du erkennst, woher du diese wahre holen kannst. – Das erwarte ich schon lange sehnsüchtig, sprach ich. – Aber da man, sagte sie, wie es unserm Plato im Timäus gefällt, auch bei der geringsten Angelegenheit den göttlichen Schutz anflehen soll, was glaubst du, daß nun zu tun sei, auf daß wir uns verdienen, den Sitz jenes höchsten Gutes zu finden? – Wir müssen den Vater aller Dinge anrufen, denn wenn wir ihn übergehen, dürfte kein Anfang recht gegründet sein. – Richtig sagte sie, und zugleich stimmte sie an:

Der du lenkest die Welt nach dauernden festen Gesetzen,
Schöpfer des Himmels, der Erden, der du von Ewigkeit wandeln
Hießest die Zeit, selbst nimmer bewegt, bewegend das Weltall!
Keine äußere Macht trieb dich aus wogenden Massen
Deine Schöpfung zu formen; in dir nur trägst du des höchsten
Guten Gestalt, des fleckenlosen. Das All vom Urbild
Leitest du her; die herrliche, Herrlichster selber,
Trägst du im Geiste, die Welt, nach deinem Bilde geschaffen,
Von der vollendeten löst dein Befehl vollkommene Teile.
Bindest mit Zahlen die Elemente, daß Hitze und Kälte,
Regen und Dürre ihr Maß einhalten; die reinere Flamme
Nicht emporflieh', die Last nicht abwärts zöge die Erde.
Aus der Mitte der Drei-Natur entläßt du die Seele,
Die das Weltall bewegt, hüllst sie in harmonische Glieder.
Wenn sie getrennt, ballt sie das Bewegte in zwiefache Kreise,
Kehrt sie wieder in sich zurück, umschreitet des Geistes
Tiefen sie und verwandelt nach ähnlichem Bilde den Himmel.
Auch den geringeren Wesen hast du abwägenden Sinnes
Seelen verliehn, und die Hohen, anpassend dem leichten Gefährte,
Säest du aus in Himmel und Erde; nach güt'gem Gesetze
Rufst du sie wieder dir zugewandt zurück von dem Feuer.
Vater, verleih seinem Geist, den himmlischen Sitz zu ersteigen,
Gib ihm zu schauen die Quelle des Guten, gib du ihm wieder
Licht des Geistes, daß er auf dich nur richte die Augen.
Scheuche die irdischen Nebel, zerstöre die wuchtenden Lasten.
Leuchte du auf mit deinem Glanz; denn du bist die Helle,
Du beseligende Ruh den Frommen, dich schauen ist Ende,
Ursprung, Führer, Erhalter und Weg und Grenze du selber.

2. Wenn ich die Lebewesen betrachte, sagte ich, die irgendeine natürliche Anlage zum Wollen und Nichtwollen besitzen, so finde ich nicht, daß sie ohne äußeren Zwang den Trieb zu beharren wegwerfen und sich freiwillig zum Untergang

drängen. Denn jedes Lebewesen bemüht sich sein Heil zu wahren, Tod und Verderben aber zu vermeiden. Aber ich zweifle, ob ich für Kräuter und Bäume, ob ich überhaupt für die unbeseelten Dinge beistimmen kann. – Und doch brauchst du nicht daran zu zweifeln, da du siehst, wie Kräuter und Bäume erstens an den für sie passenden Orten wachsen, wo sie, soweit es ihre Natur zuläßt, nicht rasch vertrocknen und verkommen können. Denn die einen wachsen in Feldern, andere auf Bergen, die stehen in Sümpfen, andere klammern sich an Felsen, dürrer Sand ist für diese der Nährboden, und wenn man sie an andere Plätze zu verpflanzen sucht, so verdorren sie. So gibt die Natur einem jeden, was ihm zuträglich ist, und sie bemüht sich, daß es nicht untergehe, solange es zu dauern vermag. Ziehen nicht alle Gewächse, als ob sie ihren Mund in die Erde gesenkt hätten, mit den Wurzeln ihre Nahrung und lassen sie durch Mark, Holz und Rinde aufsteigen; ist nicht gerade das Weichste, das Mark, im Innern verborgen, stellt sich nicht weiter draußen das feste Holz, am äußersten Rande aber die Rinde wie eine dauerhafte Verteidigung gegen die Unbilden der Witterung dar? Wie groß ferner ist die Sorgsamkeit der Natur, daß sich alles durch vervielfältigten Samen fortpflanze. Wer wüßte nicht, daß dies wie eine Maschine ist, die nicht nur zur Erhaltung für einige Zeit, sondern auch zur Erhaltung der Gattung auf die Dauer wirkt. Wünschen aber nicht sogar die Dinge, die für unbelebt gehalten werden, gleicher Weise jedes das seine? Warum trägt die Flamme ihre Leichtigkeit aufwärts, drückt die Erde ihr Gewicht abwärts, wenn nicht einem jeden dieser Platz, diese Bewegung angemessen wäre? Ferner, was mit einem jeden übereinstimmt, das erhält es auch aufrecht, ebenso wie das, was ihm feindlich ist, es zerstört. Was hart ist wie Stein, das hängt mit seinen Teilen zähe zusammen und widersteht einer leichten Auflösung. Was aber flüssig ist wie Luft und Wasser, gibt leicht der Teilung nach, aber gleitet auch wiederum leicht in das, wovon es getrennt wurde, zurück; das Feuer aber widersteht jeder Trennung. Jetzt aber handeln wir nicht von der freiwilligen Bewegung der erkennenden Seele, sondern von der Absicht der Natur. Dahin gehört, daß man die aufgenommene Speise verdaut, ohne daran zu denken, im Schlafe ohne Bewußtsein atmet, denn die Liebe zum Beharren rührt bei den Lebewesen nicht aus den Willensregungen der Seele, sondern aus den Grundsätzen der Natur her. Denn der Wille heißt oft aus zwingenden Gründen den Tod willkommen, vor dem die Natur zurückschaudert, hingegen zügelt bisweilen der Wille das, wodurch allein die Dauer sterblicher Dinge währt, die Zeugung, die die Natur immer begehrt. So sehr geht die Liebe zu sich selbst nicht aus seelischer Bewegung, sondern aus der Absicht der Natur hervor. Denn die Vorsehung hat den von ihr geschaffenen Dingen diese oberste Ursache zum Beharren gegeben, daß sie, soweit sie es können, zu beharren begehren, daher ist keinerlei Grund zum Zweifel gegeben, daß alles was ist, von der Natur die Beständigkeit im Beharren erstrebt und die Vernichtung meidet.

3. Darauf sagte ich: Plato stimme ich nachdrücklich zu; und hieran erinnerst du mich schon zum zweiten Male, zuerst als ich durch den verderblichen Einfluß des Körpers, dann von der Last des Kummers niedergedrückt, die Erinnerung verloren hatte. – Darauf sprach jene: Wenn du auf schon früher Zugestandenes zurückblickst, wird es dir auch nicht fern liegen, dich zu erinnern, was du damals nicht zu wissen bekanntest. – Was? sagte ich. – Von welchem Steuer, sagte sie, die Welt gelenkt wird. – Ich erinnere mich, erwiderte ich, daß ich meine Unwissenheit bekannt habe, aber wenn ich auch voraussehe, was du anführen willst, so wünsche ich doch es ausführlicher von dir zu hören. – Daß diese Welt, sprach sie, von Gott gelenkt werde, hieltest du noch vor kurzem für unzweifelhaft. – Ich halte es auch noch jetzt dafür und werde es niemals für bezweifelbar halten, und ich will kurz auseinandersetzen, aus welchen Gründen ich zu dieser Ansicht komme. Diese Welt wäre nimmermehr aus verschiedenen und entgegengesetzten Teilen zu einer Gestalt gelangt, wenn nicht Einer wäre, der so Verschiedenes verbände. Auch verbunden würde die Verschiedenheit der Naturen selbst in wechselseitiger Zwietracht alles zertrennen und zerreißen, wenn nicht Einer wäre, der zusammenhielte, was er verknüpft hat. Denn nicht könnte eine so sichere Ordnung der Natur hervorgehen, und nicht würden jene so wohlgegliederte Bewegungen nach Ort, Zeit, Wirkung, Raum, Eigenschaft entwickeln, wenn nicht Einer wäre, der diese Mannigfaltigkeiten der Verbindungen selbst bleibend anordnete. Was es auch sei, wodurch die Schöpfung dauert und sich bewegt, ich nenne es mit dem allgebräuchlichen Namen: Gott.

4. Aber das höchste Gut, das gleichmäßig das Ziel der Guten und Bösen ist, erstreben die Guten auf dem naturgemäßen Wege der Tugenden, die Schlechten suchen durch mannigfache Begierden das zu erlangen, was der natürliche Weg zum Guten nicht ist. Oder glaubst du anders? – Keineswegs, sagte ich, denn auch die Folgerung ergibt sich aus dem, was ich zugestanden hatte, daß die Guten notwendig stark, die Schlechten schwach sind.

Ganz richtig, sagte sie, eilst du voran, und das ist, wie die Ärzte zu hoffen pflegen, ein Zeichen, daß sich die Natur wieder aufrichten und Widerstand leisten werde. Aber da ich dich zum Verständnis ganz bereit finde, will ich noch mehr Gründe zusammenhäufen. Siehe zu, wie sehr die Schwäche lasterhafter Menschen offen liegt, da sie nicht einmal dazu gelangen können, wozu sie der natürliche Hang führt und beinahe treibt. Und wie, wenn sie nun von dieser so großen, kaum zu besiegenden Hilfe der Weg weisenden Natur verlassen würden?

Erwäge, wie groß das Unvermögen der frevelhaften Menschen sein müsse. Auch erstreben sie gar nicht leichten und spielenden Lohn, den sie verfolgen und nicht zu erreichen vermögen, sondern sie fehlen im Höchsten, dem Gipfel der Dinge; und diesen Unglücklichen wird kein Erfolg in dem, wonach sie Tag und Nacht trachten, zuteil und worin die Kraft der Guten sich auszeichnet. Denn ebenso wie du entscheiden würdest, daß der am kräftigsten im Gehen sei, der auf seinen Füßen bis zum äußersten Ort, über den hinaus es keinen Weg gibt, gelangt ist, so mußt du auch notwendig urteilen, daß der der Mächtigste ist, welcher ein erstrebtes Ziel, über das hinaus es nichts gibt, erreicht. Im Gegensatz hierzu folgt nun, daß die Frevler als solche von aller Kraft verlassen scheinen. Denn warum lassen sie die Tugend und folgen den Lastern? Aus Unkenntnis des Guten? Aber was gibt es Kraftloseres als die Blindheit der Unwissenheit? Oder kennen sie das Befolgenswerte, aber auf verkehrtem Wege stürzt sie die Begierde? Gebrechlich sind sie auch so aus Zügellosigkeit, so daß sie gegen das Laster nicht ankämpfen können. Oder lassen sie wissend und wollend das Gute im Stich und beugen sich dem Laster? Aber auf die Weise hören sie auf, nicht nur mächtig zu sein, sondern überhaupt zu sein. Denn wer das gemeinsame Ziel alles dessen, was ist, verläßt, hört gleicher Weise auch auf zu sein.

Die Behauptung könnte vielleicht wunderbar erscheinen, daß die Schlechten, die ja die Mehrzahl bilden, überhaupt nicht sind, aber doch verhält es sich so. Denn daß die Schlechten schlecht sind, bestreite ich nicht, aber daß sie zugleich sind, leugne ich schlankweg und schlechthin. Denn wie man wohl eine Leiche einen toten Menschen, nicht aber einen Menschen schlechthin nennen kann, so will ich zugeben, daß die Lasterhaften zwar schlecht sind, aber daß sie es absolut sind, kann ich nicht bejahen. Denn das ist, was die Ordnung einhält, was die Natur bewahrt; was von dieser abfällt, gibt auch das Sein, das in seiner Natur begründet ist, auf. Aber die Schlechten, wirst du sagen, vermögen doch. Das will auch ich nicht leugnen, aber dies ihr Vermögen rührt nicht von der Kraft, sondern von der Schwäche her. Denn diese vermögen das Schlechte, was sie gerade nicht vermöchten, wenn sie in der Wirkungskraft des Guten hätten bleiben können. Und dieses ihnen zugegebene Vermögen zeigt nur einleuchtender, daß sie nichts vermögen; denn wenn, wie wir eben geschlossen haben, das Schlechte nichts ist, so ist klar, daß die Bösen nichts können, wenn sie nur das Schlechte können. – Das ist klar. – Und damit du begreifst, was die Kraft dieses Vermögens sei, so bedenke, daß wir eben festgestellt haben, daß nichts mächtiger sei als das höchste Gut. – So ist es, sagte ich. – Eben dieses aber, sagte sie, kann das Schlechte nicht. – Nein. – Gibt es jemand, der glaubt, daß die Menschen alles können? – Niemand, er müßte denn wahnsinnig sein. – Gleichwohl können eben diese das Schlechte. – O daß sie es doch, sagte ich, nicht könnten! – Wenn also der, der nur des Guten mächtig ist, alles kann, die aber, die auch des Schlechten mächtig sind, nicht alles können, so ist offenbar, daß eben die, die das Schlechte können, weniger vermögen. Hierzu kommt unser Beweis, daß alle Macht zum Erstrebenswerten zu zählen ist, alles Erstrebenswerte sich auf das Gute, wie auf den Gipfel seiner Natur bezieht. Aber die Möglichkeit einen Frevel zu begehen kann sich nicht auf das Gute beziehen, also ist er nicht erstrebenswert. Gleichwohl ist alle Macht erstrebenswert; daraus folgt, daß die Möglichkeit des Schlechten nicht Macht ist. Aus allem diesen erhellt die Macht des Guten, die unzweifelhafte Schwäche des Schlechten; und die Wahrheit jenes Satzes des Plato ist offenbar: daß nur die Weisen tun können was sie wollen, daß die Bösen zwar verüben, was ihnen beliebt, daß sie aber das, was sie wünschen, nicht erfüllen können. Denn sie tun Beliebiges, indem sie glauben, durch das, woran sie sich ergötzen, jenes Gut, das sie ersehnen, erreichen zu können; aber sie erreichen es nicht, weil zur Glückseligkeit Übeltaten nicht gelangen.

Cassiodor (490–583)

Der in Kalabrien geborene Cassiodor gehört zu den Vermittlern eines in der Traditon des Neuplatonismus stehenden römischen und eines patristisch geprägten (früh-)christlichen Denkens. Gleichzeitig stand er lange Jahre in höchsten Ämtern im Dienste Theoderichs und seiner Nachfolger auf dem ostgotischen Thron. Dabei bemühte er sich, den germanischen Herren Italiens römisch-christliche Bildung nahezubringen. Um ca. 540 zieht sich Cassiodor dann gänzlich aus der Politik zurück und gründet das Kloster Vivarium auf seinen kalabresischen Gütern.

Sein literarisches Werk ist umfangreich, besteht allerdings weniger aus autonomen Schriften als aus Chroniken, Kompendien und Kommentaren. Eine Ausnahme bildet die kleine Schrift »De anima«. Das – auch für das ganze Werk Cassiodors geltende – Hauptmotiv dieser Schrift ist sein Verständnis einer göttlichen Harmonie der Welt, an der der Mensch teilhat, und zwar sowohl als körperliches Wesen als auch mit seiner Seele. Zweifellos folgt Cassiodor hier der neuplatonisch-augustinischen Tradition. Er geht von dem Primat der Seele und des Geistes aus. In antiker Tradition versucht er jedoch in seiner Schrift »De anima« auch den Körper, und damit die Welt als Eigenwerte in sein religiöses wie weltliches Verständnis einzubauen. Gerade insoweit hält er entgegen der Entwertung der diesseitigen Welt bei Augustinus auch an der realen Wirklichkeit, an der Natur und an der menschlichen Körperlichkeit fest. Wenn es ihm auch wesentlich um das Seelenheil im Jenseits geht, so bleibt er doch bei seiner Bewunderung für die Natur, die, verglichen mit vielen christlichen Denkern jener Jahrhunderte, doch eine Schneise für ökologisches Denken freihält.

In den folgenden Auszügen wird dies besonders deutlich. Cassiodors Verständnis vom Geist birgt bereits den Begriff der Ganzheit, den er in Gott gewährleistet sieht. Gleichzeitig ist der Geist auch belebender Anteil des Körpers (Nr. 1). Ein ähnliches Ganzheitsverständnis gilt auch für Cassiodors Vorstellung von der Seele. Sie belebt nicht nur den ganzen Körper, sondern – das betont ihre Verbundenheit mit dem Körper und der Sinnlichkeit – sie ist überall im Körper anwesend (Nr. 2). Das Hohelied der Harmonie des Körpers singt Cassiodor im 3. Auszug. Im 4. ordnet Cassiodor Körper und Seele als Ganzes auf die göttliche Schöpfung hin, zu der sie gehören. Der Mensch bewundert dabei, wie Auszug 5 zeigt, die kosmische Harmonie und Ordnung, die er häufig vergebens zu ergründen sucht.

1. Geist (spiritus) wird auf dreifache Weise gebraucht. Wahrhaft und eigentlich wird Gott als Geist bezeichnet: er ist von keinem Ding abhängig, während alle Geschöpfe ihn brauchen. Er flößt ein was er will, er teilt alles aus, so wie er will, er erfüllt alles, er ist ganz im Ganzen, in bezug auf den Ort unbeweglich, in seiner (inneren) Beweglichkeit aber ewig, einzigartig machtvoll auch über das Höchste. Ferner nennen wir Geist (spiritus) eine feine, uns unsichtbare Substanz, geschaffen, unsterblich, und soweit mächtig, als es ihr zum Nutzen gegeben ist. Drittens nennen wir Lebensodem (spiritus), was dem ganzen Körper eingesenkt und von ihm aufgenommen wird; durch ihn wird das Leben der Sterblichen vom lebensnotwendigen Atem getragen, er kommt nie zur Ruhe und stellt sich in steter Bewegtheit immer wieder her.

2. Aber noch etwas gehört zum Wesen dieses Lebens, von dem wir sprechen: wenn nämlich jene feurige Kraft sich den einzelnen Teilen des Körpers eingegossen und das lebensspendende Prinzip die Materie des Fleisches durchhaucht hat, leidet sie sogleich mit, wenn er irgendeine Wunde empfängt: denn die Seele ist überall (im Leib) substantiell eingepflanzt. Wäre sie eine bloße Kraft, würde bloße Wärme den Körper beleben, dann könnte sie nicht mitleiden, wenn man sich den Finger ritzt, sowenig es die Sonne empfände, wenn man ihre Strahlen zu zerschneiden vesuchte. Sie ist also als ganze in den (verschiedenen) Teilen (ihres Körpers), nicht da größer und dort kleiner, nicht da stärker und dort schwächer, überallhin spannt sie sich kraftvoll. Sie sammelt sich selber in eins und faßt so (den Leib) zusammen: sie läßt ihre Glieder nicht abgleiten oder hinsinken, sondern hütet sie durch ihre Lebenskraft. Zuträgliche Nahrung verteilt sie überallhin und sorgt für die rechte Angepaßtheit und das rechte Maß. Wie ein Wunder erscheint es, daß ein unkörperliches Wesen mit recht

massiven Gliedern verbunden ist und so entgegengesetzte Naturen zu einer vollen Übereinstimmung zusammengeführt wurden; denn die Seele kann sich nicht absondern, wann sie will, noch bleiben, wann sie den Befehl des Schöpfers vernimmt. Verschlossen bleibt ihr alles andere, so lange sie einwohnen muß, alles liegt offen vor ihr, wenn man sie heißt, auszuziehen. Wird (dem Leib) eine bitter schmerzende Wunde zugefügt, so kann sie ohne Geheiß ihres Urhebers nicht fliehen, sowenig sie ohne seine Huld verbleiben kann. Wir sehen ja oft Schwerverwundete mit dem Leben davonkommen und wieder andere bei leichten Unfällen sterben.

3. Das hohe, aufrechte Lebewesen, zum Gleichnis der schönsten Kontemplation errichtet, nämlich um überweltliche, geisthafte Dinge zu schauen, offenbart uns durch seinen harmonischen Aufbau tiefste Geheimnisse. Zunächst wurde unser Kopf aus sechs Knochen zusammengefügt, als runder Hohlraum der Himmelskugel nachgebildet. Diese sehr vollkommene Sechszahl sollte den Sitz des Gehirns bilden, mit dessen Hilfe wir denken. In ihm liegen die Augen wie zwei überaus herrliche Lichter, wie die beiden Bücher der heiligen Testamente. Nach ihrem Vorbild steigen alle Körperteile zweifach nieder, nämlich Ohren, Nase, Lippen, Arme, Seiten, Beine, Füße; von dieser geheimnisvollen Zweiheit wird das Gefüge des ganzen Körpers zusammengehalten. Und so wie jene beiden Testamente auf den Einen hinblicken, den Einen enthalten, so verbinden sich die Funktionen zu einer wohlgeordneten Tätigkeit. Aber wenn diese Zweieinigkeit, durch herrliche Gezweiung geeinigt, sich gegenseitig zur Zierde gereicht, so gibt es doch auch vereinzelte Glieder, die deshalb in der Mitte liegen, damit sie nicht einseitig ein Vorrecht beanspruchen und so die andere Seite des geziemenden Schmuckes berauben: Nase, Mund, Kehle, Brust, Nabel und das absteigende Geschlechtsglied: sie erweisen sich als lobwürdig und ehrenwert, sofern sie in der Mitte verharren. Unser Haupt, das alle Sinnesempfindungen birgt, ist auf den Nacken richtig wie auf eine Säule gesetzt; was uns lehrt, daß die heilige Religion in der einen, kraftvollen Festigkeit des Glaubens gründet. Die Zunge, dieses angemessenste Plektrum unserer Stimme, ist uns zum passenden Ausarbeiten unserer Reden gegeben, deren klargeformte Worte uns von den Ungestalten der Tierlaute unterscheiden. Auch das darf nicht als zwecklos erscheinen, daß eine Kehle zwei Arten von Verarbeitung dient. Denn jede Einsicht der klugen Seele soll, aufgenommen wie eine Speise, durch die Flammen der Vernunft verdaut und auf dem doppelten Weg der beiden Testamente in richtiger Überlegung geklärt werden. Weil sich der menschliche Leib weder durch ein Horn noch durch einen Zahn noch durch schnelle Flucht wie andere Lebewesen zu verteidigen vermag, wurden ihm ein kräftiger Brustkorb und Arme zugestanden: nun

kann er zugefügtes Unrecht mit starker Hand abwehren und mit geschwellter Brust wie mit einem Schild sich schützen.

Wer dürfte ferner bezweifeln, daß uns die Geschlechtsorgane als ein großes Geheimnis verliehen sind? Durch sie schreitet die fruchtbare Fortpflanzung des Menschen mit Gottes Hilfe voran. Die Sterblichen brauchen ihren Untergang nicht zu befürchten: Personen vergehen, das Geschlecht wird sich aber immer weiter erhalten. Ein schönes, ehrenvolles Glied, würde es nicht durch schändliche Leidenschaft befleckt! Welches wäre wohl kostbarer, wenn das Menschengeschlecht damit schuldlos fortgepflanzt werden könnte? So ist alles lobwürdig erschaffen worden und wird erst durch befleckende Sünden anstößig.

4. Was wir so, wegen der Fülle des Stoffes, zu einem kurzen Überblick zusammengefaßt haben, mag doch vollauf genügen, um zu zeigen, daß kein anderes körperliches Lebewesen so sehr mit geheimnisvoller Bedeutung ausgestattet worden ist. Was mit der vernunftbegabten Seele verbunden wurde, mußte mit größter Weisheit gebildet werden. O wunderbares Geschöpf des höchsten Werkmeisters, der die Grundzüge des menschlichen Leibes so entwarf, daß es großer Geschenke nicht hätte entbehren müssen, wäre es nicht durch die drückende Schuld des ersten Menschen belastet worden. Was hätte es nicht alles in der Freiheit haben können, da es jetzt noch, in der Verstoßung, so zahlreiche Güter behalten durfte! Zwar ist dieses Fleisch den verschiedensten Mißbräuchen, vielen Verletzungen ausgesetzt; dennoch ist es nicht unfähig, das himmlische Psalterium zu singen, glorreiche Märtyrer zu bilden, ja es durfte seinen Schöpfer bei sich empfangen, sogar das lebenspendende Kreuz des heiligen Erlösers sich aufladen: mit Recht kann man deshalb glauben, daß es einst verklärt werden wird, da es schon hier in der Sterblichkeit solch großer Gaben sich rühmen darf. Möge sich denn mit Hilfe der göttlichen Gnade diese erhabene, aber der Erbschuld und den täglichen Sünden verfallene Leibnatur durch Fasten, Almosen und anhaltende Gebete umformen: durch Reinigung vom Sündenschmutz vermag sie den Geist so zu erhellen, daß er seinen Schöpfer aufnehmen darf, selber aber wird sie zum Tempel Gottes, wenn sie den Sünden kein Gastrecht gewährt. Ich glaube, die göttliche Erbarmung hat vorgesehen, den Leib der Seele, die Seele aber sich selbst zu unterwerfen und so das Ganze heilvoll auf den Schöpfergott hinzuordnen.

5. Wir wünschen ja die gegenläufigen Bahnen der Planeten am Himmel zu kennen, den sich gleich bleibenden Gang der Gestirne: die einen stehen fix und bewegen sich nicht, andere kommen nie zur Ruhe, da sie immer rundum kreisen. Wie die Weltgelehrten zu erforschen versuchten, kreisen sie in harmonischem Ergötzen

und unvergleichlichem Wohllaut. Ihr vereintes Klingen und Zusammenstimmen erzeugt süße Musik.

Wir suchen gerne zu ermessen die Höhe des Äthers, das Maß der Erde, die Wolken mit ihrem Regen, die Hagelstürme, das Erbeben fester Landstriche, das Wesen der schweifenden Winde, die Tiefe des ruhelosen Meeres, die Kräfte der grünenden Kräuter, die Verbindung der vier Elemente, die sich im ganzen Leib spannungsvoll verbinden: ist es zu ertragen, daß wir jene nicht zu erkennen vermögen, denen es von oben gegeben ist, so große Dinge zu erörtern! Wir suchen allerdings nicht mit streitbarem Eifer, sondern wir möchten die tiefsten Gedanken auf ganz bescheidene Weise erkennen.

© Springer Fachmedien Wiesbaden GmbH, ein Teil von Springer Nature 2019
P. C. Mayer-Tasch et al. (Hrsg.), *Natur denken*,
https://doi.org/10.1007/978-3-658-24635-8_3

Überblick

Der große Zivilisationsbruch, der im Untergang Roms (476 n. Chr.) seinen politischen Ausdruck fand, hatte sich schon früh angekündigt – mit der Heraufkunft des Christentums nämlich, das die weitere geistige und politische Geschichte Europas bestimmen sollte. Mit dem paulinisch geprägten Christentum ist die Definition der Welt als Fremde verbunden. Im »Gottesstaat« hat Augustinus dies in der Vision von der Pilgerschaft des Menschen durch die »civitás terrena« hindurch besonders deutlich werden lassen. Im Hinblick auf dieses – trotz aller augustinischen Dementis manichäisch geprägte – Erbe aber, das zur Abwertung der Sinne und all dessen, was sie wahrnehmen, tendiert, rückt die Natur wenn nicht gänzlich aus dem Blickfeld, so doch aus dem Mittelpunkt der Aufmerksamkeit. Und wichtiger noch: sie verändert sich, erscheint fortan weniger als Natur denn als Schöpfung. Stets bleibt der Bezug auf den Schöpfer einerseits und auf seinen Willen andererseits präsent. Durch die christliche Sicht verliert die Natur mithin ihr Eigenleben: Kann sie beispielsweise in der Stoa noch als Gesetzgeberin gelten, so dient ihr Erkenntnisinteresse – zumal bei den Kirchenvätern – jetzt zuallererst der Erkenntnis Gottes. Eine solche, gleichsam jubilatorische Sicht ist jedoch im Hinblick auf die geringen Vorgaben in den kanonischen Texten des Christentums nicht unproblematisch.

Erst durch die neuzeitliche christliche Theologie hat die Natur, die ja eben auch Schöpfung ist, sich eine Behandlung gefallen lassen müssen, die sie fast mit einem moralischen Fluch belegt. Die frühen Kirchenväter sind trotz aller Absetzungsbewegung noch eingefügt in die hellenistische Kosmos-Reflexion. So benutzt Athanasius stoische Denkmuster: die Schöpfung als polis. Die pythagoreische Lehre von der Harmonie erweist sich als einer christlichen Überdeutung fähig. Athanasius verwendet das Modell von der Eintracht der Dinge der Welt, um die These vom Einen Gott, der sich trinitarisch offenbart, zu stützen. Die Ordnung der Einen Welt verweist auf den Einen Gott. Wo Natur später bei den Kirchenvätern als lohnendes Objekt dieser Reflexion erscheint, tut sie dies aus einer ästhetischen Distanzierung heraus. Der Sinn dieser Ästhetisierung ist es – das wird bei Augustinus deutlich –, die Natur der aristotelischen Teleologie zu entrücken. Die Rede vom Menschen als der Krone der Schöpfung ist ja sowohl griechisch als auch christlich. Die Ästhetisierung der Natur bei Augustinus legt ein Veto ein gegen die Hybris der Vorstellung, daß alles um des Menschen willen geschaffen sei. Diese Betonung der Demut findet sich später bei Franz von Assisi wieder: Die Einheit der Schöpfung macht es nötig, auch die nichtmenschliche, ja selbst die unbelebte Kreatur in den Heilsplan aufzunehmen.

Historisch gesehen aber verdunkelt sich vorerst das Bild der Natur. Sie ist jetzt nur noch als Allegorisierung zugänglich. In dem Maße, in dem die Naturwissenschaft des Aristoteles aus der Welt verschwindet, wird auch den christlichen Denkern der Zugang zur Natur verstellt. Sie erscheint entweder als jene äußerliche Macht, die es gleich den Heiden zu domestizieren gilt, oder aber sie erscheint als Schrift. Auch hier aber wird die Natur nicht göttlich; vielmehr bricht sich an der Natur der Jubel über die Einheit von Welt und Glauben, den zu sichern Aufgabe der Allegorese wäre.

Johannes Scotus Eriugena ist der erste christliche Vertreter einer tatsächlichen Naturphilosophie. Deren Wurzeln reichen in den Neuplatonismus eines Pseudo-Dionysius, ja eines Plotin zurück. Hier steht die Beschreibung der Einheit der Welt im Vordergrund. Eriugena prägt die zentralen Begriffe der Naturphilosophie, die noch Spinoza leiten werden: *natura naturans* und *natura naturata*. Mit diesem Begriffspaar wird der drohende pantheistische Konflikt, der die christliche Naturanschauung immer begleitet, vermieden. Gott ist die schaffende Natur, die sich aber in den sichtbaren Dingen als geschaffene offenbart. Der Neuplatonismus, der die Einheit des Ganzen und seiner Glieder zu garantieren scheint, wird mit Eriugena ein fester Bestandteil der christlichen Mystik werden, die, wenngleich nur zu geringem Teil, Naturmystik ist: Hildegard von Bingen wäre hier neben Meister Eckhart zu nennen. Diese Mystik entsteht dort, wo die Philosophie und Theologie die aristotelische Wende beginnt und vollzieht. So wie die aristotelische Wende den Blick auf die Materie ermöglicht, legt die Mystik als Parallelaktion den heiligen Kern des Kosmos und der Materie frei. Die romantische Naturverherrlichung des Meister Eckhart wird erst nach Jahrhunderten wiederaufgenommen. Die Naturmystik der Hildegard von Bingen aber, die sich aus einem medizinischen Wurzelgrund nährt, scheint auf die Volksebene übergegangen zu sein. Hildegard verbindet kühnste Mystik mit erdverbundenster Praxis. Als ein mystischer Hippokrates des spätmittelalterlichen Christentums erscheint sie im Zusammenhang dieser Epoche.

Albertus Magnus und Thomas von Aquin sind von größter Bedeutung für die Hinwendung zu Aristoteles, die allererst eine Abkehr von der christlich-platonischen Spekulation bedeutet. Der große Nominalist Ockham hatte ja festgestellt, daß sich diese Spekulation und das aus ihr stammende Wissen nur an Worte klammert, die keine Verankerung in der Wirklichkeit haben. Denn aller ›Kosmos-Verehrung‹ des

Neuplatonismus und seiner Erben zum Trotz, ist vor allem eine Abwertung der Materie zu beobachten. Erst mit Aristoteles beginnt in der Scholastik eine Hinwendung zur konkreten Natur als Gegenstand der Beobachtung. Daß die Scholastik selbst sich später den Vorwurf gefallen lassen mußte, nur mit Worten zu jonglieren und daher die Welt aus den Augen zu verlieren, deutet auf die fortwährenden geistigen Revolutionen hin und auf ihre stets drohenden Erstarrungen. Die scholastische Entdeckung des Aristoteles war die Entdeckung der Natur. Die Zweckmäßigkeit dieser Entdeckung, hinter der immer die Möglichkeit steht, daß die Natur um ihrer Verwertung willen erkannt werden sollte, ist erst in der Neuzeit mit Francis Bacon zum vollen Ausbruch gekommen. Solange der religiöse Horizont des Mittelalters noch fest stand, solange konnte der Mensch nicht *homo faber* werden. Und solange sollte für ihn als *homo viator* die Verwendbarkeit seines Wissens von der Natur keine Bedeutung haben.

Die Essener

Die Essener, ins öffentliche Bewußtsein gerückt durch die sensationellen Funde von Qumran ab 1947, gelten nach dem Zeugnis des – dem Kollektivsuizid von Massada (7 n. Chr.) entgangenen jüdischen Historikers – Flavius Josephus neben den Pharisäern und Sadduzäern als die dritte philosophische Schule der Juden um die Zeitenwende. Begründet wurde die Gemeinde durch einen mysteriösen »Lehrer der Gerechtigkeit«, dessen Name nicht genannt werden durfte. Die dem »Ratschluß Gottes« – so eine der wahrscheinlichen Deutungen des Namens – Folgenden lebten in Gütergemeinschaft. Im Zentrum ihres Lebens steht die Reinheit als Königsweg des Heils. Die Nähe zum Urchristentum gibt zahlreiche, bis heute ungelöste Probleme auf. Friedrich der Große erklärt in einem Brief an D'Alembert ganz schlicht: »Jesus war eigentlich ein Essener« – eine These, die heute von vielen Kennern des Urchristentums vertreten wird. Die hier abgedruckten Fragmente weisen allerdings nicht zuletzt auf eine sehr wichtige Differenz zur überlieferten Version des Christentums hin: Der Monotheismus von Juden- und Christentum hat die Erfahrung von Natur ganz erheblich erschwert. Insofern ist es auch nicht verwunderlich, daß bei den Essenern mit der Heiligung der Natur eine Muttergottheit in den Blick rückt. Die Natur ist der Paraklet der Essener. Die Luft, der Hauch (pneuma), den die Christen völlig entmaterialisiert im Heiligen Geist wahrnehmen, bewahrt hier seinen ganz natürlichen Hintergrund. Das bedeutet auch, daß Natur nie in dem Maße in ihrer allegorischen Bedeutung aufgeht, wie das im Christentum – man denke etwa an Isidor von Sevilla – geschieht. Immer führt der Weg zum Himmelsvater über die Erdenmutter: Ihre Engel reinigen den Körper und befähigen den Menschen, das Licht des Himmelsvaters wahrzunehmen.

1. Die Mutter Erde

Ehre deine Mutter Erde,
auf daß deine Tage auf Erden lange währen.

Die Mutter Erde ist in dir und du bist in ihr.
Sie gebar dich, sie gibt dir das Leben.
Sie war es, die dir deinen Körper gab,
und Ihr wirst du ihn eines Tages zurückgeben.
Glücklich wirst du sein, wenn du Sie kennenlernst
und das Reich ihrer Pracht.
Wenn du die Engel deiner Mutter empfängst
und nach ihren Gesetzen lebst,
so wirst du nie Krankheit erleben.
Denn die Kraft deiner Mutter Erde steht über allem.
Sie bestimmt das Schicksal aller menschlichen Körper
und aller lebendigen Wesen.
Das Blut das in uns fließt
stammt aus dem Blut unserer Mutter Erde.
Ihr Blut fällt aus den Wolken,
springt aus dem Schoß der Erde,
sprudelt in den Bächen der Berge,
ergießt sich in die Flüsse der Ebenen,
schläft in den Seen
und tobt mächtig im ungestümen Meer.
Die Luft die wir atmen
stammt aus dem Atem unserer Mutter Erde.
Ihr Atem ist azurn in den Höhen des sichtbaren Himmels,
rauscht um die Gipfel der Berge,
flüstert in den Blättern des Waldes,
wogt über die Kornfelder,
schlummert in den tiefen Tälern,
brennt heiß in der Wüste.
Die Härte unserer Knochen
stammt aus den Knochen unserer Mutter Erde,
aus den Felsen und Steinen.
Sie ragen nackt in den Himmel
auf den Gipfeln der Berge,
und sind wie schlafende Riesen

an den Bergeshängen,
stehen wie Götzenbilder in der Wüste
und sind verborgen in den Tiefen der Erde.
Die Zartheit unseres Fleisches
stammt aus dem Fleisch der Mutter Erde,
deren Fleisch gelb und rot
in den Früchten der Bäume hervorwächst,
und uns aus den Furchen der Felder ernährt.
Das Licht unserer Augen,
das Gehör unserer Ohren,
stammen beide aus den Farben und Klängen
unserer Mutter Erde,
die uns umschließt
wie die Wellen des Meeres den Fisch,
wie die wirbelnde Luft den Vogel.
Der Mensch ist das Kind der Mutter Erde
und aus Ihr erhielt er seinen ganzen Körper,
genauso wie der Körper des Neugeborenen
aus dem Schoß seiner Mutter stammt,
so bist du eins mit deiner Mutter Erde;
Sie ist auch in dir und du bist in ihr.
Sie gebar dich, in ihr lebst du,
und zu ihr wirst du wieder zurückkehren.
Halte darum ihre Gesetze,
denn kein Mensch kann lange leben, noch glücklich sein,
wenn er seine Mutter Erde nicht ehrt
und ihre Gesetze befolgt.
Denn dein Atem ist ihr Atem,
dein Blut Ihr Blut,
deine Knochen Ihre Knochen,
dein Fleisch Ihr Fleisch,
deine Augen und deine Ohren
sind Ihre Augen und Ihre Ohren.
Unsere Mutter Erde!
Immer hält sie uns umarmt,
immer umgibt sie uns mit ihrer Schönheit,
nie können wir uns von Ihr trennen,
nie können wir Ihre Tiefen erkennen.
Immer erschafft Sie neue Formen:

Was jetzt besteht gab es früher noch nicht.
Und was bestand kehrt nicht wieder.
In Ihrem Reich ist alles immer neu, und immer alt.
Wir leben inmitten von Ihr und kennen Sie doch nicht.
Fortwährend spricht Sie zu uns,
doch nie verrät Sie uns alle Ihre Geheimnisse.
Immer bearbeiten wir Ihren Boden und ernten Ihr Korn,
doch haben wir keine Macht über Sie.
Immerwährend baut sie auf und zerstört wieder
und Ihr Arbeitsplatz liegt verborgen
vor den Augen des Menschen.

2. Inmitten der frischen Luft der Wälder und Felder
   dort wirst du dem Engel der Luft begegnen.
   Geduldig erwartet er dich,
   auf daß du die dunstigen,
   überfüllten Löcher der Stadt verläßt.
   Dann suche nach ihm und atme tief
   den Heiligen Luftzug ein, den er dir schenkt.
   Atme lang und tief ein
   Damit der Engel der Luft dich erfülle.

3. Die siebte Kommunion
   haltet mit unserer Erdenmutter,
   die ihre Engel aussendet,
   die Wurzeln der Menschen zu lenken
   und sie tief in das gesegnete Erdreich zu senken.
   Wir rufen die Erdenmutter an!
   Die Heilige Bewahrerin!
   Die Erhalterin!
   Sie ist es, die die Welt erneuern wird!
   Die Erde gehört ihr
   und die Fülle der Welt
   und die darin wohnen.
   Wir verehren die gute, starke,
   die wohltätige Mutter Erde
   und all ihre Engel,
   großzügig, mutig und voller Stärke;
   freundlich, Wohlergehen und Gesundheit schenkend.

Durch ihren strahlenden Glanz
wachsen Pflanzen aus der Erde hervor
aus unerschöpflichen Quellen.
Ihr strahlender Glanz bringt die Winde zum Wehen,
die die Wolken herabtreiben,
den unerschöpflichen Quellen zu.
Die Erdenmutter und ich sind Eins:
ich habe meine Wurzeln in ihr
und sie hat ihre Freude an mir,
wie das heilige Gesetz es will.

Kirchenväter

Athanasius (ca. 295–373)

Fünfmal (von fünf verschiedenen Kaisern) verbannt, ist Athanasius, Bischof von Alexandrien, eine Leitfigur im kirchlichen Kampf um Unabhängigkeit geworden. Die abgedruckten Ausführungen des Athanasius aus der Schrift »Gegen die Heiden« dienen natürlich weniger dem Lob der Schöpfung, als dem des in ihr erkennbaren und aus ihr erschließbaren Schöpfers. Dabei verwendet Athanasius durchwerg bekannte Motive der griechischen Philosophie: die pythagoreische Lehre von der Harmonie ebenso wie die platonisch-aristotelische von den Herrschaftsformen. Die Schöpfung erscheint hier als polis; deren Gesetz ist nach Platon – und das wird hier vorausgesetzt – Gerechtigkeit. Gerechtigkeit aber heißt: jedem das Seine. Die Ordnung der Schöpfung ist die »friedliche Eintracht«, in der alles mit allem verbunden lebt. Erinnerungen an Alexander scheinen berechtigt. Das Bild der Schöpfung ist das einer großen politischen Einheit. In dieser Harmonie bezeugt sich die Göttlichkeit der Schöpfung. Die Rede über die wohlgeordnete Welt steht nicht zuletzt im Dienste der Trinitätsdiskussion, die wir mit dem Namen Athanasius verbinden: Weil Gott Vater, Sohn und Heiliger Geist einer sind, herrscht diese Ordnung in der Welt. Es deutet sich aber auch an, daß Gott-Sohn in ganz besonderem Maße in die Welt eingreift: weil er Fleisch gewordenes Wort ist, steht zu vermuten.

1. Wenn im Weltall nicht Regellosigkeit, sondern Regelmäßigkeit, nicht Mangel an Ebenmaß, sondern Symmetrie, nicht Chaos, sondern Ordnung herrscht und durchgängige Harmonie im Weltganzen, so müssen wir vernünftigerweise auf den Gedanken kommen, daß ein Herr existiert, von dem diese Verbindung und dieses Gefüge herrührt und der ihre Harmonie zuwege bringt. Und wenn er auch für das Auge unsichtbar bleibt, kann doch aus der Ordnung und dem Einklang der Gegensätze ihr Herr, Ordner und König erschlossen werden. Wenn wir z.B. ein Staatsgebilde aus vielen und verschiedentlichen Menschen,

aus Kleinen und Großen, Reichen und Armen, aus Greisen und Jünglingen, aus Männern und Frauen trefflich regiert und in ihm die verschiedenen Elemente einmütig zusammenleben sähen, kämen wir sicher auf den Gedanken, daß hier ein Regent ist, der für die Eintracht sorgt, auch wenn wir ihn nicht sehen. Die Unordnung verrät Anarchie, die Ordnung weist auf einen Herrscher. Und wenn wir die Glieder am Leibe in harmonischer Zusammenarbeit sehen, das Auge also nicht in Gegensatz zum Gehör und die Hand nicht im Streit mit dem Fuß, sondern jedes Glied in widerspruchsloser Erfüllung seiner Aufgabe, so schließen wir daraus mit Sicherheit, daß dem Leibe eine Seele innewohnt, welche die Glieder meistert, auch wenn wir sie nicht sehen.

Geradeso muß man in der Regelmäßigkeit und Harmonie des Weltalls den Lenker der Welt, Gott, erkennen, und zwar in der Einzahl, nicht in der Mehrzahl. Schon die Ordnung im Weltgebilde wie auch die volle Harmonie aller Teile weist nicht auf viele hin, sondern auf einen, der sie beherrscht und lenkt, den (göttlichen) Logos. Hätte die Schöpfung viele Regenten, so ließe sich eine solche Ordnung im Weltall nicht aufrechterhalten, sondern es würde bei der Vielheit alles wieder in Unordnung geraten, da jeder nach seinem Willen alles lenken wollte und mit dem dritten kämpfen würde. Vielherrschaft muß Anarchie bedeuten. Jeder würde ja die Herrschaft des anderen aufheben, und schließlich wäre keiner mehr Regent, sondern es herrschte allenthalben die Anarchie. Wo kein Herrscher mehr ist, muß die Unordnung eintreten. Andererseits weist die Ordnung und Eintracht unter den vielen und verschiedenartigen Teilen auf einen Herrscher. Wenn z. B. einer eine viel- und verschiedenartige Leier von ferne hört und sich wundert ob des harmonischen Zusammenklangs der Saiten, weil nicht die tiefe oder hohe oder mittlere Saite allein den Ton gibt, sondern alle miteinander zu einem gemeinsamen Akkord ertönen, so schließt er daraus jedenfalls nicht, daß die Leier sich selbst in Schwingung bringt oder etwa von vielen geschlagen werde, vielmehr, daß nur ein Musiker den Ton jeder Saite virtuos zu einem harmonischen Akkord verbinde, wenn er auch diesen nicht zu sehen vermag. Geradeso folgt aus der allharmonischen Ordnung im Weltganzen, aus der Tatsache, daß das Obere nicht gegen das Untere noch das Untere gegen das Obere sich kehrt, vielmehr alles auf eine Ordnung abzielt, daß man sich nicht viele, sondern nur einen als Regenten und König der gesamten Schöpfung denken darf, der mit seinem Lichte alles erleuchtet und bewegt.

Man darf also nicht glauben, daß die Schöpfung viele Schöpfer und Regenten habe. Nein, es entspricht aufrichtiger Gottesfurcht und der Wahrheit, einen als ihren Schöpfer zu bekennen, und zwar deshalb, weil die Schöpfung selbst das deutlich beweist.

2. Der allmächtige und ganz vollkommene heilige Sohn des Vaters (Logos) läßt sich auf alles nieder und entfaltet überall seine Kräfte, erleuchtet alles Sichtbare und Unsichtbare, bringt alles mit sich in Verbindung und schließt es zusammen, läßt nichts abseits seines Machtbereiches liegen, sondern gibt allem und durch alles dem einzelnen für sich wie dem großen Ganzen Leben und Fortbestand. Auch vermengt er die Urstoffe jeder sinnlichen Substanz, wie Wärme und Kälte, Feuchtigkeit und Trockenheit, zu einem Ganzen und sorgt dafür, daß sie sich nicht entzweien, sondern eine volle Harmonie darstellen. Dank dem Gott-Sohn und seiner Macht liegt nicht das Feuer im Kampf mit der Kälte noch das nasse Element im Kampf mit dem trockenen; sondern gleichsam befreundet und verschwistert finden sich die sonst entgegengesetzten Elemente zusammen, erzeugen die sichtbare Natur und werden so für die Körper Ursache ihrer Existenz. Folgsam diesem Gott-Sohn treten die einen Dinge auf Erden ins Dasein, die anderen bilden sich am Himmel. Seinetwegen haben alle Meere und der große Ozean in festen Grenzen ihre Bewegung, und alles Land sproßt üppig allerlei und verschiedenartiges Gewächs.

3. Wie ein Musiker, der seine Leier stimmt und die tiefen Töne mit den hohen und die mittleren mit den anderen virtuos verbindet und dadurch eine Melodie zum Vortrag bringt, so weiß auch die Weisheit Gottes, die das Weltall wie eine Leier hält und die Dinge in der Luft mit denen auf der Erde und die im Himmel mit denen in der Luft verbindet, das Ganze zu den Teilen fügt und sie nach seinem Wink und Willen lenkt, eine Welt und Weltordnung in harmonischer Schönheit zu schaffen. Dabei verbleibt sie aber selbst unbeweglich beim Vater, gibt aber allem nach eigener Anordnung Bewegung, wie es jeweils ihrem Vater gefällt. Denn das Wunderbare an der Gottheit des Sohnes ist, daß er mit einem und demselben Wink alles zu gleicher Zeit und nicht in Zwischenräumen, sondern in einem Akte alles, das Gerade und das Runde, das Obere, Mittlere und Untere, das Flüssige, Kalte und Warme, das Sichtbare und Unsichtbare, lenkt und anordnet, entsprechend der Natur eines jeden. Denn gleichzeitig bewegt sich auf seinen nämlichen Wink hin das Gerade wie Gerades, das Runde im Kreise und das Mittlere dementsprechend; das Warme wird warm, das Trockene trocken gehalten. Alle Dinge erhalten von ihm gemäß ihrer Natur Leben und Bestand: ja eine ganze wunderbare und wahrhaft göttliche Harmonie bringt er zuwege.

Um den so wichtigen Gegenstand in einem Gleichnis verständlich zu machen, sei als entsprechendes Bild hierfür ein großer Chor gewählt. Der gruppiert sich aus verschiedenerlei Leuten: aus Knaben, Frauen, bejahrten Männern und Jünglingen. Auf das Zeichen eines Dirigenten hin singt jedes nach seiner Natur und Fähigkeit: der Mann wie ein Mann, der Knabe wie ein Knabe, der Greis wie ein Greis, der Jüngling wie ein Jüngling, und doch erzielen sie alle eine Harmonie. Oder (ein anderes Bild): Unsere Seele setzt in ein und demselben Augenblick unsere Sinne entsprechend ihren Einzelfunktionen in Bewegung, so daß bei einem augenblicklich sich abspielenden Vorgang alle zugleich bewegt werden: das Auge zum Sehen, das Ohr zum Hören, die Hand zum Betasten, der Geruchssinn zum Riechen, der Gaumen zum Kosten, ja oft gar die übrigen Glieder des Leibes, wie die Füße zum Gehen. Oder um die Sache in einem dritten Gleichnis zu veranschaulichen: Es verhält sich mit ihr wie mit einer eben erbauten Stadt, die unter den Augen ihres Herrn und Königs, der sie auch erbaut hat, verwaltet wird. Solange er persönlich da ist und regiert und sein Auge auf alles richtet, leisten alle Gehorsam. Die einen eilen zur Feldarbeit, die anderen an die Wasserleitungen, um Wasser zu holen; ein anderer wieder geht fort, um Lebensmittel herbeizuschaffen. Der eine geht in die Ratsversammlung, der andere besucht die Volksversammlung; dem Richter obliegt die Pflicht, Recht zu sprechen, dem Fürsten, Gesetze zu geben. Hurtig macht sich der Handwerker an seine Arbeit, der Schiffer eilt ans Meer, der Zimmermann zum Zimmern, der Arzt zum Kurieren, der Baumeister auf den Bauplatz. Der eine geht auf das Feld hinaus, der andere kommt vom Feld zurück, die einen machen ihre Gänge in der Stadt herum, die anderen ihre Ausgänge außerhalb der Stadt und kehren wieder dahin zurück. All das spielt sich ab und geht gut zusammen unter den Augen des einen Fürsten auf seine Anordnung hin. Danach also hat man sich auch von der ganzen Schöpfung, wofür das gewählte Bild freilich ein schwacher Vergleich ist, seine Vorstellung zu machen, nur in größerem Maßstab. Denn durch einen einzigen Willensakt des Sohnes Gottes wird alles zugleich geordnet, entfaltet jedes Wesen seine Kräfte, und durch alle zugleich kommt eine Ordnung zuwege.

Denn auf den Wink und durch die Macht des Herrn und Lenkers aller Dinge, des göttlichen Gott-Sohnes, dreht sich der Himmel, bewegen sich die Sterne, scheint die Sonne, wandelt der Mond seine Bahn und empfängt die Luft von der Sonne das Licht, wird der Äther erwärmt, wehen die Winde, ragen die Berge empor, wogt das Meer, finden die Tiere darin ihre Nahrung, bringt das unbeweglich verharrende Land Früchte hervor, entsteht der Mensch, lebt und stirbt wieder, erhält kurz alles Leben und Bewegung, brennt das Feuer, kühlt das Wasser, sprudeln die Quellen, fluten die Flüsse über, gibt es Zeitperioden und Jahreszeiten, fallen die Regengüsse, füllen sich Wolken, entsteht der Hagel, bilden sich Schnee und Eis, fliegen die Vögel, kriechen die Reptilien, schwimmen die Wassertiere, wird das Meer befahren, das Land besät und sproßt es zu seiner Zeit, wachsen die Pflanzen, keimen die einen, reifen die anderen, altern und welken die Ausgewachsenen, verschwinden die einen, entstehen und kommen die anderen.

All das aber und noch mehr als das, was wir bei der großen Fülle nicht namhaft machen können, empfängt Licht und Leben vom wundertätigen und wunderbaren Gottsohn. Mit einem Wink bewegt und ordnet er es und bringt so eine Welt zustande, ohne dabei die unsichtbaren Mächte aus seinem Bereich auszuschließen. Denn auch diese begreift er in das große Ganze mit ein, weil er ja auch ihr Schöpfer ist, er hält und bewegt sie durch seinen Wink und seine Vorsehung. Zu einer Ableugnung dessen hat man wohl nichts zur Hand. Denn wie die Körper seiner Vorsehung ihr Wachstum verdanken, die vernünftige Seele in Tätigkeit tritt und die Fähigkeit, zu denken und zu leben, hat, das braucht nicht erst lange bewiesen zu werden; wir sehen es ja vor Augen. So bewegt und erhält wieder Gott-Sohn mit einem bloßen Wink und seiner Macht die sichtbare Welt wie die unsichtbaren Gewalten und gibt jedem seine eigene Energie, so daß sich die göttlichen Dinge mehr göttlich bewegen, das Sichtbare aber so, wie man es gewahrt. Er aber, Herr und König über alles und Urquell aller Dinge, wirkt alles zur Ehre und Erkenntnis seines Vaters und lehrt und verkündet geradezu durch seine Werke: »Aus der Größe und Schönheit der geschaffenen Welt wird vergleichsweise ihr Schöpfer erkannt.«

Ambrosius von Mailand (339–397)

Die Zeugnisse des großen Bischofs von Mailand, Lehrer des Augustinus, geben einen Einblick in die frühe christliche Ästhetisierung der Natur vor einem hellenistischen Hintergrund. Die Schöpfung wird nicht vergöttlicht, wohl aber der Schöpfer in ihr gefeiert. Der Beweis für den göttlichen Ursprung der Schöpfung ist nicht nur ihre Schönheit und Vollkommenheit, sondern mehr noch das Band der Eintracht, das die »Dinge verschiedener Natur« zusammenhält. Cusanus hat in der Renaissance diesen Aspekt des Universums unter den Begriff der »coincidentia oppositorum« zusammengefaßt. Gott, das wird bei Ambrosius deutlich, ist der, vor dem der Widerstreit der Gegensätze endet. Dieser Gedanke stoischen Ursprungs beschreibt die Welt als Organismus.

Von Ambrosius führt, wie der 2. Auszug andeutet, ein direkter Weg zum Sonnengesang des Franz von Assisi. Nicht nur ist mit der Schönheit der Schöpfung der Schöpfer zu loben, nein, die ganze Schöpfung ersteht dort als Einklang, wo sie in den Jubel über den Schöpfer ausbricht. Im letzten Auszug deutet sich eine Spekulation an, die erst in der deutschen Mystik der frühen Neuzeit wiederaufgenommen wird: daß nämlich ein heilsgeschichtlicher Zusammenhang zwischen Mensch und Erde besteht. In der Genesis schlägt der Fluch Gottes in den Ackerboden, der nach dem Sündenfall des Menschen »Dornen und Disteln« tragen wird. Wenn die Erde dennoch fruchtbar ist, so liest Ambrosius das als ein Symbol für die Allgegenwart des Reiches Gottes.

1. Durch die Schöpfungstat des allmächtigen Gottes und des Herrn Jesus Christus sowie des Heiligen Geistes wurde der Himmel gegründet, die Erde erschaffen, die Fülle des Wassers und die Luft ringsum darüber ausgegossen, die Ausscheidung des Lichts und der Finsternis vollzogen. Wer nun sollte sich nicht wundern, wie die infolge der ungleichen Bestandteile ungleichartige Welt zu einem einheitlichen Organismus erstehen und so Verschiedenartiges kraft eines unlöslichen Gesetzes der Eintracht und Liebe sich zu einem festen Verband und Gefüge gegenseitig zusammenschließen konnte, so daß Dinge von ganz verschiedener Natur, als gehörten sie unzertrennlich zusammen, zu einem Bund der Eintracht und des Friedens verknüpft sind? Oder wer hätte angesichts derselben mit seiner schwachen Vernunfterkenntnis solches auch nur für möglich gehalten? Und doch hat die dem Menschengeist unfaßbare und für unser Menschenwort unaussprechliche göttliche Macht dies alles kraft ihres Willens zusammengeordnet.

2. Mit großer Pracht zieht die Sonne dem Tag voraus, mit großer Lichtfülle die Welt durchflutend und wärmedämpfend. Hüte dich, Mensch, deinen Blick nur auf ihre Größe zu richten, daß nicht ihr übergroßer Lichtglanz das Auge deines Geistes blende wie einem, der die Sonne im Zenit hat und den Blick in ihren Strahl taucht, von ihrem Licht getroffen augenblicklich alles Sehen vergeht. Wendet er Gesicht und Auge nicht anderswohin, so glaubt er überhaupt nicht mehr schauen zu können und das Sehvermögen eingebüßt zu haben; kehrt er hingegen den Blick ab, erfreut er sich seiner vollen Sehkraft auch weiterhin. Hüte dich also, daß nicht der Sonne aufgehender Strahl auch deinen Blick verwirre! Traue nicht blindlings ihrem wundervollen Glanz!

Die Sonne ist das Auge der Welt, die Freude des Tages, die Schönheit des Himmels, die Anmut der Natur, das Juwel der Schöpfung. Denke, sooft du sie schaust, an ihren Meister! Preise, sooft du sie bewunderst, ihren Schöpfer! Wenn schon die Sonne, die Sein und Schicksal der Schöpfung teilt, so lieblich strahlt, wie gut muß jene »Sonne der Gerechtigkeit« sein! Wenn jene solche Schnelligkeit besitzt, daß sie auf ihrem gewaltigen Lauf bei Tag und Nacht alles bescheint, wie groß muß er sein, der immer und überall ist und mit seiner Majestät alles erfüllt! Wenn jene wunderbar ist, die auf Geheiß hervortritt, wie

über die Maßen wunderbar dann er, der, wie zu lesen steht, »der Sonne Einhalt
gebietet, und sie geht nicht auf« [Job 9,7]. Wenn jene groß ist, die im Wechsel
der Stunden täglich über die Lande hin- und wegzieht, wie muß jener sein, der
auch noch in seiner Entäußerung, da wir ihn sichtbar schauen konnten, »das
wahre Licht war, das jeden Menschen erleuchtet, der in diese Welt kommt«
[Job 1,9]. Wenn jene unvergleichlich vorzüglich ist, die so oft, wenn sie die
Erde gegenüber hat, verblaßt, wie groß muß die Majestät dessen sein, der da
spricht: »Noch einmal bin ich da und will die Erde erschüttern!« [Apg 2,6] Die
Erde macht jene schwinden, aber die Erschütterung des Herrn könnte sie nicht
bestehen, würde sie nicht kraft seines Willens gestützt werden. Wenn es für
den Blinden ein Unglück ist, daß er das holde Licht dieser Sonne nicht schaut,
welches Unglück für den Sünder, wenn er, der Wohltat des »wahren Lichtes«
beraubt, die Finsternis ewiger Nacht erleiden muß!

So ruft die Natur mit der Stimme ihrer Gaben gleichsam laut: Gut ist die
Sonne, doch nur meine Dienerin, nicht Herrin. Gut ist die Förderin, doch sie
ist nicht die Schöpferin meiner Fruchtbarkeit. Gut ist die Nährerin, doch sie ist
nicht die Urheberin meiner Früchte. Zuweilen versengt gerade auch sie meine
Erzeugnisse; häufig wird gerade auch sie mir schädlich und läßt mich da und
dort mit leeren Händen zurück. Nicht undankbar bin ich deshalb meiner Mit-
gehilfin: sie ist mir zu Nutz und Frommen verliehen, mit mir ist sie der Mühse-
ligkeit anheimgegeben, mit mir der Vergänglichkeit unterworfen, mit mir der
Knechtschaft des Verderbens unterstellt; mit mir seufzt sie, mit mir liegt sie in
Wehen, daß die Aufnahme zur Kindschaft kommen möchte und die Erlösung
des Menschengeschlechtes, um auch uns Befreiung aus der Knechtschaft zu
ermöglichen. An meiner Seite preist sie den Schöpfer, an meiner Seite jubelt sie
Lob dem Herrn, unserm Gott. Wo ihr Wohltun am reichlichsten fließt, dort
teile ich mich gemeinsam mit ihr darein. Wo die Sonne Segen spendet, dort
spendet Segen die Erde, spenden mir Segen die Fruchtbäume, Segen die Tiere,
Segen die Vögel. Der Schiffer auf dem Meer beklagt sich über sie, nach mir
verlangt es ihn. Der Hirte auf dem Berge weicht ihr aus unter mein Laubdach,
eilt unter meine Bäume, deren Schatten dem Erhitzten Kühlung fächelt; zu
meinen Quellen lenkt er durstig und müde den raschen Schritt.

3. Es gibt einen Sämann, der das Wort sät. Dieser Sämann hat das Wort über
die Erde gesät, als er sprach: »Es sprossen die Keime in der Erde hervor!« Und
mannigfacher Art waren die Dinge, die zum Vorschein kamen. Hier bot der
Wiesen anmutiges Grün überreiche Weide, dort goldene Ährenfelder mit ihrer
schwankenden, übervollen Saat das Bild des wogenden Meeres. Von selbst bot
die Erde alle Frucht dar. Es konnte ja, da noch kein Ackersmann erschaffen war,

ohne den Pflüger kein Pflug Furchen ziehen. Eingepflügt prangte sie in überreichen, fetten Saaten, und wie ich nicht zweifle, in noch größerer Fruchtfülle
[als nachher], da ja doch keine Lässigkeit des Ackerbaues ihre Fruchtbarkeit
beeinträchtigen konnte.

Jetzt entspricht, wohin der Blick auf bebautes Land fällt, die Fruchtbarkeit, die
einer erzielt, dem Verdienst seiner Arbeit: bei Nachlässigkeit oder Fahrlässigkeit,
bei Regenschauer, anhaltender Dürre des Bodens, Hagelschlag oder welcher
Ursache immer, straft ihn der ergiebige Boden mit Unfruchtbarkeit. Damals
aber erfüllte die Erde alle Lande mit Früchten, die sie von selbst hervorbrachte,
weil er es befohlen hatte, der die Fülle von allem ist. Das Wort Gottes weckte
die Fruchtbarkeit auf dem Festland. Dazu war die Erde noch von keinem Fluch
getroffen. Denn weiter als unsere Sünden liegen die Anfänge der werdenden
Welt zurück; jünger ist die Schuld, derentwegen wir verurteilt wurden, »im
Schweiße unseres Angesichtes das Brot zu essen« oder ohne Schweiß der Nahrung entbehren zu müssen.

Doch entfaltet endlich auch heute noch die Fruchtbarkeit der Erde das reiche
Wachstum von ehedem, indem sie von selbst die Fülle ihres Schoßes öffnet.
Denn wie viele Erzeugnisse gibt es, die jetzt noch von selbst wachsen! Aber
auch in jenen, die der Arbeit Frucht sind, warten großenteils nur Gottes Gaben
unser: so gerade im Getreide, das herangedeiht, während wir ruhen. Das lehrt
auch das Gleichnis, worin der Herr spricht: »Also ist das Reich Gottes, wie
wenn jemand Samen auf die Erde streut. Er mag«, fährt er fort, »schlafen oder
aufstehen bei Tag und bei Nacht: der Same keimt und wächst auf, ohne daß er
es wahrnimmt. Die Erde trägt von selbst Frucht, zuerst den Halm, dann die
Ähre, endlich die volle Frucht in der Ähre. Und wenn sie die Frucht hervorgebracht hat, legt er alsbald die Sichel an, weil die Ernte da ist.« [Mark 4, 26–29]
Während du also schläfst, Mensch, und nichts davon merkst, bringt die Erde
von selbst ihre Früchte hervor. Du schläfst und stehst auf und staunst, wie das
Getreide über Nacht zugesetzt hat.

Augustinus (354–430)

Der wegen seiner ausgeprägten Gnadenlehre »doctor gratiae« genannte Bischof
von Hippo, der wohl einflußreichste Lehrer der Christenheit, entwirft in den für
diese Edition ausgewählten Texten das Bild einer Schöpfung, die sich durch ihre
kunstvolle Ordnung auszeichnet. Das erinnert an den Ursprung des Kosmos-Be-
griffs. Wichtig aber ist, daß hier das Problem der Theodizee – die Frage also, wieso

Gott das Schlechte, hier Tod, Krankheit und Verfall in der Natur zuläßt – in den Horizont einer allumfassenden Ordnung stellt, die der Mensch zu erkennen sich weigert. Tatsächlich entpuppt sich die Antwort auf die Theodizee als das ökologische Modell überhaupt: der Kreislauf.

Anders als die meisten Kirchenväter, die den Menschen als einzigen Zweck der Schöpfung setzen, dem alle andere Kreatur zum Dienst geschaffen ist, geht Augustinus gegen eine solche Anthropozentrik an. In der Natur das Lob Gottes, nicht das des Menschen zu erkennen, heißt sie aus dem Zusammenhang ihrer menschlichen Verwertung in eine ästhetische Dimension – die Schönheit – zu transportieren. Hier also wird schon der ästhetische Zugang zur Natur ganz deutlich als Heilmittel gegen den sich als Herrschaft über die Natur äußernden Hochmut des Menschen gestellt, der sich alles zum Mittel macht und nur die Brauchbarkeit als Kriterium von gut und schlecht kennt. Die Schönheit der Natur tritt aber umgekehrt auch nur in der Schau in Erscheinung, nicht in einer ganz auf Verwertung ausgerichteten Vermessung: »Nicht nach unserem Vorteil oder Nachteil, sondern an sich selbst betrachtet, gibt jegliche Natur ihrem Bildner die Ehre.«

1. Einer, der nicht sorgfältig in die Wandlungen und Neugestaltungen der Dinge schaut, kann mir sagen: »Jene Blätter faulten, neue entstehen.« Bei richtiger Betrachtung aber sieht er, daß auch die faulenden sich in Kräfte der Erde verwandeln. Wovon wird denn die Erde fett, wenn nicht von der Fäulnis des Irdischen? Das beachten jene, die den Acker bebauen. Und jene, die nichts bebauen, weil sie immer in der Stadt leben, mögen von den der Stadt benachbarten Gärten her wissen, mit welchem Fleiß aller sonst verächtliche Auswurf der Stadt von denen, die ihn um Geld erwerben, verwahrt wird, um ihn dorthin schaffen zu lassen. Sicher könnten Unerfahrene das als etwas Verächtliches und völlig Nutzloses erachten. Wer würdigt sich, Dung anzuschauen? Was der Mensch anzuschauen verabscheut, sucht er wegzuschaffen. Was also bereits verbraucht und weggeworfen schien, wandelt sich zurück in Fett der Erde, das Fett in Saft, der Saft in Wurzel. Und was von der Erde in die Wurzel übergeht, wandert in unsichtbaren Zuflüssen in die Kraft über, verteilt sich in die Zweige, von den Zweigen in die Schößlinge, vom Schößling in die Früchte und in die Blätter. Sieh also, was du in der Fäulnis des Dunges verabscheust: im Schwellen und Grünen der Bäume bewunderst du es!

2. Man kann auch von Gebrechen der Tier- und Pflanzenwelt und der übrigen wandelbaren, vergänglichen Dinge sprechen, die des Verstandes oder der Empfindung oder überhaupt des Lebens entbehren, von Gebrechen, die ihre der Auflösung verfallene Natur verderben. Allein, diese Gebrechen für verderblich zu halten

ist lächerlich; die genannten Geschöpfe haben ja auf den Wink des Schöpfers eine derartige Seinsart erhalten, daß sie eben in ihrem beständigen Wechsel den untersten Schönheitsgrad der Weltzeiten bilden, wie er in seiner Art zum irdischen Teil der Welt paßt. Denn das Irdische soll nicht dem Himmlischen gleichgestaltet werden, noch auch durften solche Geschöpfe dem Weltall fehlen lediglich deshalb, weil die überirdischen vorzüglicherer Art sind. Wenn also in den irdischen Regionen, wo derlei am Platz ist, das eine vergeht, das andere entsteht und das Schwache dem Starken unterliegt und das Überwundene in die Beschaffenheit des Siegers übergeht, so ist das eben so die Ordnung, wie sie vergänglichen Dingen zukommt. Die Schönheit dieser Ordnung behagt uns nur deshalb nicht, weil wir selbst, nach Maßgabe unserer Sterblichkeit dieser Ordnung teilweise einverwoben, das Ganze, in das sich die uns unangenehmen Teilerscheinungen vortrefflich und harmonisch einfügen, nicht als Ganzes auf uns wirken lassen können. Daher wird uns mit vollem Recht zur Pflicht gemacht, an des Schöpfers Vorsehung zu glauben bezüglich all jener Anordnungen, in denen wir sie zu schauen weniger imstande sind, damit wir uns nicht in dünkelhafter Unbesonnenheit herausnehmen, das Werk eines solchen Meisters in irgendeinem Punkte zu tadeln.

Übrigens sprechen auch die unfreiwilligen und nicht straffälligen Gebrechen der irdischen Dinge, wenn wir es recht überlegen, für die Güte ihrer Naturen, die ja ausnahmslos von Gott geschaffen sind, und zwar aus demselben Grunde wie die freiwilligen Gebrechen; es mißfällt uns die durch das Gebrechen verursachte Beseitigung dessen, was uns an der Natur als solcher gefällt. Nur daß den Menschen in der Regel auch die Naturen selbst mißbehagen, wenn sie ihnen schädlich werden, wie jene Tiere, durch deren Überflutung der Hochmut der Ägypter gezüchtigt ward (der Frösche u. Mücken; Exod 8), wobei man nicht die Wesen an sich, sondern deren Brauchbarkeit im Auge hat. Aber da könnte man sich auch über die Sonne aufhalten, weil manche Sünder oder säumige Schuldner auf richterlichen Befehl an die Sonne gestellt werden. Also nicht nach unserm Vorteil oder Nachteil, sondern an sich selbst betrachtet, gibt jegliche Natur ihrem Bildner die Ehre.

3. Die Naturen sind also sämtlich ohne weiteres gut, weil sie das Sein und deshalb auch ihre bestimmte Art und Gestalt und eine Art Frieden mit sich haben; und wenn sie sich da befinden, wo sie sich kraft der natürlichen Ordnung befinden sollen, so bewahren sie auch ihr Sein, soviel sie dessen erhalten haben. Und was nicht unvergängliches Sein erhalten hat, wandelt sich in Besseres oder Schlechteres zum Gebrauch und zur Veränderung jener Dinge, denen es nach der Anordnung des Schöpfers untergeordnet ist, und strebt kraft der göttlichen

Vorsehung dem Endausgang zu, der im Plan der Weltregierung liegt. Dabei hebt nicht ein bis zur Vernichtung gehendes Verderben das Sein der wandelbaren und vergänglichen Naturen völlig auf, vielmehr wird daraus in der Folge, was sein sollte. Demnach ist Gott nicht zu tadeln ob irgendwelcher Gebrechen, an denen man sich stößt, sondern zu preisen im Hinblick auf alle Naturen, er, der im höchsten Sinne ist und von dem deshalb jegliche Wesenheit geschaffen ist, die nicht im höchsten Sinne ist. Denn keine sollte ihm gleich sein, da jede aus nichts erschaffen ist; keine aber hätte überhaupt das Sein, wäre sie nicht von ihm erschaffen.

4. »Preisen sollen dich, Herr, alle deine Werke, und benedeien sollen dich deine Heiligen!« Wie denn? Ist die Erde nicht sein Werk? Sind seine Werke nicht die Bäume, das Vieh, die wilden Tiere, die Fische, die Vögel – sind sie nicht seine Werke? Aber wie sollen diese ihn preisen? Ich begreife wohl, wie in den Engeln ihn seine Werke preisen: denn auch die Engel sind ja seine Werke. Und auch die Menschen sind seine Werke, und wenn die Menschen ihn preisen, dann preisen ihn seine Werke. Aber haben Holz und Stein eine Stimme des Lobes? Dieses kunstvolle Geflecht der Kreatur, diese bis ins letzte geordnete Schönheit, aufsteigend vom Tiefsten zum Höchsten, absteigend vom Höchsten zum Tiefsten, nirgends unterbrochen, aber in Gegensätzlichkeiten gemäßigt: sie lobt Gott als Ganzes. Warum lobt sie Gott als Ganzes? Weil, wenn du sie anschaust und schön findest, du in ihr Gott lobst.

Es gibt eine Stimme der stummen Erde: das ist das schöne Antlitz der Erde. Du blickst umher und erschaust ihr Antlitz, du siehst ihre Fruchtbarkeit, siehst ihre Kräfte, wie sie den Samen empfängt, wie sie in Fülle auch Ungesätes hervorbringt. Du siehst es, und in deinem Schauen richtest du gleichsam eine Frage an sie: dein forschender Blick selber ist die Frage. Während du sie aber bewundernd durchforschest und durchmusterst und große Gewalt, große Schönheit, herrliche Kraft entdeckst, indes sie doch bei sich und von sich solche Kraft nicht haben können – da kommt es dir plötzlich zum Bewußtsein, daß sie nicht von sich sein kann, sondern nur von jenem Schöpfer. Und was du in ihr gefunden hast, das ist die Stimme ihres Lobpreises, mit der sie den Schöpfer rühmt.

Pseudo-Dionysius Areopagita (um 500)

Um 500 schrieb ein Christ vier Abhandlungen, die im Mittelalter auf breiter Ebene rezipiert wurden: »Über die göttlichen Namen«, »Mystische Theologie«, »Über die himmlische Hierarchie« und »Über die kirchliche Hierarchie«. Dieser Unbekannte, der sich als der mutmaßlich erste Bischof von Athen im 1. Jahrhundert ausgibt, den laut Apostelgeschichte Paulus bekehrte, beeinflußte in starkem Maße Johannes Eriugena, Albertus Magnus, Thomas von Aquin und Nikolaus von Cues.

Der große mystische Gedanke bei Dionysius ist das Eine als Ursprung des vielen und damit der Einheit des Ganzen. Doch im Gegensatz zu Augustinus und Boethius spricht er dem göttlich Einen keine weiteren Eigenschaften zu, auch nicht die des Seins, des Denkens oder der Liebe. Dieser Ansatz einer negativen Theologie läßt nur das Gute zu, das dem Einen am nächsten kommt, da vom Einen alles ausgeht, vergleichbar mit dem Licht, das von der Sonne herkommt. Aus der Namenlosigkeit des Einen folgt jedoch keine positive Theologie. Daraus erhält letztere vielmehr ihre Wahrheit. So formuliert sich darin auch die Spannung zwischen dem Benennbaren und dem Unbenennbaren.

Dionysius nimmt dabei die Welt des Sichtbaren als Gleichnis für das Unnennbare. Seine mystische Theologie fordert dazu auf, das Sinnliche als Zeichen zu nehmen und vom Gegebenen zum Nicht-Gegebenen aufzusteigen. Es geht ihm aber nicht nur darum, einen Aufstieg der Seele zum Einen zu ermöglichen. In seinen Schriften über die himmlischen und kirchlichen Hierarchien vermittelt er den Menschen sowohl mit dem Einen wie mit dem Vielen. In einem Prozeß der Reinigung gelangt der Mensch zur Einsicht in die kosmische Harmonie. Wenn auch die Erkenntnis des Vielen vom Standpunkt des Einen keine naturphilosophischen Züge trägt, so geht es bei Dionysius doch um die Bedingungen zu mystischen Naturphilosophien, wie sie sich bei Johannes Eriugena und dann wieder am Ende des Mittelalters entwickeln. Die ökologischen Grundgedanken der Ganzheit, der Harmonie und des Kosmos werden in der Idee des Einen genauso vorausgedacht, wie die Vorstellung der Negativität, daß Gott sowenig erfaßbar sein könnte wie die Natur.

1. Außerdem muß man auch das wissen, daß gemäß des (vorher) erfaßten Gattungsbegriffes (Idee) eines jeglichen einzelnen Einen die geeinten Dinge als geeint bezeichnet werden und daß das Eine das Grundelement von allem ist. Wenn man nämlich das Eine wegnimmt, dann wird es weder ein Ganzes noch einen Teil noch irgend etwas anderes von Seiendem geben. Denn das Eine enthält alles in sich eingestaltig vorausgenommen und umschlossen. Auf diese Weise also feiert die Offenbarung die ganze Urgottheit durch den Namen des Einen als die Ursache von allem, und es ist ein Gott der Vater und ein Herr

Jesus Christus (1. Kor. 8,6) und ein und derselbe Geist (1. Kor. 12.11) durch die überintensive Ungeteiltheit der ganzen göttlichen Einigkeit, in welcher alles einheitlich gesammelt und übergeeint und überwesentlich ehevor ist. Deshalb wird auch alles mit Recht auf sie zurückgeführt und übertragen, denn von ihr und in ihr und zu ihr hin ist alles und ist zusammengeordnet und beharrt und wird zusammengehalten und abgeschlossen und (dem Ausgang) zugekehrt. Und du möchtest kein Ding finden, das nicht durch das Eine, nach welchem die ganze Gottheit überwesentlich benannt wird, gerade das ist, was es ist, und als solches vollendet und erhalten wird. Und auch wir müssen uns durch die Kraft der göttlichen Einheit aus der Vielheit dem Einen zukehren und der Einheit entsprechend die ganze und eine Gottheit feiern, jenes Eine, das Ursache von allem ist, das eher ist als jedes Eine und jede Vielheit, als jeder Teil und jedes Ganze, als jede Grenze und jede Unbegrenztheit, als jedes Ende und jede Unendlichkeit. Dieses Eine, das alles, was ist, und auch das Sein-an-sich und das Sein von allem und allem Ganzen bestimmt, ist auf einartige Weise Ursache zugleich mit und vor allen Dingen und über dem Einen-an-sich und bestimmt (begrenzt) das Eine-an-sich, das in dem Seienden ist, unter die Zahl fällt. Die Zahl aber hat Anteil an Wesenheit. Das überwesentliche Eine aber bestimmt auch das seiende Eine und jegliche Zahl und ist selbst Prinzip und Ursache, Zahl und Ordnung des Einen und der Zahl und jedes Seienden.

2. Noch weiter emporsteigend sagen wir, daß er weder Seele ist, noch Denkkraft, noch Vorstellung, Meinen, Sagen oder Denken hat, noch auch Sagen oder Denken ist, und auch nicht gedacht oder gesagt werden kann. Daß er nicht Zahl ist, nicht Ordnung, nicht Größe, nicht Kleinheit, nicht Gleichheit, nicht Ungleichheit, nicht Ähnlichkeit, nicht Unähnlichkeit; daß er nicht steht, nicht bewegt wird, nicht in Ruhe ist, daß er nicht Kraft hat, nicht Kraft ist und auch nicht Licht, daß er nicht lebt, nicht Leben ist, daß er nicht Sein ist, nicht Ewigkeit, nicht Zeit. Daß es kein denkendes Erfassen von ihm gibt, daß er nicht Wissenschaft, nicht Wahrheit ist, nicht Herrschaft, nicht Weisheit. Nicht Eines, nicht Einheit, nicht Gottheit, nicht Güte, nicht Geist – so wie wir dies kennen. Nicht Sohnschaft, nicht Vaterschaft, noch irgend etwas sonst, was wir oder irgendein anderes Wesen kennen. Daß er keines von den nichtseienden und keines von den seienden Dingen ist, und daß keines der Dinge ihn erkennt, insoweit er ist, noch daß er die Dinge erkennt, insoweit sie sind; daß es kein Wort, keinen Namen, kein Wissen von ihm gibt. Daß er nicht Finsternis ist und nicht Licht, nicht Irrtum, nicht Wahrheit. Daß es über ihn überhaupt keine Aussage und keine Verneinung gibt, sondern daß wir, wenn wir das von ihm aussagen oder das von ihm verneinen, was unter ihm (wörtlich: nach ihm) liegt, von ihm selber

nichts ausgesagt, nicht verneint haben, weil die völlige und einige Ursache von allem über jeder Aussage steht, und die Erhabenheit des von allem Gelösten, jenseits von allem Stehenden über aller Verneinung ist.

3. Deshalb hat die alle Weihen begründende geheiligte Satzung auch unsere eigene geheiligte Hierarchie dadurch ausgezeichnet, daß sie in über die Welt hinausweisender Weise die immateriellen himmlischen Hierarchien abbildet, und hat die genannten himmlischen Hierarchien uns dadurch vermittelt, daß sie sie durch sinnlich faßbare Gestalten und aus verschiedenen Elementen zusammengesetzte Darstellungen anschaulich machte, auf daß wir, unserem Fassungsvermögen entsprechend, von den hochheiligen Gestaltungen zu Arten der Erhebung und Gottähnlichkeit emporgeführt werden, die nicht in einzelne Teile zerfallender, bildlicher Vorstellungen bedürfen. Denn unser menschliches Denken kann sich nicht direkt zu jener Nachgestaltung und geistigen, von jedem Bezug zu materiellen Vorstellungen freien Schau der himmlischen Hierarchien aufschwingen, wenn es sich nicht vorher der ihm gemäßen Führung durch konkrete Vorstellungen bediente und sich die sichtbaren Schönheiten als Abbildungen der unsichtbaren Hierarchie bewußt machte und die Verbreitung sinnlicher Wohlgerüche als Abbildungen der Ausbreitung des Gedankens und als Bild der immateriellen Gabe des Lichts die materiellen Lichter und als Abbild der Erfüllung mit der geistigen Schau des Wesens die diskursiven, geheiligten Schulungen und als Abbild des harmonischen geordneten Verhältnisses zu allem von Gott ausgehenden die Ordnungen der Gliederungen hier unten und als Abbild der Teilhabe an Jesus die Teilhabe an der göttlichen Eucharistie – und was sonst noch uns in Symbolen vermittelt wird, den himmlischen Wesen aber in einer höheren Weise als mit den Mitteln der Sinnenwelt.

Dieser uns angemessenen Gottwerdung zulieb also läßt das menschenfreundliche Prinzip der Weihen uns die himmlischen Hierarchien sehen und weiht gleichzeitig die Hierarchie bei uns zu deren Mitliturgen, insofern sie deren gottgemäßen heiligen Dienst, soweit uns das möglich ist, nachbildet. Es hat dabei die über die Sinnenwelt stehenden Gedanken durch sinnliche Bilder aufgezeichnet in den geheiligten Bildkompositionen der WORTE, um uns durch das sinnlich Vorstellbare zu dem nur in Gedanken Faßbaren und aus den Symbolen heiliger Bildersprache zu den von Unterscheidung freien Höhen der himmlischen Hierarchien emporzuführen.

4. Hierarchie ist meines Erachtens eine geheiligte Ordnung, Wissenschaft und Wirksamkeit, sich Gottes Art so gut wie möglich angleichend und, entsprechend den ihr von Gott her eingegebenen Erleuchtungen, nach dem jeweiligen Ver-

hältnis sich zur nachahmenden Darstellung Gottes erhebend. Die Gott gemäße Schönheit allerdings geht als solche grundsätzlich keine Verbindung mit etwas ihr Ungleichartigem ein, weil sie unteilbare Einheit, Zielwert und Ursache der Vollkommenheit ist, wohl aber gewährt sie jedem an ihrem eigenen Licht Anteil, wie es ihm zukommt, und führt in einer Weihehandlung, die die göttlichste ist, die in der Weihe Begriffenen in dem Maß zur Vollendung, wie sie sich in Harmonie mit dem Ganzen ohne Abweichung auf sie hin haben bilden lassen.

Zweck der Hierarchie ist demnach: Angleichung an Gott so gut wie möglich und Einswerdung mit ihm als Führer und Geleiter zu jeder Art geheiligter Wissenschaft und Wirksamkeit in stetem Hinblick auf seine (reinste) göttliche Schönheit, von dieser sich prägen zu lassen so weit wie möglich und das Gefolge der dieser Nachgehenden zu prächtigen Bildern Gottes, zu klaren und flecken- losen Spiegeln zu vervollkommnen, die den Strahl vom Quell des Lichts, vom Gottesprinzip, aufnehmen, sich von dem verliehenen Glanz in geheiligter Weise erfüllen lassen und ihn vorbehaltlos auf das Nachgeordnete ausstrahlen, wie es das Gottesprinzip bestimmt. Nach diesen Bestimmungen ist es nämlich weder denen, die in die geheiligten Dinge einweihen, noch denen, die in geheiligter Weise eingeführt werden, erlaubt, in irgendeiner Weise allgemein außerhalb der geheiligten Einteilungen des Prinzips, das auch ihre eigenen Weihen begrün- det, tätig zu werden, ja sie dürfen nicht einmal in einer abweichenden Weise (als Stand) existieren, wenn sie den von diesem (d. h. dem Prinzip der Weihen) ausgehenden, Gott gleich machenden Glanz begehren und auf ihn mit dem geziemenden Respekt vor den Heiligen ihr Augenmerk richten und sich von ihm prägen lassen, wie es der Stellung eines jeden der geheiligten Geister gebührt.

Isidor von Sevilla (ca. 560–633)

Der Erzbischof Isidor von Sevilla ist eine zentrale Figur in der Überlieferungskette antiken Wissens. Das Werk des letzten Kirchenvaters, hauptsächlich der Ausbil- dung des Klerus für die Missionsarbeit gewidmet, verbindet Gelehrsamkeit mit dem Willen zur katholischen Praxis. Neben den Bemühungen um das Mönchtum (Regula monarchorum) ist besonders das Hauptwerk, die »Etymologiae«, zu nennen. Die hier vorgelegten Auszüge entstammen der »Abhandlung über die Natur«. Sie zeigen die ganze Schwierigkeit (vor- und früh-) mittelalterlicher Naturanschauung auf. Der Hauch von Heiligkeit, der die Natur umweht, kommt ihr aus der Heiligen Schrift zu. Immense Schriftgelehrsamkeit, die Platon wie Ambrosius, Vergil wie Augustinus zitiert, erfährt Natur nur allegorisch auf die Heilige Schrift und den christlichen Glauben bezogen. Und doch ist es nicht so, daß die Allegorisierung der Natur tötet, sondern zugleich wird die Natur durch die Allegorisierung als göttliche erkennbar.

Die harmonische Einheit aller Elemente stellen der Text und die dazugehörige Abbildung, das Rad des Mikrokosmos, dar. »Von den Regen« ist ein schönes Lehrstück für die Verbindung von antiker wissenschaftlicher Kenntnis und allegorischer Schriftauslegung.

Von der Welt

1. Die Welt ist die Gesamtheit aller Dinge, die sich aus dem Himmel und der Welt zusammensetzt. Von ihr sagte der Apostel Paulus: denn das Gesicht dieser Welt vergeht. Im mystischen Sinne bezeichnet die Welt eigentlich den Menschen. Denn ebenso wie jene aus vier Elementen besteht, setzt sich dieser zusammen aus vier Elementen, die in die gemischte Körperflüssigkeit eingehen.

2. Insofern wird der Mensch in enger Verbindung (communio) mit dem Bau der Welt vermutet, weshalb die Griechen die Welt Kosmos, den Menschen aber Mikrokosmos, d. h. kleine Welt nennen. Einigemale aber läßt die Heilige Schrift unter der Welt die Sünder verstehen, von denen gesagt ist: aber die Welt erkannte ihn nicht.

Das Rad des Mikrokosmos

Auch die Luft ist zwischen zwei Elementen, die sich von Natur widerstreiten, nämlich zwischen dem Wasser und dem Feuer. Sie verbindet sich mit jedem dieser Elemente, denn sie ist mit dem Wasser durch die Feuchtigkeit, mit dem Feuer durch die Wärme verbunden. Das Feuer wiederum, da es warm und trocken ist, bindet sich durch seine Wärme an die Luft, so daß durch diesen Kreis, wie in einem Reigen, die Elemente in einer einträchtigen Gesellschaft zusammenkommen. Und man nennt griechisch cena, was lateinisch Elemente heißt, und zwar weil sie sich verbinden und übereinstimmen. Die Abbildung (S. 129) zeigt die sowohl unterschiedenen als auch verbundenen Elemente:

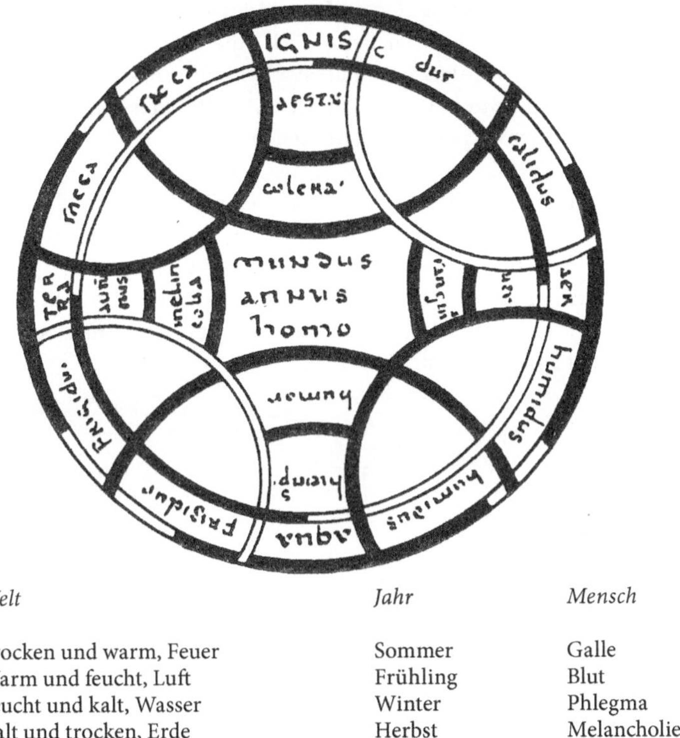

Welt	*Jahr*	*Mensch*
Trocken und warm, Feuer	Sommer	Galle
Warm und feucht, Luft	Frühling	Blut
Feucht und kalt, Wasser	Winter	Phlegma
Kalt und trocken, Erde	Herbst	Melancholie

Von den Regen

1. Beim Propheten Amos kann man lesen: der das Wasser des Meeres ruft und es ausgießt über das Gesicht der Erde. Das so salzige Wasser des Meeres nämlich schwebt in feinen Dämpfen durch die Wärme der Luft… Ebenso ziehen sich die Wasser des Meeres, in extrem feinen Dämpfen in der Luft schwebend, allmählich zusammen, bis daß sie, durchs Feuer der Sonne destilliert, in den sanften Geschmack der Regen sich verwandeln.

2. Dann, während die Wolke schwerer wird, ergießt sie sich auf die Oberfläche der Erde, und zwar weil sie entweder durch den Druck des Windes oder durch die Wärme der Sonne aufgelöst wird.

Von den Wolken also werden die Wasser des Meeres hinfortgetragen, und die Wolken geben sie der Erde wieder zurück. Aber, wie wir gesagt haben, um süß im Regen zu sein, müssen sie vom Feuer der Sonne destilliert werden. Andere sagen, daß nicht nur die Wasser des Meeres in Wolken kondensieren, sondern daß auch aus den aus der Erde strömenden Dämpfen Wolken emporsteigen; wenn diese Dämpfe dicht und konzentriert sind, steigen die Wolken in die Lüfte, und wenn sie fallen, verbreiten sie den Regen.

3. Außerdem bedeuten die Wolken, wie wir gesagt haben, die Apostel und Gelehrten. Die Regen der Wolken sind also die Reden der Apostel, die sozusagen Tropfen für Tropfen, d.h. Satz für Satz strömen, aber im Überfluß uns die christliche Lehre fruchtbar einflößen.

Scholastik

Johannes Scotus Eriugena (810–877)

Der aus Irland stammende Leiter der Pariser Hofschule Karls des Kahlen entwickelt,
tief beeinflußt von Augustinus, eine an den Neuplatonikern orientierte mystische
Naturphilosophie: Die natürliche Vielfalt entspringt der Einheit Gottes. Der
Urquell der Dinge ist nicht geschaffen und schafft doch. Ist die Gottheit zunächst
sich selbst unbewußt, so erhält sie als das schaffende und das geschaffene Wesen
erst ihr Bewußtsein (Nr. 1).

Mit der mystischen Tradition verbindet Eriugena auch stoische Vorstellungen
von der Einheit des Logos. Urbilder gehen in die Dinge vermittels des Heiligen
Geistes und der göttlichen Liebe ein, so daß alle Dinge als Erscheinungen Gottes
gelten können. Damit ist unser Leben zugleich Gottes Selbstoffenbarung. Dazu
gehört auch die Natur, denn für Eriugena nimmt Gott an allen Erscheinungen der
Welt Anteil. Der Mensch nimmt dabei jedoch eine Sonderstellung ein, wenn er die
leibliche wie die geistige Welt vereint und einen wahren Mikrokosmos darstellt.
Nach dem Ausgang aus der göttlichen Einheit in die Vielheit der Natur geht es dem
Menschen jetzt wieder um die Rückkehr in die Einheit Gottes, in die ewige Ruhe.
Wenn das Endziel gleich dem Uranfang ist, vollendet sich die Kreisbewegung. Eri-
ugena spricht natur-philosophisch explizit auch von der Mitte, um die sich die Welt
der Dinge bewegt. Auch hierbei spielt die Idee des Kreislaufes eine die ökologische
Dimension antizipierende Rolle (Nr. 2, 3). In der Vorstellung der Beseeltheit der
Dinge knüpft er an den Pneuma-Gedanken an (Nr. 4).

1. Die Bewegung des göttlichen Willens geht also darauf aus, daß dasjenige sei,
   was ist; sie schafft sonach Alles, was sie aus dem Nichts und Nichtsein ins Sein
   überführt. Sie wird dabei selbst geschaffen, weil außer ihr selbst nichts wesenhaft
   ist, da sie ja selber das Wesen von Allem ist. Denn wie es kein natürliches Gut
   gibt außer ihm selber; wie vielmehr Alles, was ein Gut heißt, ein solches nur

durch Teilnahme an dem Einen höchsten Gut ist: so hat Alles, wovon man sagt, es sei da, nicht in sich selber sein Dasein, sondern nur durch das Teilhaben an der wahrhaft daseienden Natur. Zunächst also wird, nach der vorausgegangenen Erörterung, von der göttlichen Natur das Werden (Entstehen) ausgesagt, sobald nur in denen, die durch Glaube, Hoffnung und Liebe und die übrigen Tugenden umgewandelt werden, auf wunderbare und unaussprechliche Weise das Wort Gottes entsteht, wie ja der Apostel von Christus redend sagt, daß derselbe durch Gott in uns zur Weisheit und zur Rechtfertigung und Erlösung geworden sei. Sodann aber wird die durch sich selbst unsichtbare göttliche Natur nicht unpassend insofern als eine gewordene bezeichnet, als sie in allem, was ist, zum Vorschein kommt. Denn auch von unserm Gedanken wird, bevor er in den Denk- und Gedächtnis-Raum eintritt, nicht ohne Grund das Sein ausgesagt, sofern er für sich unsichtbar und nur allein Gott und uns selber bekannt ist. Ist aber das Denken zu Gedanken gekommen, und nimmt es aus bestimmten Vorstellungen eine Gestalt an, so wird nicht mit Unrecht von ihm gesagt, daß es entstehe. Es entsteht nämlich im Gedächtnis, indem es gewisse Formen von Dingen oder Lauten oder Farben oder sonstigem Sichtbaren annimmt, während es doch vor seinem Eintritt ins Gedächtnis gestaltlos war. Darauf nimmt es gleichsam eine zweite Gestalt an, während es durch gewisse Zeichen der Gestalten oder Laute (nämlich durch die Buchstaben, welche Zeichen der Laute, und durch die Figuren, welche Zeichen der Gestalten sind), sowie durch sinnliche Bezeichnung der Mathematik und anderer Art ausgestaltet wird, um damit den Sinnen empfindender Wesen nahegebracht zu werden. Obwohl nun diese Vergleichung auf die göttliche Natur nicht paßt, so glaube ich doch, daß damit angedeutet werden kann, wie dieselbe einerseits alles schafft und sich von keinem geschaffen weiß, andererseits gleichwohl in allem, was von ihr herkommt, wunderbarlich geschaffen wird. Und wie der geistige Gedanke oder Entschluß oder Vorsatz, d. h. jene unsere innerste und erste Bewegung immerhin genannt werden mag; so nimmt sie doch, sobald sie nur zum Gedanken gelangt ist, gewisse Vorstellungsformen an, und wenn sie zur Bezeichnung der Laute oder zur Andeutung wahrnehmbarer Bewegungen gelangt ist, wird die in Vorstellungen ausgeprägte Bewegung, die doch für sich jeder sinnlichen Gestalt entbehrt, nicht unpassend als geworden oder werdend gelten dürfen. Gerade so kann nun von der göttlichen Wesenheit, die durch sich selbst bestehend alles Denken übersteigt, mit Recht gesagt werden, das in demjenigen, was von ihr und durch sie und für sie geschaffen worden ist, auch geschaffen sei, um darin, wenn es nur überhaupt denkbar ist, mit dem Denken, oder aber, wenn es sinnlich wahrnehmbar ist, mit dem Sinne bei richtiger Nachforschung auch wirklich erkannt zu werden.

2. Schüler: Was ist also von denjenigen zu halten, die da sagen, daß die Wohnungen der Menschen und der übrigen lebenden Wesen Räume, und daß auch die gemeinsame Erde und Luft gleichermaßen Räume für Bewohner seien? und welche das Wasser für den Raum der Fische, den Äther für den Raum der Planeten und die Himmelskugel für den Raum der Gestirne halten?

Lehrer: Muß man ihnen entweder, wenn sie sich belehren und weisen zu lassen fähig sind, zureden oder aber sie gehen lassen, wenn sie hartnäckig sind. Denn wer dergleichen vorbringt, macht sich vor der Vernunft lächerlich. Ist nämlich Körper etwas anderes als Raum, so folgt daraus, daß der Raum nicht Körper sein kann. Luft ist aber der vierte Teil jener sichtbaren Körperwelt, sie ist somit nicht Raum. Denn es ist bekannt, daß diese sichtbare Welt aus den vier Elementen gleichsam als ihren vier Hauptteilen zusammengesetzt ist. Sie ist also gleichsam ein aus diesen Teilen zusammengefügter Körper. In ebendieselben gemeinsamen Teile aber, woraus die einzelnen Körper aller lebendigen Wesen durch unaussprechlich wunderbare Mischung in ihrer Eigentümlichkeit zusammengesetzt ist, kehren sie auch zur Zeit ihrer Wiederauflösung zurück. Wie nämlich diese ganze sinnenfällige Welt in beständiger Bewegung um die Erde als ihren Mittelpunkt sich dreht, um welchen auch die übrigen Elemente, Wasser, Luft und Feuer, in unzugänglicher Bewegung kreisen; gerade so bringen die vier Elemente als allgemeine Körper in wechselseitiger Berührung miteinander die besonderen Körper der einzelnen Dinge zustande, damit diese wiederum aus ihrer Eigentümlichkeit ins Allgemeine zurücklaufen, indem dabei immer als gleichsam unveränderlicher Mittelpunkt der einzelnen Dinge die eigentliche natürliche Wesenheit bestehen bleibt, die weder bewegt, noch vermehrt, noch vermindert werden kann. Denn wohl das Zufällige, aber nicht Wesenheiten sind in Bewegung; ja, nicht einmal das Zufällige selbst ist in Bewegung oder in Zunahme oder Abnahme begriffen, sondern seine Teilnahme an der Wesenheit erleidet solche Veränderung. Anders nämlich kann es sich nach der wahren Vernunft nicht verhalten, sintemal jede Natur der Wesenheiten oder des zu ihnen Hinzutretenden unveränderlich, dagegen die Teilhabung der Wesenheiten an ihrem Zubehör oder dieses Zufälligen an den Wesenheiten beständig in Bewegung ist. Denn diese Teilhabung kann weder anfangen, noch vermehrt oder vermindert werden, bis jene Welt in allem zum Ziel ihres Bestandes gelangt, worauf weder Wesenheit, noch Zufälliges, noch ihre beiderseitige Teilhabung irgendeine Bewegung mehr erleiden wird, da dann alles ein und dasselbe Unbewegliche sein wird, wenn alles in seine unveränderlichen Gründe zurückkehren wird. Von dieser Rückkehr wird jedoch anderwärts die Rede sein.

Dagegen bedarf einer sorgfältigen Erwägung die Frage, wie es komme, daß bloß die Erde als Mittelpunkt immer steht, die übrigen Elemente dagegen in ewiger Bewegung um dieselbe kreisen. Denn auch die Ansichten der weltlichen Philosophen und der katholischen Väter über diese Frage kennen wir. Platon nämlich, der größte von denen, die über die Welt philosophierten, hat im Timäos seine Ansicht so begründet: »Gleichsam als ein großes lebendiges Wesen besteht diese sichtbare Welt aus Körper und Seele. Ihr beseelter Körper ist aus den vier bekannten allgemeinen Elementen und aus mancherlei ebendaraus gebildeten Körpern zusammengesetzt. Ihre eigne Seele aber ist das allgemeine Leben, welches alles in Bewegung oder im Zustande begriffene treibt und bewegt.« Daher sagt der Dichter:

»Himmel und Erde, mitsamt den flüssigen Fluren, sie werden, gleichwie die leuchtende Kugel des Monds und der Titanischen Sterne, Ewig vom Geiste genährt…«

Weil aber die Seele, wie jener sagt, ewig zu ihrem Körper sich hinbewegt, d. h. eben um die ganze Welt zu beleben, zu regieren und auf verschiedene Weisen durch Verknüpfungen und Auflösungen einzelner Körper zu bewegen, bleibt sie auch ihrem natürlichen unbeweglichen Zustande. Sie steht und bewegt sich also immer, und demnach steht auch einerseits ihr Körper, das All der sichtbaren Dinge, in ewiger Festigkeit, gleich der Erde; andererseits bewegt er sich in ewiger Eile, wie der Ätherraum. Ebenso aber steht er einerseits nicht, noch bewegt er sich in ewiger Eile, wie das Wasser, und ist andererseits eilig, obwohl nicht so eilig, wie die Luft. Diese Anschauung des größten Philosophen ist nun, wie ich glaube, keineswegs zu verachten, da sie scharfsinnig und natürlich zu sein scheint. Da jedoch über denselben Gegenstand der große Bischof Gregor von Nyssa in seiner Rede vom Bilde sich sehr scharfsinnig äußert, so finde ich es geratener, seiner Meinung zu folgen. »Der Schöpfer des Alls (sagt er) hat diese sichtbare Welt zwischen zwei einander entgegengesetzte Zustände gestellt, zwischen das Schwere und das Leichte, die einander durchaus widerstreben. Weil nun die Erde in die Schwere gesetzt ist, bleibt sie stets unbeweglich. Denn Schwere weiß sich nicht zu bewegen und ist in die Mitte der Welt gestellt, um die äußerste und mittlere Grenze einzunehmen. Die Ätherräume kreisen mit unaussprechlicher Eile stets um die Mitte, weil sie in die Natur des Leichten gestellt sind, welches nicht zu stehen weiß, und somit die äußerste Grenze der sichtbaren Welt einnehmen. Zwei in die Mitte gestellte Elemente, Wasser und Luft, bewegen sich beständig in gleichmäßiger Schwebe zwischen dem Schweren und dem Leichten, so daß sie beide mehr der nächsten, als der fernsten Grenze folgen. Das Wasser bewegt sich nämlich langsamer als die Luft, weil es der Schwere der Erde anhängt; die Luft aber wird schneller als das Wasser erregt, weil sie sich mit der ätherischen Leichtigkeit verbindet. Wiewohl jedoch wegen ihrer verschiedenen Eigenschaften die äußersten Teile der Welt voneinander abzuweichen scheinen, so gehen sie doch nicht in allem auseinander. Obgleich nämlich die Ätherräume stets in schnellster Eile kreisen, so behält doch der Reigen der Gestirne seinen unveränderlichen Sitz, so daß er zugleich mit dem Äther kreist und doch, wie die irdische Festigkeit, seinen natürlichen Platz nicht verläßt. Während nun die Erde ewig in ihrem Stande bleibt, so ist doch alles, was aus ihr entsteht, gleich der ätherischen Leichtigkeit stets in Bewegung, indem es durch Zeugung hervortritt, räumlich und zeitlich im einzelnen wächst und wiederum abnimmt und zur Auflösung der Form und des Stoffes gelangt.

3. Mit Recht also wird Gott die Liebe genannt, weil er aller Liebe Ursache ist und sich durch Alles ergießt und Alles in Eins versammelt und in unaussprechlichem Kreislaufe sich bewegt, um die Liebesbewegungen jeder Kreatur in sich selber zu beschließen. Auch die Ausgießung der göttlichen Natur in Alles, was in ihr ist und von ihr stammt, wird nicht etwa darum Liebe genannt, als ob das jeder Bewegung Ledige und alles Erfüllende sich irgendwie selber ausgösse, sondern weil es den vernünftigen Geistesblick durch das All hindurchströmen läßt, bis es im Menschengeiste die Ursache der Ausgießung und Bewegung ist, um jenen Geistesblick zu suchen und zu finden und nach Möglichkeit zu verstehen, sintemal ja die göttliche Natur Alles erfüllt, damit es sei, und gleichsam in friedlicher Vereinigung der allgemeinen Liebe Alles zu unzertrennlicher Einheit mit sich selber sammelt und untrennbar zusammenfaßt. Geliebtwerden andererseits wird von Allen gesagt, die von Gott herkommen, nicht als ob er etwas von ihnen zu leiden hätte, da ja er allein leidenlos ist, sondern weil Alles nach ihm strebt und seine Schönheit Alles an sich zieht. Denn er ist allein wahrhaft liebenswürdig, weil er allein die höchste und wahrhafte Güte und Schönheit ist, und was sich nur wahrhaft Gutes und Schönes und Liebenswürdiges in der Kreatur findet, ist er selbst, und wie nichts Gutes, so ist auch nichts Schönes und Liebenswürdiges wesenhaft außer ihm. Gleichwie der sogenannte Magnetstein zwar durch seine natürliche Kraft das sich ihm nähernde Eisen anzieht, gleichwohl aber, um dies zu tun, sich keineswegs bewegt, noch vom Eisen, das er anzieht, etwas erleidet; so führt auch die Ursache aller Dinge Alles, was von ihr stammt, wieder zu ihr selber zurück, ohne irgendwelche Bewegung ihrer selbst und lediglich kraft ihrer eigenen Schönheit. Daher sagt der heilige Dionysius unter anderem Folgendes: »Die Theologen nennen deshalb Gott bald Liebe, bald Neigung, bald liebenswürdig, bald sich zuneigend,« und er schließt die Rede mit den Worten: »weil er durch sie sich bewegt, ist er durch sie selber bewegt.« Zu genauerer Erklärung dieser Erörterung fügt Maximus die Worte hinzu: »Indem er als

Liebe und Neigung besteht, wird Gott bewegt; aber als der Liebefähige bewegt er das Liebenswürdige und Geliebte zu sich selbst. Er wird bewegt, indem er den der Liebe und Neigung empfänglichen Wesen gleichsam eine untrennbare Verbindung zuführt. Dagegen bewegt er, indem er gleichsam durch die Natur das Verlangen derer, die sich zu ihm bewegen, an sich zieht. Er bewegt aber und wird bewegt, indem er gleichsam gedürstet zu werden dürstet, geliebt zu werden liebt und Neigung zu erwecken Neigung hat.« Denn wiewohl jenes die ganze sinnliche Welt erfüllende Licht, als das Bewegungsmittel des Sonnenkörpers, der in ewiger Bewegung durch die Ätherräume um die Erde kreist, stets unbeweglich ist, so geht dieses Licht doch von seiner Unterlage selber wie von einer unerschöpflichen Quelle aus und durchströmt die ganze Welt mit der unmeßbaren Ausgießung seiner Strahlen, so daß es keinen Raum übrig läßt, wohin es sich nicht bewegt, während es doch gleichwohl immer unbeweglich bleibt. Überall in der Welt ist es stets voll und ganz gegenwärtig, indem es keinem Raume sich entzieht, außer dem geringen Teil des niederen Dunstkreises der Erde, welchen es für die Nacht, als den Schatten der Erde, übrig läßt. Nichtsdestoweniger bewegt es die Blicke aller lebenden Wesen, die das Licht zu empfinden vermögen, und zieht sie zu sich hin, damit sie dadurch sehen sollen, und man glaubt deshalb, daß es sich selbst bewege, weil es die Augenstrahlen erregt, sich zu ihm hinzubewegen, kurz weil es die Ursache ist, daß die Augen sehen. Wundere dich aber nicht, wenn du hörst, daß die Feuernatur des Lichtes unwandelbar allgegenwärtig die ganze sinnliche Welt erfüllt. Denn auch der heilige Dionysius lehrt dies im Buch über die himmlische Hierarchie und der heilige Basilius im Sechstagewerk mit den Worten: »Es ist die Eigenschaft des Lichtes, überall aus den großen und kleinen Lichtern der Welt in natürlicher Wirksamkeit hervorzubrechen, nicht allein um zu leuchten, sondern damit wir nach der Bewegung der Himmelskörper jede Zeit unterscheiden können.«

4. Lehrer: Und Gott sprach: »Es bringe das Wasser webende und lebende Tiere hervor und Gevögel auf Erden unter der Veste des Himmels.« Bei Erwähnung der Schöpfungen der vier ersten Tage kam nichts von der lebendigen Seele vor, ob diese nun einfach und frei für sich oder mit einer Zugabe versehen ist. Und er wird nicht mit Unrecht gefragt, warum dies so sei. Auch über diesen Punkt gibt es viele verschiedene Meinungen. Einige sagen nämlich, daß die Elemente dieser Welt, der Sternenhimmel nämlich und der Äther mit den Planeten, die Luft mit ihren Wolken, den Winden und Blitzen und den übrigen Störungen, auch das Wasser mit seiner wogenden Bewegung und die Erde mit ihren Pflanzen und Bäumen, nicht bloß der Seele, sondern auch jeder Art von Leben entbehren,

und darum, meinen sie, sei bei den Werken der vier ersten Tage weder von Seele noch von Leben die Rede.

Aber Platon, der größte unter den Philosophen, und seine Anhänger behaupten nicht bloß ein allgemeines Leben der Welt, sondern gestehen auch, daß nichts den Körper anhängendes und kein Körper selbst des Lebens beraubt sei; sie wagten deshalb das allgemeine wie das besondere Leben kurzer Hand Seele zu nennen. Dieser Meinung folgend, haben die ausgezeichnetsten Schrifterklärer Pflanzen und Bäume und Alles, was auf der Erde entsteht, für lebendig erklärt. Und die Natur der Dinge läßt es kaum anders zu; denn es gibt keinen Stoff, der ohne Form einen Körper zu Stande bringt, und besteht ja keine Eigengestalt ohne bestimmte Bestandheit, so kann auch keine Bestandheit der Lebensbewegung unteilhaftig sein, welche sie zusammenhält und ihren Bestand sichert, da ja Alles, was sich bewegt, den Anfang seiner Bewegung aus irgendeinem Leben nimmt. Daraus folgt notwendig, daß jede Kreatur entweder durch sich selbst Leben ist oder am Leben teil hat. Und mag nun die Lebensbewegung offenbar oder nicht offenbar hervortreten, so zeigt wenigstens die sichtbare Gestalt, daß sie insgeheim durch das Leben bewaltet wird.

Höre den hl. Augustin im Buche von der wahren Religion: »Wenn gefragt wird (sagt er), wer den Körper geschaffen habe, so wird nach dem gefragt, welcher von Allen der Wohlgestaltetste ist, denn von ihm kommt jede Gestalt, und wer wäre dies anders, als der Eine Gott, die Eine Wahrheit, das Eine Heil Aller und die erste und höchste Wesenheit, aus welcher Alles ist, was ist, und soweit es ist, weil es insoweit auch gut ist. Darum kommt aus Gott kein Tod; denn Gott ist nicht Urheber des Todes, noch freut er sich am Untergang des Lebendigen, weil er in seiner höchsten Wesenheit Alles machte, was ist, und eben darum Wesenheit heißt, der Tod aber das Sterbende zum Nichtsein zwingt. Denn würde, was da stirbt, gänzlich aufhören, so würde es ohne Zweifel ins Nichts übergehen; es stirbt jedoch nur insoweit, als es der Wesenheit weniger teilhaftig ist.« Er hätte dies kürzer so ausdrücken können: es stirbt, je weniger es ist!

Der Körper ist aber weniger, als das Leben selbst, da ja, soviel nur irgend in der Gestalt bleibend ist, eben nur durch das Leben bleibt, mag dieses nun in einem bestimmten Tier oder in der übrigen Natur wirksam hervortreten. Wie es nämlich keinen Körper gibt, der nicht in seiner Eigengestalt eingeschlossen ist, so gibt es auch keine Gestalt, welche nicht irgendwie durch die Kraft des Lebens regiert wird. Werden also alle naturgemäß eingerichteten Körper durch eine Gestalt des Lebens verwaltet, und strebt jede Einzelgestalt ihrer Gattung nach, die ihrerseits von der allgemeinsten Bestandheit ihren Ursprung nimmt, so muß notwendig jede Gestalt des Lebens, welche eine Mannigfaltigkeit von Körpern umfaßt, auf ein allgemeinstes Leben zurückgehen, woran sie auf besondere Weise teilhat. Dieses allgemeinste Leben nun wird von den Weltweisen Weltseele genannt, weil sie durch ihre Lebensgestaltung ihre ganze Fülle des Weltalls verwaltet. Die Betrachter der göttlichen Weisheit nennen sie jedoch allgemeines Leben. Dieses ist nun allerdings des durch sich bestandhaften Einen Lebens teilhaftig und teilt als jedes Lebens Quelle unter die Vielheit sichtbarer und unsichtbarer Dinge nach göttlicher Ordnung das Leben aus, gleichwie ja die allbekannte sichtbare Sonne ihre Strahlen überall hin ausgießt. Gleichwohl aber gelangt das Leben nicht in gleicher Weise überall hin, wie die Sonnenstrahlen, die ja nicht in Alles dringen, weil sie in das Innere vieler Körper nicht eingehen. Indessen kann keine sinnliche und geistige Natur des Lebens unteilhaftig bleiben; denn sogar Körper, die unseren Sinnen tot scheinen, sind nicht durchaus vom Leben verlassen. Wie ihre Zusammensetzung und Bildung in der Eigenheit ihres Lebens vor sich geht, so vollbringt sich auch ihre allmähliche Abnahme, Auflösung und Rückkehr in ihre Grundbestandheit mit gleicher Willfährigkeit. Das der Erde anvertraute Samenkorn lebt nicht wieder auf, es sei denn, daß es in der Auflösung des Stoffes und der Gestalt ersterbe; ebendasselbe Leben also, das die Keimkraft treibt, verläßt den Samen auch in seiner Auflösung nicht, sondern haftet stets an demselben, um ihn sogar aufzulösen und sofort bald wiederum neu zu beleben, d. h. in die gleiche Gestalt zu verwandeln. Denn wo anders, als im aufgelösten Körper, wäre zur Zeit der Auflösung jenes Leben? So wenig dasselbe erst mit der Zusammenfügung des Körpers auftritt, ebenso wenig wird es auch mit dem aufgelösten Körper zugleich aufgelöst und ersteht nicht wiederum mit dem neu erstehenden Körper. Auch ist es als verbundenes Ganzes nicht triebkräftiger, als es in den Teilen sich zeigt, noch ist es im Ganzen größer und mächtiger als im Teil, noch geringer oder ohnmächtiger im Teil als im Ganzen.

In Allem diesem findet vielmehr eine und dieselbe Verwaltung statt. Sogar die im Tode des Körpers vor sich gehende Auflösung ist nur für unsere Sinne zugleich eine Auflösung des Stoffes, nicht zugleich für die Natur selbst, welche in sich selber untrennbar zugleich und immer ist und nicht in Zeiten und Räume zerfällt.

Der Mensch hört nicht auf, Mensch zu sein; als Mensch ist er aber Körper und Seele; ist er aber immer Mensch, so ist er auch immer Körper und Seele. Wenn sich also die Teile des Menschen voneinander trennen, indem die Seele ihre seit der Erzeugung des Körpers gehandhabte Verwaltung niederlegt, worauf sich der Körper auflöst und dessen Teile nicht auf naturgemäße Weise immer und untrennbar auf das Ganze, sowie dieses auf die Teile zu beziehen, da der Grund dieser Beziehung niemals untergehen kann. Was sich für den körperlichen Sinn zu trennen scheint, muß in einer höheren Schau der Dinge zugleich und untrennbar bestehen.

Hildegard von Bingen (1098–1179)

Hildegard von Bingen begründet den deutschen Zweig der Naturmystik, die über Paracelsus bis ins 19. Jahrhundert sich erstreckt. Sie lebt im Zustand dauernder gedämpfter Ekstase, umbra lucentis viventis, die durch besondere Gesichter unterbrochen wird.

Im Menschen kommt die ganze Schöpfung zusammen. Gerade diese privilegierte Stellung des Menschen aber macht es auch möglich, daß der Mensch die Ordnung und Einheit der Schöpfung stört, in der alles sich berührt (creatura per creaturam continetur). Gerade weil der Mensch Mikrokosmos, Spiegelung der Welt, ist, ist er von ihr nicht nur abhängig, sondern auch für sie verantwortlich. So wird das Verhältnis des Menschen zur Natur als Gottes Offenbarung in einen apokalyptischen Kontext gestellt, in dem die letzte Vollendung erwartet wird.

1. Und ich hörte, wie sich mit einem wilden Schrei die Elemente der Welt an jenen Mann wandten. Und sie riefen: »Wir können nicht mehr laufen und unsere Bahn nach unseres Meisters Bestimmung vollenden. Denn die Menschen kehren uns mit ihren schlechten Taten wie in einer Mühle von unterst zu oberst. Wir stinken schon wie die Pest und vergehen vor Hunger nach der vollen Gerechtigkeit.«

    Ihnen antwortete der Mann: »Mit Meinem Besen will ich euch reinigen und die Menschen so lange heimsuchen, bis sie sich wieder zu Mir wenden. In der Zwischenzeit aber werde Ich viele Herzen vorbereiten und hinziehen zu Meinem Herzen. Mit den Qualen derer, die euch verunreinigt haben, will Ich euch reinigen, so oft ihr besudelt werdet. Wer denn wäre Mir gewachsen? Doch nun sind alle Winde voll vom Moder des Laubes, und die Luft speit Schmutz aus, so daß die Menschen nicht einmal mehr recht ihren Mund aufzumachen wagen. Auch welkte die grünende Lebenskraft durch den gottlosen Irrwahn der verblendeten Menschenseelen. Nur ihrer eigenen Lust folgen sie und lärmen: »Wo ist denn ihr Gott, den wir niemals zu sehen bekommen?«

    Ihnen antworte Ich: Seht ihr Mich denn nicht Tag und Nacht? Seht ihr Mich nicht, wenn ihr sät und wenn die Saat aufgeht, von Meinem Regen benetzt? Jegliches Geschöpf strebt hin zu seinem Schöpfer und erkennt klar, daß nur Einer es hervorgebracht hat. Nur der Mensch ist ein Rebell. Er zerreißt seinen Schöpfer in die Vielzahl der Geschöpfe. Doch wer machte in Weisheit die

Bücher? In ihnen schlagt nach, wer euch wohl geschaffen! Solange noch ein Geschöpf in seiner Art wirkt, um euren Bedürfnissen zu dienen, werdet ihr die volle Freude nicht haben. Wenn aber die welke Schöpfung dahingeschwunden sein wird, dann werden die Auserwählten die höchste Freude im Leben aller Wonnen schauen.

2. Die Erde, in welcher dieser Mann von den Knien bis zu seinen Waden steckt, trägt die Feuchte und das Grünen wie auch alle Keimkraft in sich. Denn die Erde, die Gott ringsum in Beugen und Drücken wie Erheben gefestigt hat, und die Er in Seiner Kraft hält, trägt den Säftehaushalt der oberen und unteren wie auch der inneren Wasserläufe, damit die Erde nicht in Staub zerfalle. Sie trägt auch die Grünkraft alles Geborenen und in der Jugend Aufwachsenden sowie den Saft lebendigen Gedeihens, den sie an sich zieht. Und so hat sie auch alles Keimen im Keim, so bereits die Blüten im Grünen in sich, die aus ihm ihre Kräfte ziehen. Diese Erde bildet sozusagen die Blüte und Schönheit seines männlichen Vermögens, da seine Manneskraft mit alledem geschmückt wird. Und so erscheint die Erde, indem sie den Menschen hervorbringt und ernährt, um dabei alle Welt, die im Dienst des Menschen steht, zu halten und zu hegen, gleichsam als Blüte der Schönheit und als Schmuck der Ehre der Gotteskräfte, da sie alles in ihrer Kraft gut und richtig ordnet. Die Kraft dieses Gottes wird durch die Erde verherrlicht, weil sie es ist, die den Menschen, der Gott zu jeder Zeit loben und ehren soll, in allen jenen Belangen unterstützt, die der Körper braucht. Auch alles übrige, das sich auf den Nutzen des Menschen bezieht, hält sie fest, da sie sich selber allen zum Gedeihen auftut. Denn wie die Herrlichkeit Gottes durch den Menschen gerühmt wird, so gibt auch der Mensch Gott durch die Erde, aus welcher der Mensch stammt, in rechten und heiligen Werken die Ehre. Das geschieht auch deshalb, weil sie an den verschiedensten Arten fruchtbar wird, da jedes Gebilde irdischer Natur aus der Erde hervorgeht. So ist die Erde gleichsam die Mutter der verschiedensten Arten, die teils aus dem Fleisch stammen, teils aber auch aus den Samen in sich selber wachsen. Sie ist aller Mutter, weil alles, was nur immer Gestalt und Leben irdischer Natur hat, sich aus ihr erhebt, und da schließlich selbst der Mensch, der mit der Vernunft und dem Geist des Verstehens beseelt ist, aus der Erde geschaffen wurde.

Denn diese Erde ist der Grundstoff des Werkes Gottes am Menschen, der wiederum die Materie bildet für die Menschwerdung des Gottessohnes. Aus Erde ist jenes Werk, das Gott als den Menschen schuf, gemacht, und es ward der Grundstoff jener Jungfrau, die in der lauteren und heiligen Menschheit den Sohn Gottes ohne Makel hervorbrachte.

3. Abermals hörte ich eine Stimme vom Himmel, die also zu mir sprach: Gott hat zum Ruhme Seines Namens die Welt aus ihren Elementen zusammengesetzt. Er hat sie mit den Winden verstärkt, mit den Sternen verbunden und erleuchtet und mit den übrigen Geschöpfen erfüllt. Auf dieser Welt hat Er den Menschen mit allem umgeben und gestärkt und hat ihn mit gar großer Kraft rundum durchströmt, damit ihm die ganze Schöpfung in allen Dingen beistünde. Die ganze Natur sollte dem Menschen zur Verfügung stehen, auf daß er mit ihr wirke, weil ja der Mensch ohne sie weder leben noch bestehen kann. Das wird dir in dieser Schau gezeigt.

4. Daß aber inmitten dieses Rades die Gestalt eines Menschen erscheint, dessen Scheitel sich nach oben, die Füße aber nach unten gegen den erwähnten Kreis der starken weißen Klarluft erstrecken, während rechts die Fingerspitzen der rechten Hand, links die der linken gegen diese Luftschicht beiderseits gerichtet sind, als habe die Gestalt weit ihre Arme ausgebreitet, das soll folgendes besagen:

Mitten im Weltenbau steht der Mensch. Denn er ist bedeutender als alle übrigen Geschöpfe, die abhängig von jener Weltstruktur bleiben. An Statur ist er zwar klein, an Kraft seiner Seele jedoch gewaltig. Sein Haupt nach aufwärts gerichtet, die Füße auf festem Grund, vermag er sowohl die oberen als auch die unteren Dinge in Bewegung zu versetzen. Was er mit seinem Werk in rechter oder linker Hand bewirkt, das durchdringt das All, weil er in der Kraft seines inneren Menschen die Möglichkeit hat, solches ins Werk zu setzen. Wie nämlich der Leib des Menschen das Herz an Größe übertrifft, so sind auch die Kräfte der Seele gewaltiger als die des Körpers, und wie das Herz des Menschen im Körper verborgen ruht, so ist auch der Körper von den Kräften der Seele umgeben, da diese sich über den gesamten Erdkreis hin erstrecken. So hat der gläubige Mensch sein Dasein im Wissen aus Gott und strebt in seinen geistlichen wie weltlichen Bedürfnissen zu Gott. Geht es mit seinen Unternehmungen gut vorwärts oder glücken sie auch nicht: immer richtet sich sein Trachten auf Gott, da er Ihm in beidem seine Ehrfurcht ununterbrochen zum Ausdruck bringt. Denn wie der Mensch mit den leiblichen Augen allenthalben die Geschöpfe sieht, so schaut er im Glauben überall den Herrn. Gott ist es, den der Mensch in jedem Geschöpf erkennt. Weiß er doch, daß Er der Schöpfer aller Welt ist (...)

Der Mensch hat seine Existenz gewissermaßen am Kreuzweg (quadruvium) der weltlichen Sorgen. Er wird darin von unzähligen Versuchungen getrieben. Beim Leopardenkopf erinnert er sich an die Furcht des Herrn, beim Wolf an die Höllenstrafen, beim Löwen fürchtet er sich vor dem Gerichte Gottes, und unter dem Bären wird er bei den Heimsuchungen des Körpers von einer Unzahl anstürmender Bedrängnisse erschüttert.

5. Und nun siehst du folgendes: Das Zeichen der Sonne sendet gleichsam Strahlen aus, berührt mit einigen das Haupt des Leoparden, mit anderen das des Löwen, mit anderen das Haupt des Wolfes, mit keinem Strahl aber das Zeichen des Bären. Die Sonne ist der machtvollste unter den Planeten; das ganze Weltall wärmt und festigt sie mit ihrem Feuer, erleuchtet das Erdenrund, indem sie dem Ostwind wie auch dem Süd und West mit den Kräften ihrer Kraft Einhalt gebietet, auf daß sie nicht die von Gott gesetzten Grenzen überschreiten. Den Nordwind aber berührt sie nicht, da dieser ein Feind der Sonne ist und allen Schimmer des Lichts verachtet. Und so verachtet auch die Sonne ihn, der keinen Strahl aus sich hervorbringt. Sie steht ihm lediglich in seiner Eigenbahn entgegen, in der er furchtbar wütet; sie selbst geht aber nicht an jene Orte, weil dort der Teufel im Streit gegen Gott seine Bosheit zeigt.

Einen anderen Strahl sendet sie über das Zeichen des Mondes, da sie ihn mit ihrer Wärme anzündet, wie auch durch die Sinne und den Verstand des Menschen dessen ganzer Körper gelenkt wird. Einen weiteren Strahl schickt sie über das Gehirn hinweg und heftet ihn an beide Fersen der besagten Gestalt. Ist die Sonne es doch, die vom Höchsten bis zum Tiefsten dem menschlichen Organismus Kraft und Maß verleiht, indem sie zumal das Gehirn kräftigt, damit es kraft seiner Einsicht auch die übrigen Funktionen des Körpers beherrsche und als der oberste Teil des Menschen mit seiner Sinnesausstattung alle inneren Organe durchdringe, wie auch die Sonne die Erde erleuchtet. Werden nun die Elemente unter der Sonne durch Katastrophen erschüttert, dann verdunkelt sich das Feuer der Sonne wie bei einer Sonnenfinsternis. Dann wird es zum Hinweis auf Irrtümer und ein Beweis dafür, daß die Herzen und Köpfe der Menschen sich einem Irrtum zuwenden; sie vermögen nicht mehr recht auf dem Pfade des Gesetzes zu wandeln, sondern bekämpfen einander in mannigfachen Auseinandersetzungen. Der beschriebene Strahl berührt auch die Fersen des Menschen, weil ähnlich der Herrschaft des Gehirns über den Körper die Ferse den gesamten Leib des Menschen trägt. Auf diese Weise temperiert die Sonne mit ihren Kräften alle Gliederungen des Menschen, so wie sie auch die übrige Schöpfung lebendig erhält.

6. Beide aber, Sonne und Mond, dienen auf diese Weise nach der göttlichen Ordnung dem Menschen und bringen ihm entweder Gesundheit oder Krankheit, je nach der Mischung der Luft und der Aura. Das ist damit gemeint, wenn das Zeichen der Sonne gleichsam vom Gehirn bis zur Ferse, das Zeichen des Mondes aber von der Braue bis zum Knöchel Strahlen auf die menschliche Gestalt hin entsenden.

Ist der Mond im Wachsen, dann vermehren sich auch das Gehirn und das Blut im Menschen. Nimmt der Mond wieder ab, so vermindern sich auch Gehirn- und Blutsubstanz im Menschen. Bliebe nämlich das Gehirn des Menschen in der gleichen Verfassung, so müßte der Mensch in Irrsinn fallen und würde sich schlimmer als eine ungezähmte Bestie aufführen. Und wenn das Blut im Organismus immer die gleiche Substanz hätte und weder Zunahme noch Abnahme zeigte, dann müßte der Mensch im Nu vergehen und könnte nicht leben. Wenn der Mond voll ist, ist auch das Menschengehirn aufgefüllt. Der Mensch ist dann im Vollbesitz seiner Sinne. Bei Neumond aber ist das Gehirn des Menschen leerer, so daß der Mensch auch in seiner Sinneskraft beeinträchtigt ist. Ist der Mond heiß und trocken, dann ist auch das Gehirn bestimmter Menschen heiß und trocken. Diese Menschen leiden dann an Gehirnkrankheiten und einem beeinträchtigten Sinnesvermögen, so daß sie nicht mehr das volle geistige Vermögen zu einem sinnvollen Tun besitzen. Ist der Mond hingegen feucht, dann wird auch das Gehirn dieser Menschen feuchter als erlaubt; sie leiden dann im Kopf und werden in ihren Sinnen beeinträchtigt. Wenn aber der Mond völlig ausgeglichen steht, dann hat auch der Mensch in seinem Gehirn und seinem Kopf volle Gesundheit; er blüht in voller Sinneskraft. Mit der Harmonie der äußeren Elemente befinden sich nämlich auch die Säfte im Organismus in Ruhe, während bei Erregung und Unruhe der kosmischen Kräfte auch die Säfte zerstört werden. Denn ohne den Ausgleich und die Unterstützung ihrer Weltkräfte könnte der Mensch einfach nicht existieren... Ähnlich berührt auch die Sonne sämtliche Himmelsgegenden mit Ausnahme des Nordens, den sie meidet, weil Finsternis und Licht nicht miteinander übereinstimmen können.

7. Im Rund des menschlichen Kopfes wird die Rundung des Firmaments gezeigt, und in den rechten und ausgewogenen Maßen dieses Kopfes spiegelt sich das rechte und ausgewogene Maß des Firmaments. So hat der Kopf rundum sein rechtes Maß, wie auch das Firmament im gleichen Maße gegründet ward, damit es von jedem Teil aus den rechten Umlauf finde und kein Teil den anderen in unangebrachter Weise überschreite.

Gott hat den Menschen nach dem Vorbild des Firmaments geformt und seine Kraft mit der Macht der Elemente gestärkt; Er hat die Weltkräfte fest in das Innere des Menschen eingefügt, so daß der Mensch sie beim Atmen einzieht und ausstößt, wie die Sonne, welche die Erde erleuchtet, ihre Strahlen aussendet und sie wieder an sich zieht. Die Rundung und das Ebenmaß des menschlichen Hauptes bedeuten somit, daß die Seele nach dem Willen des Fleisches sündigt, dann aber sich reumütig in der Gerechtigkeit erneuert. So zeigt sie darin ein Ebenmaß, weil sie sich zwar im Sündigen ergötzt hat, sich dann aber im Schmerz darüber ängstigt; und so behält sie eine ehrfürchtige Haltung. Die Seele behält in dieser Ehrfurcht einen festen Stand; sie freut sich nicht am Sündigen selbst, wirkt vielmehr nur durch den Geschmack des Fleisches mit dem Fleische. Selbst wenn der Mensch in seinen Sünden bis zum Überdruß leben wollte, würde er von ihnen immer wieder zurückgerufen, überwunden von der Ehrfurcht der Seele. So wird wohl die Seele durch die fleischliche Natur besiegt. Solange daher Körper und Seele miteinander zu leben haben, tragen sie auch einen gewaltigen Konflikt untereinander aus, da die Seele leidet, wo immer das Fleisch an Sünden ergötzt wird. Deshalb entsteht ja auch bei den schlechten Geistern solch gewaltige Verwirrung, weil jene in den Seelen der Gerechten niemals die Bußgesinnung auszutilgen vermochten, während sie selber in ihrem Fall wegen des gewaltigen Hasses auf Gott niemals eine Reue über das, was sie getan hatten, empfinden konnten.

In diesen Dingen zeigt die Seele in ihrem Wesen Rundung und Ebenmaß, da die Erkenntnis des Guten immer gegen die Erkenntnis des Bösen kämpft und das Wissen um das Böse dem Wissen um das Gute Widerstand leistet. Eines wird nämlich aus dem anderen erprobt. Das Wissen um das Gute aber ist wie der volle Mond, indem es im guten Werk das Fleisch überwindet. Wird die Seele hingegen unterworfen, dann ist sie wie ein abnehmender Mond, dessen Rund nur verschattet geschaut werden kann.

Richard von Ely (ca. 1158–1198)

In dem Dialog über das Schatzamt, den der Schatzmeister Heinrichs II. zwischen 1177 und 1179 abfaßt, wird auf sonderbare Weise vom Wald gesprochen. Gefragt nämlich wird, ob die Mitglieder des Rechnungshofes von der an den König abzuführenden Rodungstaxe befreit sind. Insofern der Haushalt des Königs betroffen ist, darf man seinem Schatzmeister getrost ökonomische Antriebe unterstellen. Tatsächlich aber ist der Forst (foresta) schon vom Begriff her ein dem normalen Recht entzogener, dem König unterstellter Bereich. Ricardus macht diese Bestimmung nun auch für die Wälder der Barone geltend, ohne jedoch ihren Besitz anzutasten.

Es ist die Verfügungsgewalt des Königs, die den Forst in eine außerökonomische Perspektive rückt. Die gekünstelte etymologische Ableitung der »foresta« von »ferarum statio« lenkt den Blick auf die Lebensgemeinschaft des Waldes. Sie zu schützen ist Aufgabe des Königs. Sie zu bedrohen ist Frevel, der ohne Ansehen der Person, d. h. des Besitzers geahndet wird. Natürlich soll nicht vergessen werden, daß der Wald dem Hof als Wildbret-Reservoir dient. Die Gründe jedoch, die hier für die Obergewalt des Königs angeführt werden, verweisen darauf, daß, hinter oder neben den ökonomischen Interessen, ein zumindest historisches Wissen vorhanden ist, das den Wald als zu schützendes Heiligtum anerkennt. Davor verschwinden alle Privilegien.

Meister: Sicher ist einmal, daß das ganze Forstwesen, die Geld- und Körperstrafen für Vergehen am Forst und der Freispruch davon, von der übrigen Rechtsprechung getrennt behandelt werden und allein der Entscheidung des Königs oder des von ihm ausdrücklich mit dieser Aufgabe Betrauten unterstehen. Denn der Forst hat seine eigenen Gesetze, die nicht dem gemeinen Recht des Reiches, sondern den willkürlichen Entscheidungen des Königs unterliegen; was auf Grund des Forstgesetzes geschieht, wird nicht als »rechtmäßig« ohne Einschränkungen, sondern als »rechtmäßig nach Forstrecht« bezeichnet. In den Forsten sind ja auch die geheiligten Privatgemächer der Könige und ihre höchsten Freuden. Dahin kommen sie zur Jagd, ihrer Sorgen ledig, um sich an der Ruhe ein wenig zu erlaben. Dort können sie, fern von ernsten Geschäften und zugleich von den am Hofe unvermeidlichen Umtrieben, sich im Genuß der freien Luft der Natur etwas erholen. Darum steht die Bestrafung der Forstvergehen allein im Ermessen des Königs.

Schüler: Von Kindsbeinen an habe ich gelernt, es sei ein Zeichen falscher Scham, lieber in Unwissenheit bleiben zu wollen, als die Hintergründe einer Aussage zu untersuchen. Damit man das Gesagte besser begreift, erkläre mir bitte sogleich, was man unter »Forst« und »Rodung« versteht.

Meister: Der Königsforst ist eine sichere Wohnstätte für die wildlebenden Tiere, nicht für alle, sondern nur für die Waldtiere, und nicht irgendwo, sondern an ganz bestimmten und dafür geeigneten Stellen. Deshalb nennt man das »foresta«, wobei das o aus e entstanden ist, also eigentlich »feresta«, das heißt »ferarum statio«: Aufenthalt der wildlebenden Tiere.

Schüler: Gibt es in jeder Grafschaft Königsforste?

Meister: Nein, nur in den bewaldeten, wo das Wild auch Schlupfwinkel und ergiebige Weideplätze hat. Es spielt zudem keine Rolle, wem die Wälder gehören, dem König oder seinen Großen; das Wild hat überall freie und unbehelligte Laufbahn.

Unter »Rodungen« aber versteht man das, was Isidor »occationes« nennt, also das, was entsteht, wenn man Hochwald und Unterholz, geeignet als Schlupfwinkel und Weideplatz, reutet, die Wurzelstöcke entfernt und den Boden umbricht und beackert. Wenn nun in den Wäldern so viel geschlagen wird, daß ein Mann, der auf dem knapp herausragenden Stumpf einer gefällten Eiche oder eines anderen Baumes steht, in der Runde fünf weitere gefällte Bäume sieht, so nennt man das eine »Wüstung« (das ist die verkürzte Form für »das Verwüstete«). Dieses Vergehen gilt selbst im eigenen Wald als so schwer, daß der Fehlbare auch als Mitglied des Rechnungshofes niemals straflos ausgehen darf, sondern vielmehr seiner Stellung entsprechend gebüßt werden muß.

Franz von Assisi (1181–1226)

Die Zeugnisse des »seraphischen Heiligen«, der in seiner späten Stigmatisierung »das erhabenste Siegel« der imitatio Christi sah (Dante), ist uns in erster Linie durch die von Thomas von Celano verfaßte Vita des Heiligen überliefert. Die Demut ins Zentrum des christlichen, nicht nur des mönchischen Lebens zu stellen heißt für Franziskus über die Forderung der (mönchischen) Armut hinaus, den Menschen an seine Geschöpflichkeit zu erinnern. Wie eine Neuentdeckung des Evangeliums erscheint denn auch die Wiederbelebung der Liebe im Christentum. Daß diese Liebe nicht nur dem Nächsten als Menschen, sondern auch allen anderen, beseelten und unbeseelten, Geschöpfen zukommt, läßt Franziskus zu der christlichen Schlüsselfigur in der Genealogie des ökologischen Denkens werden: eine Schlüsselfigur, die, vermittelt über Hieronymus, die essenische Tradition wieder aufnimmt.

In jedem Geschöpf entdeckt Franziskus den Bruder und die Schwester, die mit Sorgfalt und Zärtlichkeit zu behandeln sind. Ihm wird die Natur zum Gebet, die das Lob des Herrn zu verkünden hat, gerade weil in ihr das Werk des Herrn zu erkennen ist. Im »Sonnengesang« ist dieser Sachverhalt sehr deutlich in der Ambivalenz des italienischen »per« ausgedrückt, welches sowohl »für«, »wegen« als auch »durch« (wie hier verwendet) bedeuten kann. Also wird die Schöpfung als Zeugnis des Herrn gerühmt und zum Lobe des Herrn aufgerufen. Natürlich fällt auch auf Franziskus' christliche Sicht der Natur das Zwielicht der Allegorisierung: so wird z. B. das Lamm besonders hervorgehoben, weil es auf das Lamm Gottes verweist. Daß aber die Mitgeschöpfe überhaupt in den Genuß christlicher Menschenliebe kommen, macht das Vorbild des Franziskus jenseits aller Anthropozentrik so wichtig.

1. Die Liebe des Heiligen zu den beseelten und unbeseelten Geschöpfen.
   Obwohl er die Welt als den Verbannungsort unserer Pilgerschaft zu verlassen eilte, hatte er doch, dieser glückliche Wanderer, seine Freude an den Dingen, die in der Welt sind, und nicht einmal wenig. Gegen die Fürsten der Finsternis gebrauchte er die Welt als Kampfplatz und Gott gegenüber als klaren Spiegel seiner Güte. In jedem Kunstwerk lobte er den Künstler; was er in der geschaffenen Welt fand, führte er zurück auf den Schöpfer. Er frohlockte in allen Werken

der Hände des Herrn, und durch das, was sich seinem Auge an Lieblichem bot, schaute er hindurch auf den lebenspendenden Urgrund der Dinge. Er erkannte im Schönen den Schönsten selbst; alles Gute rief ihm zu: »Der uns erschaffen, ist der Beste!« Auf allen Spuren, die den Dingen eingeprägt sind, folgte er überall dem Geliebten nach und machte alles zu einer Leiter, um auf ihr zu seinem Thron zu gelangen.

Mit unerhörter Hingebung und Liebe umfaßte er alle Dinge, redete zu ihnen vom Herrn und forderte sie auf zu seinem Lobe. – Mit Leuchten, Fackeln und Kerzen ging er vorsichtig um, denn er wollte mit seiner Hand nicht ihren Glanz trüben, der ein Schimmer des ewigen Lichtes ist. – Über Felsen wandelte er ehrerbietig mit Rücksicht auf den, der Fels genannt wird. Wenn er den Psalmvers beten mußte: »Auf einen Felsen hast du mich erhoben«, sagte er, um sich ehrfürchtiger auszudrücken: »Unter die Füße des ›Felsens‹ hast du mich erhoben.«

Wenn die Brüder Bäume fällten, verbot er ihnen, den Baum ganz unten abzuhauen, damit er noch Hoffnung habe, wieder zu sprossen. – Den Gärtner wies er an, die Raine um den Garten nicht umzugraben, damit zu ihrer Zeit das Grün der Kräuter und die Schönheit der Blumen den herrlichen Vater aller Dinge verkündigten. Im Garten ließ er noch ein Gärtchen mit duftenden und blühenden Kräutern anlegen, damit sie den Beschauer anregten, der ewigen Himmelslust zu gedenken.

Vom Wege las er die Würmchen auf, daß sie nicht mit den Füßen zertreten würden; den Bienen ließ er, damit sie nicht vor Hunger in der Winterkälte umkämen, Honig und besten Wein hinstellen. – Mit dem Namen »Bruder« rief er alle Lebewesen, wenn er auch von allen Tieren die zahmen bevorzugt liebte. Wer könnte hinreichend alles aufzählen? Jene Urgüte, die einst alles in allem sein wird, verklärte ja in diesem Heiligen schon hienieden alles in allem.

2. Während sich inzwischen, wie erwähnt wurde, viele den Brüdern beigesellten, zog der hochselige Vater Franziskus durchs Spoletotal. Er wandte sich einem in der Nähe von Bevagna gelegenen Ort zu. Dort war eine überaus große Schar von Vögeln verschiedener Arten versammelt, Tauben, kleine Krähen und andere, die im Volksmund Dohlen heißen. Als der hochselige Diener Gottes Franziskus sie erblickte, ließ er seine Gefährten auf dem Wege zurück und lief rasch auf die Vögel zu. War er doch ein Mann mit einem überschäumenden Herzen, das sogar den niederen und unvernünftigen Geschöpfen in hohem Grade innige und zärtliche Liebe entgegenbrachte. Als er schon ziemlich nahe bei den Vögeln war und sah, daß sie ihn erwarteten, grüßte er sie in gewohnter Weise. Nicht wenig aber staunte er, daß die Vögel nicht wie gewöhnlich auf- und davonflogen. Ungeheure Freude erfüllte ihn, und er bat sie demütig, sie sollten doch das

Wort Gottes hören. Und zu dem Vielen, das er zu ihnen sprach, fügte er auch folgendes bei: »Meine Brüder Vögel! Gar sehr müßt ihr euren Schöpfer loben und ihn stets lieben; er hat euch Gefieder zu Gewand, Fittiche zum Fluge und was immer ihr nötig habt, gegeben. Vornehm machte euch Gott unter seinen Geschöpfen und in der reinen Luft bereitete er euch eure Wohnung. Denn weder säet noch erntet ihr und doch schützt und leitet er euch, ohne daß ihr euch um etwas zu kümmern braucht.« Bei diesen Worten jubelten jene Vögel, wie er selbst und die bei ihm befindlichen Brüder erzählten, in ihrer Art wunderbarer Weise auf und fingen an die Hälse zu strecken, die Flügel auszubreiten, die Schnäbel zu öffnen und auf ihn hinzublicken. Er aber wandelte in ihrer Mitte auf und ab, wobei sein Habit ihnen über Kopf und Körper streifte. Schließlich segnete er sie und, nachdem er das Kreuz über sie gezeichnet hatte, gab er ihnen die Erlaubnis, irgendwo anders hinzufliegen. Der selige Vater aber wandelte mit seinen Gefährten freudigen Herzens seines Weges weiter und dankte Gott, den alle Geschöpfe mit demütigem Lobpreis verehren. – Da er schon einfältig war durch die Gnade, nicht von Natur aus, so begann er sich selbst der Nachlässigkeit zu zeihen, daß er nicht früher den Vögeln gepredigt habe, da sie mit so großer Ehrfurcht das Wort Gottes anhörten. Und so geschah es, daß er von jenem Tage an alle Lebewesen, alle Vögel und alle kriechenden Tiere, sowie auch alle unbeseelten Geschöpfe eifrig ermahnte, ihren Schöpfer zu loben und zu lieben; denn Tag für Tag konnte er aus eigener Erfahrung sich über ihren Gehorsam versichern, sobald er nur den Namen des Erlösers angerufen hatte.

3. So erlangte der glorreiche Vater Franziskus, weil er selbst auf dem Wege des Gehorsams wandelte und das Joch der Unterwerfung unter den göttlichen Willen vollkommen auf sich nahm, von Gott die hohe Auszeichnung, daß ihm die Geschöpfe gehorsam waren.

Und in Wahrheit muß der ein Heiliger sein, dem die Geschöpfe so gehorchen und auf dessen Wink hin selbst die Elemente sich verwandeln und zu anderem gebrauchen lassen.

4. Wie erheiterte seinen Geist doch die Blumenpracht, wenn er ihre reizende Gestalt sah und ihren lieblichen Duft einsog! Sofort lenkte er sein betrachtendes Auge auf die Schönheit jener Blume, die leuchtend zur Lenzeszeit aus der Wurzel Jesse hervorging und durch ihren Duft Tausende und aber Tausende von Toten belebte. Und wenn er eine große Anzahl von Blumen fand, predigte er ihnen und lud sie zum Lob des Herrn ein, gleich als ob sie vernunftbegabte Wesen wären. So erinnerte er auch Saatfelder und Weinberge, Steine und Wälder und die ganze liebliche Flur, die rieselnden Quellen und alles Grün der Gärten, Erde und Feuer,

Luft und Wind in lauterster Reinheit an die Liebe Gottes und mahnte sie zu freudigem Gehorsam. – Endlich nannte er alle Geschöpfe »Bruder« und erfaßte in einer einzigartigen und für andere ungewohnten Weise mit dem scharfen Blick seines Herzens die Geheimnisse der Geschöpfe; war er doch schon zur Freiheit der Herrlichkeit der Kinder Gottes gelangt. – Nun lobt er im Himmel mit den Engeln dich, o guter Jesus, den Wunderbaren, er, der schon auf Erden allen Geschöpfen dich als den Liebenswürdigen gepredigt hat.

5. Sonnengesang

Erhabenster, allmächtiger, guter Herr,
  dein sind der Lobpreis, die Herrlichkeit
  und die Ehre und jegliche Benedeiung.
Dir allein, Erhabenster, gebühren sie,
  und kein Mensch ist würdig, dich zu nennen.
Gepriesen seist du, mein Herr,
  mit allen deinen Geschöpfen,
  zumal der Herrin, Schwester Sonne,
  denn sie ist der Tag,
  und spendet das Licht uns durch sich.
Und sie ist schön und strahlend in großem Glanz.
  Dein Sinnbild trägt sie, Erhabenster.
Gepriesen seist du, mein Herr,
  durch Bruder Wind und durch Luft und Wolken
  und heiteren Himmel und jegliches Wetter,
  durch welches du deinen Geschöpfen den Unterhalt gibst.
Gepriesen seist du, mein Herr,
  durch Schwester Wasser,
  gar nützlich ist es
  und demütig und kostbar und keusch.
Gepriesen seist du, mein Herr,
  durch Bruder Feuer,
  durch das du die Nacht erleuchtest;
  und es ist schön und liebenswürdig
  und kraftvoll und stark.
Gepriesen seist du, mein Herr,
  durch unsere Schwester, Mutter Erde,
  die uns ernährt und lenkt
  und mannigfaltige Früchte hervorbringt

und bunte Blumen und Kräuter.
Gepriesen seist du, mein Herr,
   durch jene, die verzeihen um deiner Liebe willen
   und Schwachheit ertragen und Drangsal.
Selig jene, die solches ertragen in Frieden,
   denn von dir, Erhabenster, werden sie gekrönt.
Gepriesen seist du, mein Herr,
   durch unseren Bruder, den leiblichen Tod;
   ihm kann kein Mensch lebend entrinnen.
Wehe jenen, die in schwerer Sünde sterben.
   Selig jene, die sich in deinem allheiligen Willen finden,
   denn der zweite Tod wird ihnen kein Leides tun.
Lobet und preiset den Herrn
   und erweiset ihm Dank
   und dient ihm mit großer Demut.

Albertus Magnus (1193–1280)

Der berühmte Dominikaner, der vor allem in Köln, aber auch in Paris lehrte, gehört mit Thomas von Aquin zu jenen scholastischen Denkern, die das christliche Weltbild für die aristotelischen Lehren öffneten. Mit und über Aristoteles hinaus legt Albert in der Naturphilosophie großes Gewicht auf die empirische Beobachtung. In Botanik und Zoologie betritt er sogar Neuland. Von ihm stammt vor allem auch die wegweisende Unterscheidung von natürlicher (philosophischer) und theologischer Erkenntnis.

Die realistische Position im Universalienstreit, die Albert einnimmt, zeigt sich in seiner Bestimmung der Ganzheit eines Seienden, zu der sowohl die Materie als auch (und vor allem) die Wesensform, als substantielle Bestimmung der Naturdinge, gehört (Nr. 1). Die Naturphilosophie findet dabei ihre Einheit und Ordnung im Rekurs auf die Erstursache als Idee eines Urbildes (Nr. 2). Das Prinzip der Erstursache enthält für Albert den Grund für Einheit und Ganzheit der naturgegebenen Vielheit. Daß die erste Ursache allen Dingen ihre Eigenschaft verlieh, klingt dann schon fast pantheistisch, da Albert als den Grund des Naturgeschehens geistige Prozesse sieht (Nr. 3).

Naturwissenschaftlich interessant sind Alberts Thesen über die Notwendigkeit der Erfahrung und Beobachtung der Natur in der Naturphilosophie. In ihr geht es nicht um die Vorsehung, nicht um Wunder Gottes, sondern – fast schon (atheistisch)

– darum, was in der Natur durch natureigene Kräfte geschieht. Die Erkenntnisse der Naturkunde sollen dabei sowohl nützlich sein als auch mit Genuß verbunden (Nr. 4). Vielleicht wäre gerade dieser Gedanke originär ökologisch, wenn Naturkunde heute nur noch wisscnschaftlichen, technischen und ökonomischen Zwecken untergeordnet wird, bei denen Ästhetik und Genuß keine Rolle spielen könnten.

Interessanterweise läßt Albert alchimistische Experimente gelten, wenn sie der Natur entsprechen – ein Kriterium, das, so wie er es hier entwirft, den modernen Naturwissenschaften nicht widerspricht, viel eher den Weg zu ihnen ebnet (Nr. 5). Albert versucht Gründe für den Unterschied natürlicher und alchimistischer Gegenstände anzugeben. Es ist für ihn vor allem die natürliche Wesensform, die die alchimistisch hergestellten von den natürlichen Stoffen unterscheidet. Damit gehen ihnen auch die Kräfte der natürlichen Stoffe ab (Nr. 6).

Einen ganzheitlichen, kosmischen Gesamtzusammenhang läßt Alberts Astrologie erkennen, die zwar keinen primären Kausalzusammenhang zwischen den Geschehnissen in der Welt und der Bewegung der Gestirne behauptet, aber doch zumindest einen indirekten und zeichenhaften (Nr. 7). Zwar geht Albert von der Willensfreiheit aus, doch die Gestirne nehmen Einfluß auf alle menschlichen Verhaltensweisen. Albertus vertritt hier einerseits ganzheitliche Auffassungen – auch der Raum selbst spielt eine Rolle für die Wirkung der Gestirne –, bewahrt sich aber andererseits einen behutsamen Skeptizismus. Voraussagen, so Albertus, seien häufig nur Mutmaßungen (Nr. 9).

1. Zur Entstehung eines körperlichen ganzheitlichen Seienden gehören Materie und Wesensform nicht als zwei verschiedene, in sich abgeschlossene und in sich stehende Seinsheiten (substantiae). Das Werden eines Körperdinges ereignet sich vielmehr dadurch, daß die Materie als ein (der Reihe nach durch unendlich viele Formen) bestimmbarer Untergrund schon in einem Ähnlichkeitsverhältnis zur Wesensform steht; diese ist in der Materie in einem unabgehobenen und unvollkommenen Zustand vorhanden.

    Boethius spricht von Natur in vierfacher Bedeutung. Wir beschränken uns hier auf eine einzige der vier Aussageweisen. Im gewöhnlichen Sinn fallen unter Natur – nach Boethius – alle Dinge, die, da sie Sein haben, mit dem Verstand auf jede Weise erfaßt werden können. Diese Begriffsbestimmung der Natur erstreckt sich sowohl auf das beiwesentliche Sein (accidens) wie auf das in sich stehende (substantia); solche Wirklichkeiten sind sämtlich dem Verstand zugänglich. Hinzugesetzt ist aber »auf jede Weise«, weil Gott und die Erste Materie einem echten und vollkommenen Erkennen sich entziehen, irgendwie jedoch durch das Verneinen anderer Bestimmtheiten zu erkennen sind.

2. Es ist allerdings nicht die Aufgabe des Naturphilosophen, den Ursprung der Materie zu erörtern; er geht vielmehr einfach von der Tatsache aus, daß es Materie gibt, da sie ein Ursprungsgrund im Bereich der Natur ist. So nimmt ja jede Wissenschaft ihre letzten Gründe als gegeben hin, ohne zu fragen, wie sie entstanden sind.

Im Bestreben jedoch, die Naturlehre vollständig zu geben, fügen wir hinzu, daß der Ursprung der Materie auf die Erstursache zurückgeht. Sie ist nämlich nur erkennbar durch die Analogie der Form, und auf genau die gleiche Weise (durch die Hinordnung auf die Form) hatte sie (unter bestimmter Rücksicht) eine Idee als Urbild. Denn die Erstursache wirkt die Naturwirklichkeit durch einen Beschluß (durch Verstand und Willen), und darum fällt das bestimmbare und bestimmungsbedürftige Zugrundeliegende unter das (göttliche) Erkennen, wie das Holz vom Kunstschreiner mitgedacht wird, allerdings nicht eben als Holz, sondern als gestaltbarer Stoff für sein künstlerisches Schaffen. So ist die Materie das, was der Wesensform des Naturdinges am tiefsten als formbarer Untergrund zugrundeliegt, und insofern ist sie ein Etwas, das in Gottes Gedanken einbezogen ist.

3. Geist in der Natur und im Menschen, Spannung im Menschsein

a. Würde jemand behaupten, in der Sphäre der wirkfähigen Wesen sei nicht ein Geisteswesen am Werk, sondern einfach die Natur, der versteht nichts von Philosophie. Denn es ist erwiesen, daß alles Naturgeschehen das Werk eines Geistes ist, der sowohl im pflanzlichen wie im tierischen Bereich und überhaupt bei allen in sich abgeschlossenen Wesen die mannigfaltigen Lebensvorgänge sinnhaft-zielgerichtet hervorbringt. Das aber kann die immer nur auf eine Tätigkeitsweise festgelegte Natur nicht leisten. Das ist auch der Grund, weshalb die Seele des sinnlichen und des vegetativen Lebens, die als Abbildungen der Macht des Geistes nur in seinem Bezug auf die Kräfte der Grundstoffe wiedergeben, auf eine einzige Wirkweise beschränkt bleibt und sich nicht nach der Vielfalt richtet, deren Abbildung sie ist. Deshalb bauen alle Schwalben ihr Nest auf die gleiche Weise und zieht die eine Spinne genau wie die andere ihr Netz. Anders der Mensch: Bei seinem Haus, in seiner Kleidung, und bei jedem anderen Unternehmen geht er nicht genauso wie die anderen vor. Hieraus ergibt sich zwingend, daß der menschliche Verstand einer jeden solchen Natur der Seele, die der Ursprung des organischen Lebens ist, »als Besitz gegeben« und zugleich unter dem Einfluß einer übergeordneten Natur »erworben« ist (aus früher schon gewonnenen Erkenntnissen).

Je mehr nun der Mensch von der niederen Kraft, durch die er an Organe gebunden ist, sich löst, desto mehr erwirbt, erlangt, und besitzt er seinen eigenen

Verstand; und je mehr er sich dem Organischen zuwendet, desto mehr wird seine Sicht verdunkelt; er gleitet vom Verstandesbereich ab, gleicht sich den Tieren und den Pflanzen an, geht der Verstandestätigkeit verlustig, und fällt von der Höhe der menschlichen Natur herab. Das meint Aristoteles mit dem Satz, daß »der Geist im Sinn von Denkkraft (in seiner Betätigung) nicht den Tieren, ja nicht einmal den Menschen in gleicher Weise zuzukommen scheint«.

In dieser vornehmsten Teilhabe des Menschen (an der höheren Geistesmacht) sahen alle Peripatetiker die Wurzel der Unsterblichkeit und den Grund für eine Vergöttlichung des Menschen, und die Menschen mit vollentwickeltem Geistesleben nannte die Philosophie Platons »Heroen«, d. h. Halbgötter.

b. Das Naturstreben zum Ersten Beweger hin und die Schöpfertätigkeit Gottes

Hier kommt der unumstrittene Satz aus dem 2. Buch der Arithmetik (des Boethius) zur Geltung, daß jede Mehrzahl auf die Einheit zurückgeführt wird, die für jene Vielzahl der Himmelssphären und der Sterne und der Bewegungen zurückgeht. Für jedermann ist klar, daß sie nur herzuleiten ist von der Einheit des Ersten Bewegers (der Himmel), nach der alle niedrigeren Dinge in ihren Vollzügen irgendwie naturhaft verlangen.

Auf ein genaueres Nachfragen, welches der Grund für jenes unebenbürtige Verlangen ist, kann niemand etwas anderes angeben als die unvollständige (mit noch größerer Unähnlichkeit vermischte) Ähnlichkeit mit der Erstursache. Wenn nämlich eines nach dem anderen strebt, dann immer nur auf die Ähnlichkeit mit jenem anderen hin; und wenn etwas auf ein anderes sich zubewegt, dann immer nur wegen des eigenen Mangels an der gesuchten Vollkommenheit. Die allen Wesen eingesenkte und vielfältige Ähnlichkeit mit der Erstursache verdankt also ihr Entstehen der Tatsache, daß alles von ihr kommt. Denn alles, was in seinem Wesen eine Ähnlichkeit mit Einem aufweist, hat seinen Ursprung in irgendeinem Einen, in dem gerade die Eigenschaft, worin sie übereinstimmen, voll und vollkommen verwirklicht ist. Derart kommen die Arten aus der Gattung, die Einzelwesen aus den Arten, und so mündet alle Mehrzahl in die Einheit.

Wir fragen also die Gegner, ob es dem Verstand eingeht, das Ur-Erste habe allen Dingen erst nach dem Abschluß der Natur und des Daseins diese Ähnlichkeit aufgeprägt. Das ist auf keinen Fall zu verstehen. Was allen Wesen diese Ähnlichkeit eingepflanzt hat, das ist die Ursache, die alles dem Wesen nach sowohl im natürlichen So-Sein wie im »Für-sichSein« hervorbringt. Alles ist also in seinem »In-sich-Sein« wie im Bestand seiner Natur von einem Einzigen verursacht. Mithin ist die Gesamtheit der Dinge dem Sein nach gemacht worden. Ewig sind sie folglich nicht in dem Sinn, daß sie keinen Ursprungsgrund für das Sein in der Ordnung der selbständigen Wirklichkeit und der Natur hatten.

4. Aufgabe der Naturwissenschaft ist es nicht, schlicht alles zu übernehmen, was über Naturdinge geschrieben ist und erzählt wird. Sie hat (im Dienst der Naturphilosophie) die in den Naturerscheinungen wirkenden Ursachen zu erforschen.

Der Beweis aus der Sinneserfahrung (d. h. die Induktion: inductio ad universale accipiendum) gibt in der Naturphilosophie die größte Sicherheit und steht wissenschaftlich höher als Theorie ohne Beobachtung.

Das Ergebnis stimmt mit unserer persönlichen Beobachtung und mit der Theorie überein.

Ich selber habe nach allen Seiten die Anatomie der Bienen untersucht …

Erfahrung aus (wiederholter) Beobachtung ist die beste Lehrmeisterin in der Naturkunde.

Wiederholte Beobachtung (experimentum) allein führt in der Naturforschung zur Gewißheit. Für die Sachverhalte in den Einzelfällen des Naturbereichs gibt es keinen schlußfolgernden Beweis (der aus den Wesensgründen die notwendigen Eigenschaften des Erkenntnisgegenstandes ableitet).

In der Tierkunde müssen wir zuerst wissen, wovon die Tiere sich ernähren, wie sie sich betätigen und aus welchen Bestandteilen ihr Organismus besteht; damit bekommen wir dann Kenntnis von ihrer Art und Besonderheit. Ebenso läßt sich das Eigene und Eigentliche der verschiedenen Pflanzen nur erfassen durch Feststellung ihrer Bestandteile, Eigenschaften und Wirkungen. Denn anders als durch experimentelles Nachprüfen ihrer Beschreibung bekommen wir nicht ihre Bestimmtheit in den Blick, die eine Pflanze gerade zu dieser Pflanze macht.

Genau das Gegenteil stellen wir schon mit (vorwissenschaftlicher) Beobachtung fest, einfach durch Sinnesanschauung.

In der Naturforschung (d. h. in der Naturphilosophie) haben wir nicht zu untersuchen, ob und wie der Schöpfer-Gott nach seinem vollkommen freien Willen durch unmittelbares Eingreifen sich seiner Geschöpfe bedient, um durch ein Wunder seine Allmacht kundzutun. Wir haben vielmehr einzig und allein (in methodischem Atheismus) zu erforschen, was im Bereich der Natur durch natureigene Kräfte auf natürliche Weise alles möglich ist.

Wenn nun jemand einwendet, Gott könne mit seinem Willen die Entwicklung in der Natur zum Stillstand bringen, wie es ja einen Zeitpunkt gegeben hat, vor dem kein Werden geschah und nachdem es sich erst entwickelte, dann halte ich dem entgegen, daß ich mich um Wunder durch Gottes Eingreifen nicht kümmere, wenn ich Naturkunde betreibe.

Echte Wißbegierde gibt den Anstoß zu (wissenschaftlicher) Beobachtung.

Es kostet viel Zeit, eine Beobachtung so gründlich anzustellen, daß jede Täuschung ausgeschlossen ist. Daher sagt (der griechische Arzt) Hippokrates in der »Medizin«: »Das Leben ist kurz, die (medizinische) Wissenschaft ist lang, die Beobachtung täuschend, das Urteil schwierig.« Es genügt nämlich nicht, die Beobachtung einmal und auf eine einzige Art vorzunehmen, sie muß unter sämtlichen Bedingungen vollzogen werden. Auf einer solchen Grundlage kann mit Recht und Sicherheit gearbeitet werden… Was alles in der Welt des Sinnfälligen vorkommt, muß in seiner Beziehung zu anderen Dingen und Vorgängen sowie im ganzen Zusammenhang gesehen werden. Bis dabei ein gesichertes Ergebnis herauskommt, braucht es viel Zeit und Kontrolle.

Kenntnisse (in Pflanzenzucht, Gartenbau und Landwirtschaft) sind nicht nur ein Genuß für den Theoretiker der Naturkunde, sie sind auch ein Vorteil für das Leben des Menschen und für den Bestand der Gemeinwesen.

Astronomie und Geometrie und andere Einzelwissenschaften sind eine Hilfe für eine Lebensführung nach den Normen der Klugheit; allerdings nicht direkt durch ihren Forschungsgegenstand, wohl aber durch den Umgang mit ihm.

Festzuhalten ist: In Sachen der Glaubens- und der Sittenlehre ist dem Augustinus eher und mehr zu glauben als den Philosophen, falls sie eine von ihm abweichende Meinung vertreten. Spräche Augustinus aber über Medizinisches, so würde ich dem Galenos und dem Hippokrates mehr trauen. Falls er über naturwissenschaftliche Dinge spricht, glaube ich mehr dem Aristoteles oder einem anderen Fachmann der Naturkunde.

5. Es gibt aber auch Alchimisten, die nur durch das helle Elixier weißen und durch das zitronenfarbige gelb färben, ohne daß an dem Stoff des vorgegebenen Metalls eine wesentliche Änderung vorgenommen wird; das sind dann zweifellos Betrüger, und sie stellen kein echtes Gold und kein wirkliches Silber her. So aber machen es alle Alchimisten, entweder immer oder wenigstens mitunter.

Deshalb habe ich eine Probe darauf machen lassen, und dabei hat sich herausgestellt, daß alchimistisches Gold – das mir in die Hände kam – und Silber nach sechs oder sieben überstandenen Erhitzungen bei noch stärkerem Feuer sofort verzehrt und vernichtet und zu einer Art Hefe niedergeschlagen wird.

6. Unterschiede zwischen Natur und Alchimie
Eine dritte Art von Körperveränderung besteht darin, daß einem Ausgangsprodukt die Eigenschaften und Energien genommen und durch andere ersetzt werden. Das kann geschehen durch Verflüssigung, durch Zusatz von Nährstoffen, durch Verdünnen (sublimatio) und Herauslösen (destillatio). Nach diesen Methoden arbeiten auch die Alchimisten. So wird auch durch eine genugsam bekannte Tätigkeit Brot gemacht und Tinte und anderes.

Dabei teilen die Alchimisten meiner Ansicht nach dem formlosen Untergrund aller Dinge (materia prima des Aristoteles) nicht die artbestimmenden Wesensformen mit. Das ist auch die von Avicenna in seiner »Alchimie« geäußerte Auffassung. Zu erkennen ist das schon daran, daß an den künstlichen Erzeugnissen die aus der Wesensart erfließenden (bei den von der Natur gebildeten Metallen oder Steinen auftretenden) Eigentümlichkeiten und Wirkungen sich nicht finden. Daher kommt es, daß Alchimistengold nicht ein (krankhaft schlagendes) Herz erfreut; daß Alchimistensaphir nicht auf die (innere) Hitze kühlend einwirkt und Halsschmerzen nicht heilt; und daß ein künstlich hergestellter Rubin nicht das Gift in der Luft und im Dampf vertreibt. Vor allem steht beobachtungsmäßig fest, daß Alchimistengold im Feuer sich stärker verzehrt als das andere (Natur-)Gold, und ebenso die von Alchimisten gebildeten Steine; und weiter, diese künstlichen Produkte haben nicht die Haltbarkeit ihrer natürlichen Arten. All das kommt daher, daß sie nicht die natürlichen Wesensformen haben. Darum hat ihnen die Natur jene Kräfte versagt, die den (natürlichen) Verwirklichungen zur Erhaltung der Art gegeben sind.

7. Einflußbereich der Bewegung des Himmels und der Sterne

a. Auf dieses Für und Wider entgegne ich: Die Sterne und Planeten haben einen Einfluß und einen Zeichencharakter gegenüber allen jenen Wirklichkeiten, die in der veränderlichen Materie bestehen oder an die Materie gebunden sind. »In Materie bestehend« bezeichne ich die Kräfte, die mit innerer Notwendigkeit der Wandelbarkeit der Materie verhaftet sind, wie die Teilkräfte der Seele für die vegetativen Vorgänge und für das Sinnenleben bei den Tieren. Es gibt aber noch eine andere Wirklichkeit, die nicht einfachhin, sondern nur unter einer bestimmten Rücksicht vom Materiellen abhängt: das ist das ganze menschliche Gefühlsleben (animus). Von daher stammt der Sprachgebrauch, die Erhitzung des Blutes am Herzen mache den Menschen seelisch zum Zorn geneigt; und dennoch besteht kein Zwang, daß er zornig wird. Wie nun das Seelische von der Materie und der (körperlichen) Mischung eine gewisse (leicht umwandlungsfähige) Hinneigung bekommt, genauso hat auch die Gestirnung die Möglichkeit einer Einflußnahme auf das menschliche Seelenleben, also (nicht unmittelbar und) nicht einfachhin, sondern (mittelbar und) nur unter einer bestimmten Rücksicht. Andernfalls (wenn die Sterne einen direkten und damit zwingenden Einfluß auf das Seelenleben hätten), gäbe es keinen Zufall (casus), (der ebenso eintreten wie nicht eintreten kann); es gäbe keine freie Willensentscheidung und kein suchendes Überlegen vor der Handlung; es gäbe dann auch kein solches Geschehen, von dem man sagt, es könne in der Zukunft ebensogut eintreffen wie auch nicht eintreffen (contingens). Mit dieser Frage setzt sich Aristoteles am Schluß des Buches »Über die Lehre vom Satz« auseinander, und im 2. Buch der Physik nimmt er dazu Stellung.

b. Zu beachten ist hier eine weitere Unterscheidung. Es gibt die unmittelbare Ursache, mit der die Wirkung steht und fällt; es gibt auch die erste Ursache (in einer bestimmten Ordnung), die uneingeschränkt tätig ist; sie gibt den unmittelbaren Ursachen den Anstoß und eine gewisse Richtung. Wenn es nun heißt, die Sterne hätten die Mächtigkeit, das Irdische zu lenken, dann ist das so zu verstehen: Es eignet ihnen auf diesem Gebiet die Kraft der ersten, unbegrenzt wirkenden Ursache, die der unmittelbaren, für die Wirkung entscheidenden Ursache das Tätigwerden ermöglicht. Deshalb folgt die Wirkung (wegen der entgegenstehenden Umstände) nicht immer mit Notwendigkeit dem Stand der Sterne und ihrer Stellung zueinander (constellatio). Es ist so, wie Johannes von Damaskus meint (De fide orth. 1.2c.7): »Wir sagen (im Unterschied von den Astrologen): Die Gestirne (als die ersten Beweger der vier Grundelemente zum Entstehen und Vergehen) sind nicht die Ursache des Entstehens und Vergehens. Sie zeigen wohl Regenfluten und Veränderungen der Luft an. Vielleicht aber könnte jemand sogar sagen, sie seien Anzeichen von Kriegen, wenn auch nicht deren Ursache. Auch die von Sonne, Mond, Sternen und anderen (sphärischen) Kräften herrührende Beschaffenheit der Luft bringt so oder so verschiedene Mischungen (Temperamente) sowie bleibende oder vorübergehende seelische Zustände mit sich« (D. Stiefenhofer, BKV2). Johannes von Damaskus will damit zum Ausdruck bringen, daß ein Zeichen weniger bedeutet als die Ursache. Ursache ist nämlich – nach Boethius in der Lehre von den (Gemein-)»Plätzen« – ein Seiendes, auf das mit Notwendigkeit eine Wirkung folgt. Zeichen aber ist nur eine weiter zurückliegende Ursache, die eine Hinneigung hervorruft, nicht jedoch mit Notwendigkeit und nicht ohne Mitwirkung anderer Ursachen etwas hervorbringt. Ein Gleiches lehrt Aristoteles im 2. Buch »Über das Entstehen und Vergehen«: Die Periode für das Entstehen, die sich nach dem Ansteigen der Kreisbahn (und der damit gegebenen größeren Nähe der Sonne) richtet, ist für alle Naturdinge dieselbe, und doch vollzieht sich das Entstehen unregelmäßig, bei manchen Dingen schneller, bei anderen langsamer; das hat seinen Grund in der unregelmäßigen Zusammensetzung ihres stofflichen Seins (die mehr oder weniger die Aufnahmefähigkeit für den Einfluß der Sterne herabsetzt).

8. In dieser Wissenssparte ist es ein feststehender Grundsatz, daß alles Naturgeschehen und Menschenwerk den ersten Anstoß von den (höheren, unvergänglichen, dem Wandel nicht unterworfenen) Kräften des Weltalls bekommt. Für den Bereich der Natur gibt es daran keinen Zweifel. Auch für handwerkliches und künstlerisches Schaffen ist anerkannt, daß irgendein Antrieb gerade in

einem bestimmten Augenblick, nicht früher, das Herz zum Werken anläßt. Dieser Antrieb kann nichts anderes sein als die vom Himmel ausgehende Kraft, sagen die erwähnten Gelehrten.

Für menschliches Tun gibt es nämlich einen doppelten Ursprungsgrund: die physische Natur und den Willen. Der menschliche Organismus wird nun durch die Sterne gesteuert. Der menschliche Wille ist zwar frei, aber, falls er nicht dagegensteuert, folgt er dem Zug des Dialogischen und legt sich darauf fest. Da nun das organische Leben des Menschen dem Einfluß der Gestirne ausgesetzt ist, kann dadurch auch der Wille unter dem Einfluß der Sterne in ihren Bewegungen und Gebilden in eine bestimmte Richtung geneigt werden.

Platon weist das an der Berufsentwicklung von Jugendlichen nach. Deren Wille ist noch nicht so widerstandsfähig gegen den Sog der Natur und der Sterne. Sie legen jeweils unter Einwirkung der Gestirnung eine Tauglichkeit für einen bestimmten Beruf an den Tag, und wenn sie darin gründlich ausgebildet sind, werden sie Meister ihres Faches. Widersetzen sie sich jedoch dieser Neigung und wenden sich einem anderen Beruf zu, für den sie weniger Geschick haben, dann werden sie als dafür ungeeignet niemals richtige Könner.

Nun steht aber ohne Zweifel fest: Was irgendwie Ursache für eine Ursache ist, das ist ebenso irgendwie auch Ursache für das Verursachte. Das bedeutet: Wenn die Macht und die Strahlung der Sterne irgendeinen ursächlichen Einfluß auf den schaffenden Menschen ausübt, dann strömt sicher, falls nicht etwas hindernd dazwischentritt, etwas von der Einflußkraft der Sterne (als der wirkmächtigeren Bestandteile des Weltalls) auch in alle vom Menschen hervorgebrachten Dinge selber ein.

9. Ein Einfluß des Weltalls geschieht nicht durch die Sterne allein, sondern auch durch den Faktor Raum. Würden auch alle Sterne wiederkehren und das gleiche Sternbild formen, ließe sich im Zusammenhang damit gleichwohl nicht errechnen, daß sie im gleichen Raumpunkt in der Zeit der drei Bewegungen (Ost-West, West-Ost, Näherung-Entfernung) zurückkämen.

Ein weiterer Grund ist das ungleiche Material (das mehr oder weniger aufnahmefähig ist). Denn in den die Himmelstätigkeit aufnehmenden Wirklichkeiten kann eine gegenwirkende Verfaßtheit vorhanden sein oder eingeführt werden. Deshalb erfolgt die Wirkung (der Himmelstätigkeit) nicht mit Notwendigkeit.

Daraufhin betont Avicenna, der erste Teil der Astrologie (!) sei wegen der unveränderlichen Ordnung der Körper im Weltall eine streng beweisende Wissenschaft (Astronomie), wogegen der zweite Teil, der sich mit der Steuerung der Geschehnisse in den niederen Sphären durch die Sternenwelt befaßt, lediglich mit Vermutungen (aus der Stellung und Bewegung der Sterne) arbeite (Astrologie).

Nach Claudius Ptolemäus gliedert sich die Astronomie in zwei Teile. Den Forschungsgegenstand der ersten Teilwissenschaft bilden die Stellung, die Größe und die Beschaffenheit der Körper im Weltall; hier wird exakte Wissenschaft betrieben. Dem zweiten Teil der Astronomie kommt es auf die Einwirkung der Sternbilder auf das irdische Geschehen an (Astrologie). Dieser Einfluß der Gestirnung wird nun aber von wandelbaren Dingen in Wandelbarkeit entgegengenommen. Deshalb kann das Ergebnis der Deutungskunst nicht mehr als eine Mutmaßung sein. Des weiteren muß der astrologische Praktiker sich irgendwie in der Naturkunde auskennen und auch die Naturerscheinungen in seinen Erklärungsversuch einbeziehen können.

Thomas von Aquin (1225/26–1274)

Der Dominikanermönch, der 1323 heiliggesprochcn wurde, gehört zu den großen Vermittlern zwischen Platonismus und Aristotelismus. Sein umfassendes System, das sich um die Rezeption der aristotelischen Philosophie bemühte, um dadurch das Interesse für die konkrete Wirklichkeit und die Zusammenhänge der Natur mit der christlichen Offenbarung zu versöhnen, prägt den Katholizismus bis heute. Thomas von Aquin ist zweifellos Anthropozentriker. Der Mensch steht über der Natur: »denn ›die vernunftlosen Tiere‹ sind von der göttlichen Vorsehung durch die Natureinrichtung zum Gebrauch der Menschen hingeordnet, weshalb sie der Mensch ohne Ungerechtigkeit gebraucht, indem er sie tötet oder sonstwie verwendet« (IV. 193).

Andererseits geht Thomas ganz im Sinne eines ökologischen Modells von einer umfassenden Ordnung der Schöpfung aus, in der selbst die Anthropozentrik in der universalen Ordnung auf Gott hin ausgerichtet (Nr. 1) und damit als Teil dem Ganzen untergeordnet ist (Nr. 2). Gegen die Natur zu handeln verstößt im Sinne des Aquinaten gegen die göttliche Gesamtordnung und wird bestraft. Thomas' Worte sprechen in den Nrn. 3, 4, 5 und 6 eine deutliche Sprache, die bereits vor der technischen Hybris des Menschen warnt: So ist das schlechthin Üble nicht in der Naturabsicht (Nr. 7). Den Erhalt der Naturordnung selbst und mit ihm alle Menschen, Tiere und Pflanzen sieht Thomas in einer göttlichen Ordnung angelegt, in der ganz platonisch und pantheistisch der göttliche Geist die Welt beseelt, in ihr enthalten ist, sie bewegt und vor allem sie erhält (Nr. 8, 9, 10, 11).

So gelangt Thomas zu einem ökologisch relevanten ästhetischen und erkenntnistheoretischen Blickwinkel, der in der Tradition des scholastischen Aristotelismus liegt. In der Mannigfaltigkeit der Natur sehen wir eine Ähnlichkeit mit Gott (Nr. 12).

Der ökologische Umkehrschluß warnt vor der industriegesellschaftlichen Vernichtung der Arten; denn damit verliert die Natur ihre Göttlichkeit, d. h. ästhetisch ihre Qualität und ökonomisch – im ursprünglichen Sinne – ihren Wert: Sie erhält den Menschen nicht mehr. Aber auch naturwissenschaftlich begründet Thomas das Interesse des Menschen für die Natur, wenn richtige Kenntnis der Natur die rechte Einsicht in Gott vermittelt (Nr. 13). Eine derartige Vermittlung aristotelischer Orientierung auf die Natur und der platonisch christlichen Gesamtordnung könnte auch als Vermittlung zwischen den beiden Linien der Ökologie gelesen werden.

Gerade als ein der Wirklichkeit zugewandter Denker stellt Thomas auch sehr konkrete Dinge fest, die in die ökologische Debatte eingehen: Der Mensch braucht die richtige Ernährung, sonst wäre seine Erzeugung sinnlos (Nr. 14). Das muß aber auf der Grundlage der Dauerhaftigkeit der Arten gedacht werden (Nr. 15). Gerade in dieser Hinsicht fordert Thomas ganz aristotelisch das rechte Maß (Nr. 16). Dazu gibt er den Fürsten noch entsprechende Ratschläge, wie die Stadt eingerichtet sein muß, damit die Gesundheit der Bürger erhalten bleibt (Nr. 17).

1. Da jedoch der Mensch etwas am intellektuellen Lichte teilnimmt, so sind ihm gemäß der Anordnung der göttlichen Vorsehung die vernunftlosen Tiere unterworfen, die in keiner Weise am Verstande teilnehmen, weshalb es (Gen. 1, 26) heißt: »Lasset uns den Menschen machen nach unserem Bilde und Gleichnis«, nämlich insofern er Verstand besitzt, »und er herrsche über die Fische des Meeres und über das Geflügel des Himmels und über die Tiere der Erde«.

    Da jedoch die vernunftlosen Tiere, obwohl sie des Verstandes entbehren, trotzdem eine Art Erkenntnis besitzen, so sind sie gemäß der Anordnung der göttlichen Vorsehung über die Pflanzen und übrigen Dinge gestellt, welche aller Erkenntnis entbehren; weshalb es (Gen. 1, 29–30) heißt: »Siehe, ich habe euch gegeben alles Kraut, das sich besamet auf Erden, und alle Bäume, die in sich selbst Samen haben nach ihrer Art, daß sie euch zur Speise seien und allen Tieren der Erde.«

2. Hieraus geht nun hervor, daß alle Dinge auf ein einziges Gut als letztes Ziel hingeordnet sind.

    Wenn nämlich ein jedes Ding nur insofern etwas als Ziel anstrebt, als dasselbe ein Gut ist, so muß das Gute als solches ein Ziel sein. Folglich ist das höchste Gut zugleich auch am meisten Ziel aller Dinge. Das höchste Gut ist aber nur ein einziges, und dieses ist Gott, wie dargetan wurde. Also sind alle Dinge auf das eine Gut, welches Gott selbst ist, als Ziel hingeordnet.

    Ebenso: Was in einer Gattung das Größte oder Höchste ist, muß auch zugleich die Ursache für alle Dinge sein, die sich innerhalb dieser Gattung befinden.

So ist das Feuer, welches am wärmsten ist, zugleich die Ursache der Wärme in allen übrigen Körpern (Met. II, 1). Folglich ist das höchste Gut, welches Gott ist, auch zugleich die Ursache der Güte in allen guten Dingen. Also ist Gott auch für jedes Ziel die Ursache, daß es ein Ziel ist; denn ein jedes Ziel ist nur insofern ein solches, als es ein Gut ist. Nun übertrifft ein Ding, um dessen willen alle anderen Dinge existieren, um so mehr alle anderen Dinge (Analyt. poster. I, 2). Also ist Gott im höchsten Grade und am meisten das Ziel aller Dinge.

Ferner: In jeder Gattung (Reihe) von Ursachen ist die erste Ursache mehr Ursache als die zweite oder Sekundärursache; denn die letztere ist nur durch die erste eine Ursache. Folglich muß die erste Ursache in der Reihe der Zielursachen mehr Zielursache für jedes Ding sein, als die nächste Zielursache jedes Dinges. Nun ist Gott die erste Ursache in der Reihe der Zielursachen, da er ja das höchste Gut im Bereiche der Güter ist. Also ist er auch für jedes Ding mehr Ziel als jedes andere nächste (sekundäre) Ziel.

Weiter: In jeder geordneten Reihe zusammenhängender Zwecke und Ziele muß das letzte Ziel zugleich Ziel und Zweck aller vorhergehenden Ziele sein. Wenn zum Beispiel ein Trank zubereitet wird, um dem Kranken verabreicht zu werden, und derselbe verabreicht wird, um den Kranken innerlich zu reinigen, und der Kranke innerlich gereinigt wird, um erleichtert zu werden, und derselbe erleichtert wird, um schließlich gesund zu werden; so muß die Gesundheit zugleich das Ziel der Erleichterung und der Reinigung und aller anderen vorhergehenden Maßnahmen sein. Nun sind alle Dinge, die einen verschiedenen Grad von Gutheit besitzen, einem einzigen höchsten Gut untergeordnet, welches zugleich die Ursache jeder anderen Gutheit ist; und da das Gut den Charakter eines Zieles hat, sind hierdurch alle Dinge Gott untergeordnet, und zwar in der Weise, wie die vorhergehenden Ziele einem letzten Ziele untergeordnet sind. Also muß Gott das Ziel aller Dinge sein.

Außerdem: Das besondere Gut ist auf das allgemeine Gut als Ziel hingeordnet; denn der Teil ist um des Ganzen willen da (Polit. I, 2); weshalb auch »das Gut des Volkes göttlicher ist als das Gut eines einzigen Menschen« (Eth. I, 1). Nun ist das höchste Gut, welches jedes einzelne Ding gut macht, das besondere Gut dieses Dinges ist, und aller anderen Güter, die von diesem abhängen. Also sind alle Dinge auf ein einziges Gut als Ziel hingeordnet, welches Gott ist.

3. Ferner: Den geschaffenen Dingen die Ordnung entziehen, heißt ihnen zugleich dasjenige entziehen, was sie als das Beste besitzen; denn die einzelnen Dinge sind zwar schon, jedes für sich genommen, in sich gut, aber alle Dinge zusammen sind das Beste wegen der Ordnung des Universums, da das Ganze stets besser ist als die Teile und zugleich das Ziel der Teile ausmacht. Würden nun den Dingen

die Tätigkeiten entzogen werden, so würde damit auch die gegenseitige Beziehung und Ordnung der Dinge fortfallen; denn die Dinge, die auf Grund ihrer Naturen verschieden sind, enthalten nur dadurch die Zusammenfassung zur Einheit der Ordnung, daß die einen wirken und die anderen empfangen. Also ist es ungereimt zu behaupten, die Dinge besäßen keine eigenen Tätigkeiten.

4. Ferner: Wie die Naturdinge der Ordnung der göttlichen Vorsehung unterworfen sind, so sind es auch die menschlichen Handlungen, wie aus dem oben Gesagten ersichtlich ist. In beiden Fällen kommt es nun vor, daß die gebührende Ordnung innegehalten oder auch verlassen wird. Jedoch besteht da der Unterschied, daß das Innehalten oder das Überschreiten der gebührenden Ordnung zwar in der Macht des menschlichen Willens liegt; es aber nicht in der Macht der Naturdinge gelegen ist, daß sie von der rechten Ordnung abweichen oder dieselbe innehalten.

Nun müssen aber die Wirkungen den Ursachen auf Grund einer gewissen Angemessenheit entsprechen. Wird also im Bereiche der Natur die rechte Ordnung der natürlichen Prinzipien und Tätigkeiten innegehalten, so folgt mit Notwendigkeit die Erhaltung der Natur und das Gute in den Naturdingen; Zerstörung und Übel aber sind die notwendige Folge, wenn die gebührende und natürliche Ordnung verlassen wird.

Ebenso muß in der Sphäre des Menschlichen der Mensch, wenn er freiwillig die Ordnung des von Gott gegebenen Gesetzes innehält, auch Gutes erlangen, jedoch hier nicht auf Grund einer Notwendigkeit, sondern auf Grund der Anordnung des Leitenden; und dies heißt: belohnt werden. Umgekehrt muß der Mensch ein Übel erleiden, wenn er die Ordnung des Gesetzes überschritten hat; und das heißt: bestraft werden.

5. Weiter: Alles, was natürlich vor sich geht, geschieht meistenteils auf richtige Weise; denn die Natur verfehlt nur selten ihr Ziel. Würde also der Mensch auf Grund der Natur seine Wahlentscheidungen treffen, so wären dieselben meistenteils richtig, was aber offenbar nicht der Fall ist. Also trifft der Mensch nicht seine Wahl auf Grund der Natur, was jedoch der Fall sein müßte, wenn er durch den Einfluß der Gestirne hierzu notwendig angetrieben werden würde.

6. Außerdem führt die Betrachtung der göttlichen Werke zur Bewunderung der höchsten Kraft und Macht Gottes und erzeugt infolgedessen in unserem Herzen die Ehrfurcht vor Gott. Die Kraft des Schöpfers muß nämlich notwendig als stärker erachtet werden als die der geschaffenen Dinge; und daher heißt es (Weish. 13, 4): »Und wenn sie«, nämlich die Philosophen, »die Kraft und Wirkung dieser Dinge«, nämlich des Himmels und der Sterne und der irdi-

schen Elemente, »bewundert haben, so hätten sie erkennen sollen, daß der, so sie erschaffen, noch stärker sei«; und ferner heißt es (Röm. 1, 20): »Denn das Unsichtbare an Gott ist seit Erschaffung der Welt in den erschaffenen Dingen erkennbar und sichtbar, nämlich seine ewige Kraft und Gottheit.« Aus dieser Bewunderung aber geht die Furcht und Ehrfurcht vor Gott hervor; weshalb der Prophet (Jer. 10, 6–8) ausruft: »Dein Name ist groß durch Kraft. Wer sollte dich nicht fürchten, o König der Völker?«

7. In gleicher Weise läßt sich auch der dritte Einwand widerlegen. Bei dem Prozeß des Entstehens und Vergehens kommt nämlich die Veränderung des Vergehens niemals ohne die Veränderung des Entstehens vor, und infolgedessen auch niemals die Zwecksetzung des Vergehens ohne die des Entstehens. Nun strebt aber die Natur nicht in der Weise das Vergehen als Zweck an, indem sie dabei ganz und gar vom Zweck des Entstehens absieht, sondern vielmehr strebt sie beides zugleich an. Niemals liegt es nämlich absolut in der Absicht der Natur, nicht Wasser zu sein, sondern vielmehr, Luft zu sein, deren Existenz die des Wassers ausschließt. Also strebt in unserem Beispiel die Natur an sich danach, Luft zu sein; während sie nicht Wasser zu sein, nur insofern anstrebt, als das zur Luftwerden oder das Luftsein hiermit zusammenhängt. Folglich sind die sogenannten Mängel oder Verluste (privationes) von der Natur niemals an sich beabsichtigt, sondern nur nebenbei (per accidens); während der Besitz und die Erreichung von Formen stets an sich beabsichtigt sind.

Also ergibt sich aus dem Gesagten, daß dasjenige, was schlechthin ein Übel ist, ganz und gar außerhalb der Absicht in den Tätigkeiten und Werken der Natur vorkommt, genauso wie die Mißgeburten. Was aber nicht schlechthin, sondern nur in Bezug auf ein anderes Ding ein Übel ist, das ist von der Natur nicht an sich, sondern nur nebenbei beabsichtigt.

8. Hieraus geht auch hervor, daß Gott notwendig überall und in allen Dingen sein muß. 1. Der Beweger und das von ihm Bewegte müssen einander nämlich berühren, wie der Philosoph (Phys. VII, 2) dartut. Da nun Gott alle Dinge zu ihren Tätigkeiten hinbewegt, wie (Kap. 67) bewiesen wurde, so ist er folglich auch in allen Dingen. 2. Ebenso: Alles, was sich an einem Orte oder in irgendeinem Dinge befindet berührt gewissermaßen den Ort oder dieses Ding. So befindet sich das körperliche Ding in etwas wie im Orte auf Grund der Berührung seiner ausgedehnten Größe; während es von dem unkörperlichen Dinge heißt, daß es sich auf Grund der Berührung oder Einwirkung seiner Kraft in etwas anderem befindet, da es ja der ausgedehnten Größe entbehrt. Somit verhält sich also das unkörperliche Ding zu seinem Innewohnen in etwas anderem durch seine

Kraft ähnlich, wie sich das körperliche Ding zu seinem Innewohnen in etwas anderem durch seine ausgedehnte Größe verhält. Gäbe es nun einen Körper von unendlich ausgedehnter Größe, so müßte er notwendig überall sein (wo ausgedehnte Körperlichkeit vorhanden ist). Gibt es also ein unkörperliches Ding von unendlicher Kraft, so muß es ebenfalls überall sein (und zwar überall dort, wo es ein geistiges und körperliches Sein gibt). Nun wurde (I, 43) bewiesen, daß Gott von unendlicher Kraft ist. Also ist er überall.

9. Kein Agens strebt nämlich in der seiner Art entsprechenden Tätigkeit eine Form an, die höher als seine eigene Form ist: denn jedes Agens wirkt etwas ihm Gleiches. Nun strebt aber der Hirnmelskörper, indem er durch seine Bewegung wirkt, nach der letzten Form (für welche eine Materie empfänglich ist), und diese ist der menschliche Verstand, der eine höhere Form ist als jede körperliche Form, wie aus dem oben (Kap. 22) Gesagten ersichtlich ist. Folglich trägt der Himmelskörper nicht in bezug auf seine eigene Art, wie ein primäres Agens, zur Herbeiführung der Erzeugung bei, sondern er wird in dieser seiner Tätigkeit von der höheren Art eines intellektuellen Agens bestimmt, zu welchem sich der Himmelskörper verhält wie das Werkzeug zum primären Agens. Da nun der Gestirnshimmel durch seine Bewegung zur Erzeugung beiträgt, so wird der Himmelskörper offenbar von einer intellektuellen Substanz bewegt.

10. Bei der Fortpflanzung der Dinge jedoch, wo bereits die Kreatur selbst als eine Wirkursache auftritt, kann von der erschaffenden Wirkursache her sehr wohl eine absolute Notwendigkeit entstehen, so daß zum Beispiel durch die Bewegung der Sonne die niederen Körper auf Erden notwendig verändert werden. Nachdem also die verschiedenen Arten des Geschuldetseins erklärt wurden, erkennt man offenbar eine natürliche Gerechtigkeit in den Dingen hinsichtlich der Erschaffung und Ausbreitung oder Fortpflanzung der Dinge; und daher heißt es, daß Gott gerecht und vernunftgemäß alles erschaffen und eingerichtet hat und regiert.

11. Zweitens ist im bedingten Sinne der einen Kreatur die andere geschuldet. Wenn also Gott gewollt hat, daß es Tiere und Pflanzen gäbe, so war es diesen geschuldet, daß Gott auch die Gestirne hervorbrachte, durch deren Einfluß die Tiere und Pflanzen sich im Dasein erhalten; und wenn Gott den Menschen gewollt hat, so mußte er auch gewisse Pflanzen und tierische Wesen und dergleichen hervorbringen, deren der Mensch zu seiner Vollkommenheit bedarf, obwohl Gott dieses oder jenes Geschöpf auch aus bloßem Willen heraus geschaffen hat.

Drittens sind einer jeden Kreatur ihre einzelnen Teile, Eigenschaften und Akzidentien im bedingten Sinne geschuldet, von deren Existenz die Kreatur hinsichtlich ihres Daseins oder hinsichtlich irgend einer ihrer Vollkommenheiten abhängt. Vorausgesetzt also, daß Gott den Menschen erschaffen wollte, war es auch aus dieser Voraussetzung heraus dem Menschen geschuldet, daß Gott in ihm eine Seele mit dem Leibe vereinigte, und den Leib mit Sinnesorganen und anderen dergleichen inneren wie äußeren Hilfsmitteln ausstattete. In bezug auf alle diese Dinge wird aber – wenn man richtig achtgibt – Gott nicht ein Schuldner der Kreatur genannt, sondern nur ein Schuldner hinsichtlich der Durchführung und Erfüllung der vorhergehenden göttlichen Anordnung.

12. Aus dem oben Gesagten läßt sich nun beweisen, welches in Wahrheit die erste Ursache der Verschiedenheit der Dinge ist. Da nämlich alles, was wirkt, danach strebt, seine Ähnlichkeit der Wirkung einzuprägen, soweit es die Wirkung zuläßt; so geschieht dies um so vollkommener, je vollkommener das wirkende Wesen ist; denn je wärmer ein Gegenstand ist, desto mehr wärmt er offenbar auch; und je besser der Künstler, desto vollkommener ist auch seine Einprägung der Kunstform in die Materie. Nun ist Gott das vollkommenste wirkende Wesen. Folglich mußte bei ihm die Einprägung seiner Ähnlichkeit in die geschaffenen Dinge in der Weise am vollkommensten sein, wie es für die geschaffene Natur in Frage kommen konnte. Die geschaffenen Dinge können nun aber die vollkommene Ähnlichkeit mit Gott nicht durch eine einzige Art von Kreatur erlangen; denn da ja die Ursache ihre Wirkung überragt, so erweist sich dasjenige, was in der Ursache auf einfache und geeinte Weise existiert, in der Wirkung als zusammengesetzt und vervielfältigt; es sei denn, die Wirkung komme der Art der Ursache gleich. Das ist aber bei der Schöpfung nicht der Fall; denn die Kreatur kann niemals Gott gleich sein. Also muß es notwendig in den geschaffenen Dingen eine Vielfältigkeit und Mannigfaltigkeit zu dem Zwecke geben, damit sich Gottes vollkommene Ähnlichkeit in denselben gemäß der Weise der Dinge vorfinde.

13. Aus alledem ist also ersichtlich, daß die Ansicht jener falsch ist, die da sagen, es sei für die Wahrheit des Glaubens ohne Bedeutung, was für eine Ansicht jemand von den Kreaturen habe, wenn nur die Ansicht über Gott eine richtige sei; welchen Irrtum Augustinus in seiner Schrift »Vom Ursprung der Seele« (Kap. 4 u. 5) erwähnt. Der Irrtum betreffs der Kreaturen führt nämlich zu einem falschen Wissen von Gott und wendet infolgedessen des Menschen Geist von Gott ab, zu welchem der Glaube gerade hinführen soll, und zwar gerade dadurch, daß die Verkennung der Kreaturen dem menschlichen Geist andere

Ursachen unterstellt als Gott. Aus diesem Grunde droht auch die hl. Schrift jenen, welche die Kreaturen verkennen, in gleicher Weise Strafen an wie den Ungläubigen, wenn sie (Ps. 27, 5) sagt: »Da sie das Wirken Gottes und die Werke seiner Hände nicht erkannt haben, wirst Du sie vernichten und sie nicht wieder aufbauen«; und (Weish. 2, 21 u. 22): »So denken und irren sie; denn ihre Bosheit verblendet sie; denn nicht achten sie die Würde der heiligen Seelen«.

14. Die Erzeugung des Menschen wäre jedoch nutzlos, wenn nicht auch die gebührende Ernährung folgen würde; denn der erzeugte Mensch kann nicht weiterleben, wenn ihm die gebührende Nahrung vorenthalten bleibt. Somit muß die Ausscheidung des Samens in der Weise geordnet sein, daß sowohl die entsprechende Erzeugung als auch die Auferziehung des erzeugten Wesens erfolgen kann.

15. Außerdem: Jedes Agens, welches etwas ihm Ähnliches erzeugt, strebt danach, das Sein dauernd in der Art zu bewahren, weil es im Individuum das Sein nicht dauernd bewahren kann. Das Streben der Natur kann aber niemals ein vergebliches sein. Also müssen die Arten der erzeugbaren Dinge immerdauernd sein.

16. Weiter: es wurde oben (Kap. 8) bewiesen, daß der Mensch von Natur aus veranlagt ist, sich der niederen Dinge zum notwendigen Bedarf seines Lebens zu bedienen. Nun gibt es aber ein bestimmtes Maß, gemäß dem der Gebrauch jener Dinge dem menschlichen Leben angemessen ist; und aus der Überschreitung dieses Maßes erwächst dem Menschen Schaden, wie es zum Beispiel durch ungeordnete Aufnahme von Speisen geschieht. Also sind manche Handlungen dem Menschen von Natur aus angemessen.

17. Nach der Auswahl der Gegend muß man einen für die Stadtgründung geeigneten Platz aussuchen. Dabei scheint es das erste Erfordernis zu sein, daß die Luft der Gesundheit zuträglich ist. Denn vor jedem staatlichen Zusammenleben liegt das natürliche Leben, das durch die Gesundheitswirkung der Luft vor Schaden bewahrt wird. Der gesündeste Ort wird aber, wie Vegetius sagt, der sein, der in einer gewissen Höhe liegt, von Nebeln frei und dem Reife nicht ausgesetzt ist, der sich nicht nach der heißen oder kalten Himmelsrichtung hin öffnet und nicht Sümpfe in seiner Nachbarschaft hat. Die Höhenlage eines Ortes pflegt auch auf die gesundheitliche Wirkung der Luft von Einfluß zu sein; ein hochgelegener Ort steht den durchstreichenden Winden offen, durch die die Luft rein wird. Auch die Dämpfe, die unter der Einwirkung der Sonnenstrahlen von Erde und

Wasser aufsteigen, verdichten sich mehr in den Tälern und nieder gelegenen Orten als auf der Höhe. Daher ist dort eine klarere Luft zu finden.

Eine derartige Klarheit der Luft, die das meiste für eine freie und gesunde Atmung ausmacht, wird durch Nebel und Reif gehindert, die in feuchten Gegenden überreichlich auftreten; darum sind solche Gegenden den Forderungen der Gesundheit gerade entgegengesetzt. Und weil sumpfige Gegenden an einem Übermaß von Feuchtigkeit leiden, so muß der Platz für die Gründung der Stadt auch in entsprechender Entfernung von Sümpfen ausgewählt werden. Denn wenn mit Sonnenaufgang die Morgenlüfte zu einem solchen Ort kommen und sich mit den aus den Sümpfen aufgestiegenen Nebeln vermischen, so werden sie auch die mit Nebeln vermengten Ausdünstungen der giftigen Sumpftiere verbreiten und den Ort zu einer Brutstätte der Pest machen. Wenn jedoch solche Mauern in Sümpfen errichtet werden, die nahe dem Meere liegen und in der Richtung nach Norden oder ringsherum erbaut sind, und überdies die Sümpfe höher als die Meeresküste liegen, so scheint ein derartiger Bau doch vernunftgemäß zu sein. Denn wenn Gräben gezogen sind, so hat das Wasser einen Ausfluß zum Meer, und das Meer flutet, durch Stürme angeschwollen, in die Sümpfe zurück und läßt es gar nicht zu, daß Sumpftiere überhaupt entstehen. Und wenn Tiere von höher gelegenen Orten herabkommen, so müssen sie in dem ungewohnten Salzwasser zugrunde gehen.

Dann muß der Platz für die Stadt auch im Hinblick auf seine Lage nach den verschiedenen Himmelsrichtungen so bestimmt werden, daß Kälte und Hitze gemäßigt sind. Wenn etwa Mauern, die in Sümpfen nahe dem Meere erbaut wurden, nach Süden gerichtet sind, kann das der Gesundheit nicht zuträglich sein. Denn derartige Örtlichkeiten werden in der Frühe zwar kühl sein, da sie von der Sonne nicht beschienen sind, zu Mittag aber werden sie unter der Bestrahlung der Sonne wahrhaft glühend werden. Die gegen Westen gerichteten Orte aber werden bei Sonnenaufgang mäßig warm oder kühl, zu Mittag heiß und am Abend glühend wegen der fortdauernden Wärme und des Standes der Sonne sein. Wenn sie aber nach Osten gerichtet sind, so erwärmen sie sich morgens, weil ihnen die Sonne gerade gegenübersteht, mäßig, auch zu Mittag wird die Wärme sich nicht sehr viel steigern, da die Sonne nicht gerade auf diese Stelle strahlt, am Abend aber sind die Orte, da die Sonnenstrahlen völlig abgewandt sind, kühl. Die gleiche oder ähnlich mäßige Temperatur wird herrschen, wenn der Platz der Stadt nach Norden hin liegt; es ist das Umgekehrte von dem der Fall, was wir über die Lage nach Süden gesagt haben. Wir können es auch aus der Erfahrung erkennen, daß es für die Gesundheit schlecht ist, wenn jemand in größere Wärme versetzt wird. Denn lebendige Körper, die von kalten Gegenden in heiße gebracht werden, können keine Dauer haben, sondern sie lösen sich auf. Die Hitze, die allen Dunst an sich zieht, zerteilt alle natürlichen Kräfte; deshalb werden auch in gesunden Gegenden die Körper im Sommer matt. Weil aber zur körperlichen Gesundheit der Genuß entsprechender Speisen gesucht wird, so soll man damit zur Erkenntnis über die gesundheitliche Beschaffenheit eines Ortes, der für die Gründung einer Stadt ausersehen wird, beitragen, daß man die Entscheidung nach den Speisen trifft, die im Lande wachsen. Die Alten pflegten dies an den an dem entsprechenden Orte gedeihenden Tieren zu erforschen. Da es ja Menschen und Tieren gemeinsam ist, zur Nahrung das zu gebrauchen, was im Lande wächst, ist die Folge: wenn das Innere geschlachteter Tiere gesund befunden wird, können auch die Menschen am selben Ort sich gesund ernähren. Erscheinen aber die Glieder der getöteten Tiere erkrankt, so kann man vernünftigerweise daraus schließen, daß das Wohnen an diesem Orte auch für die Menschen nicht gesund ist.

Wie aber die richtige Temperatur der Luft, so muß auch gesundes Wasser gesucht werden. Denn von dem, was recht häufig zum menschlichen Gebrauch genommen wird, hängt die körperliche Gesundheit am meisten ab, und von der Luft ist es ganz offenbar, daß wir sie tagtäglich durch das Atmen bis zu den lebenswichtigsten Organen in uns einziehen. Darum trägt auch ihre gesundheitliche Beschaffenheit vor allem zur völligen Gesundheit des Körpers bei. Ebenso ist, da wir unter allem, was als Nahrung eingenommen wird, das Wasser in Speise und Trank am allerhäufigsten verwenden, außer der Reinheit der Luft nichts für die Gesundheit einer Gegend so maßgebend wie gesundes Wasser. Es gibt aber noch ein anderes Zeichen, aus dem man auf die gesunde Lage eines Ortes schließen kann, wenn etwa das Gesicht aller Leute, die dauernd dort wohnen, eine gesunde Farbe zeigt, wenn ihr Körper kräftig ist und ihre Glieder im richtigen Gleichmaß sind, wenn sich viele lebhafte junge Leute, aber auch viele Greise finden. Wenn andererseits das Gesicht der Leute mißgestaltet ist und ihre Körper schwächlich, die Glieder dünn und krank sind, wenn sich nur wenige und schwächliche Knaben und noch viel weniger Greise finden lassen, so besteht kein Zweifel, daß der Aufenthalt an diesem Orte bald den Tod bringt.

Wilhelm von Ockham (1285–1349/50)

Der wegen seiner Lehre von der Kirche verfolgte Franziskanermönch Wilhelm von Ockham (engl.: William Occam), ein Schüler von Roger Bacon, gehörte zu den wenigen, die im großen Universalienstreit der Scholastik eine eindeutige nominalistische Position vertraten. Harter Kern dieser Position war die Lehre, daß die sog. Universalien – die Gattungsbegriffe also wie ›Mensch‹, ›Pfad‹, ›Pferd‹ oder ›Tisch‹ – nicht im Sinne der platonischen Ideenlehre das Wesen der Dinge zum Ausdruck bringen, sondern vielmehr bloße Zeichen sind, die auf Konventionen und Konzeptionen beruhen. Damit folgt er der aristotelischen Rückwendung der Scholastik zur Erfahrung der gegenständlichen, sinnlichen Welt. Im Auszug 1 stellt er fest, daß Worte bloße Zeichen sind, die für viele konkrete Dinge einstehen, daß in ihnen aber kein ideales geistiges oder umfassendes Wesen enthalten ist. Diese skeptische Position wird damit zum Vorläufer einer Ökologie, die sich der Differenz zwischen Mensch und Natur bewußt ist und die versucht, den einzelnen konkreten Dingen der Natur nachzuspüren, nicht aber Natur als Ganzes glaubt erfassen zu können, weil uns dazu die begrifflichen Möglichkeiten fehlen. Denn Ockham entdeckt, daß wir mit den Worten nicht das Wesen der Welt formulieren, kein geistiges Ganzes erfassen, sondern daß wir uns damit entweder nur auf andere Zeichen oder auf einzelne Dinge in der Welt beziehen.

Wilhelm von Ockham läßt sich nicht nur als Nominalist und Aristoteliker beschreiben; er ist auch früher Skeptiker des Wissens, vor allem unseres Wissens von der Natur. Im Auszug 2 stellt er fest, daß wir keinen einheitlichen, übergreifenden Gegenstand der Naturphilosophie haben, sondern ausschließlich viele verschiedene Gegenstände. Umfassende Begriffe gibt es immer nur hinsichtlich bestimmter Attribute. Sie beschreiben damit auch wieder nur einzelne von uns ausgewählte Aspekte eines unbekannten Ganzen. Damit antizipiert er bereits kritisch die Möglichkeit von Naturwissenschaft, die sich mit Galileis mathematischer Naturwissenschaft ein einheitliches Modell der Natur zu machen versuchte und damit den Weg in die ökologische Krise vorbereiten sollte.

Des weiteren kritisiert Ockham im zweiten Textauszug, daß die Naturwissenschaft nicht von den Gegenständen der Natur handelt, sondern nur von Begriffen, die wir uns von Gegenständen der Natur machen. Naturwissenschaft, bemerkt der Nominalist, handelt von Termini, die wir entwerfen. Er nennt sie auch Konzeptionen bzw. »Intentionen der Seele«. Hätte Galilei Ockham gelesen, hätte er nicht (mit Pythagoras) annehmen können, daß das Buch der Natur in Zahlen geschrieben ist, hätte er nicht glauben dürfen, daß objektives Wissen von der Natur möglich sei. Mit Ockham könnten wir gegenüber der Naturwissenschaft ökologisch so kritisch sein, wie atomtheoretisch deren Spitzen im 20. Jahrhundert, nämlich Einstein und Heisenberg.

1. Anders wird »Einzelnes« verwendet für das, was eines und nicht viele(s) ist und nicht fähig ist, Zeichen mehrerer zu sein. Wenn man Einzelnes so verwendet, dann ist kein Universale ein Einzelnes, denn jedes Universale ist fähig, Zeichen mehrerer zu sein und von mehreren ausgesagt zu werden. Aus diesem Grund

sage ich, daß, wenn man Universale das nennt, was der Zahl nach nicht eines ist – eine Auffassung die von vielen vertreten wird –, dann nichts ein Universale ist, außer man mißbrauche dieses Wort, indem man z. B. sagt »Volk« sei ein Universale, weil es nicht eines, sondern viel ist. Das aber ist kindisch.

Man muß also sagen, daß jedwedes Universale ein Einzelding ist; es ist nun aufgrund der Bezeichnung, (d. h.) weil es Zeichen mehrerer ist, universal. Und dies sagt Avicenna im 5. Buch seiner Metaphysik: »Eine geistige Form ist bezogen auf eine Vielheit; aufgrund dieser Relation ist sie ein Universale, weil dieses eine Intention im Intellekt ist, deren Beziehung sich nicht wandelt, welches auch das Relat sei.« Und es folgt: »Diese Form ist, obschon sie in Beziehung zu den Einzeldingen universal ist, im Vergleich zur Einzelseele, in der sie sich befindet, individuell. Sie ist nämlich (nur) eine von (vielen) Formen, die im Intellekt sind.« Er will (damit) sagen, daß das Universale eine einzelne Intention der Seele ist, die von mehreren ausgesagt wird, weil sie von mehreren ausgesagt werden kann – nicht für sich selbst, sondern für diese vielen. Weil sie eine wirklich im Intellekt existierende Form ist, wird sie Einzelnes genannt. Wenn man also »Einzelnes« in der ersten Weise versteht, wird es vom Universale ausgesagt, nicht aber in der zweiten Weise; in der Weise etwa, wie wir sagen, die Sonne sei universale Ursache; und dennoch ist die Sonne wahrhaft ein besonderer und einzelner Gegenstand, und deshalb ist sie wahrhaft eine besondere und einzelne Ursache. Die Sonne wird universale Ursache genannt, weil sie Ursache mehrerer ist, nämlich der werdenden und vergänglichen Dinge im sublunaren Bereich. Sie wird besondere Ursache genannt, weil sie eine und nicht mehrere Ursachen ist. Ebenso wird die Intention der Seele universal genannt, weil sie ein Zeichen ist, das von mehreren ausgesagt werden kann; sie wird Einzelnes genannt, weil sie ein Gegenstand (res) und nicht mehrere ist.

Man muß indessen wissen, daß das Universale zweifach ist. Das eine ist das natürliche Universale, welches natürlicherweise ein von mehreren aussagbares Zeichen ist, so wie, analog, der Rauch natürlicherweise Feuer, das Stöhnen des Kranken Schmerz und das Lächeln innere Freude bezeichnet. Ein solches Universale ist allein eine Intention der Seele, so daß keine extramentale Substanz oder ein entsprechendes Akzidens ein solches Universale ist. Von derartigen Universalien werde ich in den folgenden Kapiteln sprechen.

Verschieden ist das konventionelle Universale. Auf diese Weise ist der ausgesprochene Laut, der der Zahl nach wahrhaft eine Qualität ist, universal, weil er nämlich ein konventionelles Zeichen zur Bezeichnung mehrerer ist. So wie deshalb der Laut allgemein genannt wird, ebenso kann er universal genannt werden. Aber diese (Eigenschaft) besitzt er nicht durch seine Natur, sondern durch das Wollen derjenigen, welche die Sprache eingesetzt haben.

2.	Daraus erhellt, daß jene Eigentümlichkeiten, welche dem Subjekt als solchem zugeschrieben werden, nämlich, daß es der Möglichkeit nach die gesamte Erkenntnis der Schlußsätze enthalte oder daß es das ist, worauf alles bezogen wird und ähnliches, dem Subjekt nicht als solchem zukommen, denn es enthält der Möglichkeit nach den Habitus (des Wissens) nicht in größerem Maße als das Prädikat. Alle diese Eigentümlichkeiten werden dem Subjekt nicht mit größerem Recht zugeschrieben als etwas anderes. Und wenn dies (dennoch) manchmal zutrifft, dann ist dies Zufall.

Aus dem Gesagten erhellt, daß, wer fragt, welches das Subjekt der Logik, der Naturphilosophie oder der Metaphysik sei, überhaupt nichts fragt, denn eine solche Frage setzt voraus, daß es ein Subjekt der Logik und ebenso der Naturphilosophie gibt, was offensichtlich falsch ist; denn es gibt kein Subjekt des Ganzen, sondern die verschiedenen Teile haben verschiedene Subjekte. Die Frage, welches das Subjekt der Naturphilosophie sei, gleicht der Frage, wer der König der Welt sei. So wie es keinen König der Welt, sondern nur Könige einzelner Reiche gibt, ebenso verhält es sich mit den verschiedenen Subjekten der verschiedenen Teile des Wissens. Das Wissen – wenn man darunter eine Ansammlung versteht – hat nicht eher ein (einziges) Subjekt als die Welt von einem König regiert wird oder als es in einem Reich nur einen Graf gibt.

Wegen der Aussagen einiger, welche dem Wissen ein (einziges) Subjekt zuordnen, muß man wissen, daß sie nicht sagen wollen, daß etwas eigentlich das erste Subjekt des Ganzen sei, sondern sie wollen sagen, daß unter allen Subjekten der verschiedenen Teile eines wegen einer bestimmten Erstheit das erste ist. Manchmal ist eines das erste wegen einer bestimmten Erstheit und ein anderes wegen einer anderen. So z. B. ist in der Metaphysik unter allen Subjekten wegen der Erstheit in der Aussage das Seiende das erste, wegen der Erstheit der Vollkommenheit aber Gott. Auf ähnliche Weise ist in der Naturphilosophie die natürliche Substanz wegen der Erstheit der Aussage das erste Subjekt oder etwas Derartiges, das erste wegen der Vollkommenheit der Mensch oder der Himmelskörper oder etwas Derartiges. Dies – und nichts anderes – wollen die Autoren durch die Redeweise (von einem ersten Wissenssubjekt) ausdrücken.

Viertens muß nun die Naturwissenschaft im besonderen untersucht werden. Und zwar wollen wir zuerst sehen, wovon sie handelt, inwiefern sie sich von den andern Wissenschaften unterscheidet, zu welchem Teil der Philosophie sie gehört und schließlich wird noch von der Physik (des Aristoteles) im besonderen (gesprochen werden).

Zum ersten (Punkt) ist zu sagen, daß die Naturphilosophie von den sinnlichen Substanzen handelt, und zwar in erster Linie von den aus Stoff und Form zusammengesetzten (und) in zweiter Linie von gewissen abgetrennten Substanzen.

Zum Verständnis des Gesagten muß man wissen, daß jedes Wissen sich auf einen Satz oder auf Sätze bezieht. Und so wie Sätze durch das Wissen gewußt werden, ebenso gehören die Satzteile, aus denen Sätze zusammengesetzt sind, zum Bereich des Wissens. Die Sätze aber, welche durch die Naturwissenschaft gewußt werden, sind nicht aus sinnlichen Dingen oder Substanzen zusammengesetzt, sondern aus Intentionen oder Begriffen der Seele, welche solchen Dingen gemeinsam sind. Und daher handelt, im eigentlichen Sinne, die Naturwissenschaft weder von vergänglichen und werdenden Dingen noch von natürlichen Substanzen, noch von beweglichen Dingen, denn solche Dinge sind in keinem durch die Naturwissenschaft gewußten Satz Subjekt oder Prädikat. Im eigentlichen Sinne handelt die Naturwissenschaft von den solchen Dingen gemeinsamen Intentionen der Seele, die in vielen Sätzen eben für diese Dinge supponieren, obschon in gewissen Sätzen, wie sich zeigen wird, solche Begriffe für sich selbst supponieren. Und genau das sagt der Philosoph, nämlich, daß das Wissen nicht Einzelnes, sondern Allgemeines, welches für die Einzeldinge supponiert, beinhaltet. Redet man allerdings metaphorisch und ungenau, dann kann man trotzdem sagen, die Naturphilosophie handle von vergänglichen und beweglichen Dingen, weil sie von den Termini, die für solche supponieren, handelt.

Meister Eckhart (1260–1327)

Der erste Philosoph in deutscher Sprache entstammt einer ritterlichen Familie. Als Dominikanermönch wurde er vor allem durch seine Predigten in ganz Deutschland berühmt. Er lehrte in Paris und in Köln. Die Inquisition zwang ihn zu einem bedingten Widerruf seiner Lehren. Kurz nach seinem Tod wurden 28 seiner Sätze verurteilt.

Die Identitätstheorie seines spiritualistischen Neuplatonismus wird gerade in den verurteilten Sätzen des ersten Auszuges deutlich. Auf dem Weg in ein ökologisches Denken herrscht hier für Eckhart Einheit nicht nur zwischen Gott und Natur, sondern auch zwischen Mensch und Natur (Nr. 1). Von der Einheit göttlicher Ganzheit überzeugt, konstatiert Meister Eckhart: »Jegliche Kreatur ist Gottes voll und ein Buch.« Romantische Naturverherrlichung, auf die Schelling zurückgreifen wird, und ökologische Einordnung des Menschen in eine göttlich geprägte Naturordnung fordert der Satz Eckharts: »Die Geschöpfe sind ein Weg zu Gott.« Das formuliert Eckhart auch in seinen Predigten. Gott ist in allen Dingen, so daß wir ihn auch in allen Dingen zu erkennen vermögen (Nr. 2). Zwischen Gott und dem

Sein besteht eine Einheit, die auf der Idee der Schöpfung beruht und für Eckhart sich bis zu einem Beweis der Existenz Gottes erhebt (Nr. 3). In Auszug 4 propagiert Eckhart einen ganzheitlichen Zusammenhang zwischen Erde und Himmel, aus dem die Fruchtbarkeit der Natur entspringt.

Doch die Wahrheit im Diesseits ist für Eckhart immer nur unvollkommen. Nur bei Gott erkennt man diese Dinge makellos und in ihrer Ganzheit. Über diese Identität können wir die Dinge lieben, wenn wir sie in ihrer göttlichen Vollkommenheit erfahren. Die Seele strebt dabei nach Erkenntnis, die sie in bildnishafter Gleichheit durch Gott zu erlangen vermag. Das geschieht durchaus bis auf die Ebene der Sinne herab, auch wenn ihre Erkenntnisfähigkeit von der Seele befähigt wird. Die wahre Erkenntnis aller Dinge erreichen wir in Gott. Hier gelangt Eckhart zu einer ökologisch ganzheitlichen Position, nach der es in der Ganzheit, oder eben in Gott, keinen Unterschied in der Gottesnähe der Kreaturen gibt (Nr. 5).

Der Ausgangspunkt von Eckharts Philosophieren ist das Erkennen als höchste Tätigkeit der Seele. Darin findet sich das höchste Sein. Doch der göttliche Schöpfungsgrund als Urgrund bleibt unbegreiflich. Der Mensch muß alles begreifen, um vom Wissen zur Unwissenheit, zur göttlichen Offenbarung zu gelangen (Nr. 6, 7). Gott als Ganzheit, und damit letztlich auch die Natur, ist nicht als beredte Disputation und auch nicht als gleichnishaftes Abbild, sondern als Einheit und Schweigen auf dem Grund der Seele zu finden (Nr. 8). Damit propagiert Eckhart zugleich eine Ökologie, die nicht simpel aus naturwissenschaftlicher Berechnung, sondern auch aus Intuition und Sensibilität besteht.

1. (1.) Einst befragt, weshalb Gott die Welt nicht früher erschaffen habe, antwortete er damals wie auch jetzt noch, daß Gott die Welt nicht »zuerst« erschaffen konnte, weil etwas nicht eher wirken kann, als es ist. Daher: Im Augenblicke, wo Gott war, hat er auch die Welt erschaffen…

    (10.) Wir werden vollständig in Gott transformiert und verwandelt in ihn. Auf ähnliche Weise, wie im Sakramente das Brot in den Leib Christi verwandelt wird, so werde ich in ihn verwandelt, daß er mich als sein eigen-einiges Wesen (esse) wirkt, nicht als ein ähnliches. Beim lebendigen Gott! Es ist wahr, daß dort kein Unterschied ist.

    (11.) Alles, was Gott Vater seinem eingeborenen Sohn in der menschlichen Natur gegeben hat, das hat er auch mir ganz gegeben. Hier nehme ich nichts aus, weder die Vereinigung noch die Heiligkeit, sondern das Ganze hat er mir gegeben wie ihm.

    (24.) Jede Unterscheidung ist Gott fremd, sowohl in der Natur wie in den Personen. Beweis: Die Natur selbst ist eine und dies Eine, und jede Person ist eine und gerade dies Eine, was die Natur ist.

2. Gott ist allen Kreaturen gleich nahe. Der Weise spricht: »Gott hat seine Netze und Stricke über alle Kreaturen gebreitet, so daß man ihn in einer jeglichen finden und erkennen kann, wenn man es nur wahrnehmen will.« Ein Meister sagt: Der erkennt Gott recht, der ihn in allen Dingen gleicherweise erkennt. Wenn einer Gott mit Furcht dient, so ist das gut; dient ihm einer aus Liebe, so ist das besser; aber versteht einer die Liebe mit der Furcht zu vereinigen, so ist es das Allerbeste. Hat ein Mensch ein Leben von Ruhe und Rast in Gott, so ist das gut; besser ist es, wenn der Mensch ein leidvolles Leben mit Geduld erträgt; aber in leidvollem Leben seine Ruhe zu finden, das ist das Allerbeste.

Es mag ein Mensch übers Feld gehen und sein Gebet sprechen und Gottes gewahr werden, oder mag er in der Kirche sein und Gottes inne werden: Erkennt er Gott mehr deshalb, weil er an einer ruhevollen Stätte ist, so kommt das her von seiner Gebrechlichkeit, nicht von seiten Gottes; denn Gott ist der gleiche in allen Dingen und an allen Stätten und ist bereit, sich überall gleicherweise zu geben, soweit es an ihm liegt. Der würde darum Gott recht erkennen, der ihn (überall) gleicherweise erkennte.

3. Das Sein ist Gott. Diese These erhellt erstens daraus: wenn das Sein etwas anderes ist als Gott, so ist Gott entweder nicht oder er ist nicht Gott. Denn wie ist das oder wie ist es irgend etwas, von dem das Sein verschieden, dem es fremd und von dem es unterschieden ist? Oder wenn Gott ist, so ist er in jedem Falle durch etwas andres, da das Sein etwas anderes als er ist. Also ist Gott und das Sein dasselbe oder Gott hat sein Sein von einem anderen. Und so ist – gegen unsere Voraussetzung – nicht Gott selbst, sondern etwas anderes, Früheres als er, und das ist (dann) die Ursache seines Seins.

Außerdem: alles, was ist, hat es durch das Sein und von dem Sein, daß es sei oder daß es ist. Wenn also das Sein etwas anderes als Gott ist, hat das Wirkliche das Sein von etwas anderem als von Gott.

Außerdem: vor dem Sein ist nichts. Wer also Sein mitteilt, der schafft und ist Schöpfer. Schaffen heißt ja aus dem Nichts Sein geben. Es steht aber fest, daß alles das Sein vom Sein selbst hat, gleichwie alles weiß von der Weiße ist. Wenn also das Sein etwas anderes als Gott ist, müßte der Schöpfer etwas anderes als Gott sein.

Wiederum viertens: alles, was Sein hat, ist – wobei ich von allen anderen Bestimmungen absehe – so wie alles, was weiße Farbe hat, weiß ist. Wenn also das Sein etwas anderes als Gott ist, müßten die Dinge ohne Gott sein können, und so ist Gott nicht nur nicht die erste Ursache, sondern überhaupt nicht die Ursache für das Sein der Dinge.

Weiter fünftens: außerhalb des Seins und vor dem Sein ist allein das Nichts. Wenn also das Sein etwas anderes als Gott und Gott fremd ist, wäre Gott nichts, oder, wie oben, wäre er von etwas anderem als er und etwas Früherem als er. Und das wäre dann der Gott für Gott und aller Dinge Gott. Auf das Gesagte spielt das Wort an: »Ich bin, der ich bin« (Exodus 3, 14).

Das erste Problem ist: Ist Gott? Man muß sagen, daß er ist. Aus der schon erklärten These folgere ich erstens so: wenn Gott nicht ist, dann ist nichts. Der Nachsatz ist falsch. Also auch der Vordersatz, nämlich daß Gott nicht ist. Die Folgerung wird so bewiesen: wenn das Sein nicht ist, ist nichts Seiendes oder nichts, so wie wenn die Weiße nicht ist, nichts Weißes ist. Aber das Sein ist Gott, wie die These sagt. Wenn also Gott nicht ist, ist nichts. Daß der Nachsatz falsch ist, beweisen Natur, Sinne und Vernunft.

Außerdem ergibt sich als zweite Folgerung für unser Problem: kein Satz ist wahrer als der, in dem dasselbe von sich selbst ausgesagt wird, zum Beispiel der Mensch ist Mensch. Das Sein aber ist Gott. Also ist es wahr, daß Gott ist.

4. Ein Meister sagt: Alle gleichen Dinge lieben sich gegenseitig und vereinigen sich miteinander, und alle ungleichen Dinge fliehen sich und hassen einander. Nun sagt ein Meister, nichts sei einander so ungleich wie Himmel und Erde. Das Erdreich hat es in seiner Natur empfunden, daß es dem Himmel fern und ungleich ist. Darum ist es vor dem Himmel geflohen bis an die unterste Stätte, und darum ist das Erdreich unbeweglich, damit es dem Himmel nicht nahe. Der Himmel aber hat es in seiner Natur wahrgenommen, daß das Erdreich ihn geflohen und die unterste Stätte bezogen hat. Darum ergießt er sich ganz und gar in befruchtender Weise in das Erdreich, und die Meister halten dafür, daß der breite, weite Himmel nicht die Breite einer Nadelspitze zurückbehalte, sich vielmehr rückhaltlos in befruchtender Weise in das Erdreich gebäre. Darum heißt das Erdreich die fruchtbarste Kreatur unter allen zeitgebundenen Dingen.

5. Es spricht nun Petrus: »Jetzt erkenne ich wahrhaftig.« Weshalb erkennt man hier wahrhaftig? Deshalb, weil es ein göttlich Licht ist, das niemand trügt. Weiterhin, weil man da bloß und lauter erkennt und ganz unverhüllt. Deshalb spricht Paulus: »Gott wohnt in einem Lichte, zu dem es keinen Zugang gibt.« Die Meister sagen, die Weisheit, die wir hier lernen, die solle uns dort bleiben. Paulus aber sagt, sie solle verschwinden. Ein Meister sagt: Lautere Erkenntnis habe gleichwohl in diesem Leben des Leibes so große Lust in sich selber, daß aller geschaffenen Dinge Lust sei gerade so wie ein Nichts gegenüber der Lust, die lautere Erkenntnis in sich trägt. Trotzdem, wie edel es auch sei, es ist doch ein Zufall, und so klein, wie ein Wörtlein ist gegenüber der ganzen Welt, so

klein ist all die Weisheit, die wir hier lernen können, gegenüber der unverhüllten, lauteren Wahrheit. Seht: Deswegen spricht Paulus, es solle verschwinden. Wenn sie doch bleibe, so wird sie recht zu einer Törin und als ob sie nichts wäre gegenüber der unverhüllten Wahrheit, die man dort erkennt. – Der dritte Grund, warum man dort wahrhaftig erkennt, ist der: Die Dinge, die man hier voll Makel sieht, die erkennt man dort makellos und minnet sie, wie sie da sind, ganz und gar ungeteilt und nahe beieinander. Denn was hier sich fern ist, das ist da nahe, weil da alle Dinge zur Gegenwart sind. Was am ersten Tage geschah und am jüngsten Tage geschehen wird, das ist jetzt da gegenwärtig.

»Nun weiß ich wahrhaftig, daß Gott mir seinen Engel gesandt hat.« Wenn Gott seinen Engel sendet zu der Seele, so wird sie wahrhaft erkennend. Nicht umsonst hat Gott Sankt Peter den Schlüssel übergeben; denn Peter bedeutet soviel wie Erkenntnis, und Erkenntnis hat den Schlüssel und schließt auf und dringt ein und bricht durch, – findet Gott unverhüllt. Und dann sagt sie ihren Gespielen, dem Willen, was sie sich angeeignet habe, wie sie ja auch vorher den Willen gehabt hat; denn was ich will, das suche ich. Erkenntnis geht voran! Sie ist eine Fürstin und sucht Herrschaft in dem Höchsten und Lautersten und gibt es weiter an die Seele, und die Seele an die Natur, und die Natur an alle Sinne des Leibes. Die Seele ist so edel in ihrem Höchsten und Lautersten, daß die Meister keinen Namen für sie finden können. Sie sagen zu ihr »Seele«, da sie dem Leibe das Wesen gibt.

6. Nun eine weitere Frage. Wäre es nicht etwas Edleres, wenn jede Kraft ihr eigen Werk behielte, und sie einander nicht hinderten bei ihrem Werke und auch Gott nicht hinderten an seinem Werke? Könnte es nicht auch in mir als Kreatur eine Weise des Erkennens geben, die nicht hinderlich wäre, so wie Gott ohne Behinderung alle Dinge weiß, und wie es bei den Seligen geschieht? Das ist eine nutzbringende Frage. Hört jetzt die Erklärung!

Die Seligen schauen in Gott nur ein Bild an und in diesem Bilde erkennen sie alle Dinge: ja Gott selber sieht nur in sich und erkennt alle Dinge in sich. Er braucht sich nicht von einem zum anderen zu wenden, wie wir das müssen.

Wäre es in diesem Leben so, daß wir stets einen Spiegel vor uns hätten, in dem wir in einem Augenblicke alle Dinge sähen und in einem Bilde erkennten, so wäre uns Wirken und Wissen kein Hindernis. Da wir uns aber nun von einem zum anderen kehren müssen, darum können wir in uns nicht bei dem einen sein, ohne vom anderen gehindert zu werden. Die Seele ist so gänzlich an die Kräfte gebunden, daß sie mit ihnen dahin fließt, wohin sie fließen; denn in all den Werken, die sie wirken, muß die Seele dabei sein, und zwar mit Andacht, oder sie können überhaupt nicht wirken. Zerfließt sie dann mit ihrer Andacht zu äußerlichen Werken, so muß sie notgedrungen inwendig desto schwächer sein in ihrem inneren Wirken. Denn zu dieser Geburt will und muß Gott haben eine ledige und unbekümmerte freie Seele, in der nichts sich findet als er allein, die auf nichts und auf niemand wartet als auf ihn allein. Hierauf bezüglich sprach Christus: »Wer etwas anderes liebt als mich, wer liebend hängt an Vater und Mutter oder an viel anderen Dingen, der ist meiner nicht wert. Ich bin nicht auf die Erde gekommen, den Frieden zu bringen, sondern das Schwert, um alle Dinge abzuschneiden und abzuscheiden, die Schwester, den Bruder, die Mutter, das Kind und den Freund, der eigentlich dein Feind ist.« – Denn was immer dir vertraut ist, das ist eigentlich dein Feind. Will dein Auge alle Dinge sehen und dein Ohr alle Dinge hören und dein Herz aller Dinge gedenken, wahrhaftig in allen diesen Dingen muß deine Seele zerstreut werden. – Darum sagt ein Meister: Wenn der Mensch ein inneres Werk wirken soll, so muß er alle seine Kräfte einziehen, gerade wie in einen Winkel seiner Seele, und sich verstecken vor allen Bildern und Formen, und da mag er wirken. Hier muß er kommen in ein Vergessen und Nichtwissen. Es muß herrschen eine Stille und ein Schweigen, wo dies Wort gehört werden soll. Man kann diesem Werke mit nichts besser dienen, als mit Stille und mit Schweigen; da kann man's hören und da versteht man's: Gerade in dem Unwissen. Wo man nichts weiß, da zeigt und offenbart es sich.

7. Soll die Seele Gott sehen, so darf sie auch kein Ding mehr sehen in der Zeit. Denn solange die Seele Zeit oder Raum oder dergleichen Bilder aufnimmt, vermag sie Gott nimmer zu erkennen. Wenn das Auge die Farbe erkennen soll, so muß es ja zuvor auch von aller Farbe frei sein. Soll die Seele Gott erkennen, so darf sie mit dem »Nichts« keine Gemeinschaft haben. Wer Gott sieht, der erkennt, daß alle Kreaturen ein Nichts sind. Stellt man eine Kreatur neben die andere, so erscheint sie schön und ist etwas; stellt man sie aber Gott gegenüber, so ist sie nichts.

Weiter sage ich: Soll die Seele Gott erkennen, so muß sie auch ihres Selbst vergessen und sich selbst verlieren; denn solange sie sich selber sieht und erkennt, sieht und erkennt sie Gott nicht. Wenn sie sich aber Gottes wegen verliert und alle Dinge verläßt, so findet sie sich wieder in Gott, wenn sie Gott erkennt. Ja, dann erkennt sie sich selber und alle Dinge, von denen sie sich geschieden hat, in Gott ganz vollkommen. Soll ich das höchste Gut oder die ewige Güte (guotheit) erkennen, fürwahr, so muß ich sie da erkennen, wo sie gut ist in sich selber, nicht wo die Güte geteilt ist. Soll ich das wahre Wesen (Sein) erkennen, so muß ich es da erkennen, wo das Wesen in sich selber ist, das ist in Gott, nicht da, wo es geteilt ist, in den Kreaturen.

In Gott allein ist das ganze, göttliche Sein. In einem Menschen ist nicht die ganze Menschheit; denn ein Mensch ist nicht alle Menschen. Aber in Gott erkennt die Seele die ganze Menschheit und alle Dinge in ihrer höchsten Vollkommenheit, denn sie erkennt sie nach dem Wesen.

8. Alle Werke, die die Seele wirkt, wirkt sie mit ihren Kräften. Was sie erkennt, das erkennt sie mit der Vernunft. Wenn sie an etwas sich erinnert, so tut sie das mit dem Gedächtnisse. Soll sie minnen, so tut sie es mit dem Willen. So wirkt sie mit den Kräften und nicht mit dem Wesen. All ihr Wirken nach außen wirkt sie durch irgendein Mittel: Die Sehkraft betätigt sich nur durch die Augen; anders vermag sie kein Sehen zu wirken oder zu ermöglichen. Und so ist es mit all den anderen Sinnen. All ihr Wirken nach außen vollzieht sie durch etwas Vermittelndes. – Aber im Wesen ist keine Tätigkeit. Darum hat die Seele in dem Wesen keine Tätigkeit, weil die Kräfte, mit denen sie tätig ist, aus dem Grunde des Wesens ausfließen. Ferner: Im Grunde herrscht das größte Schweigen. Hier allein ist Ruhe und werklose Muße für diese Geburt und zu diesem Werke, damit Gott der Vater allda sein Wort spreche. Denn dies (Wesen) ist von Natur für nichts empfänglich als allein für das göttliche Wesen ohne jedes Mittel. Hier geht Gott in die Seele ein mit seinem ganzen Sein, nicht mit einem Teile. Hier kommt Gott in den Grund der Seele. Niemand kann den Grund berühren in der Seele als Gott allein. Die Kreatur vermag nicht in den Grund der Seele zu kommen, sie muß hier draußen bleiben in den Kräften. Da könnte sie wohl ihr Bild schauen, mit dem sie eingezogen ist und Herberge bekommen hat.

3. Teil

Naturvorstellungen in der Renaissance

© Springer Fachmedien Wiesbaden GmbH, ein Teil von Springer Nature 2019
P. C. Mayer-Tasch et al. (Hrsg.), *Natur denken*,
https://doi.org/10.1007/978-3-658-24635-8_4

Überblick

Entwickelte die Scholastik zunächst neuplatonische und patristische Gedankengänge weiter und rezipierte sie von den antiken Philosophen vor allem Platon, so geriet sie ab dem 13. Jahrhundert zunehmend unter den Einfluß des aristotelischen Denkens, mit dessen Hilfe sie sich dem von der Patristik entwerteten Diesseits wieder zu nähern versuchte. Stand der Name Aristoteles in der (Früh-)Scholastik als Synonym für die konkrete Natur- und Weltbetrachtung, so machten in der Hochscholastik vor allem Albertus Magnus und Thomas von Aquin das aristotelische Denken für das Christentum hoffähig, nachdem es zuvor noch im Reich des Heidnischen gestanden hatte. Allerdings gelang dies nur mit Hilfe der Dogmatisierung und Integrierung des Aristotelismus zu einer christlich-aristotelischen Metaphysik, die die Zugangsmöglichkeiten zum realen Diesseits regelte und damit schließlich wieder limitierte.

Insofern ist es sicher nicht verwunderlich, wenn sich das – zur Wiege des naturwissenschaftlich-technischen Weltbilds der Neuzeit werdende – Denken der Renaissance auf den Neuplatonismus beruft, um die Schranken des von einem dogmatisierten Aristotelismus geprägten scholastischen Denkens zu sprengen. Daß sich dabei sehr gegensätzliche Vorstellungen miteinander verbinden oder zumindest zeitgleich auftreten und sich gegenseitig befruchten, ist ebenfalls nicht verwunderlich. So verbinden sich in der Renaissance nachmittelalterliche Mystiken mit aufklärerisch beseelten Lichtmetaphysiken, pythagoreische Naturphilosophien mit mathematischen Exaktheitsvorstellungen – und dies vor dem Hintergrund von Bemühungen um eine experimentelle Naturwissenschaft, deren Sinnesfundament bereits von technischer Naturbeherrschung beseelt ist.

So beherrscht das ganzheitliche Denken die Philosophie der Renaissance von Nikolaus von Cues über Paracelsus und Giordano Bruno bis hin zu Galilei, der das berühmte »dissecare naturam«, die Zerlegung der Natur, methodisch begründet, dies jedoch auf dem Fundament einer als einheitlich begriffenen Natur tut. Anders nämlich wäre Galileis universalistischer Anspruch gar nicht denkbar, nach dem es seiner neu begründeten Naturwissenschaft darum geht, eine einheitliche Methode zu entwickeln, mit der das ganze Universum bzw. alle Zusammenhänge in ihm erklärt werden könnten. Insofern kulminiert in Galileis Denken das Spannungsfeld von kosmologischem und naturwissenschaftlichem Denken.

Für Nikolaus von Cues ist der Mensch unumstößlich in eine Naturordnung eingefügt, in der Ganzheit und Vielheit eine Einheit ergeben. Die Humanität hat Anteil an der kosmischen Harmonie. Giordano Bruno, einer der wichtigsten Denker der Renaissance, betont ebenfalls die Ganzheitlichkeit des Kosmos, dessen Harmonie aus der subjektiven Kraft einer schaffenden Natur entspringt. Dieses Urprinzip betont die Schöpfung gegenüber dem Schöpfer und zeigt damit die Entfernung vom scholastischen Denken an.

Auf dieser kosmologischen und ganzheitlichen Linie einer neuplatonischen Metaphysik bewegen sich auch Marsilio Ficino und Pico della Mirandola. Ersterer betont vor allem die Zentrierung der Welt, die im Geist und in der Seele ihren Mittelpunkt findet. Damit ergänzt er zentristisch das ganzheitliche Denken und öffnet es jenseits lichtmetaphysischer Vorstellungen für ein Modell der Kreisbewegung von geistiger und materieller Natur. So bemüht sich das Renaissance-Denken, ausgehend von einem zweifellos geistphilosophischen Ansatz, das Ganze der Natur und diese selbst als Einheit mit diesem Geist zu denken, und stellt damit ein für heutiges ganzheitlich-ökologisches Denken interessantes Vorbild dar.

Die zweite, eher mystisch orientierte Linie des Renaissance-Denkens führt von Paracelsus, auf den sich heute viele Naturheilkundler berufen, über Agrippa von Nettesheim zu Jakob Böhme. Während letzterer die Naturgeschichte in mystischer Einheit als Heilsgeschichte denkt, sieht Paracelsus den Vorgang der Heilung in Identität mit dem kosmischen Geschehen. Magische Medizin und ein System der okkulten Welt vollenden den Renaissance-Mystizismus bei Agrippa von Nettesheim, der die ganzheitliche Harmonie des Kosmos in der Sympathie als Anziehungskraft begründet sieht. Der Weltgeist vermittelt nicht nur Körper und Seele, sondern stellt deren Einheit her.

Auch wenn Galilei die neuzeitliche Naturwissenschaft durch mathematische Quantifizierung und experimentelle Methoden als Erfahrungswissenschaft begründet und damit den Weg zur Differenzierung und Isolierung der Einzelwissenschaften öffnet, die den Blick für das Ganze heute weitgehend verloren haben, so beruht sein Ansatz doch auf einer ursprünglichen mystischen Einheit von Denken und Natur, genauer von mathematischer Quantifizierung und immanenter Struktur der Natur. Das Sinnesfundament der neuzeitlichen Naturwissenschaft beruht auf der ursprünglich pythagoreischen Idee, daß das Buch der Natur in mathematischer Schrift, also in Zahlen geschrieben sei. Nur von diesem Ausgangspunkt aus kann man erwarten, daß eine mathematisch begründete Naturwissenschaft objektives

Wissen von der Natur zu entbergen vermag: Die mathematisch berechnete Einsicht in die Natur hat Anteil an der Wahrheit des Kosmos. Insofern finden die Einzelerkenntnisse ihre systematischen Orte innerhalb der Einheit und Ganzheit des Kosmos.

So kulminieren in Galilei die ganzheitlichen und mystischen Linien des Denkens der Renaissance mit der wissenschaftlichen Unternehmung, objektive Naturerkenntnis zu begründen, die auf keine scholastischen Vorurteile und Glaubensgrundsätze mehr Rücksicht nehmen muß. Auch Galilei kann mithin seinen Platz in der (Vor-) Geschichte des ökologischen Denkens gewinnen, einerseits weil auch er das ganzheitliche Denken fortsetzt, andererseits weil er als Begründer der neuzeitlichen Naturwissenschaft jenen historischen Ort einnimmt, an dem auch ökologische Kulturkritik heute ansetzen muß.

Nikolaus von Cues (1401–1464)

Das Grundproblem des cusanischen Denkens ist der Weltbegriff – die Frage also, wie umfassende Ganzheit und Einheit des Universums einerseits und gleichzeitig die Vielheit gedacht werden kann. Wie harmonieren die einzelnen Naturdinge und Gegenstände mit dem Kosmos? Dabei muß die »Konkordanz« des Ganzen so evident sein, daß es im Gemeinschaftsleben zu wirken vermag; denn die kosmische Harmonie gipfelt im Menschlichen. Insoweit verbindet Nikolaus von Cues den pythagoreisch-platonischen Gedanken eines harmonischen Kosmos mit dem stoisch-christlichen Gedanken der Humanität.

Ausgehend vom Menschen als Sinnenwesen vergleicht er die Sinne mit den Toren einer Stadt, durch die die Kunde von außen hereindringt. Nikolaus stellt deutlich fest, daß wir dieses Wissen von der Welt brauchen, um uns von ihr ein Bild zu machen. Den Menschen nennt er einen Kosmographen, der sich vermittels der Sinneserkenntnis eine Karte von der Welt herstellt. Um jedoch das Ganze zu erfassen, muß er sich von der Welt abwenden und in sich schauen, um dort den Schöpfer dieses Ganzen zu erblicken (Nr. 1).

Natur versteht Cusanus als Einheit und Ganzheit – »als Kreis des Alls«. Demgegenüber ist die Kunst das Alius, das die Natur nachahmt. Kunst in einem weiteren, nicht bloß ästhetischen Sinne ist jedoch Teil der Natur, wie auch die Natur Anteil an der Kunst hat. Auf der Grundlage der sinnlich wahrnehmbaren Dinge der Natur vollendet der Geist die Einheit von Natur und Kunst: in den Worten des Cusaners – ›die Vernunftnatur‹. Ziel der Kunst – das sagt Nikolaus von Cues ganz deutlich – ist die Natur, was selbstverständlich auch umgekehrt gilt. Damit ist aber die unumstößliche Einfügung des Menschen in die Naturordnung unterstellt – Grundsatz der Ökologie (Nr. 2). Der Mensch entdeckt Dinge in der Natur, deren Wesensgründe er nicht kennt. Aber mit seinen Künsten, zu denen die Logik so gut wie die Musik gehört, versucht er diese Dinge der Natur nachzuahmen und bereichert sie dadurch. Ökologisch ist dieser Gedanke vor allem deshalb, weil dieser Ursprungssinn der Wissenschaften, Natur nachahmende Kunstformen zu schaffen, in der modernen Industriegesellschaft durch Herausforderung und Zerstörung der Natur durch die Technologien übergangen wurde. Eine ökologische Wissenschaft müßte künstlerischen Charakter gewinnen und sich frei als Naturnachahmung verstehen (Auszug 3).

Cusanus geht davon aus, daß im Universum wie in der Welt die göttliche Harmonie waltet. Die Schöpfung folgt den Gesetzen der Arithmetik, der Musik und der Geometrie. Platon etwas frei nachformulierend, vergleicht Nikolaus die Erde mit einem lebendigen Wesen. Dieses Universum ist lichtdurchflutet vom göttlichen Geist. Und doch ist uns ein Wissen um das Wesen Gottes und damit auch der letzten

Wesensgründe der Schöpfung unmöglich (Nr. 4). Wenn wir diesen cusanischen Ansatz einer negativen Theologie auf die Ökologie übertragen, so lehrt uns Nikolaus, daß ökologisch affirmative Aussagen über die Natur immer unzureichend sein müssen, weil wir die Natur in ihrem Wesen letztlich genauso wenig erfassen können wie den göttlichen Urgrund (Nr. 5). Insofern könnte der Cusaner auch den Weg zu einer negativen Ökologie weisen.

1. Das vollkommene Sinneswesen, das Sinne und Vernunft besitzt, ist also wie ein Kosmograph zu betrachten, der eine Stadt mit fünf Toren, nämlich den fünf Sinnen, besitzt, durch welche Boten aus der ganzen Welt eintreten und vom gesamten Aufbau der Welt berichten, und zwar in folgender Ordnung: Die Boten, welche von Licht und Farbe in der Welt Neues bringen, treten durch das Tor des Gesichtssinnes ein; die von Laut und Stimme durch das Tor des Gehörs; die von Gerüchen durch das Tor des Geruchssinnes; und die von Wärme, Kälte und von anderem Tastbarem künden, treten durch das Tor des Tastsinnes ein. Der Kosmograph sitzt da und zeichnet alle Berichte auf, damit er die Beschreibung der gesamten sinnenfälligen Welt in seiner Stadt aufgezeichnet besitze. Wenn aber ein Tor seiner Stadt, z. B. das des Gesichtssinnes, immer geschlossen blieb, wird die Beschreibung der Welt mangelhaft ausfallen, weil die Boten des Sichtbaren keinen Eingang fanden. Denn die Beschreibung wird nichts erwähnen von Sonne, Sternen, Licht und Farben, nichts von den Gestalten der Menschen, Tiere, Bäume und Städte und nichts vom größeren Teil der Schönheit der Welt. Wenn das Tor des Gehörsinnes verschlossen blieb, würde die Beschreibung ebenso nichts enthalten von Sprachen, Liedern, Melodien und dergleichen. Dasselbe träfe bei den übrigen Sinnen zu. Daher bemüht sich der Kosmograph mit allem Eifer, alle Tore offenzuhalten und ständig die Berichte von immer neuen Boten zu vernehmen und seine Beschreibung immer wahrer zu gestalten.

   Wenn er schließlich in seiner Stadt eine Gesamtaufnahme der sinnenfälligen Welt fertiggestellt hat, trägt er sie, um ihrer nicht verlustig zu gehen, in rechter Ordnung und in den entsprechenden Größenverhältnissen auf eine Karte ein. Sodann wendet er sich dieser Karte zu, entläßt die Boten für die Folgezeit und schließt die Tore. Nun lenkt er seinen inneren Blick zum Schöpfer der Welt, der nichts von alledem ist, was der Kosmograph durch Vermittlung der Boten verstand und aufzeichnete; er ist vielmehr der Werkmeister und Ursache von allem. Nach der Auffassung des Kosmographen verhält er sich in vorgängiger Weise so zur ganzen Welt, wie er selbst als Kosmograph zur Karte, und entsprechend dem Verhältnis der Karte zur wahren Welt betrachtet er in sich selbst als dem Kosmographen den Schöpfer der Welt und schaut so mit seinem Geiste die Wahrheit im Bilde und im Zeichen den Bezeichneten. Bei dieser Betrachtung wird er gewahr, daß kein vernunftloses Sinnenwesen eine solche Karte entwerfen konnte, wenn es auch eine ähnliche Stadt, Tore und Boten zu besitzen scheint. Und daher entdeckt er in sich selbst das erste und nächste Zeichen des Schöpfers, in dem die schöpferische Kraft mehr als in irgendeinem anderen bekannten Sinnenwesen aufleuchtet. Das geistige Zeichen nämlich ist das erste und vollkommenste Zeichen des Schöpfers von allem, das sinnenfällige aber das letzte. Also zieht er sich soweit wie möglich von allen sinnenfälligen Zeichen zurück, um sich den geistigen, einfachen und formhaften Zeichen zuzuwenden.

2. Die Natur ist Einheit, die Kunst Andersheit, weil sie Abbild der Natur ist. Gott ist in der Sprache des Verstandes zugleich absolute Natur und Kunst, wenngleich er in Wahrheit weder Natur, noch Kunst, noch beides ist.

Da aber die Genauigkeit unerreichbar ist, sind wir gehalten zu glauben, daß es nichts geben kann, was nur Natur oder nur Kunst ist, sondern daß alles an beiden auf seine Weise teilhat. Man begreift leicht, daß die Intelligenz, insofern sie aus der göttlichen Vernunft herausfließt, an der Kunst teilhat, wir erkennen sie andererseits als Natur, insofern sie aus sich die Kunst entfaltet; denn die Kunst ist gleichsam Nachahmung der Natur. Daß von den Sinnendingen die einen Naturdinge, die anderen Kunstdinge sind, liegt auf der Hand. Doch ist es nicht möglich, daß die natürlichen Sinnendinge völlig frei von Kunst sind, und umgekehrt können die künstlichen Sinnendinge nicht ganz ohne Natur sein. Die Sprache geht aus der Kunst hervor, stützt sich aber auf die Natur; so ist die eine Sprache natürlicher als die andere, die andere aber weniger natürlich. Vernunftschlüsse zu ziehen gehört zur Natur des Menschen, ist aber ohne Kunst nicht möglich; daher vermag zweifellos der eine in der Kunst des Schlußfolgerns mehr als der andere. Wie nämlich in der Sprache, die ohne Kunst nicht sein kann, die natürliche Einheit der Vernunft widerscheint, so daß man aus der Sprache erkennen kann, welcher Herkunft und wes Geistes Kind einer ist, so offenbart sich auch in der Vernunft das Können dessen, der schlußfolgert.

Wenn du die Unterschiede der Natur, der Kunst und der Verknüpfung von beiden erforschen willst, dann vertraue dich der oft bewährten Führung der Figuren an. Die Natur besteht aus der männlichen Einheit und der weiblichen Andersheit. Im Verstand geht die Weiblichkeit in der Männlichkeit auf; seine Frucht bringt er ungeteilt in sich selbst hervor. Bei den Pflanzen in ihrer Weiblichkeit enthält die Andersheit die männliche Natur in sich; daher bringen sie ihre Früchte nach außen hervor. Die Natur der Tiere unterscheidet die Geschlechter: der Mann zeugt im Weib, das Weib gebiert nach außen. Bei den Geistwesen gebiert die Natur geistige Frucht, bei den Tieren tierische, bei den Pflanzen pflanzliche. Die Natur eines Sinnendinges gehorcht der Vernunftnatur, die eines Vernunftdinges der des Verstandes, die eines Verstandesdinges der göttlichen.

Das sinnenfällig Herstellbare gehorcht der Kunst der Vernunft, das vernunftartige der des Verstandes, das verstandesartige der göttlichen. Wie alle Natur in einem Sinnending auf sinnliche Weise eingeschränkt ist, so ist auch die Fähigkeit, etwas herzustellen, in einem Sinnending auf sinnliche Weise eingeschränkt, in einem Vernunftding auf vernünftige Weise.

Die Vernunftseele ist die Einheit von Natur und Kunst, wie sie von den Sinnen wahrgenommen werden; durch ihre Einheit wird die von den Sinnen wahrgenommene Vielheit der Einzeldinge in Arten eingeteilt, durch ihre Einheit, wie sie z. B. in der einen Schusterkunst besteht, wird auch eine ungezählte Vielfalt von Schuhen hergestellt. Die Einheit der Vernunftseele faltet in sich die Vielheit aller sinnenhaften Natur- und Kunstdinge ein und faltet die Wesensgehalte der Natur- und Kunstdinge aus sich aus. Die Wesensgehalte der Kunstdinge aber sind hingeordnet auf das Ziel der Naturdinge; denn Anfang und Ziel der Kunstdinge ist die Natur. Die Kunst der Vernunftseele, z. B. Sprechen, Weben, Säen, Kochen und vieles andere, ist hingeordnet auf das Ziel der Sinnennatur, so wie die Kunst der Intelligenz auf das Ziel der Vernunftnatur.

3. Der Mensch stellt also seine Betrachtungen über derartiges an und formt sein Wissen von den Dingen aus Zeichen und Wörtern, so wie Gott die Welt aus den Dingen aufbaut. Und überdies, was Schmuck, Wohlklang, Schönheit, Stärke und Kraft der Rede betrifft, so fügt er zu den Wörtern die Künste hinzu. Hierbei ahmt er die Kunst nach. So fügt er zu der Grammatik die Redekunst, die Dichtkunst, die Musik, die Logik und andere Künste hinzu. Alle diese Künste sind Zeichen der Natur. Wie nämlich der Geist den Laut in der Natur vorfand und dann die Kunst hinzufügte, alle Zeichen der Dinge im Laut wiederzugeben, so fügte er zu dem Wohlklang, den er in der Natur vorfand, im Bereich der Töne die Kunst der Musik hinzu, jeden Wohlklang zu bezeichnen. Das gleiche trifft bei den übrigen Künsten zu.

Was nämlich die der Wissenschaft dienenden Weisen in der Natur vorfanden, diese Beobachtungen versuchten sie durch die in der Vernunft angelegte Gleichheit in eine allgemeine Kunst zu überführen. Wenn sie z. B. die Wohlklänge bestimmter Töne feststellen, gelangten sie durch deren Verhältnis (zueinander) zu dem Gewicht von Hämmern, welche die wohlklingenden Töne auf dem Amboß hervorbringen. Und schließlich fanden sie bei den in bestimmten Verhältnissen großen und kleinen Orgelpfeifen und Saiten dasselbe. Wohlklänge und Mißklänge, in der Natur entdeckt, überführten sie in eine Kunst. Und deshalb ist diese Kunst lustvoller, da sie die Natur offenkundiger nachahmt, und sie steigert und fordert die Anstrengung der Natur in jener lebendigen Bewegung, die eine Bewegung des Wohlklangs oder des Wohlgefallens ist und Freude heißt. Jede Kunst gründet also in einer Beobachtung, welche der Weise in der Natur macht. Die Natur setzt er voraus, weil er ihren Wesensgrund nicht kennt. Dem Entdeckten aber fügt er eine Kunst hinzu, indem er es durch die begrifflich erfaßte Ähnlichkeit ausweitet. Auf diesem Ähnlichkeitsbegriff beruht das Wesen der die Natur nachahmenden Kunst.

4. In wunderbarer Ordnung sind also die Elemente von Gott eingerichtet, der alles nach Zahl, Gewicht und Maß erschuf; die Zahl bezieht sich auf die Arithmetik, das Gewicht auf die Musik und das Maß auf die Geometrie; die Schwere wird förmlich durch die Leichtigkeit zusammengehalten und getragen. Die schwere Erde schwebt gleichsam in der Mitte, gehalten vom Feuer, die Leichtigkeit aber lehnt sich an die Schwere wie das Feuer an die Erde. Als die ewige Weisheit dies bestimmte, verfuhr sie nach einer unausdrückbaren Proportion, so daß sie vorauswußte, inwiefern jedes Element ein anderes übertrifft, indem sie sie so abwog, daß, um wieviel das Wasser leichter war als die Erde, um soviel die Luft leichter wurde als das Wasser und das Feuer als die Luft, damit das Gewicht mit der Größe übereinstimme und das einschließende Element einen größeren Raum einnehme als das eingeschlossene. In einer solchen Verbindung, daß eines dem anderen notwendig sei, setzte Gott die Elemente zusammen. So ist die Erde, wie Plato sagt, gleichsam ein Lebendiges, sie hat Steine statt der Knochen, Bäche statt der Adern und Bäume statt der Haare und die Lebewesen, die sich zwischen jenen Haaren der Erde aufhalten, sind wie die Maden in den Haaren der Tiere. Zum Feuer verhält sich die Erde so, wie die Welt zu Gott; denn viele Ähnlichkeiten mit Gott zeigt das Feuer in seiner Beziehung zur Erde: seine Entfaltung ist grenzenlos, auf Erden schafft, durchdringt, beleuchtet und formt es alles mittels Luft und Wasser, so daß nichts auf der Erde entsteht, was nicht irgendeine Tätigkeit des Feuers wäre, wie auch die Gestalten der Dinge aus der verschiedenartigen Kraft des Feuers entstehen. Das Feuer wohnt in den Dingen selbst, ohne sie kann es nicht sein und die Dinge nicht ohne das Feuer. Gott aber ist absolut und daher gleichsam das absolut verzehrende Feuer und die absolute Helligkeit: Gott ist, wie die Alten sagten, das Licht, in dem es keine Finsternis gibt, an dessen Feuer und Helle alles, was existiert, nach Kräften teilzuhaben strebt, wie wir an den Gestirnen sehen, wo man eine solche Helligkeit körperlich konkret findet, welche abgesonderte und durchdringende Helligkeit im geistigen Leben der Geschöpfe gleichsam unkörperlich konkret ist.

Wer bewundert nicht diesen Baumeister, der in den Sphären, Gestirn- und Sternregionen, eine solche Kunst entfaltete ohne eine einzige Unterbrechung, indem bei der größten Verschiedenheit aller die vollkommenste Harmonie besteht? Er hat in dieser einen Welt die Größe der Sterne, ihre Lage und Bewegung im vorhinein berechnet, ihre Entfernungen so geordnet, daß, wäre nicht jede Region wie sie ist, sie selbst nicht, auch nicht in dieser Lage und Ordnung, ja das ganze Universum nicht sein könnte; allen Sternen gab er verschiedene Helligkeit, Gestalt, Einwirkung, Farbe und Wärme, die die Helligkeit in der Wirkung begleitet und so hat er das Verhältnis der Teile zueinander geregelt, daß die Bewegung jedes Teiles eine Beziehung zum Ganzen hat, daß die schweren sich von oben nach der Mitte, die leichten sich von der Mitte nach oben und die Kreisbahnen der Sterne sich um die Mitte herum bewegen.

An diesen wunderbaren mannigfach verschiedenen Dingen erfahren wir gemäß unserer Voraussetzung, daß wir eine vernünftige Einsicht in Gottes Werke nicht haben, sondern nur bewundern können, weil Gott groß und seine Größe unendlich, weil er selbst das absolut Größte, der Schöpfer aller Werke; ihr Begreifen und ihr Zweck ist, in dem alles sein muß und ohne den nichts sein kann; er ist Anfang, Mitte und Ende von allem, Zentrum und Umfang des Universums, auf daß in allem nur er selbst gesucht werde, da ohne ihn alles nichts ist: hat man nur ihn, so hat man alles, da er selbst alles ist; alles wird nur durch ihn gewußt, denn er ist die Wahrheit von allem. Er will, daß wir zur Bewunderung des herrlichen Weltgebäudes angeleitet werden, das er uns dennoch um so mehr verschleiert, je mehr wir es bewundern, weil nur er selbst mit ganzem Herzen und mit Eifer gesucht werden will. Da er das unnahbare Licht bewohnt, das von allen gesucht wird, kann er allein den Anklopfenden auftun und den Bittenden schenken. Keine Kreatur hat die Macht, sich dem Anklopfenden zu eröffnen und zu zeigen, was sie ist, da sie nichts ist ohne ihn, der in allem ist.

5. Da jede Verehrung Gottes, der im Geiste und in der Wahrheit angebetet werden soll, sich auf affirmative Aussagen über Gott gründen muß, so erhebt sich jede Religion notwendigerweise durch die affirmative Theologie zur Anbetung Gottes, indem sie ihn verehrt als Einzigen und Dreieinigen, als Weisesten und Heiligsten, als unnahbares Licht, Leben, Wahrheit usw., wobei sie der Verehrung durch den Glauben, den sie durch das Wissen des Nichtwissens richtiger erfaßt, die Richtung weist; sie glaubt nämlich, daß der, den sie anbetet wie Einen, in Einheit Alles sei, daß er, den sie als unnahbares Licht verehrt, nicht ein Licht sei wie das körperliche, dem die Finsternis entgegengesetzt ist, sondern ein einfachstes und unendliches, in dem die Finsternis unendliches Licht ist; dieses unendliche Licht leuchtet immer in der Finsternis unseres Nichtwissens, aber diese Finsternis kann ihn nicht erfassen. Die negative Theologie ist zur Ergän-

zung der affirmativen so unentbehrlich, daß ohne sie Gott nicht als unendlicher Gott, sondern eher als Geschöpf verehrt würde; Götzendienst ist es, wenn man das dem Bilde erweist, was nur der Wahrheit zukommt.

Es wird daher nützlich sein, noch einiges wenige über die negative Theologie hinzuzufügen. Das heilige Nichtwissen lehrte uns, daß Gott unaussprechbar sei, weil er unendlich größer ist als alles, was benannt werden kann, denn er ist das durchaus Wahre. Durch Ausschließen und Negieren werden wir eher wahr über ihn sprechen, wie auch der große Dionysius ihn weder Wahrheit noch Vernunft, noch Licht, noch sonst etwas genannt wissen wollte; es folgten ihm darin Rabbi Salomon und andere Weise. Deshalb ist er in dieser negativen Theologie, nach der er nur unendlich ist, weder Vater noch Sohn, noch heiliger Geist. Die Unendlichkeit aber als solche ist weder zeugend noch gezeugt, noch geht sie irgendwie hervor. So sagt Hilarius von Poitiers, indem er die göttlichen Personen unterscheidet, mit tiefer Einsicht: Wie im Ewigen das Unendliche ist, ist im Bilde die Idee, in der Gnade die Ausübung; er will sagen, obwohl wir in der Ewigkeit nur die Unendlichkeit sehen, kann dennoch die Unendlichkeit, die die Ewigkeit ist, nicht als zeugend gedacht werden, da sie negativ ist, wohl aber die Ewigkeit, weil sie als Ewigkeit Bejahung der Einheit oder der größten Gegenwart und daher Anfang ohne Anfang ist. Idee im Bilde besagt den Anfang, Ausübung in der Gnade bedeutet das Hervorgehen aus beiden. Dies alles ist durch das vorher Gesagte bekannt; denn wie sehr auch die Ewigkeit Unendlichkeit ist, so wird trotzdem – da die Ewigkeit nicht in höherem Grade Ursache des Vaters ist als die Unendlichkeit – unserer Betrachtungsweise gemäß die Ewigkeit dem Vater zugeschrieben und nicht dem Sohn, auch nicht dem heiligen Geist. Die Unendlichkeit aber schreibt man nicht einer Person mehr zu als der anderen, weil die Unendlichkeit als Einheit betrachtet der Vater, als Gleichheit mit der Einheit der Sohn und als deren Verbindung der heilige Geist, als Unendlichkeit schlechthin aber weder Vater noch Sohn, noch heiliger Geist ist; mag auch die Unendlichkeit und Ewigkeit jede der drei Personen und umgekehrt jede derselben Ewigkeit und Unendlichkeit sein, so gilt dies dennoch nicht gemäß einer vorzüglichen Betrachtungsweise; denn wenn wir sie als Unendlichkeit betrachten, ist Gott weder eines noch mehrere, und man findet nach der negativen Theologie in Gott nur die Unendlichkeit. Demnach ist Gott nicht erkennbar, weder in dieser Zeit noch in Zukunft, da jede Kreatur im Hinblick auf ihn im Dunkeln ist, weil sie das unendliche Licht nicht fassen kann; nur sich selbst ist er bekannt.

Marsilio Ficino (1433–1499)

Marsilio Ficino knüpft – typisch für die Renaissance-Philosophie – in seiner »Theologia platonica« aus dem Jahre 1474 an Plotin und den Neuplatonismus an. Allerdings erhält bei ihm die Seele eine herausragend zentrale Stellung. Sie ist praktisch Mittelpunkt des Kosmos und wird zum verknüpfenden Band zwischen der höheren, geistigen und der niederen, materiellen Welt. Bezogen auf deren Prinzipien von Unteilbarkeit und Teilbarkeit, wird die Seele selbst zur »unteilbaren teilbaren Natur«. Derart entwickelt Ficino Ganzheitsvorstellungen, auf die sich ökologisches Denken zu berufen vermag; Ficino nämlich hebt die gängige Hierarchisierung von Geist und Materie dadurch auf, daß er beide in der Seele miteinander verbindet und sie nicht weiter als voneinander grundsätzlich getrennte Sphären betrachtet.

Die Beziehung zum ökologischen Denken intensiviert sich auch dort, wo Ficino die Seele zum Mittelpunkt einer immerwährenden Kreisbewegung zwischen geistiger und materieller Natur macht. Damit sind nicht nur ökologische Kontinuitätskonzeptionen zu verbinden; das ökologische Kreislaufmodell findet hier eine frühe Antizipation. Denn Ficino richtet die Welt eben auch nicht bloß göttlich aus, sondern die Welt findet im Gegenteil letztlich in sich selbst ihre Zentrierung. Die Seele vermittelt innerweltlich eine kontinuierliche Wechseldynamik von Geist und Materie.

Allerdings ist zu betonen, daß – ganz im Sinne Platons – Ficino vom Primat des Geistes ausgeht. Die Bewegung der Seele ist vor allem Selbstreflexion, die sich in vernünftiger Erkenntnis, losgelöst von der Materie, in sich selbst spiegelt. Dabei bezieht sich die Erkenntnis der Dinge auch nur auf das geistige Vorstellen, nicht auf das sinnliche Wahrnehmen. Insofern verdankt er seine ganzheitlichen Vorstellungen einer reinen Geistphilosophie. Doch dieser Geist ist immerhin bereits in der Welt und reflektiert sie.

1. Eine solche Natur ist in der Weltordnung augenscheinlich von größter Notwendigkeit, um nach Gott und dem Engel – die weder zeitlich noch dimensional teilbar sind – und über den Körpern und Qualitäten – die nach Zeit und Dimension sich in Teilbarkeit verlieren – jene vermittelnde Mitte abzugeben, die zwar in gewisser Weise sich in zeitlicher Teilung erstreckt, nicht aber der Dimension nach geteilt ist. Zudem: Weder bleibt sie in ihrer Natur gesammelt – wie jene –, noch wird sie in Teile zerstückelt – wie diese –, sondern sie ist in gleicher Weise teilbar und unteilbar. Das ist eben jene Wesenheit, die – wie Platon und Timaeus Locrus (im »Buch über die Welt«) gesagt haben – aus einer teilbar-unteilbaren Natur besteht. Sie mischt sich mit den Sterblichen, ohne selber sterblich zu werden; und wie sie sich derart unversehrt mischt, ohne

sich zu zerstreuen, so zieht sie sich unversehrt zurück, ohne Zerstreuung zu erleiden. Weil sie am Göttlichen hängt, während sie über die Körper herrscht, ist sie die Herrin der Körper, nicht ihre Begleiterin. Das ist das größte Wunder in der Natur. Alles übrige unter Gott ist jeweils ein einzelnes für sich: Sie ist alles zugleich. Sie trägt in sich die Abbilder des Göttlichen, von dem sie selber abhängig ist, aber auch die gedanklichen Gründe und die Urbilder der niederen Wesen, die sie in gewisser Weise auch selber hervorbringt. Und weil sie die Mitte von allem ist, besitzt sie auch die Kräfte von allem. So beschaffen, geht sie über in alles. Und weil sie selbst die wahre Verknüpfung von allem ist, verläßt sie nicht das eine, während sie in anderes übergeht; vielmehr tritt sie in einzelnes über und bewahrt dabei immer das Gesamte – so daß sie mit Recht der Mittelpunkt der Natur genannt werden mag, die Mitte von allem, die Kette, die die Welt zusammenhält, das Antlitz von allem, der Verknüpfungspunkt und das verknüpfende Band der Welt.

Wie ich meine, haben wir damit genügend klar gemacht, wie die Natur dieser dritten Wesenheit beschaffen ist. Daß aber sie selber recht eigentlich der Sitz der vernünftigen Seele ist, das erkennt man am leichtesten an der Definition der vernünftigen Seele: »Leben, sowohl im diskursiven Gedanken erkennend als auch zeitlich den Körper belebend.« Eben das ist die Struktur, die diese Wesenheit bedingt. Sie lebt nämlich, erkennt, und gewährt dem Körper Leben. Daß sie lebt, ist offensichtlich, da wir sagen, jene Wesen auf der Erde haben Leben, die sich aufgrund ihrer inneren Kraft in jede Richtung bewegen können: nach oben und nach unten, vorwärts und rückwärts, nach rechts und nach links. So bewegen sich Pflanzen und Tiere. Wo folglich eine innere und allgemeine Bewegungskraft ist, da ist Leben. Ich möchte das so ausdrücken: Leben gibt es da, wo es eine innere Bewegungskraft gibt. Eine solche Lebenskraft ist insbesondere dort zu finden, wo die Quelle alles Tätigseins liegt und der erste Ursprung der Bewegung. Bewegung ist dort in höchstem Grade innerlich und allgemein, wo die erste Bewegung ist. Erste Bewegung aber ist in unserer dritten Wesenheit gelegen. Hier also ist auch Leben, ein Leben möchte ich sagen, aus dessen Teilhabe die Körper leben und sich bewegen. Es ist nämlich ein Leben, das den Körpern naturgemäß ganz nahe ist. Deshalb ist die dritte Wesenheit ein Leben, das die Körper belebt. Sie hat aber auch Vernunftcharakter. Denn wenn irgendwo eine Bewegung vollkommen ist, dann sicherlich dort, wo sie erste Bewegung ist. Keine Vollkommenheit geht auf nachfolgende Bewegungen über, wenn sie nicht von einer ersten Bewegung ausgeht. Aus diesem Grund ist die Bewegung der dritten Wesenheit die vollkommenste aller Bewegungen. Die vollkommenste Bewegung aber entfernt sich von ihrer Quelle so wenig wie möglich, sie bleibt ihrem Grund so sehr wie nur möglich verbunden;

sie ist einheitlich, gleichförmig und höchstrangig, sie genügt sich selber, sie bildet eine unüberbietbare Figur nach. Eine solche unüberbietbare Figur ist die Kreisbewegung, die – wie jeder weiß – auch als einzige aller Bewegungen immerwährend ist. Andere Bewegungen erreichen nämlich eine Grenze, über die hinweg sie nicht fortschreiten können, insofern kein Raum unbegrenzt ist. Aber wie die Kreisbewegung sich als solche einmal wiederholen kann, so zweimal und dreimal und auch viermal, immer im gleichen Sinn; Anfang und Ende sind in ihr dasselbe. Wo sie also zu enden scheint, da beginnt sie. Dieser immerwährende Kreis ist die Bewegungsfigur der dritten Wesenheit: Durch ihre Bewegung kehrt sie, sich kreisförmig reflektierend, zu sich selber zurück. Wenn sie sich aus sich heraus bewegt, dann – so darf man mit Recht sagen – bewegt sie sich aber auch in sich selber, so daß ihre Bewegung gewissermaßen endet, wo sie überhaupt erst beginnt, da ja die Ursache der Bewegung um ihrer selbst willen die Bewegung erzeugt. Aus sich selbst die Bewegung setzend, kehrt also jene Wesenheit kraft immerwährender Bewegung zu sich selber zurück, dabei entfaltet sie ihre Kräfte vom Höchsten über das Mittlere bis zum Niedersten, um sodann wiederum das Niederste über das Mittlere an das Höchste zurückzubinden. Wenn das aber so ist, dann nimmt sie auch selber sich wahr – sich und das, was sie in Besitz nimmt. Wenn sie sich aber wahrnimmt, dann erkennt sie auch mit Sicherheit sich selber. Sie erkennt sich jedoch in einem Akt vernünftigen Begreifens – indem sie sich nämlich ihr geistiges Wesen zu Bewußtsein bringt und damit ihr völliges Losgelöstsein von den Schranken der Materie. Solche Erkenntnis nämlich heißt vernünftiges Begreifen. An uns selber sehen wir in der Tat, daß Erkenntnis nichts anderes ist als der Akt einer geistigen Vereinigung mit einer geistigen Form. Der Gesichtssinn sieht, wenn er durch seinen Geist mit dem geistigen Bild der Farben verbunden wird. Verbunden aber mit der Materie, erkennt er nichts – was ganz handgreiflich wird, wenn jemand einen massiven Körper vor seine Augen rückt. Auch unser Geist begreift aus geistiger Kraft die Dinge, aus einer Kraft, die sich mit Vernunftgründen und mit den unkörperlichen Versichtbarungsgestalten der sichtbaren Dinge vereint. Diese Erkenntnis ist ähnlich jener der dritten Wesenheit, die geistig ist, die entdeckt, daß sie sich mit sich selber eint, und die sich erkennt und begreift, indem sie auf geistige Weise sich selber wahrnimmt. Sie begreift sogar das Göttliche, dem sie auf geistige Weise so eng wie möglich anhängen möchte, und darüber hinaus das Körperliche, zu dem sie sich hinneigt von Natur aus. Ich sage: Sie erkennt in diskursiver Weise zeitlich, da sie in ihrer Handlungsweise beweglich ist.

Giovanni Pico della Mirandola (1463–1494)

Zusammen mit Ficino bildet Pico den avantgardistischen Kern der florentinischen Renaissance, deren Neo-Neoplatonismus gegen die aufkeimende, aristotelisch geprägte Wissenschaftsgläubigkeit versucht, sich der Einheit der Welt als ästhetisches Phänomen zu versichern. Die Wiedergeburt des Menschen, die die Renaissance verheißt, fügt dieser Platonismus in einen wohlgeordneten Kosmos ein, der durch den Logos und durch Gott zusammengehalten wird.

Der hier abgedruckte Auszug aus der »Rede über die Würde des Menschen« ist kein Zeugnis frühen ökologischen Denkens im eigentlichen Sinne. Pico steht an einem Kreuzweg: seine Argumentation kann in zwei Richtungen interpretiert werden – und genau das ist auch geschehen. Sie beschreibt einerseits, im herkömmlich christlichen ebenso wie in einem antiken Sinne, den Menschen als Krone der Schöpfung, der über allen anderen Geschöpfen steht. Der Mensch aber steht über den anderen Geschöpfen, weil er, biblisch gesprochen, »alles Fleisch« ist. Die spätere – dann allerdings vermehrt magisch und alchemistisch orientierte – Naturphilosophie hat diesen Gedanken im Begriff der »quinta essentia« aufgenommen (z. B. Paracelsus). Als »omnis caro« ist der Mensch in die Mitte der Welt gestellt: er hat kein eigenes Wesen, wohl aber hat er an allem teil. Daraus resultiert seine Freiheit: er kann der werden, der er werden möchte. Seine Heimat ist ebenso in der »Nähe der erhabenen Gottheit« wie beim ›vernunftlosen Vieh‹. Von dieser Mittelstellung des Menschen aus kann aber auch eine Verantwortung des Menschen gegenüber der Schöpfung ihren Ausgang nehmen, wie sie besonders bei Baader zu finden ist. Weil der Mensch in die Mitte der Welt gestellt ist – diesen Gedanken fanden wir schon in der Stoa –, kann es auch seine Aufgabe sein, die Einheit der Kette des Lebens zu sichern. Aber er kann sich auch, und mit der gleichen Sicherheit, zum Herrn dieser Kette aufschwingen.

1. Ich glaube nun, erkannt zu haben, warum der Mensch das glücklichste Wesen und mithin allgemeiner Bewunderung wert ist, und wie man seine Stellung in der Ordnung des Universums zu verstehen hat, um die ihn nicht nur die Tiere, sondern auch die Gestirne und die überirdischen Geister beneiden. Unglaubwürdig und wunderbar! Aber das muß es wohl sein. Beruht doch darauf gerade die Tatsache, daß man sagt und glaubt, der Mensch sei ein Wunder sowohl wie ein mit allem Recht bewundernswertes Wesen. Aber hört, worum es sich handelt, ehrwürdige Väter, und schenkt mir freundlich Euere wohlwollende Aufmerksamkeit:

    Schon hatte Gott Vater, der Baumeister, das Haus der Welt, wie es uns vor Augen liegt, diesen erhabenen Tempel der Gottheit, nach den Gesetzen verborgener Weisheit errichtet; die überhimmlische Region hatte er mit Geistern geschmückt, die Bahnen des Äthers mit ewigen Wesen belebt, die Bereiche des schmutzigen Abfalls der unteren Welt hatte er mit allerlei Getier bevölkert. Nun aber, nach Vollendung des Werkes, sehnte sich sein Erbauer nach einem, der den Sinn dieses großen Werkes erwägen, seine Schönheit lieben und seine Größe bewundern könnte. Deshalb dachte er, als schon alles (wie Moses und Timaeus bezeugen) vollbracht war, zuletzt erst an die Erschaffung des Menschen. Es war aber unter den Archetypen keiner mehr, woraus er ein neues Geschöpf hätte bilden, in seinen Kammern nichts mehr, was er dem neuen Sohn als Erbgut hätte schenken können, und es war in aller Welt kein Ort mehr, den jener Betrachter des Universums hätte einnehmen können. Es war schon alles gefüllt; alles unter die oberen, mittleren und unteren Ordnungen verteilt. Nun konnte aber doch die Macht des Vaters nicht aus sozusagen erlahmender Kraft bei seinem letzten Geschöpf versagen, seine Weisheit konnte nicht bei so notwendiger Tat in Ratlosigkeit sich verlieren, und seine wohltätige Liebe konnte nicht zulassen, daß der, der an den andern Gottes Freigebigkeit preisen sollte, sie im Blick auf sich selbst verurteilen müßte. So beschloß der Werkmeister in seiner Güte, daß der, dem er nichts Eigenes mehr geben konnte, an allem zugleich teilhätte, was den einzelnen sonst je für sich zugeteilt war. Also ließ er sich auf den Entwurf vom Menschen als einem Gebilde ohne unterscheidende Züge ein; er stellte ihn in den Mittelpunkt der Welt und sprach zu ihm: »Keinen festen Ort habe ich dir zugewiesen und kein eigenes Aussehen, ich habe dir keine dich allein auszeichnende Gabe verliehen, da du, Adam, den Ort, das Aussehen, die Gaben, die du dir wünschst, nach eigenem Willen und Ermessen erhalten und besitzen sollst. Die beschränkte Natur der übrigen Wesen wird von Gesetzen eingegrenzt, die ich gegeben habe. Du sollst deine Natur ohne Beschränkung nach deinem freien Ermessen, dem ich dich überlassen habe, selbst bestimmen. Ich habe dich in die Weltmitte gestellt, damit du umso leichter alles erkennen kannst, was ringsum in der Welt ist. Ich habe dich nicht himmlisch noch irdisch, nicht sterblich noch unsterblich geschaffen, damit du dich frei, aus eigener Macht, selbst modellierend und bearbeitend zu der von dir gewollten Form ausbilden kannst. Du kannst ins Untere, zum Tierischen, entarten; du kannst, wenn du es willst, in die Höhe, ins Göttliche wiedergeboren werden.«

2. Wer sollte also den Menschen nicht bewundern? Wird er doch auch in den heiligen Schriften des Alten und Neuen Testamentes als »alles Fleisch« oder »alle Kreatur« bezeichnet darum, weil er an sich selbst die Gestalt alles Fleisches, die Anlage aller Kreatur ausbilden, erzeugen und umformen kann.

Agrippa von Nettesheim (1486–1535)

Im Gegensatz zu Paracelsus hat sein Zeitgenosse Agrippa von Nettesheim bis heute erheblich weniger Aufmerksamkeit gefunden, wahrscheinlich weil der moderne Mensch für medizinische Ideen eher Interesse entwickelt als für die okkulten und magischen Vorstellungen, mit denen sich Agrippa befaßt. Seit der Aufklärung sind sie zunehmender Verdrängung anheimgefallen, zeugen jedoch von einem zwischenzeitlich weitgehend verlorengegangenen Wissen um Naturvorgänge und -zusammenhänge, die häufig auch die modernen Naturwissenschaften entweder gar nicht oder nur unzureichend zu erklären vermögen. Agrippa war ein vieler Sprachen mächtiger und enzyklopädisch gebildeter Kenner der antiken Literatur wie auch des Wissens seiner Zeit bis hin zur Astrologie. Er verstand es, aus Klassik, Bibel, der Kabbala, Magie, Mantik und Mathesis ein grandioses System einer okkulten Welt zu entwickeln. Absolut Abstruses findet sich neben Einsichten, die ökologisch relevante Naturzusammenhänge erläutern und die verdrängtes Wissen um Natur repräsentieren. Insofern unterscheidet er sich nicht von den illustren Geistern seiner (Renaissance-)Zeit.

An klassisch philosophische Einsichten schließt seine Vorstellung vom Weltgeist als Vermittler zwischen Körper und Seele an (Nr. 1). Platonisch ist seine Lehre vom Weltgeist als Quintessenz, in dem Archetypen mit den platonischen Ideen verglichen werden können (Nr. 2). Sympathie beherrscht als Anziehungskraft den Kosmos. Die Seelen, die ihre Kraft aus der Verbindung mit den Seelen der Sterne ziehen (Nr. 3), gehen in ein harmonisches Weltganzes ein, in dem Sonne und Mond wesentliche magische Kräfte darstellen (Nr. 4, 5, 6). In diesem umfassenden Weltzusammenhang verlieren Wunder für Agrippa den Charakter des Übernatürlichen (Nr. 7). So gelingt es ihm, verschiedene natürliche Zusammenhänge auf magische Weise zu erklären, was man als frühe Einsichten in später naturwissenschaftlich erklärte Verbindungen verstehen mag (Nr. 8) bzw. in Wissen, das medizinisch weitgehend verdrängt wurde – z. B. die Lithotherapie (Nr. 9), oder den Einfluß, den Menschen aufeinander haben können (Nr. 10, 11). Für magische Naturerklärungen stehen die Beispiele in den Auszügen 12 und 13.

In diesem Sinne mag Agrippa dazu beitragen, ökologisches Denken vor allem gegenüber unüblichen Fragestellungen zu öffnen, die den beschränkten Rahmen der Naturwissenschaften sprengen und zu einem neuen Naturverständnis und auch Naturempfinden, beitragen könnten.

1. Da nun die Seele, das Primum mobile, selbständig und an und für sich beweglich, der Körper aber oder die Materie an und für sich bewegungslos und von der Seele selbst zu verschieden ist, deshalb sagen jene Philosophen, ist ein Mittelding

nötig, das gleichsam kein Körper, sondern sozusagen schon Seele, umgekehrt gleichsam keine Seele, sondern sozusagen schon Körper sein muß, und wodurch die Seele mit dem Körper verbunden wird. Ein solches Medium ist der Weltgeist, den wir als Quintessenz (fünfte Essenz) bezeichnen, denn er besteht nicht aus den vier Elementen, sondern steht als fünftes über und außer ihnen.

Dieser Geist ist im Weltkörper gerade von solcher Form wie unser Geist im menschlichen Körper; denn wie die Kräfte unserer Seele durch den Geist sich den Gliedern mitteilen, so wird alles vermittelst der Quintessenz von der Kraft der Weltseele durchströmt. In der ganzen Welt gibt es nichts, das nicht einen Funken ihrer Kraft besäße; am stärksten jedoch fließt sie in solche Objekte ein, die von jenem Geist am reichlichsten besitzen. Er wird erlangt durch die Strahlen der Sterne, insoweit als sich die Gegenstände zur Aufnahme von deren Radiationen eignen... Dieser Geist kann uns aber noch mehr nützen, wenn jemand denselben von den anderen Elementen weitestgehend abzusondern oder doch wenigstens in der Hauptsache solche Dinge zu gebrauchen weiß, welche genannten Geist in reichlichem Maße besitzen. Dinge, bei denen derselbe weniger in den Körpern versunken und weniger von der Materie gebunden ist, wirken mächtiger und vollkommener, so wie sie auch schneller das ihnen Ähnliche erzeugen, denn alle Zeugungs- und Samenkraft ist darin enthalten.

2. Die Akademiker, Hermes Trismegistus, der Brahmane Jarchas und die hebräischen Kabbalisten behaupten: alles, was auf der untermondlichen Welt der Erzeugung und Verwesung unterworfen ist, befindet sich in der himmlischen Welt, jedoch auf himmlische Weise; ebenso in der geistigen Welt, allerdings in noch weit größerer Vollkommenheit, und endlich auf die vollkommenste Weise im Archetypus. In dieser Reihenfolge entspricht jedes Untere seinem Oberen und durch dieses dem Höchsten nach seiner Art; und es empfängt von den Himmeln jene himmlische Kraft, die man Quintessenz oder Weltgeist oder mittlere Natur nennt, von der geistigen Welt aber eine geistige und belebende Stärke, jede qualitative übersinnliche Kraft; vom Archetypus endlich erhält es durch diese Mittelstufen die Urkraft aller Vollkommenheit. Daher kann jedes Ding auf unserer Welt in eine Beziehung zu den Gestirnen, von diesen aus zu ihren Intelligenzen und sodann zum Archetypus gesetzt werden, von welcher Ordnung die ganze Magie und alle geheime Philosophie abhängt... Diese Anziehung in Folge der gegenseitigen Übereinstimmung der Dinge – des Oberen mit dem Unteren – nannten die Griechen Sympathie... Wird daher etwas Unteres in Bewegung gesetzt, so wird es auch das Obere, dem es entspricht, wie die Saiten an einer wohlgestimmten Zither.

3. Die Philosophen, besonders die Araber, sagen, daß wenn die menschliche Seele mit ihren Leidenschaften und Neigungen sehr aufmerksam auf ein Werk sei, sie sich mit den Seelen der Sterne, wie auch mit den Intelligenzen verbinde. Diese Verbindung bewirke, daß in die Dinge und unsere Operationen eine gewisse wunderbare Kraft einfließe. Teils weil die Seele alles erkennt und vermag, teils auch, weil allen Dingen schon von der Natur aus der Gehorsam gegen sie eingepflanzt ist und letztens, weil alles eine notwendige Wirksamkeit hat und dem zustrebt, was sich die Seele am sehnlichsten wünscht.

   Darin liegt der Grund der Wirkungen der Charaktere, der Bilder, der Zauberformeln, gewisser Worte und vieler anderer wunderbarer Experimente. Auf diese Weise besitzt alles, was die Seele eines stark Verliebten angibt, Wirksamkeit in Liebessachen; und alles was die Seele eines Menschen, der einen großen Haß hegt, angibt, ist imstande, Schaden und Verderben zu bringen. So verhält es sich mit allen Dingen, denen sich die Seele leidenschaftlich hingibt.

   Alles, was sie dann tut und anrät, seien es nun Charaktere, Figuren, Worte, Reden, Gebärden oder dergleichen Dinge, unterstützt das Verlangen der Seele und erhält wunderbare Kräfte sowohl von der Seele dessen, der in jener Stunde operiert, wo ihn das stärkste Verlangen anwandelt als auch von dem günstigen Stande und dem Einfluß des Himmels, der alsdann die Seele bewegt. Wenn unsere Seele in ein großes Übermaß einer Leidenschaft oder Kraft gerät, so ergreift sie oft von selbst die Stunde und die wirksamste, beste und passendste Gelegenheit... So sind die großen Leidenschaften in jenen Dingen, welche die Seele in einer solchen Stunde angibt, von vielen wunderbaren Kräften begleitet, die erstaunliche Wirkungen hervorbringen.

4. Einige leiten auch die Harmonie der Himmelskörper aus ihrer gegenseitigen Entfernung ab. So beträgt die Entfernung des Mondes von der Erde hundertsechsundzwanzigtausend italienische Stadien, was gerade die Intervalle eines Tones ausmacht; vom Monde bis zum Merkur ist die Entfernung nur halb so groß, was somit einen halben Ton ergibt; einen weiteren halben Ton bildet die Entfernung der Venus zum Merkur. Die drei und ein halb mal so große Entfernung von der Venus bis zur Sonne bildet die Quinte; die zwei und ein halb mal so große Distanz der Sonne vom Monde die Quarte; von der Sonne bis zum Mars ist sodann die Entfernung ebenso groß wie von der Erde bis zum Monde, was wieder einen Ton ausmacht; die halb so große Entfernung des Jupiter vom Mars ist gleich einem anderen halben Ton, ebenso macht es vom Jupiter bis zum Saturn wieder einen halben Ton und zwischen dem Saturn und dem Sternenhimmel liegt abermals der Raum eines halben Tones. Es beträgt somit die Entfernung der Sonne vom Sternenhimmel eine Quarte von zwei

und einem halben Tone, die der Erde vom Sternenhimmel eine Oktave von sechs ganzen Tönen.

5. Was wir Gutes haben, sagt Jamblichus, haben wir von der Sonne, entweder mittelbar oder unmittelbar... und viele Platoniker haben als Sitz der Weltseele vornehmlich die Sonne bezeichnet, die nach ihrer Ansicht ganz von derselben erfüllt ist, und von wo aus sie ihre Strahlen gleichsam als etwas Geistiges in Alles ausgießt und dem ganzen Universum Leben, Gefühl und Bewegung verleiht. Die alten Naturforscher haben deshalb die Sonne das Herz des Himmels genannt... Die Sonne ist unter den Gestirnen ein Bild des großen Herrn beider Welten, der irdischen und himmlischen, das wahre Licht und das getreueste Bild Gottes... so daß die Akademiker nichts Ähnliches haben, wodurch sie das Wesen Gottes deutlicher ausdrücken können. Sie steht in einer so innigen Beziehung zu Gott, daß Plato sie den sichtbaren Sohn Gottes nennt.

6. Der Mond als der Erde am nächsten, ist der Behälter aller himmlischen Einflüsse... Er übt daher eine weit augenscheinlichere Einwirkung als Andere auf die unteren Dinge, und seine Bewegung ist fühlbarer wegen seiner Nähe und der innigen Beziehung, in welcher er zu uns steht, indem er zwischen dem Oberen und dem Unteren gleichsam den Vermittler macht. Deshalb ist aber auch vor allem der Lauf des Mondes zu beobachten.

   Daher kommt es, daß wir ohne die Vermittlung des Mondes die Kraft der Oberen durchaus nicht anziehen können, weshalb Thebit vorschreibt, man müsse, um die Kraft eines Sternes zu erlangen, einen dem betreffenden Stern zugehörigen Stein und ebenfalls ein solches Kraut nehmen, wenn der Mond unter jenem Sterne entweder glücklich vorbeilaufe oder in einem freundlichen Aspekt zu ihm stehe.

7. Sobald die Leute irgendetwas Außerordentliches sehen, suchen sie in ihrer Unwissenheit die Urheberschaft davon bei den Dämonen und halten das für ein Wunder, was das Werk natürlicher oder mathematischer Wissenschaften ist.

8. Offenkundig kann der Körper von dem Dunste eines andern kranken Körpers sehr leicht angesteckt werden, was wir bei der Pest und dem Aussatze deutlich sehen...

   Es darf sich deshalb niemand wundern, daß der Körper und die Seele des Einen von der Seele des Andern auf ähnliche Weise affiziert werden kann, da die Seele weit mächtiger, stärker, glühender und beweglicher ist als die von den Körpern ausströmenden Dünste, wie es ihr auch nicht an Mitteln fehlt, ...

durch welche sie wirken kann. Zudem hat über den Körper eine fremde Seele nicht weniger Gewalt als ein fremder Körper.

Auf diese Weise soll der Mensch bloß durch seinen Gemütszustand und Charakter auf einen andern wirken.

9. Der Saphir hat Abneigung gegen Pestbeulen, Fieberhitze und Augenkrankheiten; der Amethyst gegen Trunkenheit; der Jaspis gegen Blutflüsse…; der Smaragd gegen Unkeuschheit; der Achat gegen Gifte; Korallen gegen Melancholie und gegen Magenschmerzen; der Topas gegen Leidenschaften wie Geiz, Völlerei und alle Ausschweifungen in der Liebe.

10. Wenn Zauberer Schaden stiften wollen, so vermögen sie durch den festen Blick die Leute in höchst verderblicher Weise zu bezaubern. Dieser Meinung sind auch Avicenna, Aristoteles, Algazel und Galen… Nun liegt in den Dünsten des Auges eine solche Kraft, daß sie den Nächsten bezaubern und anstecken können, wie der Regulus und der Katabepa durch ihren Blick die Menschen töten, und manche Weiber in Scythien, bei den Illyriern und Triballern denjenigen, welchen sie mit grimmigem Blick ansahen, töten konnten.

11. Die Bezauberung ist ein Bannen, das – vom Geiste des Zauberers ausgehend – durch die Augen des Bezauberten bis zu dem Herzen desselben gelangt. Das Werkzeug der Bezauberung ist der Geist, d. h. ein gewisser reiner, heller, feiner, von der Wärme des Herzens aus dem reineren Blute erzeugter Dunst, der stets ihm ähnliche Strahlen durch die Augen aussendet. Diese ausgesandten Strahlen führen den geistigen Dunst mit sich…

So schleudert das geöffnete und mit Lebhaftigkeit auf jemand gerichtete Auge nach der Schärfe seiner Strahlen, welche die Leiter des Geistes sind, dieselben nach den entgegenstehenden Augen und der vom Willen des Zauberers getriebene Geist trifft die Augen des Subjektes, dringt ein, nimmt von seinem Herzen Besitz und steckt als ein fremder Geist den Bezauberten an …

So wird die heftigste Liebe bloß durch die Strahlen der Augen entfacht, oft nur durch einen plötzlichen Blick, der wie ein Pfeil den ganzen Körper durchdringt.

12. Wenn wir also nach einer Eigenschaft oder Kraft wirken wollen, so müssen wir diejenigen Tiere… aufsuchen, denen eine solche Eigenschaft in ausgezeichnetem Maße innewohnt.

Von diesen wiederum müssen wir den Teil nehmen, worin die verlangte Eigenschaft oder Kraft am meisten tätig ist. Wenn wir z. B. Liebe erwecken wollen, so müssen wir ein Tier suchen, das sich in der Liebe auszeichnet. Dahin gehören: die Taube, der Sperling, die Schwalbe, die Bachstelze.

Von diesen Tieren müssen wir diejenigen Teile oder Glieder nehmen, in denen hauptsächlich der Liebestrieb herrscht. Solche Teile sind: das Herz, die Hoden, die Gebärmutter, das männliche Glied, der Samen…

Dies muß jedoch zu der Zeit geschehen, wenn solche Tiere in der Brunst sind; dann eignen sie sich ausnehmend zur Hervorrufung von Liebe.

13. Die Rebe liebt die Ulme und den Mohn; Oliven- und Myrtenbaum, sowie Oliven- und Feigenbaum lieben einander gleichfalls.

Im Tierreich besteht Freundschaft zwischen der Amsel und der Drossel, zwischen der Krähe und dem Reiher, zwischen den Pfauen und Tauben, zwischen den Turteltauben und Papageien.

Paracelsus (Theophrast von Hohenheim) (1493–1541)

Paracelsus hat die Medizin revolutioniert. Gegen die herrschende Lehre, die aus den Büchern des Galen und des Avicenna ihre Weisheit bezog, setzte er die Erkenntnis des »Lichts der Natur«. Als ›tödlicher Arzt‹ spricht Paracelsus in den folgenden Texten, d. h. als einer, dem die Sterblichkeit des Menschen Objekt seiner Sorge ist.

Der Mensch hat zwei Leiber: einen, der aus den Elementen stammt (der viehische), und einen, der aus dem Gestirn stammt (der siderische). Gemacht aber ist der Mensch aus einem Auszug der Erde, dem »limus terrae«, dem Erdkloß, den die Genesis erwähnt. Als dieser Auszug ist der Mensch die »quinta essentia«. So wird die biblische (akosmische) Erzählung in eine neue Perspektive gesetzt: der Mensch ist zugleich Mikrokosmos und nach Gottes Antlitz geschaffen. Der Mensch trägt den Makrokosmos verkleinert in sich. Dieser Kosmos wird von unsichtbaren Kräften zusammengehalten (Influenzen). Diese Kräfte zu erkennen, ihre Unterbrechungen zu beheben ist Aufgabe des Arztes, der wegen der Bedeutung des Firmaments für die Konstitution des Menschen auch Astronom ist.

In der »Theorie« des Paracelsus wird der neuplatonische Gedanke von der Einheit des Kosmos wiederbelebt. Eine seltsame Ambivalenz aber tritt zutage: einerseits wird die Bedeutung der Natur hervorgehoben – und zwar insbesondere gegen die Büchergespinste der Medizinerkollegen; auf der anderen Seite aber wird genau das als bedeutsame Natur erklärt, was unsichtbar ist. Die astronomische Erkenntnis bildet die Brücke zwischen der Spekulation und der Empirie. Der Mensch des Paracelsus ist nicht Natur im Sinne unseres Begriffes. Die Unterscheidung der zwei Leiber, die

Unterscheidung von Erkenntnisquellen führen zu einer deutlichen Hierarchie: die Natur des Menschen ist viehisch und göttlich. »Denn der Mensch hat einen Vater, der ist ewig, dem soll er leben, nit dem Vieh. Er hat ihn viehisch gemacht, nicht darin zu wohnen, sondern zu leben.« Bei allem Respekt vor dem Licht der Natur: die letzte und entscheidende Erkenntnis ist die Gottes.

1. Wie gemeldet worden ist, machina mundi ist fabriziert in zwei Teile, in einen greiflichen und empfindsamen; der greifliche ist der Leib, der unsichtbare ist das Gestirn. Der greifliche ist aus drei Stücken, aus sulphure, mercurio und sale; der ungreifliche ist auch in drei gesetzt, in das Gemüt, Weisheit und Kunst, und sie beide sind gesetzt in das Leben. So fahre ich mit dem Natürlichen fort, und was ich bisher offenbart hab, ist wegen denen geschehen, vor denen man sich hüten muß, insonderheit ein jeglicher, der in den Werken Gottes handeln will etc.

So sind die Geschöpfe der Welt; und alle Geschöpfe sind in zwei Teile, geteilt, in Empfindsames und Unempfindsames. Das Empfindsame teilt sich in zwo Art, in Vernunft und Unvernunft, doch beide tierisch, doch so daß die Menschen mit Verstand wissen, was sie tun sollen, und nachdem und sie es tun, so wissen sie desselbigen Ende, das in unvernünftigen Tier nicht ist. Drum haben sie das Urteilen und dessen Vollbringung, das in den Tieren nit ist. So werden alle Sinne durch das Gestirn regiert als durch den Herrscher, der über einen jeglichen Verstand gesetzt ist, dem Menschen als einem Menschen, dem Vieh als dem Vieh. Und was den Menschen betrifft, da ist beide Art. Die Vernunfte des Menschen in Künsten, Gemüt und Weisheiten, die kommen ihm vom Gestirn; aber des Viehes Art ist allein Essen und Trinken und seine Art zu vollbringen. So nimmt das Vieh eine andere Art von dem Gestirn, eine andere saugt der Mensch vom Gestirn, und das ist seine tödliche Weisheit, Vernunft, Kunst, – und was aus dem Licht der Natur ist, das muß aus demselben gelernt werden, allein das Bildnis Gottes nicht, das ist dem Geist befohlen, der ihm vom Herrn gegeben ist...

Jetzt folgt aus dem die Erkenntnis der Kräfte des Gestirns, alldieweil das Gestirn unser natürlicher Schulmeister ist, indem daß wir das wissen und verstehen, daß alle Vernunft und Kunst von dem Gestirn an uns erben, und je nachdem sie am Himmel stehen, so steht auch das selbige sidus im Menschen, und so ist es ein Schulmeister im Menschen und der Mensch sein Schüler, und lernt das natürliche Licht von ihm, das ist vom Gestirn. So geschieht auch die Erkenntnis des Geistes des Bildnisses; die Kraft des Geistes des Bildnisses hat die Erkenntnis des ewigen Lebens. Gleicherweise, wie wir wissen, daß wir durch den Geist des Bildnisses göttliche Weisheit erfahren und wissen, so verstehen wir durch den aetherischen Geist den irdischen Geist, und durch den Geist der Elemente erfahren wir der Elemente Geheimnis…

Was von dem Gestirn gelehrt worden ist, redet dasselbige, das des Gestirns ist, und was von der Erde gelernt hat, redet von derselbigen, und was vom Reich Gottes gelernt hat, redet vom Reich Gottes…

Was aber in die Erkenntnis des natürlichen Lebens gehört, das selbige fließt aus dem Gestirn, darum: der von dem Gestirne schreibt, der nirnmts von dem Gestirn.

Weiter gehört also billig hierher: weil der Leib das Licht von der Natur empfangen muß, gleicherweise wie der Zunder aus dem Kieselstein das Feuer empfängt, so empfängt auch ein jeglicher sein Licht, aus dem er ist. Darum, was Lichtes im Menschen ist, das kommt von dem Gestirn, und was im Fleisch und Blut ist, das kommt aus den Elementen. So sind also zwo Wirkungen im Menschen, die eine des firmamentischen Lichts in natürlicher Weisheit, Künsten und Vernunft, – die haben sonst keinen andern Vater, – denn so hat Gott das medium im natürlichen Licht geschaffen. Und weiter ist noch ein anderes aus den Elementen, wie Unkeuschheit, Essen, Trinken und dergleichen, was Blut und Fleisch betrifft. Und was so in Blut und Fleisch geboren wird, das soll dem Gestirn nit zugelegt werden, denn der Himmel gibt keine Unkeuschheit, macht niemanden geizig. Und wie das Feuer aus dem Kiesel fällt, in dem es nit gesehen wird, so fällt es auch aus den Sternen in das Fleisch und Blut, das ihr Zunder ist, aber nicht in die Dinge, die Fleisch und Blut betreffen. Allein die Dinge gebiert es in ihm, die Weisheit, Kunst usw. betreffen, denn vom Himmel allein kommt Weisheit und Kunst. So teilt sich der Zunder des Fleisches in zween Teile, in den Teil, der ohne Vernunft lebt, und in den Teil, der in Vernunft lebt; einem jeglichen wird seine praedestinierte Ersinnlichkeit, ein jeglicher nach seiner Eigenschaft, Art und Wesen. Solches alles wird, wie gemeldet ist, vom Gestirn empfangen und den Elementen. So empfängt ein jeglicher Teil sein Wesen, nachdem ihm gegeben wurde. Was vom Gestirn ist, das ist tierisch und hängt allen Tieren an; was vom Gestirn ist, das ist menschlich, und was vom Geist Gottes ist, das ist nach dem Bildnis.

2.	Darum merkt weiter, obwohl Christus und die Propheten über die Natur sind, – das aber deshalb die Astronomie aufgehoben sei, das ist nicht, sondern sie ist dem gegeben, dem anderes nit werden mag, wie dem Arzt die Arznei; aber sprechen: stehe auf und nimm dein grabatum, das ist dein Ruhebett, und wander! das ist dir nicht befohlen noch gegeben. Es ist aber eine logica eingerissen, die selbige hat verblendet das Licht der Natur und das Licht der Weisheit, und eingeführt eine fremde doctrin, dieselbige hat beide Weisheiten zwischen Stühle und Bänke niedergesetzt; das sind die selbigen, die vor Christo angefangen haben, das Licht des Ewigen und der Natur zu verlöschen, und so ist durch sie verdunkelt worden die Wahrheit beider Lichter. Merket weiter, daß Christus und die Seinen dem Licht der Natur nichts genommen haben, aber der pharisäische Sauerteig derer, die in scholis wandeln, brechen und wollen der Natur ihre Macht nehmen, und sie selbst folgen weder Christo noch dem natürlichen Licht. Sie sind die Toten, die die Toten begraben; das ist, kein Leben ist in ihrem Tun, denn sie lernen in keinem der Lichter etwas, weder im natürlichen noch im ewigen, und wollen doch beide sein.

3. Darum wird dem Menschen das Licht der Natur zu suchen befohlen, auf daß der tödliche Leib im Weg des Herrn wandle und nicht auf den Stuhl der Pestilenz komme, und daß der neugeborene Leib das seine vor dem Anfange des natürlichen Lichts vollbringe; das ist, daß wir am ersten das Reich Gottes suchen, darnach werden uns alle Ding in dem Lichte der Natur geoffenbart. So wird der Zank zwischen dem ewigen und tödlichen Licht vertragen, und die Hungrigen werden mit dem guten Licht erfüllt werden, und die Faulen werden dessen entraten.

4. Der Mensch ist nicht aus nichts gemacht worden, sondern er wurde aus einem Stoff gemacht, … welches etwas der limus terrae gewesen ist. … Und limus terrae ist maior mundus. Und so ist der Mensch aus Himmel und Erde gemacht, das ist: aus den obern und untern Schöpfungen. … denn aus der Erde und dem Himmel ist er gemacht. Denn der limus terrae ist ein Auszug aus dem Firmament und allen Elementen, das ist, wenn man verstehen will, was limus terrae sei, so ist es ein Auszug aus allen corporibus und creatis. Nach diesem merket, wie der Grund aus der Bibel kommt, auf den die Philosophie gesetzt werden soll und das ganz Licht der Natur.

5. Das ist groß zu bedenken, alldieweil alle Ding aus nichts gemacht sind, allein der Mensch nit, und ihn Gott selbst nach seinem Bildnis gemacht hat, nicht aus gemeinem Kot, sondern aus dem Auszug aller Geschöpf, und ob er gleichwohl ein Kot ist und ein Pulver, das der Wind hin und her wehet und wirft, so ist doch alles das, daraus er gemacht ist, ein Kot. Denn da ist nichts, das bleiblich ist, und so ist in das fünfte Wesen alle Natur der ganzen Welt, der empfindsamen und der unempfindsamen, gekommen und gefaßt worden, in eine Faust zusammen, in eine massam, das hat der Gott getan, der Himmel und Erde geschaffen hat; und aus demselben fünften Wesen, das die Schrift limum terrae nennt, aus diesem Limo hat der Schöpfer der Welt die kleine Welt gemacht,

den microcosmum, das ist den Menschen. So also ist der Mensch die kleine Welt, das ist, der Mensch hat alle Eigenschaft der Welt in ihm, darum ist er microcosmus. Darum ist er das fünfte Wesen der Elemente und des Gestirns oder Firmaments in der obern sphaera und im untern globul. So ist die große Welt ein Vater der kleinen Welt.

6. Weswegen er alle ihre Eigenschaften an sich hat, weswegen ihn auch die große Welt speist, führet und nähret in Weisheit, in Vernunft, in Speise und in Trank als ihr eigen Blut und Fleisch, das so wunderbarlich aus ihr geboren ist. Und das ist wichtig zu merken, daß wir Menschen unser Fleisch und Blut von unserm Vater der Elemente und des Firmaments essen und trinken. Und darum, daß wir aus der Welt gemacht sind, darum speist uns die Welt als ihr Kind, gleicherweis wie in der neuen Geburt aus Gott, welche auch gespeist und getränkt werden aus dem, von dem sie sind, auch mit Weisheit und Vernunft begabt wie der natürliche Mensch vom Gestirn.

7. So wie bis jetzt von der massa gemeldet worden ist, aus der der Mensch seine Geburt genommen hat, und wie dann gezeigt worden ist, daß er ein Auszug aus der ganzen machina mundi sei, – gleicherweise wie ein Arzt, der da aus einem Kraut die Kräfte und das Wesen, das nachfolgends das fünfte Wesen heißt, auszeucht, und so, wie das dann verlassene corpus gegenüber dem Auszuge ist, so verhält sich gegeneinander die Welt und der Mensch. Um so viel ist das verlassene corpus schwächer, so viel das fünfte Wesen in sich trägt und von dem verlassenen corpus genommen worden ist, um so viel ist es minder. Es ist nicht ganz und gar ausgezogen, weil die Arznei ausgezogen wird, aber jedoch so viel und es zu dem Menschen not gewesen ist, und so viel ist geblieben, daß es aus dem, so noch geblieben ist, das Leben führen, Nahrung empfangen, essen und trinken kann, und was sonst der Himmel in seiner Vernunft auch trifft.

8. Nun um weiter den limum terrae zu erklären! Wie ihr bisher verstanden habt, daß er eine massa sei und ein extrahiertes quintum esse vom Himmel und den Elementen, so ist weiter not zu wissen, warum es limum terrae heiße und nit limus firmamenti oder limus elementorum, oder limus aquae, ignis vel aeris, oder warum nicht limus mundi, alldieweil es doch alles bei einander in einer massa gewesen ist? Die Ursach ist, daß die Erde an ihr selbst massam hat und ist, und die andern sind nit massae, drum so ists der massa nach genannt worden, und die selbige massa ist terra gewesen. Das ist so zu verstehen, daß die Erde aller Creaturen Boden und Centrum ist, und ist eben aus dem centro

genommen, in das alle Kreaturen gehen, und ist terra genannt worden, und die terra ist die massa…

Daraus folgert sich der Name limus terrae. Versteht da von der Erde auch, was vom Meer angezeigt worden ist, daß da auch alle Ding einlaufen und vergraben werden. Und wie im Meer alle Wasser verzehrt werden, so werden in der Erde die Kreaturen in ihren influentiis auch verzehrt, und ein jegliches corpus wird von seiner Mutter verzehrt.

9. Nach diesem merkt weiter: es sind vier Ding, durch die die Natur den Menschen offenbar macht und ein jegliches Gewächs; das versteht so: in den vier Künsten werden die Verborgenheiten der unsichtbaren Ding erkannt und gefunden. Nämlich erstens durch chiromantiam. Die selbige betrifft die äußersten Teile der Äste im Menschen, wie Hände und Füße, dabei auch die Adern des Leibes, Striemen, Linien, Runzeln, die gehören in eins. Das ist so zu verstehen, daß in den Füßen, Händen, Adern die signa signata begriffen werden; darinnen soll chiromantes gelehrt werden, nicht allein den Menschen durch sie zu erkennen, sondern alle Kräuter, Gesteine und was ist, das ist in die signa chiromantica gestellt und chiromantia ist astrum rerum naturalium. Wie zum Beispiel in der Lilie chiromantia ist; das ist: in der Lilie ist das astrum nach der Lilie, und ist die erste species signati. Weiter: der andere Teil ist physiognomia, die hat in sich die Gestalt des Antlitzes und was das ganze Haupt betrifft. Und diese Kunst physiognomia erstellt das signatum der oberen Gedanken und des Sinnens, denn ein anderes ist das Herz, ein anderes das Haupt, wiewohl das Haupt nicht Herr ist, sondern das Herz ist Herr. Daraus folgt nun, daß der Mensch erkenne, was in beiden ist. Das dritte ist substantia, die enthält die Gestalt des ganzen Leibs. Diese Kunst lehrt, wie die andern zwo, den Menschen erkennen, was sein Sinnen, Gedanken und das Herz vorhaben und womit er inwendig, in sich selbst, umgehe, denn die eigene Natur hat an einem bösen inneren Menschen ein Mißfallen, drum so zeichnet sie ihn in vier Wegen, damit nichts Verborgenes sei, das nicht durch das signatum offenbar werde. Und zum vierten ist mos und usus, das ist: Weise und Gebärde, wie sich der Mensch erzeigt und stellt, – desgleichen auch in andern Dingen, wie in Nesseln mit ihrem Brennen, in cantharidibus mit Blatternziehen. Die vier Ding gehören zusammen, das ist: sie geben eine ganze Erkenntnis des verborgenen inneren Menschen und aller der Dinge, die von der Natur wachsen.

Giordano Bruno von Nola (1548–1600)

Fast genau 2000 Jahre nach der Hinrichtung des Sokrates stirbt der ehemalige Dominikanermönch Giordano Bruno in Rom auf dem Scheiterhaufen der Inquisition. Zuvor war er sieben Jahre lang eingekerkert. Den Widerruf von acht Sätzen verweigert er. Bruno, einer der brillantesten Denker am Ende der Renaissance, führte nach seiner Flucht aus dem Kloster ein Wanderleben, das ihn quer durch Europa brachte und in die Gesellschaft zahlreicher Fürsten. Er lehrte unter anderem in Genf, Wittenberg, Paris und London. Philosophisch kritisiert er die aristotelische Scholastik, schließt an den Platonismus des Nikolaus von Cues an und öffnet mit seiner Naturmetaphysik das platonische Weltbild für die mathematischen Unendlichkeiten Galileis. Ökologisch ist an Bruno vor allem interessant, daß er nicht nur der aristotelischen Endlichkeit des Weltalls die Unendlichkeit des Kosmos entgegenstellt, sondern auch an seiner Einheit und Ganzheitlichkeit festhält.

Bei Bruno drückt sich das neue heliozentrische Weltgefühl aus, in dem die Schöpfung bald wichtiger als der Schöpfer wird. Ein unendliches, lichtdurchflutetes Universum wird raumhaft umfassend zu einem materiellen wie geistigen Totum, zum Spiegelbild Gottes, das einerseits die Differenz zwischen Schöpfung und Schöpfer festhält und zugleich identifizierend beide ineinander verfließen läßt. Bruno begreift die Harmonie des Universums als ein Produkt einer schaffenden Natur, deren Kraft immanent als eigenes Subjekt begriffen wird. Dabei verflüchtigt sich der Schöpfergott einerseits in pantheistischer Teilhabe an der Schöpfung, andererseits verliert er sich deistisch und spielt nur noch eine periphere Rolle. Brunos Begriff einer Natura naturans vereint derart Naturkraft und Naturgeist zu einem umfassenden kosmischen Gesang: Im Universum herrscht kosmische Eintracht, Harmonie, vereint sich das Vielfältige zu einer ganzheitlichen Umfassung von Geist und Materie: »Das Universum ist Eines.« (Nr. 1). So stellt das Universum ein integrierendes Zentrum dar, in dem sich Ganzheits- und Kreisgedanken verbinden und sich um die kosmische Vielfalt bemühen (Nr. 2) – womit Bruno zwei wesentliche Gesichtspunkte der aktuellen ökologischen Diskussion antizipiert. Brunos Rede erhebt sich zum kosmischen Gedicht, wenn Gesprächspartner Discon die Gedanken des Teofilo zusammenfaßt: Im Anschluß an die Vorsokratiker vereint er im Urbild des Universums die Vielheit der Dinge mit dem höchsten Gut, der Wahrheit wie der Seele. Das Universum ist trotz seiner Unendlichkeit gänzlich durchwebt von Einheit; von ihr geht der Kosmos aus und in sie kehrt er zurück (Nr. 3). Aber nicht nur in dieser unendlichen Einheit des Universums tauchen ökologische Gedanken auf. Auch in der materiellen Vielheit kennt Bruno bereits die Idee des Kreislaufs. Mit seiner Lehre vom Minimum und Maximum vermittelt er harmonisch die Gegensätze in der Natur (Nr. 4). So besingt Bruno die Schönheit der Erde und das

Licht der Sonne, das Leben verheißt und auf ein allgemeines Urprinzip zurückgeführt werden kann (Nr. 5).

1. Teofilo: So ist denn also das Universum ein Einiges, Unendliches, Unbewegliches. Ein Einiges, sage ich, ist die absolute Möglichkeit, ein Einiges die Wirklichkeit; ein Einiges die Form oder Seele, ein Einiges die Materie oder der Körper; ein Einiges die Ursache; ein Einiges das Wesen, ein Einiges das Größte und Beste, das nicht soll begriffen werden können, und deshalb Unbegrenzbare und Unbeschränkbare und insofern Unbegrenzte und Unbeschränkte, und folglich Unbewegliche. Dies bewegt sich nicht räumlich, weil es nichts außer sich hat, wohin es sich begeben könnte; ist es doch selber alles. Es wird nicht erzeugt, denn es ist kein anderes Sein, welches es ersehnen oder erwarten könnte; hat es doch selber alles Sein. Es vergeht nicht; denn es gibt nichts anderes, worin es sich verwandeln könnte –, ist es doch selber alles. Es kann nicht ab- noch zunehmen –, ist es doch ein Unendliches, zu dem einerseits nichts hinzukommen, von dem andererseits nichts hinweggenommen werden kann, weil das Unendliche keine aliquoten Teile hat. Es ist nicht veränderlich zu anderer Beschaffenheit; denn es hat nichts Äußeres, von dem es leiden und affiziert werden könnte. Ferner indem es in seinem Sein alle Gegensätze in Einheit und Harmonie umfaßt und keine Hinneigung zu einem anderen und neuen Sein oder doch zu einer andern und wieder andern Art des Seins haben kann: so kann es nicht Substrat der Bewegung gemäß irgend einer Eigenschaft sein, noch anderem gegenüber etwas Entgegengesetztes oder Verschiedenes haben: denn in ihm ist alles in Eintracht. Es ist nicht Materie, denn es ist nicht gestaltet noch gestaltbar, nicht begrenzt noch begrenzbar. Es ist nicht Form, denn es formt und gestaltet nichts Anderes – es ist ja alles; es ist das Größte, ist eins und universell. Es ist nicht meßbar und mißt nicht. Es umfaßt nicht, denn es ist nicht größer als es selbst; es wird nicht umfaßt, denn es ist nicht kleiner als es selbst. Es wird nicht verglichen; denn es ist nicht eins und ein anderes, sondern eins und dasselbe. Weil es eins und dasselbe ist, so hat es nicht ein Sein und noch ein Sein, und weil es dies nicht hat, so hat es auch nicht Teile und wieder Teile, und weil es diese nicht hat, so ist es nicht zusammengesetzt. So ist es denn eine Grenze, doch so, daß es keine ist; es ist Form, doch so, daß es nicht Form ist; es ist so Materie, daß es nicht Materie ist; es ist so Seele, daß es nicht Seele ist; denn es ist alles ununterschieden, und deshalb ist es Eines; das Universum ist Eines. In ihm ist sicherlich die Höhe nicht größer als die Länge und Tiefe; deshalb wird es aufgrund einer gewissen Analogie eine Kugel genannt, es ist aber keine Kugel. In der Kugel ist die Länge dasselbe wie Breite und Tiefe, weil sie dieselbe Begrenzung haben; in dem Universum aber ist Breite, Länge und Tiefe dasselbe, weil sie auf dieselbe

Weise keine Begrenzung haben und unendlich sind. Haben sie keine Hälfte, kein Viertel und kein anderes Maß, gibt es also hier überhaupt kein Maß, so ist hier auch kein aliquoter Teil, also überhaupt kein Teil, der von dem Ganzen verschieden wäre. Denn wenn du von einem Teil des Unendlichen sprechen willst, so mußt du ihn unendlich nennen; wenn er unendlich ist, so kommt er mit dem Ganzen in einem Sein zusammen: mithin ist das Universum ein Einiges, Unendliches, Unteilbares. Und wenn sich im Unendlichen kein Unterschied wie zwischen dem Ganzen und einem Teil, von Etwas und Anderem findet: so ist sicher das Unendliche ein Einiges.

2. Wenn der Punkt nicht vom Körper, der Mittelpunkt nicht vom Umfang, das Endliche nicht vom Unendlichen, das Größte nicht vom Kleinsten verschieden ist: so können wir mit Sicherheit behaupten, daß das Universum ganz Zentrum oder das Zentrum des Universums überall ist und daß der Umkreis nicht in irgend einem Teil, sofern derselbe vom Mittelpunkt verschieden ist, sondern vielmehr, daß er überall ist; aber ein Mittelpunkt als etwas von jenem Verschiedenes ist nicht vorhanden. So ist es denn nicht nur möglich, sondern sogar notwendig, daß das Beste, Größte, Unbegreifliche alles ist, überall ist, in allem ist; denn als Einfaches und Unteilbares kann es alles, überall und in allem sein. Und also hat man nicht umsonst gesagt, daß Zeus alle Dinge erfülle, allen Teilen des Universums einwohne, der Mittelpunkt von dem sei, was das Sein hat, als eines in allem, und daß durch ihn Eines Alles ist. Da er nun alles ist und alles Sein in sich umfaßt, so bewirkt er, daß Jegliches in Jeglichem ist.

Aber ihr werdet mir sagen: warum verändern sich denn die Dinge? Warum wird die geordnete Materie in immer andere Formen gezwängt; Ich antworte, daß alle Veränderung nicht ein anderes Sein, sondern nur eine andere Art zu sein anstrebt. Und das ist der Unterschied zwischen dem Universum selber und den Dingen im Universum. Denn jenes umfaßt alles Sein und alle Arten zu sein; von diesen hat jegliches das ganze Sein, aber nicht alle Arten des Seins, und es kann nicht alle Bestimmungen und Akzidentien in Wirklichkeit haben. Denn viele Formen sind nicht zugleich an demselben Substrat möglich, entweder weil sie entgegengesetzt sind, oder weil sie verschiedene Arten bezeichnen: so kann z. B. dasselbe individuelle Substrat nicht zugleich unter dem Akzidenz eines Pferdes und eines Menschen existieren oder die Raumausdehnung einer Pflanze und die eines Tieres haben. Ferner umfaßt das Universum alles Sein gänzlich; denn außerhalb und über dem unendlichen Sein ist überhaupt nichts, da es kein Außen und kein Jenseits für dasselbe gibt; von den Dingen im Universum aber umfaßt jedes alles Sein, aber nicht gänzlich, weil jenseits eines jeden unendlich viel anderes ist. So seht ihr ein, wie jedes Ding eines ist, aber nicht auf einheitliche Weise. So täuscht sich nicht, wer das Seiende, die Substanz und das Wesen eines nennt; als unendlich und unbegrenzt sowohl der Substanz als der Dauer nach, sowohl der Größe als der Kraft nach hat es die Eigenschaft weder eines Prinzips noch eines Abgeleiteten; denn da jedes Ding in die Einheit und Identität einmündet, d. h. eins und dasselbe wird, so erlangt es die Eigenschaft des Absoluten, nicht des Relativen. In dem einen Unendlichen, Unbeweglichen, d. h. der Substanz, dem Wesen, findet sich die Vielheit, die Zahl; diese aber als Modus und als Vielgestaltigkeit des Wesens, welche Ding für Ding besonders bestimmt, macht deshalb doch nicht das Wesen zu mehr als Einem, sondern nur zu einem vielartigen, vielgestaltigen und vielförmigen Wesen. Wenn wir daher mit den Naturphilosophen in die Tiefe gehen und die Logiker mit ihren Einbildungen bei Seite lassen, so finden wir, daß alles, was Unterschied und Zahl bewirkt, bloßes Akzidenz, bloße Gestalt, bloße Komplexion ist. Jede Erzeugung, von welcher Art sie auch sei, ist eine Veränderung, während die Substanz immer dieselbe bleibt, weil es nur eine gibt, ein göttliches, unsterbliches Wesen. Das hat Pythagoras wohl einzusehen vermocht, welcher den Tod nicht fürchtet, sondern nur eine Verwandlung erwartet; alle die Philosophen haben es einzusehen vermocht, die man gewöhnlich Naturphilosophen nennt und welche lehren, daß nichts seiner Substanz nach entstehe oder vergehe: es sei denn, daß wir auf diese Weise die Veränderung bezeichnen wollen. Das hat Salomo eingesehen, welcher lehrt, daß es nichts Neues unter der Sonne gebe, sondern das, was ist, schon vorher war. Da seht ihr also, wie alle Dinge im Universum sind und das Universum in allen Dingen ist, wie wir in ihm, es in uns, und so alles in eine vollkommene Einheit einmündet.

3. Dicson: Also ist diese Welt, dieses Wesen, das wahre, das universelle, das unendliche, unermeßliche, in jedem seiner Teile ganz, und mithin das Ubique, die Allgegenwart selber. Was daher im Universum ist, ist in bezug auf das Universum nach dem Maße seiner Fähigkeit überall, sei es auch, was es wolle in bezug auf die anderen besonderen Körper. Denn es ist über, unter, innerhalb, rechts, links und nach allen räumlichen Unterschieden; weil in dem ganzen Unendlichen alle diese Unterschiede und keiner von ihnen sind. Jedes Ding, das wir im Universum ergreifen, umfaßt, weil es das, was alles in allem ist, in sich hat, in seiner Art die ganze Weltseele, obschon nicht gänzlich, wie wir oben gesagt haben, welche in jedem Teil desselben ganz ist. Wie daher die Wirklichkeit Eines ist und ein Sein bewirkt, wo es auch sei, so ist nicht zu glauben, daß es in der Welt eine Mehrheit von Substanzen und von dem, was wahrhaft Wesen ist, gebe. Sodann weiß ich, daß ihr es als ausgemacht anseht, daß jede von allen den unzähligen Welten, die wir im Universum sehen, darin nicht sowohl

wie in einem sie umschließenden Raume und wie in einer Ausdehnung und an einem Orte ist, sondern vielmehr wie in einer umfassenden, erhaltenden, bewegenden, wirkenden Kraft , welche von jeder unter diesen Welten ebenso vollständig umfaßt wird, wie die ganze Seele von jedem Teil derselben. Mag daher auch immer eine einzelne Welt sich auf die andere zu und um dieselbe drehen, wie die Erde zur Sonne und um die Sonne: in bezug auf das Universum bewegt sich doch nichtsdestoweniger keine auf dasselbe zu, noch um dasselbe, sondern in demselben.

4. Teofilo: So wie der Zehner auch eine Einheit, aber eine umschließende ist, der Hunderter ebensosehr Einheit, aber eine noch mehr umschließende, der Tausender ebensosehr Einheit ist wie die anderen, aber vielmehr enthaltend. Was ich euch hier im arithmetischen Gleichnis aufzeige, das mußt du in höherem und abstrakterem Sinne in allen Dingen verstehen. Das höchste Gut, der höchste Gegenstand des Begehrens, die höchste Vollkommenheit besteht in der Einheit, welche alles in sich schließt. Wir ergötzen uns an der Farbe, aber nicht so an einer entfalteten, welcher Art sie auch sei, sondern am meisten an einer solchen, welche alle Farben in sich schließt. Wir erfreuen uns an dem Klang, nicht an einem besonderen, sondern an einem inhaltsvollen, welcher aus der Harmonie vieler Töne sich ergibt. Wir freuen uns an einem sinnlich Wahrnehmbaren, aber zumeist an dem, welches alles sinnlich Wahrnehmbare in sich faßt; an einem Begreiflichen, welches alles Begreifliche umfaßt, an einem Wesen, welches alles umschließt, am meisten an dem einen, welches das All selber ist. So würdest du, Poliinnio, dich auch mehr freuen an der Einheit eines Edelsteines, der so kostbar wäre, daß er alles Gold der Erde aufwöge, als an der Vielheit der Tausende von Tausenden solcher Groschen wie die, von denen du einen in der Börse hast.

Poliinnio: Hervorragend!

Gervasio: Nun bin ich also ein Gelehrter. Denn wie der, der das Eine nicht versteht, nichts versteht, so versteht der alles, der wahrhaft das Eine versteht; und wer sich der Erkenntnis des Einen mehr annähert, kommt auch der Erkenntnis von allem näher.

Dicson: So gehe ich, wenn ich's recht verstanden habe, durch die Auseinandersetzungen des Teofilo, des treuen Berichterstatters über die Lehre des Philosophen von Nola, wesentlich bereichert von dannen.

Teofilo: Gelobt seien die Götter, und gepriesen von allem was da lebt, sei das Unendliche, das Einfachste, Einheitlichste, Erhabenste und Absoluteste: Ursache, Prinzip und Eines!

5. So begreifen wir, daß die Vielzahl der Sterne und Himmelskörper eine Zahl hunderttausender und mehr numinoser Wesenheiten ist, die ihrerseits den ersten, allgemeinen, unendlichen, ewigen Erzeuger betrachtend anschauen. Nicht länger ist die Vernunft an die Kette phantasiegeborener Sphären gefesselt, nicht länger ist sie dem Walten von acht, neun oder zehn Bewegern ausgeliefert. Wir kennen nämlich nur noch einen einzigen Himmel, eine unermeßliche ätherische Erstreckung, in der es ebenso wie diesen herrlichen Planeten, den wir Erde nennen, noch unendlich viele andere gibt, die einen jeweils besonderen Abstand voneinander halten und die durch eigene Schwerkraft in ihrer Bahn gehalten werden – so entsteht dauerndes Leben und dauerndes Licht. Es sind flammende Körper, die den Ruhm der göttlichen Majestät verkünden und das Werk seiner Hände sind. Von hier aus kommen wir zur Entdeckung der unendlichen Wirkung einer unendlichen Ursache, von hier aus kommen wir zur Anschauung der Gottheit – nicht als einer, die außerhalb unserer selbst wäre, für sich seiend und in großer Entfernung von uns, sondern als einer, die in uns selbst ist, weil sie nämlich zur Gänze überall sein muß; diese Gottheit ist uns innerlicher, als wir uns selber innerlich sein können: wenn sie in Wahrheit das ist, was allen Wesenheiten und dem ganzen Sein Substantialität verleiht, dann ist sie auch der wesentlichste Mittelpunkt (...).

Jakob Böhme (1575–1624)

Die abgedruckten Zeugnisse des Görlitzer Schuhmachers haben Epoche gemacht. Im Prinzip haben alle esoterisch ausgerichteten christlichen Gruppierungen der Neuzeit, von den Rosenkreuzern bis zu Berdjajew, in ihm ihren Meister. Entsprechend divergieren die Interpretationen, die sein Werk erfahren hat. Ein guter Teil der pantheistischen Energien, die das 17. und 18. Jahrhundert kennzeichnen, fließen aus dem Werk. Und doch ist der »philosophus teutonicus« mit dem Begriff des Pantheismus nicht zu fassen. Seine prophetische Bibelauslegung ergänzt die lutherische, in deren Bann sie doch auch steht: das große Wunder, daß nämlich das ausgesprochene Wort Gottes Natur geworden ist, versucht Böhme zu ergründen. Seine Mystik ist christliche Kabbala; sie bezieht sich einerseits auf Paracelsus, und hält doch, – deswegen ist sie nicht Pan-, sondern Theosophie – ganz am christologischen Dogma fest.

Die Position Böhmes ist aus einem zweifachen Grunde bedeutsam für eine Genealogie des ökologischen Denkens: in der Konstruktion des göttlichen Urstandes der Natur begründet sie eine Tradition, die die Heilsgeschichte des Menschen mit der der Erde verbindet (vgl. Baader). Die Alleinheit der Schöpfung macht ein ganz anderes Erkennen der Natur möglich, als es die Naturwissenschaft, die gerade in dieser Zeit einen so großen Aufschwung nimmt, kennt. In der Lehre von der Signatur der Dinge zieht Böhme die Konsequenz aus der These, daß die innere und die äußere Welt verschiedene Offenbarungsstufen sind. In der Gestalt ist das Wesen eines Dinges erkennbar: wie das Äußere, so das Innere. Die Dinge der Natur müssen geschaut, nicht berechnet werden, um erkannt zu werden. Geist und Materie sind nicht scharf getrennt: das »Buch der Natur« kann gelesen und verstanden werden. Jedes Ding steht in diesem Buch in einem geheimen, aber erkennbaren Zusammenhang mit allen anderen Dingen. »Ein jedes Ding hat seinen Mund zur Offenbarung«, heißt es in einem der abgedruckten Fragmente. Damit ist ganz deutlich jener sprachliche, religiös gewendete Rahmen bezeichnet, in dem sich die Naturlehre Böhmes bewegt.

1. So siehe dich nur selber an, was du bist, und siehe die äußere Welt an mit ihrem Regiment, was die ist; so wirst du finden, daß du mit deinem äußeren Geiste und Wesen die äußere Welt bist: Du bist eine kleine Welt aus der großen, dein äußeres Licht ist ein Chaos der Sonnen und des Gestirnes, sonst könntest du nicht vom Sonnen-Licht sehen. Die Sterne geben Essenz der Unterschiedlichkeit im verständlichen Sehen? Dein Leib ist Feuer, Luft, Wasser, Erde; darinnen liegt auch die metallische Eigenschaft, denn wessen die Sonne mit dem Gestirne ein Geist ist, dessen ist die Erde mit den anderen Elementen ein Wesen, eine cogulierte Kraft: Was das Obere ist, das ist auch das Untere, und alle Kreaturen dieser Welt sind dasselbe.

Wenn ich einen Stein oder einen Erden-Klumpfen aufhebe und ansehe, so sehe ich das Obere und das Untere, ja die ganze Welt darinnen, nur daß an einem jedem Dinge etwa eine Eigenschaft die größte ist, darnach es auch genannt wird. Die anderen Eigenschaften liegen alle miteinander auch darinnen, allein in unterschiedlichen Graden und Centris, und sind doch alle Grad und Centra nur ein einziges Centrum: Es ist nur eine einige Wurzel daraus alles herkommt, es scheidet sich nur in der Compaction, da es coaguliret wird: sein Urstand ist wie ein Rauch oder Brodem vom großen Mysterio des ausgesprochenen Wortes, das an allen Orten im Wieder-Aussprechen stehet, das ist im Wieder-Aushauchen ein Gleichnis nach sich, ein Wesen nach dem Geiste.

Nun können wir aber nicht sagen: daß die äußere Welt Gott sei, oder das sprechende Wort, welches in sich ohne solch Wesen ist, so wohl auch der äußere Mensch nicht: sondern es ist alles nur das ausgesprochene Wort, das sich in seinem Wiederfassen (zum selber Sprechen) also coaguliret hat, und noch immerdar mit den vier Elementen durch den Geist der Begierde (als des

Gestirnes) coaguliret, und in ein solch Weben und Leben einführet, nach Art und Weise wie das ewige sprechende Wort ein Mysterium (welches geistlich ist) in sich macht, welches Mysterium ich das Centrum der ewigen Natur heiße, da sich das ewig-sprechende Wort in eine Gebärung einführet, und auch eine solche geistliche Welt in sich macht, wie wir im ausgesprochenen Wort eine materialische sind.

Denn ich sage, die innere Welt ist der Himmel, darinnen Gott wohnt, und die äußere Welt ist aus der inneren ausgesprochen, und hat nur einen andern Anfang als die innere, aber doch aus der innern. Sie ist aus der innern (durch Bewegung des ewig-sprechenden Wortes) ausgesprochen, und in einen Anfang und Ende gesetzt.

2. Darum ist nichts vor Gott nahe oder weit, eine Welt ist in der andern, und sind alle nur die einige: Aber eine ist geistlich, die andere ist, gleichwie Leib und Seele ineinander ist, und auch Zeit und Ewigkeit nur ein Ding ist, aber in unterschiedlichen Anfängen. Die geistliche Welt im Innern hat einen ewigen Anfang, und die äußere einen zeitlichen, eine jede hat ihre Geburt in sich; aber das ewig-sprechende Wort herrschet durch alles, und mag doch weder von der geistlichen noch äußern Welt ergriffen oder gefasset werden, daß es stille stünde, sondern es wirkt von Ewigkeit in Ewigkeit, und sein Gewirke wird gefasset. Denn es ist das geformte Wort, und das wirkende ist sein Leben und faßlich, denn es ist außer allem Wesen, nur bloß als ein Verstand oder eine Kraft, die sich in das Wesen einführet.

In der innern geistlichen Welt fasset sich das Wort in ein geistliches Wesen, als in ein einiges Element, da ihr vier darin verborgen liegen. Als aber Gott, als das Wort, hat dasselbig einige Elemente bewegt, so haben sich die verborgenen Eigenschaften offenbart, als da sind vier Elemente.

3. Und ist uns dieselbe Bewegung des ewigen Mysterii der geistlichen Welt gar wohl und ganz-inniglich zu betrachten. (1) Wie das sei zugangen, daß ein solch grimmig rauhe, ganz stachlicht Wesen und Regiment sei erboren, und offenbar worden, wie wir an den äußern Gestalten der Natur, an den webenden Wesen, sowohl an Stein und Erden sehen. (2) Wovon ein solcher Grimm entstanden sei, welcher die Kräfte der Eigenschaften also in solche Art compactirt und eingeführt hat, wie wir an der Erden und Steinen sehen.

Denn uns ist gar nicht zu denken, daß im Himmel, als in der geistlichen Welt, dergleichen sei; es sind nur die Eigenschaften der Möglichkeit in der geistlichen Welt: Sie sind aber in solcher wilden Eigenschaft nicht offenbar, sondern als wie verschlungen, gleichwie das Licht die Finsternis verschlingt; und da doch die Finsternis wahrhaftig im Lichte wohnt, aber es nicht ergreift.

So ist uns dem nachzuforschen; wie doch die finstere Begierde sei in der Kraft des Lichts offenbar worden, daß sie beide sich miteinander in die Compaction oder Coagulation eingangen. Und ein noch viel größeres Nachdenken gibt uns das, daß da der Mensch nicht bestehen konnte im geistlichen Mysterio der paradiesischen Eigenschaft, Gott dieselbe Compaction, als die Erde, verfluchte, und ein ernst Gericht anstellte: das Gute in der Compaction der Erden vom Bösen wieder zu scheiden, daß das Gute soll also im Fluche als im Tode stehen; wer allhier nichts sieht, der ist ja blind. Warum wollte Gott ein gutes Wesen verfluchen, so nicht etwas wäre darein gekommen, das dem Guten zuwider sei? oder ist Gott mit ihm uneins geworden? würde die Vernunft sagen; denn bei Mose steht: Und Gott sah an alles was er gemacht hatte; und siehe, es war sehr gut.

Nun hatte doch der Mensch (um welches willen die Erde verflucht ward) nichts in die Erde gebracht, davon sie diesmal also wäre böse geworden: daß sie Gott hätte mögen verfluchen, als nur eine falsche und unrechte Imagination der Begierde vom Bösen und Guten zu essen; die Eitelkeit, als das Centrum der Natur, in ihm zu erwecken, und Böses und Gutes zu wissen: Aus welcher Begierde der Hunger in die Erde einging, daraus der äußere Leib, als eine Massa war ausgezogen worden, der führte seinen Hunger der Begierde wieder in seine Mutter ein; und erweckte aus der finstern Impression des Centri der Natur, die Wurzel der Eitelkeit, daraus ihm der Versuch-Baum, als Bös und Gut, offenbar wuchs; und als er davon aß, ward die Erde um seinetwillen verflucht.

4. Nun möchte einer sagen: Aus welcherlei Materie oder Kraft ist dann das Gras, Kraut und Bäume hervorgegangen? Wie hats doch eine Substanz und Gelegenheit mit diesem Geschöpfe? Der Einfältige spricht: Gott hat alles aus Nichts gemacht; erkennet aber denselben Gott nicht, und weiß nicht was Er ist: Wenn er die Erde ansieht mitsamt der Tiefen über der Erde, so denkt er: Das ist nicht Gott, oder da ist nicht Gott. Er bildet ihm allezeit für, Gott wohne allein über dem blauen Himmel der Sternen, und regiere etwa mit einem Geiste, der von ihm ausgehe in dieser Welt, sein Corpus sei nicht hier auf Erden, und in der Erden gegenwärtig.

Solche Meinungen habe ich in der Doktoren Bücher und Schriften gelesen: Und eben darum ist auch so vielerlei Meinung und Zank unter den Gelehrten entstanden.

Weil mir aber Gott die Porten seines Wesens in seiner großen Liebe eröffnet, und denkt an den Bund, den er mit den Menschen hat, so will ich alle Porten

Gottes ganz treulich und ernstlich nach meinen Gaben eröffnen und aufschließen, soweit mich Gott zuläßt.

5. Nun merke: Die Erde hat eben solche Qualitäten und Quellgeister, wie die Tiefe über der Erden, oder wie die Himmel, und gehöret alles mit einander zusammen zu einem Leibe; und der ganze Gott ist derselbe einige Leib: Daß du ihn aber nicht gänzlich siehst und kennst, das ist der Sünden Ursache, mit welcher du in diesem Göttlichen großen Leibe im toten Fleische verschlossen liegst; und ist dir die Kraft der Gottheit verborgen, gleichwie das Mark in den Beinen dem Fleische verborgen ist. So du aber im Geiste durchbrichst durch den Tod des Fleisches, so siehst du den verborgenen Gott. Gleichwie das Mark in den Beinen durchbricht, und gibt dem Fleische Kraft und Stärke, und das Fleisch kann doch nicht das Mark ergreifen, sondern nur seine Kraft; also auch du kannst die verborgene Gottheit nicht im Fleische sehen, sondern du empfängst seine Kraft, und verstehst darinnen, daß Gott in dir wohnt.

(Denn das tote Fleisch gehört nicht in die Geburt des Lebens, daß es das Leben des Lichts eigentümlich empfange; sondern das Leben des Lichts in Gott geht in dem toten Fleische auf, und gebärt ihm aus dem toten Fleisch einen andern himmlischen und lebendigen Leib, welcher das Licht kennt und versteht.

Denn dieser Leib ist nur eine Hülse, daraus der neue Leib wächst, (»Der neue Leib wächst aus der himmlischen Wesenheit im Worte, aus dem Fleische und Blute Christi, aus dem Mysterio des alten Leibes.«) gleichwie mit dem Weizenkorn in der Erde; die Hülse aber wird nicht wieder aufstehen und lebendig werden, gleichwie auch am Weizen nicht geschieht, sondern wird ewig im Tode und in der Hölle bleiben.

6. Du sollst wissen, daß alle sieben Geister Gottes in der Erden sind und gebären, gleichwie im Himmel: Denn die Erde ist in Gott und Gott ist nie gestorben, sondern die äußerste Geburt ist tot, darinnen der Zorn ruht, und wird König Luzifer zu einem Haus des Todes und der Finsternis, und zu einem ewigen Gefängnis vorbehalten.

7. Dann versteht es recht: die irdischen Kreaturen der Zeit sind mit dem Corpore aus den vier Elementen, aber der Leib des Menschen ist aus der Temperatur, da alle vier Elemente in einander in Einem Wesen liegen, daraus Erde, Steine und Metalle, samt allen irdischen Kreaturen ihren Urstand haben: Wohl aus dem Limo der Erde, aber nicht aus der Grobheit des eingefasseten Wesens der Zertrennung in den Eigenschaften, da sich eine jede Eigenschaft in ein sonderlich Wesen der Erde, Steine und Metalle gefaßt hat, sondern aus der Quinta

Essentia, darinne die vier Elemente in der Temperatur inneliegen, da weder Hitze noch Kälte offenbar war, sondern sie waren alle in gleichem Gewichte.

Denn sollte der Mensch über alle Kreaturen herrschen, so müßte er ja die höhere Macht, als das höchste Ens der Kreatur, in sich haben, daraus die Kreaturen einen Grad äußerlicher oder niedriger (oder wie man es eben möchte geringer) waren, damit das Mächtige in dem Ohnmächtigen herrsche, gleichwie Gott in der Natur, welche auch geringer ist denn Er. Doch nicht zu gedenken, daß im Menschen sollten die tierischen Eigenschaften kreatürlich oder offenbar sein; sondern das Ens aller Kreaturen lag im menschlichen Ente in der Temperatur: Der Mensch ist ein Bild der ganzen Kreation aller dreier Prinzipien, nicht allein im Ente der äußern Naturen der Sterne und vier Elemente, als der geschaffenen Welt, sondern auch aus der innern geistlichen Welt Ente, aus Göttlicher Wesenheit; denn das heilige Wort in seinem Ente, faßte sich mit in das ausgesprochene Wort: Als nämlich der Himmel faßte sich mit in das Wesen der äußern Welt, sowohl das Grünen in der innern Welt Wesen, als das Paradies, das heilige Element war in dem wallenden Regiment.

In Summa, das menschliche Corpus ist ein Limus aus dem Wesen aller Wesen, sonst möchte es nicht ein Gleichnis Gottes, oder ein Bild Gottes genannt werden: Der unsichtbare Gott, welcher sich hat von Ewigkeit in Wesen eingeführt, und auch mit dieser Welt in eine Zeit, der hat sich mit dem Menschen-Bilde, aus allen Wesen in ein kreatürlich Bild gemodelt, als in eine Figur des unsichtbaren Wesens. Hierzu hat er ihm nicht das kreatürliche, tierische Leben aus der Scientz der Kreatur gegeben, denn dasselbe Leben mußte in der Temperatur ungeschieden bleiben stehen; sondern er blies ihm ein den lebendigen Odem, als das wahre verständliche Leben im Worte der göttlichen Kraft, das ist, Er blies ihm ein die wahre Seele aller drei Prinzipien in der Temperatur.

8. Und ist kein Ding in der Natur, das geschaffen oder geboren ist, es offenbaret seine innerliche Gestalt auch äußerlich, denn das innerliche arbeitet stets zur Offenbarung, als wir solches an der Kraft und der Gestaltnis dieser Welt erkennen, wie sich das ewige Wesen mit der Ausgebärung in der Begierde hat in einem Gleichnis offenbart, wie es sich hat in so viel Formen und Gestältnisse offenbart, als wir solches an Sternen und Elementen, sowohl an den Kreaturen, auch Bäumen und Kräutern sehen und erkennen.

Darum ist in der Signatur der größte Verstand, darinnen sich der Mensch (als das Bild der größten Tugend) nicht allein lernt selber kennen, sondern er mag auch darinnen das Wesen aller Wesen lernen erkennen, dann an der äußerlichen Gestaltnis aller Kreaturen, an ihrem Trieb und Begierde, item, an ihrem ausgehenden Hall, Stimme und Sprache, kennt man den verborgenen

Geist, dann die Natur hat jedem Ding seine Sprache nach seiner Essenz und Gestaltnis gegeben, dann aus der Essenz urständet die Sprache oder der Hall, und derselben Essenz Fiat formt der Essenz Qualität, in dem ausgehenden Hall oder Kraft, den lebhaften im Hall, und den essentialischen im Ruch, Kraft und Gestaltnis: Ein jedes Ding hat seinen Mund zur Offenbarung.

Und das ist die Natur-Sprache, daraus jedes Ding aus seiner Eigenschaft redet, und sich immer selber offenbart, und darstellt, wozu es gut und nütz sei, dann ein jedes Ding offenbart seine Mutter, die die Essenz und den Willen zur Gestaltnis also gibt.

9. Es möchte aber ein großer Sophist über dieses Büchlein kommen, und fremden Verstand schöpfen, indem ich schreibe von einer Seele in dem vegetabilischen Leben; der soll wissen, daß wir nicht in Metallen, Steinen und Kräutern das Bild Gottes verstehen, das in eine Gleichheit nach Gott formiert ward, sondern wir verstehen die magische Seele, wie sich die Ewigkeit, als die Gottheit in seiner Gleichheit, nach dem Model der Weisheit, in alle Dinge einbildet, und wie Gott alles erfüllt; so verstehen wir Summum Bonum, den guten Schatz, der in der äußern Welt Wesen, als im Paradies, verschlossen liegt.

10. Und zeigen euch das Arcanum der großen Heimlichkeit, nämlich wie sich der Ungrund oder die Gottheit mit dieser ewigen Gebärung offenbart, denn Gott ist Geist, und also subtil wie ein Gedanke oder Wille, und die Natur ist sein leiblich Wesen, versteht die ewige Natur; und die äußere Natur dieser sichtbaren, greiflichen Welt, ist eine Offenbarung oder Aus-Geburt des innern Geistes und Wesens in Bösem und Gutem, das ist, eine Darstellung und figürliches Gleichnis der finstern Feuer- und Licht-Welt: Und wie wir euch oben gezeigt vom Urstand des Donners- und Wetterleuchtens mit dem Schauerschlagen, also ist und steht die innere Natur der innern Welt auch in der Gebärung, dann die äußere Geburt nimmt ihren Urstand von der innern, die innere Geburt ist der Kreatur unbegreiflich, aber die äußere ist ihr begreiflich, jedoch begreift eine jede Eigenschaft ihre Mutter, daraus sie ist erboren worden.

11. Denn alle Dinge sind von dem ewigen Geiste geurständet, als ein Gleichnis des Ewigen: Das unsichtbare Wesen, welches Gott und die Ewigkeit ist, hat sich in seiner eigenen Begierde in ein sichtbares Wesen eingeführt, und mit einer Zeit offenbart, also daß er sei in der Zeit als ein Leben, und die Zeit in ihm als stumm.

Also sind alle Dinge in Zahl, Maß und Gewicht nach der ewigen Gebärung eingeschlossen, Sap. II, 22, die laufen in ihrer Wirkung und Gebärung nach der Ewigkeit Recht und Eigenschaft, und über dieses große Werk hat Gott nur einen einigen Meister und Schnitzer geordnet, der das Werk kann allein treiben, das ist ein Amtmann als die Seele der großen Welt, darinnen alle Dinge liegen, als die Vernunft. Über diesen Amtmann hat er ein Bild seines Gleichen aus ihm geordnet, der dem Amtmann vormodel, was er machen soll: Das ist der Verstand, als Gottes eigen Regiment, damit Er den Amtmann regiert.

So zeigt nun der Verstand dem Amtmann, was jedes Dinges Eigenschaft sei, wie die Entscheidung und die Gradus auseinander gehen.

12. Gott hat den Menschen über den Amtmann gesetzt, und in den Verstand, als in sein eigen Regiment, geordnet; er hat die Gewalt die Natur zu transmutieren, und das Böse in ein Gutes zu setzen, so er aber sich selber zuvor hat transmutiert, anders kann er nicht: also lang er im Verstand tot ist, also lange ist er des Amtmanns Knecht und Diener; wann er aber in Gott lebendig wird, so wird der Amtmann sein Knecht.

13. Man kann jede Wurzel, wie sie in der Erde ist, an der Signatur erkennen, wozu sie nutze ist, eine solche Gestalt hat das Kraut, und an den Blättern und Stengeln sieht man, welcher Planet Herr in der Eigenschaft ist, vielmehr an der Blume: denn was für einen Geschmack das Kraut und Wurzel hat, ein solcher Hunger ist in ihm, und eine solche Kur liegt darinnen, denn es hat ein solch Salz.

14. Allhie besinn dich und laß mich ungetadelt; ich sage nicht, daß die Natur Gott sei, vielweniger die Frucht aus der Erden, sondern ich sage, Gott gibt allem Leben Kraft, es sei bös oder gut, einem jeden nach seiner Begierde, denn er ist selber alles, wird aber nicht nach allem Wesen Gott genannt, sondern nach dem Lichte, damit wohnt er in sich selber, und scheint mit seiner Kraft durch alle seine Wesen; Er eineignet seine Kraft allen seinen Wesen und Werken, und ein jedes Ding nimmt seine Kraft an nach seiner Eigenschaft; eines nimmt Finsternis, das andere Licht; jeder Hunger begehrt seiner Eigenschaft, und das ganze Wesen ist doch alles Gottes, es sei bös oder gut: Denn von und durch ihn ist alles; was nicht seiner Liebe ist, das ist seines Zornes.

Das Paradies ist noch in der Welt, aber der Mensch ist nicht darinnen, es sei denn, daß er aus dem Gott wiedergeboren werde, so ist er nach derselben neuen Wiedergeburt darinnen, und nicht mit dem vier-elementischen Adam: Wann wir uns doch eines wollten lernen kennen, und verstündens doch an dem geschaffenen Wesen....

Also auch ingleichen wohnt Gott in allen Dingen, und das Ding weiß nichts von Gott, Er ist nach dem Dinge nicht offenbar, und es empfängt doch Kraft von Ihm; aber nach seiner Eigenschaft, entweder von seiner Liebe, oder von seinem Grimm, und wovon es nimmt, also signiert sich's auch im äußern, und ist doch das Gute auch in ihm, aber der Bosheit gleichwie ganz verschlossen; wie ihr dessen ein Exempel an einem Dornstrauch habt, und an anderen stachligen Dingen mehr, daraus doch eine schöne wohlriechende Blume wächst, und zwei Eigenschaften darinnen liegen, eine liebliche und eine feindliche; welche siegt, die bildet die Frucht.

15. Die Schöpfung oder ganze Kreation ist anders nichts als eine Offenbarung des allwesenden, ungründlichen Gottes: Alles was er in seiner unanfänglichen Gebärung und Regiment ist, dessen ist auch die Schöpfung, aber nicht in der Allmacht und Kraft, sondern als ein Apfel auf dem Baume wächst, der ist nicht der Baum selber, sondern wächst aus Kraft des Baumes: Also sind alle Dinge aus Göttlicher Begierde entsprungen und in ein Wesen geschaffen worden, da am Anfang kein Wesen dazu vorhanden war, sondern nur dasselbe Mysterium der ewigen Gebärung, in welchem eine ewige Vollkommenheit ist gewesen.

Denn Gott hat nicht die Kreation erboren, daß er dadurch vollkommener würde, sondern zu seiner Selbst-Offenbarung, als zur großen Freude und Herrlichkeit: Nicht daß solche Freude erst mit der Kreation habe angefangen; nein, sie ist von Ewigkeit im großen Mysterio gewesen, aber nur als ein geistlich Spiel in sich selber. Die Kreation oder Schöpfung ist dasselbe Spiel aus sich selber, als ein Model oder Werkzeug des ewigen Geistes, mit welchem er spielt; und ist aber als eine große Harmonie vielerlei Lautenspiel, welche alle in eine Harmonie gerichtet sind.

Also ist in der Ewigkeit im ganzen Werk der Göttlichen Offenbarung nur ein einziger Geist, welcher der Offenbarer im ausgesprochenen Hall, so wohl im sprechenden Hall Gottes ist, welcher das Leben ist, des großen Mysterii und alles dessen was daraus erboren ist, Er ist der Offenbarer aller Werke Gottes.

16. Kein Ding ist bös, das in der gleichen Konkordanz bleibet, denn was das allerböseste mit seiner Ausführung aus der Konkordanz macht, das macht auch das allerbeste in der gleichen Konkordanz: Was da Leid macht, das macht auch in der Gleichheit Freude.

Darum kann keine Kreatur ihren Schöpfer beschuldigen, daß er sie habe bös gemacht: Es ist alles sehr gut; aber mit seiner Selbst-Erhebung und Ausgehung aus der Gleichheit wird's bös, und führt sich aus der Liebe oder Freuden-Gestaltnis in eine peinliche Gestaltnis ein.

Galileo Galilei (1564–1642)

Es mag verwundern, daß in einer Sammlung, die sich zum Ziel gesetzt hat, historische Ansätze ökologischen Denkens zusammenzustellen, auch der Name Galileo Galilei auftaucht, der doch als der Begründer jener neuzeitlichen Naturwissenschaft gilt, die wir für die naturzerstörenden Tendenzen der modernen Industriegesellschaft mitverantwortlich machen müssen. Zweifellos dürfte das methodische Konzept neuzeitlicher, mathematisch fundierter Naturwissenschaft, ihre Bemühung um exakte, quantitative Erfassung der Gegenstände, sowie die experimentelle Methode der Zerlegung und Isolierung von Naturvorgängen wie ihre künstliche Wiederzusammensetzung, also Galileis »dissecare naturam«, wesentlich zu einer modernen Technik beigetragen haben, die nicht versucht, Natur möglichst wenig anzutasten und möglichst selbst nachzuahmen, sondern sie – um mit Heidegger zu sprechen – aus sich herausfordert und zum künstlichen Bestand herstellt. Weniger Galileis Verteidigung des kopernikanischen Weltbildes als diese Begründung der Naturwissenschaft stellt seine philosophische Leistung dar, die ihn aber wesentlich in die Reihe derjenigen bringt, die zur tiefen ökologischen Krise der Gegenwart beigetragen haben.

Um so wichtiger – und das ist der Grund, warum gerade Galilei in einer solchen Anthologie des ökologischen Denkens nicht fehlen darf – ist es, darauf hinzuweisen und aufzuzeigen, daß es dem Begründer der neuzeitlichen Naturwissenschaft nicht bloß um die Beherrschung der Natur ging, sondern daß sein naturwissenschaftliches Denken durchaus auf einer umfassenden Einheit des Kosmos beruht, in der die Einzelerkenntnis ihren bestimmten systematischen Ort erhält. Wahrheit ist in die Ganzheit des Kosmos eingewoben: Das bringt nicht nur die Vorrede zu seinem berühmten »Dialog über die beiden hauptsächlichen Weltsysteme« (1632) zum Ausdruck. Das könnte allein die Huldigung des Großherzogs zum Zweck gehabt haben, obwohl er hier in besonders anregender Weise vom Buch der Natur und dem Künstler spricht, der dieses Buch geschrieben hat – einer eminent ökologischen Redeweise (Nr. 1). Dergleichen vertritt auch sein wichtigster Protagonist Salviati im Dialog selbst. Im Grunde erläutert Galilei hier seinen berühmten Satz, daß das »Buch der Natur« »in mathematischer Sprache geschrieben« ist: Während der göttliche Geist die mathematischen Wahrheiten als Ganzes begreift, so gelingt es dem Menschen doch zumindest mit seinen mathematischen Einsichten an dieser Wahrheit des Kosmos teilzuhaben. Galilei geht dabei in neuplatonischer Tendenz von einer quasi mystischen Identität zwischen Natur, Mathematik und menschlicher Erkenntnis aus. Dadurch nämlich gelangt der menschliche Geist zu jener Einheit mit dem Kosmos, die der göttliche Geist als Ganzes schaut, wie Salviati bekundet. Diese Einheit öffnet sich dem menschlichen Verstande im Gegensatz zur göttlichen

Weisheit nur methodisch und schrittweise (Nr. 2) – Schritte auf dem Weg in die modernen Naturwissenschaften.

Damit verbunden ist Galileis Anspruch auf Mündigkeit, auf selbständigen Gebrauch der eigenen Verstandeskräfte – diejenige Tradition der Aufklärung, auf die kein ökologisches Denken verzichten kann (Nr. 3).

1. Wer nach höherem Ziele trachtet, nimmt den höheren Rang ein; das rechte Mittel aber, den Blick aufwärts zu lenken, liegt in der Beschäftigung mit dem großen Buche der Natur, dem eigentlichen Gegenstande der Philosophie. Obgleich alles, was in diesem Buche zu lesen steht, das Erzeugnis eines allmächtigen Künstlers und somit aufs angemessenste gegliedert ist, so ist doch dasjenige das Nächste und Erforschenswerteste, was uns das Werk und die darauf verwendete Kunst von der erhabensten Seite zeigt. Der Bau des Weltalls verdient daher nach meiner Ansicht, an erster Stelle genannt zu werden. Denn wie er allumfassend alles andere an Größe übertrifft, so muß er auch, als Richtschnur und Stütze für jegliches Einzelding, dem Range nach diesen vorangehen. Wenn es daher je einem Menschen gelang, sich geistig vor der übrigen Menschheit ungewöhnlich hervorzutun, so war dies mit Ptolemäus und Kopernikus der Fall, die so erhabene Gedanken im Weltenbau zu lesen, zu schauen, zu erforschen wußten.

2. Salviati: Euer Einwand ist sehr scharfsinnig; um darauf zu erwidern, muß man sich auf eine philosophische Unterscheidung berufen und feststellen, daß der Begriff des Verstehens in zweierlei Weise gebraucht werden kann, nämlich intensive oder extensive. Extensive, das heißt bezüglich der Menge der zu begreifenden Dinge, deren Zahl unendlich ist, ist der menschliche Verstand gleich Nichts, hätte er auch tausend Wahrheiten erkannt; denn Tausend ist im Vergleich zur Unendlichkeit nicht mehr als Null. Nimmt man aber das Verstehen intensive, insofern dieser Ausdruck die Intensität d. h. die Vollkommenheit in der Erkenntnis irgendeiner einzelnen Wahrheit bedeutet, so behaupte ich, daß der menschliche Intellekt einige Wahrheiten so vollkommen begreift und ihrer so unbedingt gewiß ist, wie es nur die Natur selbst sein kann. Dahin gehören die rein mathematischen Erkenntnisse, nämlich die Geometrie und die Arithmetik. Freilich erkennt der göttliche Geist unendlich viel mehr mathematische Wahrheiten, denn er erkennt sie alle. Die Erkenntnis der wenigen aber, welche der menschliche Geist begriffen, kommt meiner Meinung an objektiver Gewißheit der göttlichen Erkenntnis gleich; denn sie gelangt bis zur Einsicht ihrer Notwendigkeit, und eine höhere Stufe der Gewißheit kann es wohl nicht geben.

   Simplicio: Das heiße ich entschieden und kühn gesprochen.

Salviati: Diese Sätze sind allgemein anerkannt und weit erhaben über den Verdacht der Vermessenheit oder Kühnheit. Sie tun der Majestät der göttlichen Allwissenheit keinen Eintrag, so wenig es die göttliche Allmacht beeinträchtigt, wenn man sagt, Gott vermöge nicht das Geschehene ungeschehen zu machen. Aber ich vermute, Signore Simplicio, daß Ihr Verdacht schöpft, weil Ihr meine Worte teilweise mißverstanden habt. Um mich also besser auszudrücken, so erkläre ich, daß zwar die Wahrheit, deren Erkenntnis durch die mathematischen Beweise vermittelt wird, dieselbe ist, welche die göttliche Weisheit erkennt; allerdings aber will ich Euch zugeben, daß die Art und Weise, wie Gott die zahllosen Wahrheiten erkennt, von denen wir nur einige wenige kennen, hoch erhaben über unsere Weise ist. Wir gehen mittels schrittweiser Erörterung weiter von Schluß zu Schluß, während er durch bloße Anschauung begreift. So beginnen wir z. B., um die Kenntnis einiger Eigenschaften des Kreises zu gewinnen, deren er unendlich viele besitzt, bei einer der einfachsten, stellen diese als seine Definition hin und gehen von ihr aus durch Schlüsse zu einer zweiten über, von dieser zu einer dritten, sodann zu einer vierten usw. Der göttliche Intellekt hingegen begreift durch bloße Erfassung seines Wesens ohne zeitliches Erwägen die unendliche Fülle seiner Eigenschaften.

In Wirklichkeit sind diese denn auch schon in den Definitionen aller Dinge virtuell enthalten und bilden schließlich, wiewohl an Zahl unendlich, vielleicht doch in ihrem Wesen und im göttlichen Geiste eine Einheit. Dies ist selbst dem menschlichen Intellekt nicht völlig fremd, wohl aber ihm durch tiefen dichten Nebelschleier verdunkelt; er wird einigermaßen heller und durchsichtiger, wenn wir gewisse Folgerungen beherrschen, welche streng bewiesen und dermaßen zu unserem geistigen Eigentum geworden sind, daß wir rasch von der einen zu einer anderen übergehen können. Denn ist nicht z. B. im Grunde der Satz, daß das Hypothenusenquadrat gleich der Summe der Kathetenquadrate sei, dasselbe, wie daß Parallelogramme mit gemeinsamer Basis zwischen Parallelen einander gleichen? Und ist schließlich dies nicht identisch damit, daß zwei Flächen gleich sein müssen, wenn sie aufeinandergelegt sich decken, ohne daß die eine über die andere hinausragt? Diese Übergänge, zu welchen unser Geist Zeit gebraucht, die er schrittweise vollführt, durchläuft der göttliche Intellekt dem Lichte gleich in einem Augenblick, oder, was auf dasselbe hinauskommt, sie sind ihm stets alle gegenwärtig. Daraus ergibt sich mir, daß unser Erkennen sowohl hinsichtlich der Art als hinsichtlich der Menge des Erkannten unendlich weit gegen das göttliche zurücksteht. Doch aber verachte ich jenes nicht so sehr, daß ich es für absolut Nichts hielte. Wenn ich vielmehr betrachte, wie viele und wie wunderbare Dinge die Menschen verstanden, erforscht und ausgeführt haben, so erkenne und begreife ich zu klar, daß der menschliche Geist ein Werk Gottes ist, und zwar eines der ausgezeichnetsten.

3. Salviati: Des Führers bedarf man in unbekannten wilden Ländern, in offener ebener Gegend brauchen nur Blinde einen Schutz. Wer zu diesen gehört, bleibe besser daheim. Wer aber Augen hat, körperliche und geistige, der nehme diese zum Führer! Darum sage ich nicht, daß man Aristoteles nicht hören soll, ja ich lobe es, ihn einzusehen und fleißig zu studieren. Ich tadele nur, wenn man auf Gnade und Ungnade sich ihm ergibt, derart, daß man blindlings jedes seiner Worte unterschreibt und, ohne nach anderen Gründen zu forschen, diese als unumstößliches Machtgebot anerkennen soll. Es ist dieses ein Mißbrauch, der ein anderes schweres Übel im Gefolge hat: man bemüht sich nicht mehr, sich von der Strenge seiner Beweise zu überzeugen. Was kann es Schmählicheres geben, als zu sehen, wie bei öffentlichen Disputationen, wo es sich um beweisbare Behauptungen handelt, urplötzlich jemand ein Zitat vorbringt, das gar oft auf einen ganz anderen Gegenstand sich bezieht, und mit diesem dem Gegner den Mund verstopft? Wenn Ihr aber durchaus fortfahren wollt, auf diese Weise zu studieren, nennt Euch fernerhin nicht Philosophen, nennt Euch Historiker oder Doktoren der Auswendiglernerei; denn wer niemals philosophiert, der darf den Ehrentitel des Philosophen nicht beanspruchen. – Doch wir tun gut, dem Ufer wieder zuzusteuern, um nicht in ein unendliches Meer zu geraten, aus dem wir den ganzen heutigen Tag über nicht wieder herausfänden. Darum, Signore Simplicio, bringt uns Euere Beweise oder des Aristoteles Gründe und Beweise, aber nicht Zitate und bloße Autoritäten; denn unsere Untersuchungen haben die Welt der Sinne zum Gegenstand, nicht eine Welt von Papier. Da nun bei unserer gestrigen Untersuchung die Erde der Finsternis entrückt und an den weiten Himmel versetzt worden ist, indem wir zeigten, ihre Zugehörigkeit zu den sogenannten Himmelskörpern sei doch nicht eine dermaßen widerlegte und überwundene Ansicht, daß sie nicht noch einigermaßen lebensfähig wäre, so müssen wir jetzt prüfen, was es für sich hat, sie für fest stehend und völlig unbewegt zu halten – ich meine den Erdball im Ganzen –, und welche Wahrscheinlichkeitsgründe andererseits für ihre Beweglichkeit und für die oder jene bestimmte Art der Bewegung sprechen. Da ich in dieser Frage schwankend bin, Signore Simplicio aber mit Aristoteles entschieden für die Unbewegtheit eintritt, so mag er Schritt für Schritt die Beweggründe für seine Meinung beibringen, ich die Einwände und die Gründe für den entgegengesetzten Standpunkt, und Signore Sagredo mag uns seine Empfindungen zu wissen tun und uns sagen, auf welche Seite er sich hingezogen fühlt.

4. Teil
Neuzeitliche Naturvorstellungen

Überblick

Im Hintergrund der immer übermächtiger werdenden Entwicklung von Naturwissenschaft und Technik und der zunehmenden Vorherrschaft des auf ihnen beruhenden Weltbildes kommen schon sehr frühzeitig auch erste Zweifel an den naturwissenschaftlichen Grundlagen und Verfahrensweisen wie auch an den technischen Möglichkeiten auf. Vorläufertum ökologischen Denkens im 17., 18. und 19. Jahrhundert entfaltet sich in Abgrenzung und Kritik am neuen Weltbild sowie im Rückgriff auch auf die tradierten Modelle des ganzheitlichen Denkens, wie sie seit der Antike vertreten wurden.

Gerade der frühe Spinoza beruft sich auf den Renaissance-Gedanken der Unteilbarkeit einer ganzheitlichen Natur. Ähnlich wie bei Giordano Bruno begreift er die Natur selbst als göttlich. Aber nicht nur damit tritt er mechanistischen Naturauffassungen entgegen, die mit den Naturwissenschaften zunehmend um sich greifen. In seinem Verständnis von Erkenntnis spielt die Intuition eine wesentliche Rolle, d. h. die unmittelbare Vereinigung von Mensch, Welt und Gott, die im mechanistischen Weltbild ausgeblendet wird, weil hier die Natur als reiner Kausalzusammenhang begriffen wird. Letzteres kritisiert Spinoza ähnlich wie nach ihm Leibniz. Mathematisch-naturwissenschaftliche Erkenntnisse mögen exakt sein, adäquat sind sie deswegen gegenüber der Natur noch lange nicht. Sie bleiben abstrakt und allgemein. So kritisiert gerade Leibniz mit seiner Idee einer prästabilierten Harmonie sowie seiner Monadologie die neuen Vorstellungen einer Natur als Maschinenwesen. Ihr stellt er die Beseeltheit der gesamten Natur bis in ihre kleinsten Teile entgegen, die selbst nur innerhalb einer umfassenden Ordnung gedacht werden können, bei der auch Leibniz explizit von Ganzheit spricht. Allerdings – das muß angesichts der ökologischen Krise festgestellt werden – hat sich dieses naturwissenschaftskritische und ganzheitliche Denken gegenüber dem Cartesianismus und dem mechanistischen Weltbild nicht durchsetzen können. Wer aber die Entwicklung des ökologischen Denkens aufzeigen möchte, muß wohl nicht zuletzt eine Geschichte der Verlierer schreiben. Diese Geschichte der Verlierer könnte aber heute wieder eminent wichtig werden, da die Sieger von einst nun selbst den Destruktionen nicht mehr entgehen, die sie bewirkt haben und noch immer bewirken.

Der wohl einflußreichste Kritiker der (aufklärungs-)optimistischen Hoffnung, daß durch vernünftige Einsicht, die Entwicklung der Wissenschaften, der Kunst und Kultur ein humaner Fortschritt zu einer besseren Welt auf den Weg gebracht werden könnte, ist Jean-Jacques Rousseau. Ist er auch häufig als Theoretiker eines »Zurück zur Natur«-Postulats mißverstanden worden, so begreift er doch die Kulturentwicklung nicht mehr als Fortschritt, sondern wesentlich als Verfall einer ursprünglichen Einheit von Natur und Mensch, der in ersterer nicht seinen Feind, sondern seine Heimat sah. Rousseaus Kritik am Fortschritt gerade der Wissenschaften und Künste antizipiert an vielen Stellen die heutige ökologische Kritik. Anders als Spinoza und Leibniz vertritt er keinen ganzheitlichen Standpunkt, sondern ist eher in der kulturkritischen und negativen Tradition Vorläufer ökologischer Orientierungen des 20. Jahrhunderts. Insofern steht er auch methodisch eher in der Linie des enzyklopädischen Aufklärungsdenkens, das sich auf die Vernunft beruft.

Aber selbst dort, wo der Fortschrittsoptimismus der Aufklärung auf seinen Höhepunkt gelangt, bei den französischen Enzyklopädisten nämlich, finden sich Ansätze, die den Weg zu ökologischen Vorstellungen weisen könnten. Denis Diderot sieht die Naturkunde keineswegs isoliert. Vielmehr stellt er sie in einen Bezug zur Gotteskunde. Seine enzyklopädischen Vorstellungen begreifen Naturkunde im Sinne eines Modells der Vielheit, das als Wegweiser zu einer pluralen Ökologie verstanden werden kann. Selbst alchimistische Vorstellungen sind bei Diderot noch nicht völlig aus der Wissenschaft verbannt, was zumindest auf letzte Bezüge zu anderen als den rationalistischen Naturauffassungen hinweist. Trotzdem – und das darf auch in einer Anthologie wie dieser keineswegs verschwiegen werden – sind die Aspekte, auf die sich heute ökologisches Denken historisch zu berufen vermag, in der rationalistisch akzentuierten Naturauffassung selten, stehen sie selbst bei jenen Denkern in aller Regel im Hintergrund, die ganzheitliche Vorstellungen vertreten. Und dasselbe gilt auch für jene, die in der kulturkritischen Tradition stehen.

Am Ende der Epoche der Aufklärung, vor allem aber in der Klassik und der Romantik, kommen zunehmend wieder Ansätze auf, die die rein rationalistischen und naturwissenschaftlichen Zugriffsweisen im Hinblick auf deren Objektivität und Adäquatheit in Zweifel ziehen, teilweise ganzheitliche Modelle rezipieren, oder zumindest den Verlust an Totalität bedauern, bzw. – wie Hegel – versuchen, diese auf der begrifflich-dialektischen Ebene einzuholen. So trennt Kant konsequent zwischen theoretischer und praktischer Vernunft, Erkennen und Handeln, und gelangt vielleicht als einer der ersten zu der kulturkritisch und ökologisch sehr wichtigen Einsicht, daß wir keineswegs sicher sein können, ob die Wirkungen unserer Handlungen auch wirklich die sind, die wir beabsichtigen. Dabei erkennt er, daß eine bloß mechanistisch begriffene Natur defizient ist, und erweitert den Naturbegriff durch die regulative Idee der Zweckgerichtetheit. Ein derart konzipierter teleologischer Naturbegriff kann heute als Vorläufer einer ökologisch orientierten Biologie angesehen werden. Besonders interessant ist jedoch, daß Kant in dieser regulativen Idee einer teleologisch begriffenen Natur einen wesentlichen Vermittlungsschritt sieht, um jene Differenz zu überwinden, die er zwischen theoretischer Naturerkenntnis und praktischen Handlungsmöglichkeiten festschreibt. Kant ist auch deshalb für ein ökologisches Denken im 20. Jahrhundert interessant, weil sich aus diesem Ansatz ein Plädoyer für einen selbstkritischen und vorsichtigen Umgang mit der Natur ableiten läßt. Und hierbei handelt es sich keineswegs um ein Randphänomen seines Denkens, sondern um wichtige systematische Positionen in seiner Philosophie. So finden sich gerade an den Höhe- und Endpunkten des neuzeitlich-okzidentalen Rationalismus – bei Kant, aber auch bei Hegel – Positionen, auf die sich ökologisches Denken heute zu berufen vermag und von denen es auch hinsichtlich seiner eigenen Validität zu lernen vermag.

Kritischer gegenüber dem Glauben an die Vernunft und den Möglichkeiten rationaler Weltbeherrschung wird das Denken in der nachrevolutionären Epoche von Klassik und Romantik, in der einerseits Hegel noch eine wesentliche Rolle spielt, und andererseits der junge Marx in seinen Frühschriften bereits eminent ökologisch anmutende Thesen vertritt. Was Kant dem Aufklärungsdenken gemäß trennte, Erkenntnis und Praxis nämlich, das versucht man in dieser Zeit von verschiedenen Ansätzen her wieder zu vereinen. So weist Hegels »absolute Idee« als Einheit von Wirklichkeit und Vernunft sowohl auf kulturkritische Bemühungen hin, wie ihm auch eine gewisse Affinität zur Ganzheit als Einheit nachgesagt werden könnte. Marx wird diesen Ansatz in der Bemühung um eine Einheit von Theorie und Praxis fortsetzen und genauso zu sozialkritischen Thesen gelangen wie auch die Einheit von Mensch und Natur denken.

Als zumindest tendenziell ganzheitlich läßt sich dagegen das Denken der Romantiker bezeichnen. Hier tritt vor allem jene Linie hervor, die sich auf den mystischen Pantheismus eines Jakob Böhme oder Paracelsus bezieht – so z. B. Franz Xaver Baader, dem Naturgeschichte als Heilsgeschichte erscheint –, und auf der anderen Seite der späte Schelling, der in seiner Philosophie der Offenbarung die großen Gegensätze seiner Zeit im Rückgriff auf das Christentum und seine Offenbarung vermitteln möchte. Gerade bei ihm treten explizit ganzheitliche naturphilosophische Auffassungen in den Vordergrund, die als Vorläufer ökologischen Denkens begriffen werden müssen. Zugleich gelangt er zu wissenschafts- und kulturkritischen Vorstellungen, wenn er von der Unvordenklichkeit des Seins spricht – davon also, daß wir letztlich Natur an sich nicht zu erfassen vermögen.

Baruch Spinoza (1632–1677)

Spinozas Philosophie kennt eine frühe und eine späte Phase. Seine frühe Philosophie trägt deutlich mystische Züge, ohne jedoch aufgeklärtes Denken zu verabschieden. Allerdings widerspricht er dem rein intellektuellen Rationalismus Descartes', ist für ihn doch gerade die höchste Form der Erkenntnis die intuitive Vereinigung mit dem Objekt, was im Fühlen, im Genießen der Sache selbst und damit in der Liebe stattfindet. Gegen die separierende und Natur zerlegende Tendenz der mathematisch neu fundierten Naturwissenschaft begründet Spinoza einen ganzheitlichen Naturbegriff, der von Unteilbarkeit der Natur ausgeht. Die Trennung von Geist und Materie lehnt er ab und sucht statt dessen nach einer der materiellen Welt immanenten wirkenden Ursache (Nr. 1): So gelangt er zu der Unterscheidung von »natura naturans« und »natura naturata«, indem Gott zur immanenten Wirkursache der Natur erhoben wird, bzw. ökologisch gewendet, die Natur vergöttlicht wird. So situiert er – den Geist zur umfassenden Ursache der Natur. Umgekehrt vereinigt die Natur alle Dinge zu einer Einheit, die Spinoza Gott nennt. Dieser Prozeß der Erkenntnis ist eine intuitive Vereinigung.

Spinozas spätere Philosophie ist weniger mystisch. Er vertritt stattdessen eher einen pantheistischen Monismus, in dem der Verstand eine größere Bedeutung erhält. Die Liebe wird zu einem rationalen Akt, der Erkenntnischarakter erhält. Trotzdem besitzt seine Philosophie auch weiterhin ökologische Gedankengänge. Im Auszug 2 konstatiert er die Unfähigkeit des Menschen, die Natur adäquat zu erkennen – eine Diskussion, die Leibniz weiterführen wird. Das höchste Ziel aber muß die Einheit von Geist und Natur bleiben. So kritisiert er die abstrakte Allgemeinerkenntnis, wie sie von den Naturwissenschaften bis heute verfolgt wird und die für die industrielle Naturzerstörung heute wesentlich mitverantwortlich ist (Nr. 3).

In seinem berühmten »Tractatus theologico-politico« vergleicht Spinoza die menschliche Gesellschaft mit der natürlichen Welt. Auch seine Macht, die die Welt der juristischen Gesetze für ihn verfügbar macht, erhält der Mensch aus der Natur selbst. Aber Spinoza bleibt Skeptiker unserer Erkenntnismöglichkeiten: Wir können uns nicht sicher sein, ob wir die wirkliche Naturordnung erkennen (Nr. 4). Solches Denken legt nahe, mit der Natur vorsichtig umzugehen und nicht zu glauben, daß wir sie wirklich beherrschen oder durchschauen können.

1. Dialog zwischen dem Verstand, der Liebe, der Vernunft und der Begehrlichkeit.
    Liebe: Ich sehe, Bruder, daß meine Wesenheit und Vollkommenheit ganz und gar abhängt von deiner Vollkommenheit; und da die Vollkommenheit des Objekts, das du begriffen hast, deine Vollkommenheit ist und aus deiner wieder die meine hervorgeht, so sag' mir doch bitte, ob du ein solches Wesen

begriffen hast, das höchst vollkommen ist, da es nicht durch etwas anderes begrenzt werden kann und in dem ich auch begriffen bin?

Verstand: Ich für meinen Teil betrachte die Natur nicht anders als in ihrer Gesamtheit, als unendlich und höchst vollkommen, und du, wenn du daran zweifelst, so frage die Vernunft, die soll es dir sagen.

Vernunft: Die Wahrheit hiervon ist für mich unzweifelhaft, denn wenn wir die Natur begrenzen wollen, so werden wir sie, was ungereimt ist, durch ein Nichts begrenzen müssen. Dieser Ungereimtheit entgehen wir, wenn wir annehmen, daß sie Eine ewige Einheit ist, durch sich selbst seiend, unendlich, allmächtig usw., die Natur nämlich unendlich und alles in ihr begriffen; die Negation davon nennen wir das Nichts.

Begehrlichkeit: Ei doch! das reimt sich ganz sonderbar, daß die Einheit mit der Verschiedenheit, die ich allenthalben in der Natur erblicke, übereinkommen sollte. Denn wie? ich sehe, daß die intellektuelle Substanz keine Gemeinschaft hat mit der ausgedehnten Substanz und daß die eine die andere begrenzt. Und wenn du außer diesen zwei Substanzen noch eine dritte annehmen willst, die in jeder Beziehung vollkommen ist, so verstrickst du dich selbst in offenbare Widersprüche. Denn wenn diese dritte Substanz außer den zwei ersten angenommen wird, so fehlen ihr alle die Attribute, die diesen zweien eigen sind, was doch bei einem Ganzen, außer dem es kein Ding gibt, nicht statthaben kann. Wenn überdem dieses Wesen übermächtig und vollkommen ist, so wird es dies sein, weil es sich selbst und nicht weil ein andres es versucht hat, und doch müßte der allmächtiger sein, der sich selbst und außerdem noch ein andres hervorbringen konnte. Und endlich, wenn du es allwissend nennst, so muß es sich selbst erkennen, und zugleich mußt du einsehen, daß die Erkenntnis seiner selbst allein weniger ist als die Erkenntnis seiner selbst zusammen mit der Erkenntnis der anderen Substanzen. All das sind offenbare Widersprüche. Darum möchte ich der Liebe geraten haben, daß sie sich mit dem beruhige, was ich ihr anweise, und nicht nach anderen Dingen sich umschaue.

Liebe: Was hast du Schändliche mir anderes angewiesen, als das, aus dem eben mein Verderben entsprossen ist. Denn wenn ich mich jemals mit dem vereinigt hätte, was du mir angewiesen hast, dann wäre ich gleich von zwei Hauptfeinden des Menschengeschlechts verfolgt gewesen, dem Haß und der Reue und manchmal auch der Vergessenheit; und drum wende ich mich wieder zur Vernunft, damit sie fortfährt und diesen Feinden den Mund stopft.

Vernunft: Daß du, o Begehrlichkeit, behauptest, du sähest verschiedene Substanzen, das, sage ich, ist falsch, denn ich sehe klar, daß es nur eine einzige gibt, die durch sich selbst besteht und das Substrat aller anderen Attribute ist. Sofern du nun das Körperliche und das Intellektuelle Substanzen nennen willst

im Hinblick auf die Modi, die davon abhängen, gut, so mußt du sie dann auch
Modi nennen im Hinblick auf die Substanz, von der sie abhängen, denn als
durch sich selbst bestehend werden sie von dir nicht begriffen. Auf dieselbe Art
wie Wollen, Fühlen, Erkennen, Lieben usw. verschiedene Modi sind von dem,
was du eine denkende Substanz nennst, indem du alles auf eines zurückführst
und aus alledem eines machst, so schließe ich auch durch deine eignen Beweise,
daß die unendliche Ausdehnung und das unendliche Denken nebst andren
unendlichen Attributen (oder nach deinem Stil: andren Substanzen) Nichts
andres sind als Modi des Einzigen, Ewigen, Unendlichen, durch sich selbst
bestehenden Wesens, und das alles erklären wir wie gesagt für ein Einziges
oder eine Einheit, außer der man kein Ding sich vorstellen kann.

2. Denn nichts kann seiner Natur nach betrachtet, vollkommen oder unvollkommen heißen, namentlich wenn wir wissen, daß alles, was geschieht, nach ewiger
Ordnung und nach bestimmten Naturgesetzen geschieht. Allein der Mensch in
seiner Schwäche kann jene Ordnung mit seinem Denken nicht erfassen, und
inzwischen erdenkt er sich eine menschliche Natur viel stärker als die seinige;
er sieht kein Hindernis, eine solche Natur zu erlangen, und wird dadurch angetrieben, die Mittel zu suchen, die zu einer solchen Vollkommenheit führen
können. Alles was zum Mittel dienen kann, um zu diesem Ziele zu gelangen,
heißt ein wahres Gut. Das höchste Gut aber ist es, dahin zu gelangen, daß man
womöglich mit anderen Individuen einer solchen Natur teilhaft werde. Welcher
Art aber diese Natur sei, werden wir an gehöriger Stelle zeigen, nämlich daß es
die Erkenntnis der Einheit sei, die den Geist mit der gesamten Natur verbindet.
Dies ist also das Ziel nach dem ich strebe: eine solche Natur zu erlangen und zu
suchen, daß viele sie mit mir erlangen; d. h. es gehört auch zu meinem eigenen
Glücke, mir Mühe zu geben, daß viele andere dieselbe Erkenntnis haben wie
ich und daß ihr Erkennen und Wollen mit meinem Erkennen und Wollen völlig
übereinstimmt. Zu diesem Zwecke muß man soviel von der Natur verstehen,
als nötig ist, um eine solche Natur zu erlangen. Sodann muß man eine solche
Gesellschaft bilden, wie sie erforderlich ist, damit möglichst viele Menschen so
leicht und sicher als möglich dahin gelangen. Ferner hat man sich der Moral-
philosophie und der Erziehungslehre zu befleißigen. Da die Gesundheit kein
geringes Mittel ist, jenes Ziel zu erreichen, so ist eine vollständige Heilkunde
auszubilden. Da man durch die Kunst vieles Schwierige leicht machen und viel
Zeit und Mühe im Leben sparen kann, so darf die Mechanik in keiner Weise
vernachlässigt werden. Vor allem aber muß ein Mittel erdacht werden, den Verstand zu heilen, und ihn, soviel es im Anfange möglich ist, zu reinigen, damit er
die Dinge glücklich, ohne Irrtum und möglichst vollkommen erkenne. Hieraus

kann schon jeder sehen, daß ich alle Wissenschaften auf einen Zweck und ein Ziel hinleiten will, nämlich darauf, jene höchste menschliche Vollkommenheit, von der wir gesprochen haben, zu erreichen. Und so werden wir all dasjenige in den Wissenschaften, das uns unserem Ziele nicht näher bringt, als unnütz verwerfen müssen; d. h. um es mit einem Wort zu sagen: wir müssen all unsere Handlungen und Gedanken auf jenes Ziel richten.

3. Endlich entsteht die Täuschung auch daraus, daß man die ersten Elemente der ganzen Natur nicht versteht, weshalb man dann ohne Ordnung vorgeht, die Natur mit abstrakten, wenn auch wahren Axiomen vermengt, und so sich selbst in Verwirrung bringt und die Ordnung der Natur verkehrt. Wir aber brauchen auf keine Weise derartige Täuschungen zu fürchten, wenn wir so wenig als möglich abstrakt verfahren, und mit den ersten Elementen, d. h. am Quell und Ursprung der Natur, so früh als möglich beginnen. Was aber die Kenntnis vom Ursprung der Natur betrifft, so brauchen wir durchaus nicht zu befürchten, daß wir sie mit Abstraktem vermengen. Denn wenn man etwas abstrakt begreift, wie es bei allen Allgemeinbegriffen der Fall ist, so faßt man sie immer im Verstande in einem weiteren Sinne, als die zugehörigen Einzeldinge tatsächlich in der Natur vorhanden sein können. Da es ferner in der Natur viele Dinge gibt, deren Unterschied so gering ist, daß er fast dem Verstand entgeht, so kann es bei abstraktem Auffassen leicht vorkommen, daß sie miteinander verwechselt werden. Da aber der Ursprung der Natur, wie wir nachher sehen werden, weder abstrakt noch allgemein begriffen werden kann, und auch nicht weiter im Verstande ausgedehnt werden kann, als er in Wirklichkeit ist, und da er auch gar keine Ähnlichkeit mit veränderlichen Dingen hat, so ist bei seiner Idee keine Verwirrung zu befürchten, wenn wir nur die Norm der Wahrheit, die wir bereits angegeben haben, besitzen. Es ist dieses Wesen einzig, unendlich, d. h. es ist alles Sein und außer ihm gibt es kein Sein.

4. Das Wort Gesetz an und für sich genommen bedeutet etwas, wonach jedes Individuum, sei es jedes überhaupt oder nur eine bestimmte Anzahl von derselben Gattung, auf eine und dieselbe gewisse und bestimmte Weise handelt. Diese Weise aber hängt entweder von der Notwendigkeit der Natur oder vom Belieben der Menschen ab. Ein Gesetz, das von der Notwendigkeit der Natur abhängt, ist dasjenige, das aus der Natur der Sache selbst oder aus ihrer Definition mit Notwendigkeit folgt. Ein Gesetz dagegen, das vom Belieben der Menschen abhängt und das im eigentlicheren Sinne Recht genannt wird, ist dasjenige, das die Menschen zur größeren Sicherheit und Bequemlichkeit des Lebens oder aus anderen Gründen sich und anderen vorschreiben. Es ist z. B.

ein allgemeines, aus der Notwendigkeit der Natur folgendes Gesetz aller Körper, daß sie, wenn sie auf andere kleinere stoßen, so viel von ihrer eigenen Bewegung verlieren, wie sie den anderen mitteilen. Ebenso ist es ein aus der menschlichen Natur mit Notwendigkeit folgendes Gesetz, daß der Mensch, wenn er sich einer Sache erinnert, sich sogleich auch einer anderen ähnlichen Sache erinnert oder einer, die er zugleich mit jener wahrgenommen hatte. Dagegen hängt es vom menschlichen Belieben ab, daß die Menschen von dem Rechte, das sie von Natur besitzen, etwas aufgeben oder aufgeben müssen und sich an eine bestimmte Lebensweise binden. Wenn ich auch unbedingt zugebe, daß alles nach den allgemeinen Naturgesetzen zum Existieren und Wirken bestimmt wird, so sage ich doch, daß diese Gesetze vom Belieben der Menschen abhängig sind: 1. Weil der Mensch, sofern er ein Teil der Natur ist, auch einen Teil der Macht der Natur bildet. Was also aus der Notwendigkeit der menschlichen Natur folgt, d.h. aus der Natur selbst, soweit wir sie als durch die menschliche Natur bestimmt fassen, das folgt, obschon mit Notwendigkeit, dennoch aus der Macht des Menschen. Daher darf man mit vollem Recht sagen, daß die Aufstellung solcher Gesetze vom Belieben der Menschen abhängig ist, weil sie in erster Linie von der Macht des menschlichen Geistes abhängt, in dem Sinne, daß der menschliche Geist, soweit er die Dinge unter dem Gesichtspunkt von Wahr und Falsch erkennt, zwar ohne diese Gesetze völlig klar begriffen werden kann, aber nicht ohne jenes notwendige Gesetz wie ich es eben definiert habe. 2. habe ich auch deswegen gesagt, diese Gesetze seien vom Belieben der Menschen abhängig, weil wir die Dinge durch ihre nächsten Ursachen definieren und erklären müssen und weil jene allgemeine Betrachtung über das Schicksal und die Verkettung der Dinge selbst, d.h. wie die Dinge in Wirklichkeit geordnet und verkettet sind, gar nicht kennen und es deshalb für die Lebenspraxis besser, ja notwendig ist, die Dinge bloß als möglich zu betrachten. So viel vom Gesetz an und für sich.

Gottfried Wilhelm Leibniz (1646–1716)

Einen ganz wesentlichen Gesichtspunkt in die ökologische Debatte führt der Rationalist Leibniz ein, wenn er die naturwissenschaftlich abstrakte Erkenntnis von der richtigen Idee des Universums unterscheidet In der Tradition von Spinoza übt Leibniz frühe Kritik an den Naturwissenschaften, indem er ihre Einseitigkeit erkennt und begreift, daß sie die Natur überhaupt nicht adäquat zu fassen in der Lage sind. Weder werden sie der natürlichen Vielfalt gerecht, noch können sie die umfassende, substantielle Ganzheit und Einheit der Natur denken. Sie können höchstens auf abstrakte geometrische und mechanische Prinzipien reduzieren. Daß die ökologische Krise heute auch durch den Einfluß der Naturwissenschaften und die moderne Technologie verursacht sein könnte, weil bereits unsere Naturwissenschaft nicht der Natur an sich gerecht werden kann, sondern höchstens von ihr abstrahieren, das hat Leibniz vielleicht geahnt, zumindest hat er das Problem mit seiner Unterscheidung von exakter und adäquater Erkenntnis bereits formuliert (Nr. 1).

Leibniz' Denken steht im Spannungsfeld zwischen Atomistik und ganzheitlichem Denken. Ob ihm eine Vermittlung dieser beiden Pole wirklich gelungen ist, muß Gegenstand der Debatte bleiben. Zumindest unternimmt er einen sehr interessanten Versuch, auch die Einheit zwischen der unendlichen Vielfalt und der Ganzheit herzustellen, indem er einerseits von einer umfassenden Harmonie des Universums ausgeht – der ökologische Gedanke schlechthin – und indem er andererseits mit seinem Monadenbegriff die vielfältige Einzelheit zu einem Spiegelbild des Universums erhebt. Gleichzeitig – und das darf keinesfalls übersehen werden, wenn der Monadenbegriff doch den Anschein von Atomistik hat – stehen die einzelnen Monaden in engstem Bezug zum ganzen Universum und sind mit allen anderen Monaden universell verknüpft. Außerdem stellt jede Monade selbst – hier spricht Leibniz sehr bildhaft – einen »Garten voller Pflanzen« oder einen »Teich voller Fische« dar (Nr. 2). In ihm herrscht dieselbe göttliche Ordnung wie im Universum, in dem »das rechte Maß« und die »universelle Harmonie«, damit »alle Schönheit« vorscheinen. Das gilt auch ganz besonders, wenn wir von der universalen Ordnung und Schönheit nur einen ganz kleinen Teil verstehen können (Nr. 3).

In diesem Zusammenhang ist auch der Auszug 4 zu sehen, wo Leibniz die Perfektion des menschlichen Körpers bewundert: Nicht die medizinische Heilung, sondern die Heilung, die die Natur gewährt, steht für ihn im Vordergrund.

Ökologisches Denken realisiert Leibniz im 5. Auszug, wenn er den anthropozentrischen Standpunkt zwar nicht verläßt, doch deutlich darauf beharrt, daß auch alle anderen Geschöpfe der Natur zur Ganzheit des Universums zählen, so daß es keinesfalls legitim sein kann, eine andere Art auszurotten, wenn das menschliche Wesen vielleicht auch auf einer höheren Stufe der universalen Ordnung stehen mag.

Diese vielfältigen Aspekte lassen den Schluß zu, daß Leibniz zu den Vätern des ökologischen Denkens gezählt werden kann.

1. Wenn man wirkliche Einheit bzw. Substanz fast nur beim Menschen zulassen will, so stellt man sich in der Metaphysik auf einen ebenso beschränkten Standpunkt, wie früher in der Physik diejenigen, die die Welt in eine Kugel einschließen wollten. Und da die wirklichen Substanzen sämtlich Ausdrücke des ganzen Universums, jeweils in einer bestimmten Richtung, und sämtlich vervielfältigende Wiederholungen der Werke Gottes sind, entspricht es der Größe

und Schönheit der Werke Gottes – da sich diese Substanzen gegenseitig nicht hindern –, im bestehenden Universum so viele zu schaffen, wie nur möglich ist, und so viele, wie höhere Gründe nur immer gestatten. Die Voraussetzung einer baren Ausdehnung macht diese wundervolle Mannigfaltigkeit zunichte; die bloße Masse (wenn man sich so etwas überhaupt vorstellen könnte) steht tief unter einer Substanz, die perzipiert und Repräsentation des ganzen Universums unter ihrem eigenen Gesichtspunkt und gemäß den Eindrücken (oder vielmehr Beziehungen) ist, die ihr Körper mittelbar oder unmittelbar von allen anderen empfängt, – ebenso tief, wie ein Leichnam unter einem lebendigen Tiere, oder besser, wie eine Maschine unter einem Menschen steht. So kommt es auch, daß die Züge der Zukunft vorgebildet werden und die Spuren der Vergangenheit sich in jedem Dinge für immer erhalten, daß sich Ursache und Wirkung genau bis ins einzelne der kleinsten Umstände gegenseitig ausdrücken, obwohl jede Wirkung von einer Unendlichkeit von Ursachen abhängt, und obwohl jede Ursache eine Unendlichkeit von Wirkungen hat; was sich alles nicht erreichen ließe, wenn das Wesen des Körpers in einer bestimmten Gestalt, Bewegung oder Verschiebung einer fest bestimmten Ausdehnung bestünde. In der Natur gibt es denn auch nichts Derartiges: streng genommen ist hinsichtlich der Ausdehnung alles unbestimmt, und was wir den Körpern an Ausdehnung zuschreiben, ist nur Erscheinung und Abstraktion; daraus geht hervor, wie sehr man sich auf diesem Gebiete täuscht, wenn man diese höchst notwendigen Überlegungen zur Erkenntnis der wirklichen Prinzipien und zur Erlangung einer richtigen Idee vom Universum nicht anstellt. Und mir scheint: wenn man auf diese vernünftige Idee nicht eingeht, dann ist das ein ebenso großes Vorurteil, als wenn man die Größe der Welt, die unendliche Geteiltheit und die mechanische Naturerklärung nicht anerkennt. Man täuscht sich bei der Ablehnung des wahren Begriffs von Substanz und Wirkung genau so sehr, wie man sich früher täuschte, als man nur die substantiellen Formen im ganzen betrachtete, ohne auf die Einzelheiten der Verschiebungen im Ausgedehnten einzugehen.

2. Das Zusammengesetzte aber stellt hierin das Einfache symbolisch dar. Da nämlich alles erfüllt ist – wodurch die ganze Materie in Verknüpfung steht –, und da im erfüllten Raume jede Bewegung je nach Entfernung eine Wirkung auf die entfernten Körper ausübt, da mithin jeder Körper nicht nur von den ihn unmittelbar berührenden betroffen wird und so in gewisser Weise alles, was ihnen geschieht, verspürt, sondern durch sie auch diejenigen verspürt, die die ersten ihn unmittelbar berührenden berühren, ergibt es sich, daß diese Gemeinschaft bis in jede beliebige Entfernung reicht. Folglich verspürt also jeder Körper alles, was im Universum geschieht, derart, daß der Allsehende

in jedem lesen könnte, was überall sonst geschieht, sogar was geschehen ist und geschehen wird; er würde im Gegenwärtigen alles Entfernte bemerken, sei es nun zeitlich oder örtlich entfernt; – alles webt sich zum Ganzen, wie Hippokrates sagte. Eine Seele aber kann nur das in sich selbst lesen, was in ihr deutlich repräsentiert ist; sie kann ihre Falten nicht mit einem Schlage auseinanderwickeln, denn sie reichen ins Unendliche. Obwohl demnach jede erschaffene Monade das ganze Universum repräsentiert, repräsentiert sie mit besonderer Deutlichkeit den Körper, der ihr insbesondere zugehört und dessen Entelechie sie ausmacht. Und da dieser Körper vermöge der Verknüpfung der gesamten Materie im erfüllten Raume das ganze Universum ausdrückt, repräsentiert die Seele, indem sie diesen ihr insbesondere gehörenden Körper repräsentiert, auch das ganze Universum.

Da der Körper einer Monade angehört, die seine Entelechie oder Seele ist, konstituiert er mit der Entelechie das, was man ein Lebewesen nennt, und mit der Seele das, was man ein Tier nennt. Nun ist dieser Körper eines Lebewesens oder Tieres stets organisch; da nämlich jede Monade auf ihre Weise ein Spiegel des Universums ist, und da das Universum in vollkommener Ordnung geregelt ist, muß auch im Repräsentierenden eine Ordnung herrschen, d.h. aber in den Perzeptionen der Seele und folglich auch in dem Körper, demgemäß das Universum in ihnen repräsentiert wird.

So ist der organische Körper eines Lebewesens stets eine Art von göttlicher Maschine oder natürlichem Automaten, der die künstlichen Automaten unendlich übertrifft. Denn eine Maschine, die durch die Kunstfertigkeit des Menschen geschaffen ist, ist nicht auch in jedem ihrer Teile Maschine; z. B. hat der Zahn eines Messingrades Teile oder Bruchstücke, die für uns nichts Künstliches mehr sind und die nichts mehr von der Maschine merken lassen, für deren Betrieb das Rad bestimmt war. Die Maschinen der Natur dagegen, d. h. die lebenden Körper, sind noch in ihren kleinsten Teilen, bis ins Unendliche hinein, Maschinen. Darin besteht der Unterschied zwischen Natur und Kunst, d. h. zwischen der göttlichen Kunstfertigkeit und der unsrigen...

Der Urheber der Natur aber hat dieses göttliche und unendlich wunderbare Kunstwerk deshalb schaffen können, weil jedes Stück der Materie nicht nur ins Unendliche teilbar ist, wie das die Alten anerkannt haben, sondern überdies wirklich endlos weitergeteilt ist, jeder Teil wieder in Teile, von denen jeder eine eigene Bewegung hat : sonst wäre es unmöglich, daß jedes Stück der Materie das Universum ausdrücken könnte.

Man sieht daraus, daß es auch im geringsten Teile der Materie noch eine Welt von Geschöpfen, von Lebewesen, Tieren, Entelechien und Seelen gibt.

Jedes Stück Materie kann gleichsam als ein Garten voller Pflanzen oder als ein Teich voller Fische aufgefaßt werden. Aber jeder Zweig der Pflanze, jedes Glied des Tieres, jeder Tropfen seiner Säfte ist wieder ein solcher Garten und ein solcher Teich.

3. »Die Himmel und das ganze übrige Universum (fügt Herr Bayle hinzu) verkünden die Ehre, die Macht, die Einheit Gottes«; daraus müßte man die Folgerung ziehen, das sei insofern der Fall (wie ich schon oben bemerkt habe), als man an diesen Gegenständen etwas Vollständiges und gewissermaßen für sich Bestehendes sieht; und immer, wenn wir ein solches Werk Gottes sehen, finden wir es so vollendet, daß wir seine kunstfertige Anlage und seine Schönheit bewundern müssen: sieht man aber kein vollständiges Werk, starrt man nur auf Fetzen und Bruchstücke, dann ist es kein Wunder, wenn die Wohlordnung darin nicht in Erscheinung tritt. Unser Planetensystem bildet ein solches für sich bestehendes und vollkommenes Werk, wenn man es einmal gesondert betrachtet; jede Pflanze, jedes Tier, jeder Mensch stellt bis zu einem gewissen Grade der Vollkommenheit ein solches Werk dar; man erkennt darin das wunderbare Kunstwerk des Urhebers: aber das Menschengeschlecht, soweit es uns bekannt ist, ist nur ein Bruchstück, nur ein kleiner Teil von dem Gottesstaat, oder von dem Staate der Geister. Dieser Staat ist für uns zu weit ausgedehnt, und wir kennen ihn zu wenig, um seine wunderbare Ordnung bemerken zu können (…).

Aber die Harmonie, die sich in allem übrigen zeigt, begründet ein großes Vorurteil dafür, daß sie sich auch in der Regierung der Menschen, und überhaupt der Geister, zeigen würde, wenn uns das Ganze bekannt wäre. Man sollte über die Werke Gottes ebenso weise urteilen wie Sokrates über die Werke Heraklits, als er sagte: Was ich davon verstanden habe, gefällt mir; ich glaube, das übrige würde mir nicht weniger gefallen, wenn ich es verstünde.

4. Betrachtet man weiter die Gebrechlichkeit des menschlichen Körpers, so gerät man in Bewunderung über die Weisheit und Güte des Urhebers der Natur, der den Körper so dauerhaft und seine Verfassung so erträglich gemacht hat. Diese Tatsache hat mich oft zu dem Ausspruch veranlaßt, daß ich mich gar nicht wundere, wenn die Menschen manchmal krank sind, sondern daß ich mich wundere, wie wenig sie krank sind, und daß sie es nicht immer sind. In der Krankheit liegt ein weiterer Grund für die Würdigung der göttlichen Kunst und des Mechanismus der Lebewesen, deren Urheber so gebrechliche, der Zerstörung so ausgesetzte, und doch so taktfeste Maschinen geschaffen hat: denn die Heilung geht von der Natur aus, mehr als von der Medizin. Die Gebrechlichkeit selbst aber folgt aus der Natur der Dinge, es sei denn, man wolle, daß diese Art

von Geschöpfen, die vernünftig denkt und dabei mit Fleisch und Knochen versehen ist, überhaupt nicht auf der Welt sei. Aber das wäre augenscheinlich ein Mangel, den gewisse ältere Philosophen ein Vacuum Formarum, eine leere Stelle in der Ordnung der Arten, genannt hätten.

5. Diese Maxime scheint mir nicht genügend genau zu sein. Ich gebe zu: das Glück der verständigen Geschöpfe ist das Hauptstück in den Plänen Gottes, denn diese Geschöpfe sind ihm am ähnlichsten: ich sehe indessen nicht ab, wie man beweisen könnte, daß das sein einziges Ziel sei. Allerdings soll das Reich der Natur dem Reich der Gnade dienen; da aber alles in dem großen Plane Gottes in Verknüpfung steht, muß man glauben, daß auch das Reich der Gnade in gewisser Weise dem Reiche der Natur angepaßt ist, derart, daß dieses möglichst viel Ordnung und Schönheit erhält, um das Compositum aus beiden so vollkommen wie möglich zu machen. Und es besteht kein Grund zu der Ansicht, daß Gott, wegen irgendeines moralischen Übels weniger, die ganze Naturordnung umwerfen würde. Jede Vollkommenheit oder Unvollkommenheit in der Schöpfung hat ihren Wert, aber es gibt keine, die unendlichen Wert hätte. So übertrifft das moralische oder physische Gute und Übel der vernünftigen Geschöpfe das Gute und Übel, welches bloß metaphysisch ist, d. h. in der Vollkommenheit der anderen Geschöpfe besteht, nicht etwa unendlich: was man jedoch sagen müßte, wenn die vorliegende Maxime im strengen Sinne wahr sein sollte. Als Gott dem Propheten Jona über die Vergebung, die er den Einwohnern von Ninive gewährt hatte, Rechenschaft gab, berührte er sogar das Interesse der Tiere, die bei der Zerstörung dieser großen Stadt mitbetroffen worden wären. Keine Substanz ist vor Gott absolut verächtlich oder kostbar. Der Mißbrauch bzw. die übertriebene Ausdehnung der vorliegenden Maxime offenbart zum Teil die Quelle der von Herrn Bayle vorgetragenen Schwierigkeiten. Sicher macht sich Gott aus einem Menschen mehr als aus einem Löwen; indessen weiß ich nicht, ob man sicher behaupten kann, daß Gott einen Menschen allein der ganzen Art der Löwen in jeder Hinsicht vorzieht: sollte das aber so sein, so würde daraus immer noch nicht folgen, daß das Interesse einer gewissen Anzahl von Menschen den Gedanken an eine über eine unendliche Anzahl von Geschöpfen verbreitete Unordnung überwiegen müßte. Diese Meinung wäre ein Rest der alten, recht verschrieenen Maxime, daß alles einzig für den Menschen geschaffen sei.

Charles de Montesquieu (1689–1755)

Montesquieus epochales Werk »Vom Geist der Gesetze« ordnet die sich gerade herausbildende Staatswissenschaft in einen weiteren, kulturphilosophischen Rahmen ein: das Nachdenken über den Staat, über das menschliche Zusammenleben kann sich nicht nur auf die Beziehungen der Menschen untereinander beschränken, es muß auch den Staat in seiner natürlichen Umwelt beschreiben. Es hat immer schon den Gedanken gegeben, daß die Form des Staates, die Regierungsform von den natürlichen Bedingungen abhängt. Hippokrates hat diese Tradition als eine klimatische Charakterologie begründet – und als der Begründer dieser Tradition ist er über die aristotelische Brücke bei Thomas von Aquin ebenso wie bei Jean Bodin präsent.

Ihren Ausgang nimmt diese Argumentation in der Analyse des erschlafften Asien, das von dem vitaleren Griechenland erobert wird. Eine solche Reflexion kann in dem Sinne rationalistisch genannt werden, als sie die ganze Wirklichkeit des menschlichen Lebens in ihre Betrachtung einbezieht – und sich nicht auf die selbstherrliche Willkür des Menschen verläßt. Eine politische Klimatologie versucht – und das kann im vollsten Sinne Politische Ökologie genannt werden – den Staat in der Natur zu verankern.

1. Auf Grund dieser Tatsachen ziehe ich folgende Schlüsse: Asien hat keine eigentlich gemäßigte Zone und die in sehr kaltem Klima gelegenen Orte berühren unmittelbar solche, die in sehr heißem Klima liegen, z. B. die Türkei, Persien, die Mongolei, China, Korea und Japan.

    In Europa ist dagegen die gemäßigte Zone sehr ausgedehnt, obgleich es zwischen untereinander sehr verschiedenen Gegenden liegt, denn zwischen dem Klima Spaniens und Italiens und dem Norwegens und Schwedens besteht keinerlei Ähnlichkeit. Aber da hier das Klima unmerklich kälter wird, wenn man von Süden nach Norden geht, ungefähr in dem Verhältnis der Breite jedes Landes, so kommt es, daß jedes Land ungefähr das gleiche Klima besitzt wie das benachbarte; es besteht kein beträchtlicher Unterschied und die gemäßigte Zone ist, wie ich schon sagte, dort sehr ausgedehnt.

    Daraus folgt, daß in Asien kraftvolle Völker den schwächlichen gegenüberstehen: kriegerische, tapfere und tatkräftige Völker berühren sich unmittelbar mit verweichlichten, trägen, furchtsamen: so muß das eine Sieger, das andere Besiegter sein. In Europa stehen dagegen kraftvolle Völker einander gegenüber; und die sich berührenden haben ungefähr den gleichen Mut. Dies ist der Hauptgrund für die Schwäche Asiens und die Stärke Europas, für die Freiheit Europas und die Knechtschaft Asiens; ein Grund, von dem ich nicht weiß, ob

er schon bemerkt wurde. Daher kommt es in Asien nie dazu, daß die Freiheit
wächst, während sie in Europa größer oder kleiner wird je nach den Umständen.

Wenn auch der russische Adel von einem seiner Fürsten wieder geknechtet
wurde, so wird man dort immer wieder Züge einer Auflehnung sehen, die man
in südlichem Klima nicht findet. Haben wir nicht gesehen, daß eine aristokra-
tische Regierung dort in einigen Tagen errichtet wurde? Und wenn ein anderes
Volk des Nordens seine Gesetze verloren hat, so kann man sich auf das Klima
verlassen; es hat sie nicht unwiderruflich verloren.

2. In Asien hat es immer große Reiche gegeben; in Europa haben sie sich niemals
halten können. Das kommt daher, weil Asien, soweit wir es kennen, größere
Ebenen hat; es ist von den Bergen und den Meeren in größere Räume aufgeteilt,
und da es im ganzen südlicher liegt, so trocknen die Quellen leichter aus, die
Berge tragen weniger Schnee, die Flüsse führen geringere Wassermengen und
bilden dadurch weniger große Hindernisse.

Die Macht muß daher in Asien immer eine despotische sein, denn, wenn dort
nicht die strengste Knechtschaft herrschte, dann würde sogleich eine Aufteilung
erfolgen, die die Natur des Landes nicht verträgt.

In Europa sind durch natürliche Teilung mehrere Staaten von mittlerer Größe
entstanden, in denen die Herrschaft der Gesetze mit der Erhaltung des Staates
nicht unvereinbar, sondern im Gegenteil ihr so günstig ist, daß ein solcher Staat
ohne sie in Verfall geraten und allen anderen unterlegen sein würde.

Daraus ist ein Geist der Freiheit entstanden, der es äußerst schwer macht,
einen Teil zu unterjochen oder einer fremden Macht zu unterwerfen, wenn nicht
auf Grund der Förderungen und zum Vorteil seines Handels.

Dagegen herrscht in Asien ein Sklavengeist, der es nie verlassen hat, und in
der ganzen Geschichte dieses Landes ist es unmöglich, einen einzigen Zug zu
finden, der eine freie Seele verrät: man wird dort immer nur das Heldentum
der Knechtschaft antreffen.

3. Diese fruchtbaren Länder sind Ebenen, auf denen man sich dem Stärkeren
gegenüber nicht behaupten kann: man unterwirft sich ihm also und, wenn das
einmal geschehen ist, kann der Geist der Freiheit nie zurückkehren: die Früchte
des Bodens sind ein Unterpfand der Treue. In den Gebirgsgegenden aber kann
man behaupten, was man hat, und man hat nicht viel zu behaupten. Die Freiheit,
d. h. die Regierung, an der man teilnimmt, ist das einzige Gut, das es verdient,
verteidigt zu werden. So herrscht die Freiheit mehr in den gebirgigen und är-
meren Gegenden als in denen, die von der Natur stärker begünstigt erschienen.

Die Gebirgsbewohner bewahren sich eine gemäßigtere Regierung, weil sie nicht so sehr der Eroberung ausgesetzt sind. Sie können sich leicht verteidigen und sind schwer anzugreifen. Die Aufbringung und der Nachschub von Kriegsgerät und Verpflegung gegen sie verursacht große Kosten, denn das Land selbst liefert nichts. Daher ist es viel schwieriger, ihnen den Krieg zu erklären, und gefährlicher, ihn durchzuführen; und für alle die Gesetze, die man zur Sicherheit des Volkes erläßt, ist dort weniger Raum.

4. Die Länder werden nicht entsprechend ihrer Fruchtbarkeit, sondern entsprechend ihrer Freiheit bestellt; und wenn man die Erde einmal in Gedanken aufteilt, so wird man mit Erstaunen feststellen, daß in den weitaus längsten Zeiten ihre fruchtbarsten Gegenden verödet und ihre ärmsten dicht bevölkert waren.

Es ist natürlich, daß ein Volk einen schlechten Boden aufgibt, um einen besseren zu suchen, und nicht umgekehrt einen guten verläßt, um einen schlechteren aufzusuchen. Die meisten Einfälle erfolgen also in solche Länder, die die Natur erschaffen hatte, glücklich zu sein; und da nichts einer Verwüstung so nahe kommt wie ein feindlicher Einfall, so werden gerade die fruchtbarsten Länder sehr häufig entvölkert, während das karge Land des Nordens immer bewohnt bleibt, eben weil es eigentlich unbewohnbar ist.

Jean-Jacques Rousseau (1712–1778)

Rousseaus Menschen- und Naturbild spricht keineswegs von einem paradiesischen Naturzustand für den Menschen. Jedoch versucht er die menschliche Lage im Naturzustand abzuwägen, Vor- und Nachteile gegenüber der heutigen, gesellschaftlichen Situation auszumachen. So ist der Mensch im Naturzustand für Rousseau in einem relativ ausgeglichenen Zustand. Weder beherrscht ihn vornehmlich Angst noch Aggressivität. Im Naturzustand befindet sich der Mensch durchaus in einem Friedenszustand mit der Natur (Nr. 1).

Zweifellos kennt Rousseau noch nicht die entscheidenden Fortschritte der Hygiene. Aber daß die übermäßige Pflege der Medizin heutiger Prägung die Lebenserwartung nicht unbedingt erhöht, könnte auch heute noch gelten. Überhaupt kritisiert Rousseau ganz aristotelisch Ausschweifung und Übermaß im Zustand entwickelter Gesellschaften und sieht darin Anzeichen für Niedergang und Zerstörung: Weitergedacht ist das die Vorahnung der ökologischen Krise, die sich für den Menschen als Geschichte seiner zur Dekadenz führenden Maßlosigkeit lesen läßt. Wie das Haustier degeneriert der Mensch während der Kulturentwicklung – ein Prozeß, der die meisten Krankheiten erst ermöglicht.

Noch deutlicher wird dieser Zusammenhang, wenn Rousseau die Nachteile der Kulturentwicklung aufzählt und dabei vor allem ihre naturzerstörerischen Wirkungen beschreibt, die den Menschen aus dem relativ ruhigen Naturzustand reißen und ihm tödliche Probleme schaffen: Rousseau beschreibt die Vorform der ökologischen Krise, die sicher noch weniger aus den technisch systematischen als vielmehr aus den hieraus folgenden sozialen Entwicklungen entsprang, deren Charakteristika jedoch schon vergleichbar werden: Vergiftung, epidemische Krankheiten, schlechte Luft (Nr. 3, 4). Ähnliche Wirkungen erkennt er auch bereits in der Struktur und den Bedingungen, unter denen viele Menschen arbeiten müssen: Nicht nur die Gesundheit, auch die Lebenslust werden von solchen Zuständen untergraben (Nr. 5). Und er ahnt in den Wissenschaften und »Künsten« bereits jene Situation voraus, in der wir heute stehen. Dennoch gab es auch schon für Rousseau kein wirkliches »Zurück zur Natur« mehr (Nr. 6).

So suchen seine politischen wie pädagogischen Vorstellungen eher nach einer neuen Besinnung auf die Natur und ihre Gesetze, die der Mensch im Zuge der Kulturentwicklung zunehmend übergangen hat. Ökologisch besonders interessant ist, daß Rousseau dem Menschen eine naturgesetzliche Verantwortung für die Tiere überträgt, auch wenn diesen das Naturgesetz nicht bewußt ist. Problematisch bleibt, daß Rousseau die Nützlichkeit zum Kriterium der legitimen Peinigung von Tieren erhebt (Nr. 7).

1. Hobbes behauptet, der Mensch sei von Natur kühn und suche nur anzugreifen und zu schlagen. Ein berühmter Philosoph dagegen denkt, und Cumberland und Pufendorf versichern das gleiche, nichts sei so schüchtern wie der Mensch im Naturzustand, er zittere immer und sei beim geringsten Geräusch und der geringsten wahrgenommenen Bewegung zu fliehen bereit. Das kann für Dinge gelten, die er nicht kennt. Ich zweifle nicht, daß er durch jeden ungewöhnlichen Anblick jedesmal erschreckt wird, wenn er nicht das körperliche Gut oder Übel zu unterscheiden vermag, das er zu erwarten hat, und wenn er nicht seine Kräfte und die Gefahren abschätzen kann. Das sind jedoch seltene Umstände im Naturzustand, wo alles einen so gleichförmigen Gang geht und wo das Antlitz der Erde nicht so plötzlichen und andauernden Veränderungen unterworfen ist, wie sie die Leidenschaften und die Unbeständigkeit zusammenwohnender Völker verursachen. Doch der Wilde lebt unter die Tiere verstreut, und da er sich sehr bald in die Lage versetzt findet, sich mit ihnen messen zu müssen, stellt er bald über ihr Verhältnis zu sich Vergleiche an. Da er fühlt, daß er sie eher an Geschicklichkeit übertrifft als sie ihn an Stärke, verlernt er die Furcht

vor ihnen. Stellt einem Bären oder einem Wolf einen so robusten, mutigen und gewandten Wilden, wie sie alle sind, mit Steinen und einem Knüppel bewaffnet gegenüber, so werdet ihr sehen, daß die Gefahr zumindest gegenseitig ist und daß nach einigen ähnlichen Erfahrungen die wilden Tiere, die sich nicht gern gegenseitig angreifen, den Menschen, den sie ebenso furchtbar wie sich gefunden haben, kaum mutwillig angreifen werden. In Beziehung zu den Tieren, die tatsächlich mehr Kraft haben, als er Geschicklichkeit hat, ist er in der Lage der übrigen schwächeren Arten, die deshalb nicht zu bestehen aufgehört haben. Da der Mensch nicht schlechter als sie zu laufen versteht und auf den Bäumen einen beinahe sicheren Schutz findet, hat er dabei noch den Vorteil, daß er jeweils das Treffen annehmen oder vermeiden kann und die Wahl zwischen Flucht und Kampf hat. Wir fügen hinzu, daß von Natur aus anscheinend kein Tier den Menschen bekriegt, höchstens zu seiner eigenen Verteidigung oder bei äußerstem Hunger. Auch bezeugt keines gegen ihn so heftige Antipathien, daß sie daraufhinzudeuten scheinen, eine Gattung sei von der Natur dazu bestimmt, einer anderen zur Nahrung zu dienen.

2. Mit Bezug auf die Krankheiten wiederhole ich nicht die eitlen und falschen Deklamationen der Mehrzahl der Gesunden gegen die Medizin; aber ich frage, ob es gründliche Beobachtungen gibt, auf Grund deren man schließen kann, daß in den Ländern, in denen diese Kunst am meisten vernachlässigt wird, die durchschnittliche Lebensdauer kürzer sei als in denen, wo sie mit größter Sorgfalt gepflegt wird. Und wie wäre das möglich, wenn wir uns mehr Leiden selbst verschaffen, als die Medizin uns Heilmittel erfinden kann! Die äußerste Ungleichheit der Lebensweise, das Übermaß an Müßiggang bei den einen, das Übermaß an Arbeit bei den andern, die Leichtigkeit, mit der unsere Begierden und unsere Sinne zu reizen und zu befriedigen sind, die allzu gesuchten Feinschmeckereien der Reichen, die sie mit erhitzenden Säften nähren und mit Verstopfungen plagen, die schlechte Nahrung der Armen, die ihnen sogar nur zu häufig fehlt und deren Mangel sie dazu verleitet, ihre Mägen, wenn sich die Gelegenheit bietet, gierig zu überfüllen, die durchwachten Nächte, die Ausschweifungen jeder Art, die unmäßigen Delirien aller Leidenschaften, die Ermattungen und die Erschöpfungen des Geistes, die Sorgen und die in allen Ständen auszustehenden Beschwernisse ohne Zahl, von denen die Seelen ständig zermürbt werden – das sind die unheilvollen Beweise dafür, daß die Mehrzahl unserer Leiden unser eigenes Werk sind und daß wir sie fast alle vermieden hätten, wenn wir uns die von der Natur vorgeschriebene Gewohnheit bewahrt hätten, einfach, gleichförmig und allein zu leben. Wenn sie uns zur Gesundheit bestimmt hat, dann wage ich beinahe zu versichern, daß der Zustand der Re-

flexion wider die Natur ist und daß ein grübelnder Mensch ein entartetes Tier ist. Wenn man an die gute Konstitution der Wilden denkt, wenigstens derer, welche nicht durch unsere starken Spirituosen ruiniert sind, und wenn man weiß, daß sie fast keine anderen Krankheiten als Verwundungen und Altersschwäche kennen, ist man nur zu sehr zu glauben geneigt, daß man leicht die Geschichte der menschlichen Krankheiten schreiben könnte, indem man der unserer zivilisierten Gesellschaft folgt.

3. Ein berühmter Autor, der die Güter und die Übel des menschlichen Lebens zusammenrechnete und die beiden Summen miteinander verglich, hat gefunden, daß die letzteren die ersteren um vieles übertreffen und unser Leben, im großen Ganzen genommen, ein sattsam schlechtes Geschenk ist. Sein Ergebnis überrascht mich nicht: er hat alle seine Überlegungen anhand der Lebensumstände des zivilisierten Menschen angestellt. Wäre er bis auf den natürlichen Menschen zurückgegangen, so kann man sicher sein, er hätte sehr abweichende Resultate erhalten. Es wäre ihm aufgefallen, daß der Mensch kaum andere Übel kennt als die, welche er sich selbst bereitet. Die Natur wäre gerechtfertigt gewesen. Nach vieler Mühe haben wir uns endlich so unglücklich gemacht. Betrachtet man auf der einen Seite die ungeheuren Schöpfungen des Menschen: die vielen Wissenschaften, die er vertieft, die vielen Künste, die er erfunden hat, die vielen Kräfte, die er benutzt hat, die Abgründe, die er zugeschüttet und die Gebirge, die er vollkommen eingeebnet hat, die Felsen, die er zertrümmert, die Flüsse, die er schiffbar gemacht hat, den Boden, den er urbar gemacht, die Seen, die er abgegraben und die Sümpfe, die er getrocknet hat, die riesigen Gebäude, die er auf der Erde errichtet, das Meer, das er mit Schiffen und Matrosen übersät hat – untersucht man dann auf der anderen Seite mit einigem Nachdenken die wahren Vorteile, die aus alldem für das Glück der menschlichen Gattung hervorgegangen sind, so kann man nur erschüttert sein über das erstaunliche Mißverhältnis, das zwischen diesen Dingen herrscht. Man muß die Verblendung des Menschen beklagen, die ihn, um seinen wahnwitzigen Ehrgeiz und ich weiß nicht welche eitele Selbstbewunderung zu nähren, mit Eifer all den Beschwerden, für die er empfänglich ist, in die Arme treibt, welche die wohlwollende Natur von ihm fern zu halten Sorge getragen hat.

4. Vergleicht man unvoreingenommen den Zustand des zivilisierten Menschen mit dem des Wilden und untersucht, wenn ihr könnt, von seiner Bösartigkeit, seinen Bedürfnissen und seinem Elend abgesehen, wieviele neue Türen der erstere dem Schmerz und dem Tod geöffnet hat. Rückt euch die geistigen Qualen, die uns verzehren, vor Augen, die heftigen Leidenschaften, die uns erschöpfen

und aufreiben, das Übermaß an Arbeit, womit die Armen überlastet sind, die noch gefährlichere Verweichlichung, der die Reichen sich überlassen, so daß die einen an ihrer Not, die anderen an ihren Ausschweifungen sterben. Denkt an das ungeheuerliche Durcheinander der Speisen, an ihre ungesunden Würzen, an die verdorbenen Eßwaren, die gefälschten Drogen, an die Betrügereien derer, die sie verkaufen, die Irrtümer derer, die sie verabreichen, an das Gift an den Geschirren, in denen man sie herstellt. Richtet eure Aufmerksamkeit auf die epidemischen Krankheiten, die durch die schlechte Luft bei Versammlungen von Menschenmengen hervorgerufen werden, an die, denen uns die Verzärtelung unserer Lebensweise aussetzt, der Wechsel des Übergangs aus der Stubenluft in die frische Luft, der Gebrauch der Kleider, die ohne viel Vorsicht an- und ausgezogen werden, und an alle Sorgen, die unsere überfeinerte Empfindlichkeit in notwendige Gewohnheiten verwandelt hat, deren Vernachlässigung oder Fehlen uns alsbald das Leben oder die Gewohnheit kostet. Zieht die Brände und Erdbeben in Betracht, die ganze Städte verzehren und umwühlen und die Bewohner zu Tausenden vernichten. Kurzum: wenn ihr die Gefahren zusammenzählt, die all diese Dinge ununterbrochen über unseren Häuptern zusammenballen, so werdet ihr fühlen, wie teuer uns die Natur die Verachtung ihrer Lehren hat bezahlen lassen.

5. Man füge zu all dem die Anzahl der ungesunden Berufe, die das Leben verkürzen oder die Lebenslust untergraben, wie etwa der Bergbau, die verschiedenen Arten der Aufbereitung der Metalle und Gesteine, besonders des Bleis, des Kupfers, des Quecksilbers, des Kobalts, des Arseniks, des Flugstaubs. Ferner jene anderen gefährlichen Handwerke, die Tag für Tag eine Anzahl Arbeiter das Leben kosten, die einen als Dachdecker, andere als Zimmerleute, andere als Maurer, wieder andere als Arbeiter in Steinbrüchen. Man nehme, wie gesagt, alle diese Dinge zusammen und man wird sehen, daß in der Gründung und Vervollkommnung der Gesellschaft, wie von mehr als einem Philosophen bemerkt worden ist, die Gründe für das Verschwinden der Gattung liegen.

6. Was nun? Muß man die Gesellschaften zerstören, Mein und Dein beseitigen, zu einem Leben mit den Bären im Walde zurückkehren? Das ist eine Folgerung in der Art meiner Gegner. Einerseits möchte ich ihr gern zuvorkommen, andererseits möchte ich ihnen die Blamage nicht ersparen, diese Konsequenz zu ziehen.

7. Wenn er nicht dem inneren Impuls des Mitleids widersteht, tut er niemals einem anderen Menschen Böses, nicht einmal irgend einem fühlenden Wesen. Nur in dem berechtigten Falle, in dem seine eigene Erhaltung ihn parteiisch macht, ist

er verpflichtet, sich selbst den Vorzug zu geben. Dadurch endigt man auch die alten Streitereien über die Einbeziehung der Tiere in das Naturgesetz. Denn es ist klar, daß sie, denen Erkenntnis und Freiheit abgehen, dieses Gesetz nicht erkennen können. Da sie aber in manchen Dingen durch die Sensibilität, mit der sie begabt sind, unserer Natur ähnlich sind, wird man schließen, sie müßten an dem Naturrecht teilhaben, und der Mensch sei ihnen gegenüber gewissen Pflichten unterworfen. Es scheint in der Tat so: wenn ich verpflichtet bin, keinem von meinesgleichen Schlechtes zuzufügen, sei ich dies weniger, weil er ein verständiges als weil er ein fühlendes Wesen ist. Da diese Eigenschaft Tier und Mensch gemeinsam ist, muß man wenigstens dem einen das Recht einräumen, sich nicht unnütz von dem anderen peinigen zu lassen.

Denis Diderot (1713–1784)

Denis Diderot, der große französische Aufklärer, erhielt zusammen mit D'Alembert den Auftrag, ein Lexikon herauszugeben, das das gesamte Wissen seiner Zeit umfassen sollte. Der erste Band der »Enzyklopädie« erschien 1751. An ihr schrieben unter anderen Voltaire, Rousseau, Montesquieu, Turgot, Holbach, Condillac und Condorcet mit. Diderot schrieb selbst mehrere tausend Artikel zu dieser Enzyklopädie. In der »Ausführlichen Erläuterung des Systems der menschlichen Kenntnisse« wird auch die Naturkunde behandelt und unter verschiedenen systematischen Gesichtspunkten begriffen und eingeordnet. Ökologiegeschichtlich interessant ist, daß Diderot die Naturkunde im Zusammenhang mit der Gotteskunde, der Ontologie und der Metaphysik behandelt, das bedeutet, daß er Natur durchaus in einem größeren Zusammenhang sieht. In der Naturkunde selbst sieht er die Mathematik als Vermittlerin des Besonderen und des Allgemeinen, d.h., auch hier geht es Diderot um konkrete Zusammenhänge (Nr. 1). Auch im Zeitalter der Aufklärung, in einer Zeit des Vernunftglaubens und der Hoffnung auf die mathematischen Naturwissenschaften also, gehören zur Astronomie auch eine geläuterte Astrologie und zur Chemie, die Diderot als Nebenbuhlerin der Natur bezeichnet – eine zweifellos euphemistische Bezeichnung –, auch noch die Alchemie mit der interessanten Charakterisierung als natürliche Zauberei (Nr. 2–5). Eine lichtvolle, aufgeklärte Vernunft versucht also durchaus noch, einiges von dem verlorengehenden Wissen über die Natur zu bewahren. Wir müssen Diderot in diesem Sinne als Mahner verstehen. Insofern könnte auch der enzyklopädische Ansatz für ein ökologisches Denken interessant sein, das sich um die Bewahrung von möglichst umfassendem Wissen von Natur bemüht, um damit auch der natürlichen Vielheit und Besonderheit gerecht zu werden.

1. Naturkunde: Wir gliedern die Naturkunde in Physik und Mathematik. Auch diese Gliederung verdanken wir der Überlegung und unserer Neigung zum Verallgemeinern. Wir haben durch die Sinne Kenntnis von den realen Einzeldingen gewonnen: Sonne, Mond, Sirius usw. – Gestirne; Luft, Feuer, Erde, Wasser usw. – Elemente; Regen, Schnee, Hagel, Donner usw. – Lufterscheinungen; und so fort bis zum Ende der Naturkunde. Gleichzeitig haben wir Kenntnis von den abstrakten Eigenschaften genommen: Farbe, Laut, Geschmack, Geruch, Dichte, Dünne, Wärme, Kälte, Weichheit, Härte, Flüssigkeit, Festigkeit, Starrheit, Dehnbarkeit, Schwere, Leichtigkeit usw.; Gestalt, Abstand, Bewegung, Ruhe, Dauer, Ausdehnung, Quantität, Undurchdringlichkeit.

    Wir haben durch Nachdenken festgestellt, daß unter diesen abstrakten Eigenschaften die letzteren, nämlich Ausdehnung, Bewegung, Undurchdringlichkeit usw., allen körperlichen Einzeldingen zukamen. Wir haben sie zum Gegenstand der allgemeinen Physik oder Metaphysik der Körper gemacht. Werden dieselben Eigenschaften an jedem Einzelding im besonderen betrachtet, und zwar zusammen mit den mannigfachen Unterschieden, die es auszeichnen, nämlich Härte, Spannkraft, Flüssigkeit usw., so bilden sie den Gegenstand der besonderen Physik. Eine andere, allgemeinere Eigenschaft der Körper, welche die Voraussetzung aller anderen Eigenschaften ist, nämlich die Quantität, hat den Gegenstand der Mathematik gebildet. Quantität oder Größe nennt man alles, was vermehrt oder vermindert werden kann.

2. Die Betrachtung der Quantität bei den Bewegungen der Himmelskörper führt zur geometrischen Astronomie, ferner zur Kosmographie oder Beschreibung des Weltalls, die sich in Uranographie oder Beschreibung des Himmels, Hydrographie oder Beschreibung der Gewässer und Geographie gliedert, und schließlich zur Chronologie und zur Gnomonik oder Kunst des Konstruierens von Sonnenuhren.

3. Die besondere Physik muß die gleiche Einteilung befolgen wie die Naturgeschichte. Von der durch die Sinne gewonnenen Kunde von den Gestirnen, ihren Bewegungen, wahrnehmbaren Erscheinungen usw. ist die Reflexion zur Erforschung ihres Ursprungs, der Ursachen ihrer Erscheinungen usw. übergegangen und hat die Wissenschaft hervorgebracht, die natürliche Astronomie genannt wird. Auf diese muß man die Lehre von ihren Einflüssen zurückführen, die Astrologie heißt, und daher kommt die natürliche Astrologie und die Schimäre

der Sterndeutung. Von der durch die Sinne gewonnenen Kunde über Wind, Regen, Hagel, Donner usw. ist die Reflexion zur Erforschung ihres Ursprungs, ihrer Ursachen, Wirkungen usw. übergegangen und hat die Wissenschaft hervorgebracht, die man Meteorologie nennt.

Von der durch die Sinne gewonnenen Kunde vom Meer, von der Erde, den Strömen, den Flüssen, den Gebirgen, den Gezeiten ist die Reflexion zur Erforschung ihrer Ursachen, ihres Ursprungs usw. übergegangen und hat die Kosmologie oder Kunde vom Weltall hervorgebracht.

4. Die Medizin beschäftigt sich (nach Boerhaves Einteilung) entweder mit dem Haushalt des menschlichen Körpers und erklärt vernunftmäßig seine Anatomie, wobei die Physiologie entsteht, oder mit dem Verfahren, ihn vor Krankheiten zu schützen, mit der sogenannten Hygiene; oder sie betrachtet den kranken Körper, handelt von den Ursachen, den Unterschieden und den Symptomen der Krankheiten und heißt dann Pathologie; oder sie hat als Gegenstand die Merkmale des Lebens, der Gesundheit und der Krankheit, ihre Diagnose und Prognose, und nimmt dann den Namen Semiotik an; oder sie lehrt die Heilkunst und unterteilt sich in Diätetik, Pharmazie und Chirurgie, die drei Zweige der Therapeutik.

5. Von der experimentellen Kenntnis oder der durch die Sinne gewonnenen Kunde von den äußeren, wahrnehmbaren, augenscheinlichen usw. Eigenschaften der natürlichen Körper hat uns die Reflexion zur künstlichen Erforschung ihrer inneren, verborgenen Eigentümlichkeiten geführt, und diese Kunst heißt Chemie. Die Chemie ist Nachahmerin und Nebenbuhlerin der Natur; ihr Gegenstand ist beinahe so ausgedehnt wie der Gegenstand der Natur selbst. Sie zerlegt die Dinge, baut sie auf oder wandelt sie um usw. Die Chemie hat die Alchimie und die natürliche Zauberei hervorgebracht. Die Metallurgie oder Kunst des Verarbeitens der Metalle ist ein wichtiger Zweig der Chemie. Auf diese Kunst kann man auch die Färberei zurückführen.

Die Natur hat ihre Abweichungen und die Vernunft ihre Mißbräuche. Auf die Abweichungen der Natur haben wir die Mißbildungen bezogen; auf den Mißbrauch der Vernunft müssen wir alle Wissenschaften und Künste beziehen, die nur von Habgier, Bosheit und Aberglauben zeugen und den Menschen entehren.

Das ist der ganze philosophische Teil des menschlichen Wissens, also das, was man auf die Vernunft beziehen muß.

Immanuel Kant (1724–1804)

Mit jenem berühmten Begriff vom »Ding an sich« scheint Kant die Natur in einen unserem Erkenntnisvermögen nicht zugänglichen Bereich verbannt zu haben. Auch sein Bemühen, die Bedingungen der Möglichkeit objektiver wissenschaftlicher Erkenntnis zu klären, führt zu einem Begriff, in dem Natur als bloßer Erkenntnisgegenstand auftaucht. Eher scheint es um die rationalen und metaphysischen Grundlagen der Erkenntnis zu gehen, als um Natur in einem lebendigen Zusammenhang oder gar um Natur als eigendynamischen Prozeß. Wenn Kant den Menschen zudem in ein Vernunft- und in ein Sinnenwesen scheidet und ersterem eindeutig das Primat zuspricht, scheint jede ökologische Einbindung des Menschen – gar in einen ihm womöglich vorgängigen – Naturzusammenhang endgültig obsolet zu sein.

Kant hat jedoch in seiner dritten Kritik, jener der Urteilskraft, vor allem im Dialektik- und im Methoden-Kapitel der teleologischen Urteilskraft einen Naturbegriff als regulative Idee entworfen, der heute einerseits immer häufiger als heuristisches Wissenschaftsprinzip an jenen Stellen benutzt wird, wo mechanistische und funktionale Zusammenhänge unzureichend erscheinen, der aber gleichzeitig auch als wissenschaftstheoretischer Entwurf für eine ökologische Biologie verstanden werden kann. Er problematisiert dabei das generelle Problem, daß jede Form objektiver Zweckmäßigkeit in der Natur grundlos ist (Nr. 1). Indes zeigt sein Begriff der relativen Zweckmäßigkeit ein differenziertes Bemühen, Naturzusammenhänge, in die der Mensch integriert ist, weder bloß durch göttliche Fügung noch allein durch mechanistische Kausalprinzipien zu erklären. Er sucht vielmehr mit der Hypothese der relativen Zweckmäßigkeit, uns Naturzusammenhänge zu verdeutlichen, die in den neuzeitlichen Naturwissenschaften vernachlässigt werden: eine wesentliche Intention des ökologischen Denkens (Nr. 2, 3).

Selbstverständlich bleibt Kants Entwurf immer ambivalent: Des Menschen »Dasein hat den höchsten Zweck selbst in sich, dem, soviel er vermag, er die ganze Natur unterwerfen kann, wenigstens welchem zuwider er sich keinem Einflusse der Natur unterworfen halten darf«. Er bezeichnet den Menschen – wenn auch skeptisch, – als Herrn der Natur. Gleichzeitig entwirft er einen Kulturbegriff, der sich als Naturabsicht versteht, und bindet damit die Kultur auch wieder in Naturzusammenhänge ein. Natürlich gehört zur Kultur Disziplin und nicht hemmungslose Begierde – die kulturvernichtenden Folgen von Konsumismus und maßlosem Wachstum zeugen davon. Kant gibt der Vernunft aber auch auf, die natürlichen Seiten des Menschen zu entwickeln. Wenn wir hinter Kants Entwurf die implizierte Naturteleologie zumindest als Möglichkeit mitdenken – und eine andere ist uns nach Kant nicht einsichtig zu machen –, dann klingt sein Entwurf eines Weges von der Natur über die Kultur zur Notwendigkeit einer bürgerlichen

Gesellschaft und eines weltbürgerlichen Ganzen fast wie das Programm zu einer Politischen Ökologie (Nr. 4).

Am Ende der Kritik der Urteilskraft, in der Kant den Versuch unternimmt, die Spaltung von Vernunft und Natur, theoretischer und praktischer Vernunft zu überwinden, kommt er mit der Idee eines Endzwecks der Natur einer neuerlichen Überwindung der Spaltung zumindest hypothetisch nahe. Die Idee einer Ordnung der Natur, eines moralischen Wesens und einer zweckmäßigen Schöpfung werden im Hinblick auf einen Endzweck als mögliche Einheit des Mannigfaltigen angenommen. Das entspräche sicher einer sehr skeptischen Ökologie. Mehr aber ist im Kantischen System nicht denkbar.

1. Gleich wie der Mechanism der Natur nach dem vorhergehenden allein nicht zulangen kann, um sich die Möglichkeit eines organisirten Wesens danach zu denken, sondern (wenigstens nach der Beschaffenheit unseres Erkenntnisvermögens) einer absichtlich wirkenden Ursache ursprünglich untergeordnet werden muß: so langt eben so wenig der bloße teleologische Grund eines solchen Wesens hin, es zugleich als ein Product der Natur zu betrachten und zu beurtheilen, wenn nicht der Mechanism der letzteren der ersteren beigesellt wird, gleichsam als das Werkzeug einer absichtlich wirkenden Ursache, deren Zwecke die Natur in ihren mechanischen Gesetzen gleichwohl untergeordnet ist. Die Möglichkeit einer solchen Vereinigung zweier ganz verschiedener Arten von Causalität, der Natur in ihrer allgemeinen Gesetzmäßigkeit mit einer Idee, welche jene auf eine besondere Form einschränkt, wozu sie für sich gar keinen Grund enthält, begreift unsere Vernunft nicht; sie liegt im übersinnlichen Substrat der Natur, wovon wir nichts bejahend bestimmen können, als daß es das Wesen an sich sei, von welchem wir die bloße Erscheinung kennen. Aber das Princip: alles, was wir als zu dieser Natur (Phaenomenon) gehörig und als Product derselben annehmen, auch nach mechanischen Gesetzen mit ihr verknüpft denken zu müssen, bleibt nichts desto weniger in seiner Kraft: weil ohne diese Art von Causalität organisirte Wesen, als Zwecke der Natur, doch keine Naturproducte sein würden.

2. Wenn aber vollends der Mensch durch Freiheit seiner Causalität die Naturdinge seinen oft thörichten Absichten (die bunten Vogelfedern zum Putzwerk seiner Bekleidung, farbige Erden und Pflanzensäfte zur Schminke), manchmal auch aus vernünftiger Absicht das Pferd zum Reiten, den Stier und in Minorca sogar den Esel und das Schwein zum Pflügen zuträglich findet: so kann man hier auch nicht einmal einen relativen Naturzweck (auf diesen Gebrauch) annehmen. Denn seine Vernunft weiß den Dingen eine Übereinstimmung mit seinen willkür-

lichen Einfällen, wozu er selbst nicht einmal von der Natur prädestiniert war, zu geben. Nur wenn man annimmt, Menschen haben auf Erden leben sollen, so müssen doch wenigstens die Mittel, ohne die sie als Thiere und selbst als vernünftige Thiere (in wie niedrigem Grade es auch sei) nicht bestehen konnten, auch nicht fehlen; alsdann aber würden diejenigen Naturdinge, die zu diesem Behuf unentbehrlich sind, auch als Naturzwecke angesehen werden müssen.

Man sieht hieraus leicht ein, daß die äußere Zweckmäßigkeit (Zuträglichkeit eines Dinges für andere) nur unter der Bedingung, daß die Existenz desjenigen, dem es zunächst oder auf entfernte Weise zuträglich ist, für sich selbst Zweck der Natur sei, für einen äußern Naturzweck angesehen werden könne. Da jenes aber durch bloße Naturbetrachtung nimmermehr auszumachen ist: so folgt, daß die relative Zweckmäßigkeit, ob sie gleich hypothetisch auf Naturzwecke Anzeige giebt, dennoch zu keinem absoluten teleologischen Urtheile berechtige.

Der Schnee sichert die Saaten in kalten Ländern wider den Frost; er erleichtert die Gemeinschaft der Menschen (durch Schlitten); der Lappländer findet dort Thiere, die diese Gemeinschaft bewirken (Rennthiere), die an einem dürren Moose, welches sie sich selbst unter dem Schnee hervorscharren müssen, hinreichende Nahrung finden und gleichwohl sich leicht zähmen und der Freiheit, in der sie sich gar wohl erhalten könnten, willig berauben lassen. Für andere Völker in derselben Eiszone enthält das Meer reichen Vorrat an Thieren, die außer der Nahrung und Kleidung, die sie liefern, und dem Holze, welches ihnen das Meer zu Wohnungen gleichsam hinflößt, ihnen noch Brennmaterien zur Erwärmung ihrer Hütten liefern. Hier ist nun eine bewunderungswürdige Zusammenkunft von so viel Beziehungen der Natur auf einen Zweck; und dieser ist der Grönländer, der Lappe, der Samojede, der Jakute usw. Aber man sieht nicht, warum überhaupt Menschen dort leben müssen. Also sagen: daß darum Dünste aus der Luft in der Form des Schnees herunterfallen, das Meer seine Ströme habe, welche das in wärmeren Ländern gewachsene Holz dahin schwemmen, und große mit Öl angefüllte Seethiere da sind, weil der Ursache, die alle die Naturproducte herbeischafft, die Idee eines Vortheils für gewisse armselige Geschöpfe zum Grunde liege: wäre ein sehr gewagtes und willkürliches Urtheil. Denn wenn alle diese Naturnützlichkeit auch nicht wäre, so würden wir nichts an der Zulänglichkeit der Naturursachen zu dieser Beschaffenheit vermissen; vielmehr eine solche Anlage auch nur zu verlangen und der Natur einen solchen Zweck zuzumuthen (da ohnedas nur die größte Unverträglichkeit der Menschen unter einander sie bis in so unwirthbare Gegenden hat versprengen können), würde uns selbst vermessen und unüberlegt zu sein dünken.

3. Wenn man sich eine objective Zweckmäßigkeit in der Mannigfaltigkeit der Erdgeschöpfe und ihrem äußern Verhältnisse zu einander, als zweckmäßig construierter Wesen, zum Princip macht: so ist es der Vernunft gemäß, sich in diesem Verhältnisse wiederum eine gewisse Organisation und ein System aller Naturreiche nach Endursachen zu denken. Allein hier scheint die Erfahrung der Vernunftmaxime laut zu widersprechen, vornehmlich was einen letzten Zweck der Natur betrifft, der doch zu der Möglichkeit eines solchen Systems erforderlich ist, und den wir nirgend anders als im Menschen setzen können: da vielmehr in Ansehung dieses, als einer der vielen Thiergattungen, die Natur sowenig von den zerstörenden als erzeugenden Kräften die mindeste Ausnahme gemacht hat, alles einem Mechanism derselben ohne einen Zweck zu unterwerfen.

Das erste, was in einer Anordnung zu einem zweckmäßigen Ganzen der Naturwesen auf der Erde absichtlich eingerichtet sein müßte, würde wohl ihr Wohnplatz, der Boden und das Element sein, auf und in welchem sie ihr Fortkommen haben sollten. Allein eine genauere Kenntnis der Beschaffenheit dieser Grundlage aller organischen Erzeugung giebt auf keine anderen als ganz unabsichtlich wirkende, ja eher noch verwüstende, als Erzeugung, Ordnung und Zwecke begünstigende Ursachen Anzeige. Land und Meer enthalten nicht allein Denkmäler von alten mächtigen Verwüstungen, die sie und alle Geschöpfe auf und in demselben betroffen haben, in sich; sondern ihr ganzes Bauwerk, die Erdlager des einen und die Gränzen des anderen haben gänzlich das Ansehen des Products wilder, allgewaltiger Kräfte einer im chaotischen Zustande arbeitenden Natur. So zweckmäßig auch jetzt die Gestalt, das Bauwerk und der Abhang der Länder für die Aufnahme der Gewässer aus der Luft, für die Quelladern zwischen Erdschichten von mannigfaltiger Art (für mancherlei Producte) und den Lauf der Ströme angeordnet zu sein scheinen mögen: so beweiset doch eine nähere Untersuchung derselben, daß sie bloß als die Wirkung theils feuriger, theils wässeriger Eruptionen, oder auch Empörungen des Oceans zu Stande gekommen sind; sowohl was die erste Erzeugung dieser Gestalt, als vornehmlich die nachmalige Umbildung derselben zugleich mit dem Untergange ihrer ersten organischen Erzeugungen betrifft. Wenn nun der Wohnplatz, der Mutterboden (des Landes) und der Mutterschoß (des Meeres), für alle diese Geschöpfe auf keinen andern als einen gänzlich unabsichtlichen Mechanism seiner Erzeugung Anzeige giebt: wie und mit welchem Recht können wir für diese letztern Producte einen andern Ursprung verlangen und behaupten? Wenn gleich der Mensch, wie die genaueste Prüfung der Überreste jener Naturverwüstungen (nach Camper's Ur-theile) zu beweisen scheint, in diesen Revolutionen nicht mit begriffen war: so ist er doch von den übrigen Erdgeschöpfen so abhängig, daß, wenn ein über die anderen allgemeinwaltender Mechanism der Natur eingeräumt wird, er als darunter mitbegriffen angesehen werden muß; wenn ihn gleich sein Verstand (großentheils wenigstens) unter ihren Verwüstungen hat retten können.

4. Wir haben im vorigen gezeigt, daß wir den Menschen nicht bloß wie alle organisirte Wesen als Naturzweck, sondern auch hier auf Erden als den letzten Zweck der Natur, in Beziehung auf welchen alle übrigen Naturdinge ein System von Zwecken ausmachen, nach Grundsätzen der Vernunft zwar nicht für die bestimmende, doch für die reflectirende Urtheilskraft zu beurtheilen hinreichende Ursache haben. Wenn nun dasjenige im Menschen selbst angetroffen werden muß, was als Zweck durch seine Verknüpfung mit der Natur befördert werden soll: so muß entweder der Zweck von der Art sein, daß er selbst durch die Natur in ihrer Wohltätigkeit befriedigt werden kann; oder es ist die Tauglichkeit und Geschicklichkeit zu allerlei Zwecken, wozu die Natur (äußerlich und innerlich) von ihm gebraucht werden könne. Der erste Zweck der Natur würde die Glückseligkeit, der zweite die Cultur des Menschen sein.

Der Begriff der Glückseligkeit ist nicht ein solcher, den der Mensch etwa von seinen Instincten abstrahirt und so aus der Thierheit in ihm selbst hernimmt; sondern ist eine bloße Idee eines Zustandes, welcher er den letzteren unter bloß empirischen Bedingungen (welches unmöglich ist) adäquat machen will. Er entwirft sie sich selbst und zwar auf so verschiedene Art durch seinen mit der Einbildungskraft und den Sinnen verwickelten Verstand; er verändert sogar diesen so oft, daß die Natur, wenn sie auch seiner Willkür gänzlich unterworfen wäre, doch schlechterdings kein bestimmtes allgemeines und festes Gesetz annehmen könnte, um mit diesem schwankenden Begriff und so mit dem Zweck, den jeder sich willkürlicher Weise vorsetzt, übereinzustimmen. Aber selbst wenn wir entweder diesen auf das wahrhafte Naturbedürfniß, worin unsere Gattung durchgängig mit sich übereinstimmt, herabsetzen, oder andererseits die Geschicklichkeit sich eingebildete Zwecke zu verschaffen noch so hoch steigern wollten: so würde doch, was der Mensch unter Glückseligkeit versteht, und was in der That sein eigener letzter Naturzweck (nicht Zweck der Freiheit) ist, von ihm nie erreicht werden; denn seine Natur ist nicht von der Art, irgendwo im Besitze und Genusse aufzuhören und befriedigt zu werden. Andrerseits ist so weit gefehlt, daß die Natur zu ihrem besondern Liebling aufgenommen und vor allen Thieren mit Wohlthun begünstigt habe, daß sie ihn vielmehr in ihren verderblichen Wirkungen, in Pest, Hunger, Wassergefahr, Frost, Anfall von anderen großen und kleinen Thieren udgl., eben so wenig verschont, wie jedes andere Thier; noch mehr aber, daß das Widersinnische der Naturanlagen in ihm ihn noch in selbstersonnene Plagen und noch andere von seiner eigenen

Gattung durch den Druck der Herrschaft, die Barbarei der Kriege usw. in solche Not versetzt und er selbst, so viel an ihm ist, an der Zerstörung seiner eigenen Gattung arbeitet, daß selbst bei der wohlthätigsten Natur außer uns der Zweck derselben, wenn er auf die Glückseligkeit unserer Species gestellt wäre, in einem System derselben auf Erden nicht erreicht werden würde, weil die Natur in uns derselben nicht empfänglich ist. Er ist also immer nur Glied in der Kette der Naturzwecke: zwar Princip in Ansehung manches Zwecks, wozu die Natur ihn in ihrer Anlage bestimmt zu haben scheint, indem er sich selbst dazu macht; aber doch auch Mittel zur Erhaltung der Zweckmäßigkeit im Mechanism der übrigen Glieder. Als das einzige Wesen auf Erden, welches Verstand, mithin ein Vermögen hat, sich selbst willkürliche Zwecke zu setzen, ist er zwar betitelter Herr der Natur und, wenn man diese als ein teleologisches System ansieht, seiner Bestimmung nach der letzte Zweck der Natur; aber immer nur bedingt, nämlich daß er es verstehe und den Willen habe, dieser und ihm selbst eine solche Zweckbeziehung zu geben, die unabhängig von der Natur sich selbst genug, mithin Endzweck sein könne, der aber in der Natur gar nicht gesucht werden muß.

Um aber auszufinden, worein wir am Menschen wenigstens jenen letzten Zweck der Natur zu sehen haben, müssen wir dasjenige, was die Natur zu leisten vermag, um ihn zu dem vorzubereiten, was er selbst thun muß, um Endzweck zu sein, heraussuchen und es von allen den Zwecken absondern, deren Möglichkeit auf Bedingungen beruht, die man allein von der Natur, erwarten darf. Von der letztern Art ist die Glückseligkeit auf Erden, worunter der Inbegriff aller durch die Natur außer und in dem Menschen möglichen Zwecke desselben verstanden wird; das ist die Materie aller seiner Zwecke auf Erden, die, wenn er sie zu seinem ganzen Zwecke macht, ihn unfähig macht, seiner eigenen Existenz einen Endzweck zu setzen und dazu zusammen zu stimmen. Es bleibt also von allen seinen Zwecken in der Natur nur die formale, subjective Bedingung, nämlich der Tauglichkeit: sich selbst überhaupt Zwecke zu setzen und (unabhängig von der Natur in seiner Zweckbestimmung) die Natur den Maximen seiner freien Zwecke überhaupt angemessen als Mittel zu gebrauchen, übrig, was die Natur in Absicht auf den Endzweck, der außer ihr liegt, ausrichten und welches also als ihr letzter Zweck angesehen werden kann. Die Hervorbringung der Tauglichkeit eines vernünftigen Wesens zu beliebigen Zwecken überhaupt (folglich in seiner Freiheit) ist die Cultur. Also kann nur die Cultur der letzte Zweck sein, den man der Natur in Ansehung der Menschengattung beizulegen Ursache hat (nicht seine eigene Glückseligkeit auf Erden, oder wohl gar bloß das vornehmste Werkzeug zu sein, Ordnung und Einhelligkeit in der vernunftlosen Natur außer ihm zu stiften).

5. Da wir nun den Menschen nur als moralisches Wesen für den Zweck der Schöpfung anerkennen: so haben wir erstlich einen Grund, wenigstens die Hauptbedingung, die Welt als ein nach Zwecken zusammenhängendes Ganze und als System von Endursachen anzusehen; vornehmlich aber für die nach Beschaffenheit unserer Vernunft und nothwendige Beziehung der Naturzwecke auf eine verständige Welturschache ein Princip, die Natur und Eigenschaften dieser ersten Ursache als obersten Grundes im Reiche der Zwecke zu denken und so den Begriff derselben zu bestimmen: welches die physische Teleologie nicht vermochte, die nur unbestimmte und eben darum zum theoretischen sowohl als praktischen Gebrauche untaugliche Begriffe von demselben veranlassen konnte.

6. Hiebei kann man es in dem gewöhnlichen Vortrage fernerhin auch bewenden lassen. Denn dem gemeinen und gesunden Verstande wird es gemeiniglich schwer, die verschiedenen Principien, die er vermischt, und aus deren einem er wirklich allein und richtig folgert, wenn die Absonderung viel Nachdenken bedarf, als ungleichartig von einander zu scheiden. Der moralische Beweisgrund vom Dasein Gottes ergänzt aber eigentlich auch nicht etwa bloß den physisch-teleologischen zu einem vollständigen Beweise; sondern er ist ein besonderer Beweis, der den Mangel der Überzeugung aus dem letzteren ersetzt: indem dieser in der That nichts leisten kann, als die Vernunft in der Beurtheilung des Grundes der Natur und der zufälligen, aber bewunderungswürdigen Ordnung derselben, welche uns nur durch Erfahrung bekannt wird, auf die Causalität einer Ursache, die nach Zwecken den Grund derselben enthält, (die wir nach der Beschaffenheit unserer Erkenntnisvermögen als verständige Ursache denken müssen) zu lenken und aufmerksam, so aber des moralischen Beweises empfänglicher zu machen. Denn das, was zu dem letztern Begriffe erforderlich ist, ist von allem, was Naturbegriffe enthalten und lehren können, so wesentlich unterschieden, daß es eines besonderen, von den vorigen ganz unabhängigen Beweisgrundes und Beweises bedarf, um den Begriff vom Urwesen für eine Theologie hinreichend anzugeben und auf seine Existenz zu schließen. – Der moralische Beweis (der aber freilich nur das Dasein Gottes in praktischer, doch auch unnachlaßlicher Rücksicht der Vernunft beweiset) würde daher noch immer in seiner Kraft bleiben, wenn wir in der Welt gar keinen, oder nur zweideutigen Stoff zur physischen Teleologie anträfen. Es läßt sich denken, daß sich vernünftige Wesen von einer solchen Natur, welche keine deutliche Spur von Organisation, sondern nur Wirkungen von einem bloßen Mechanism der rohen Materie zeigte, umgeben sähe, um derentwillen und bei der Veränderlichkeit einiger bloß zweckmäßigen Formen und Verhältnisse kein Grund zu sein schiene, auf einen verständigen Urheber zu schließen; wo alsdann auch

zu einer physischen Teleologie keine Veranlassung sein würde: und dennoch würde die Vernunft, die durch Naturbegriffe hier keine Anleitung bekommt, im Freiheitsbegriffe und in den sich darauf gründenden sittlichen Ideen einen praktisch-hinreichenden Grund finden, den Begriff des Urwesens diesen angemessen, d. i. als einer Gottheit, und die Natur (selbst unser eigenes Dasein) als einen jener und ihren Gesetzen gemäßen Endzweck zu postulieren und zwar in Rücksicht auf das unnachläßliche Gebot der praktischen Vernunft. – Daß nun aber in der wirklichen Welt für die vernünftigen Wesen in ihr reichlicher Stoff zur physischen Teleologie ist (welches eben nicht nothwendig wäre), dient dem moralischen Argument zu erwünschter Bestätigung, soweit Natur etwas den Vernunftideen (den moralischen) Analoges aufzustellen vermag. Denn der Begriff einer obersten Ursache, die Verstand hat (welches aber für eine Theologie lange nicht hinreichend ist), bekommt dadurch die für die reflectirende Urtheilskraft hinreichende Realität; aber er ist nicht erforderlich, um den moralischen Beweis darauf zu gründen: noch dient dieser, um jenen, der für sich allein gar nicht auf Moralität hinweiset, durch fortgesetzten Schluß nach einem einzigen Princip zu einem Beweise zu ergänzen. Zwei so ungleichartige Principien, als Natur und Freiheit können nur zwei verschiedene Beweisarten abgeben, da denn der Versuch, denselben aus der ersteren zu führen, für das, was bewiesen werden soll, unzulänglich befunden wird.

Adam Ferguson (1723–1816)

Der schottische Philosoph aus den Highlands, dessen Hauptwerk »Essay on the History of Civil Society« erstmals 1767 erschien, gehört zu den frühen Kritikern des Fortschrittsdenkens, allerdings bemüht er sich um eine sehr vorsichtige Einschätzung und um Abwägungen zwischen Kultur- und Naturzustand. Er zählt mithin nicht zu der radikalen Ablehnungsfront der sogenannten Fortschrittsfeinde. Er sieht die Vorteile der Ökonomisierung der Gesellschaft, lehnt jedoch ein Primat der Ökonomie ab und sucht nach einer umfassenden Einheit von Mensch und Gesellschaft. Weder versteht der Natur- und Moralphilosoph den Prozeß der Geschichte als einen Fortschritt in einer besseren und lebenswerteren Zukunft noch als eine Depravation, die sich immer mehr von einem angeblich glücklichen Naturzustand entfernt. Wie aus dem folgenden Textauszug ersichtlich wird, kritisiert Ferguson die Gegenüberstellung von Natur und Kultur als entgegengesetzte Prozesse. Die kulturelle Entwicklung befreie sich nicht von den Naturzwängen, noch verfalle sie der naturzerstörerischen Entfremdung. So gerate der Mensch auch nicht in Gegensatz zu seiner ursprünglichen Natur, wenn er sich kulturell weiterentwickelt. Statt dessen gehört für Ferguson die Kultur zu seiner Natur. Er schreibt das ausdrücklich fest, wenn er die Kunst jedes künstlichen Charakters enthebt und sie zur Natur des Menschen erklärt.

Natürlich hängt die Beurteilung dieser ökologisch nicht unproblematischen Aussagen vom jeweiligen Kulturverständnis ab, inwieweit man die destruktiven Tendenzen der Kulturentwicklung als immanent oder nicht betrachtet, ob Versöhnung noch möglich wäre und insofern auch die Suche nach einer Art drittem Weg zwischen Fortschrittsbegeisterung und Fortschrittskritik – eine Bemühung, die trotzdem allemal auch ökologisch interessant ist und an diesem Ort wahrgenommen werden sollte. Kritisch anzumerken ist jedenfalls, daß aus dem Blickwinkel der ökologischen Krise der Ansatz Fergusons, den Kulturzustand zur menschlichen Natur zu erklären, in jene gedankliche Sackgasse führen muß, in der die Naturzerstörung dann auch zur menschlichen Natur gehören würde. Ferguson ist jedoch zugute zu halten, daß er bereits zu seiner Zeit die Bedrohung durch die ausgreifende Ökonomisierung erkannte. Zudem bestimmte er das Verhältnis von Kultur und Natur nicht eindimensional, sondern forderte die richtige, maßvolle Entwicklung der Kultur, in der nicht einzelne Bereiche die Oberhand gewinnen sollen. Insofern könnte er allerdings sehr fruchtbar für das ökologische Denken sein.

1. Wir müssen also annehmen, daß die Natur, die jedem Tier seine Daseinsweise, seine Anlagen und seine Lebensart gegeben hat, auch mit dem Menschengeschlecht auf die gleiche Weise verfahren ist. Und der Naturhistoriker, der die Besonderheiten dieser Gattung bestimmen wollte, kann auch heute jeden Punkt auf die gleiche Weise ergründen, wie ihm dies in einer früheren Zeit möglich gewesen wäre. * Eine Eigenschaft jedoch, die den Menschen auszeichnet, ist in den Berichten über seine Natur des öfteren übersehen worden oder wurde nur dazu benutzt, unsere Aufmerksamkeit irrezuführen. Bei anderen Tierarten schreitet das Individuum von der Kindheit bis zur Reife fort und erreicht im Verlauf eines einzigen Lebens diejenige Vollkommenheit, die ihm von Natur aus möglich ist. Die Menschen dagegen weisen in der Gattung ebenso einen Fortschritt auf wie im Individuum. Sie bauen in jedem Zeitalter auf einem Grunde, der früher gelegt wurde. Sie tendieren in einer Abfolge von Jahren zu einer Vervollkommnung in der Ausbildung ihrer Fähigkeiten, zu welcher die Hilfe langer Erfahrung erforderlich ist und zu der viele Generationen ihre Bemühungen vereinigen mußten. ** (*...** seit der Auflage von 1773 ersetzt durch: Die Errungenschaften der Eltern vererben sich nicht ins Blut ihrer Kinder, und auch der Fortschritt des Menschen ist nicht als eine physische Mutation der Gattung zu betrachten. Das Individuum hat in jedem Zeitalter denselben

Weg von der Kindheit bis zum Mannesalter zu durcheilen. Jedes kleine Kind und jede unwissende Person heute ist ein Abbild dessen, was der Mensch in seinem ursprünglichen Zustand gewesen ist. Er beginnt seine Laufbahn mit den Vorteilen, die seinem Zeitalter eigentümlich sind, doch sein natürliches Talent ist wahrscheinlich stets dasselbe. Der Gebrauch und die Anwendung dieses Talents wechseln. Die Menschen setzen ihre Arbeit im gemeinsamen Voranschreiten durch viele Zeitalter hindurch fort. Sie bauen auf den Grundlagen, die von ihren Vorfahren gelegt sind. In einer Abfolge von Jahren zielen sie auf eine Vervollkommnung in der Anwendung ihrer Kräfte, wozu die Hilfe langer Erfahrung erforderlich ist und zu der viele Generationen ihre Bemühungen vereinigt haben müssen.) Wir beobachten den Fortschritt, den sie gemacht haben, wir zählen deutlich viele ihrer Schritte, wir können sie bis in die ferne Vorzeit zurückverfolgen, von der weder Berichte noch Überreste erhalten sind, um uns davon zu unterrichten, was die Anfänge dieses wundervollen Schauspiels gewesen sind. Das Ergebnis ist, daß wir, anstatt uns mit dem Charakter unserer Gattung zu befassen, dessen Einzelheiten von den glaubwürdigsten Autoritäten bezeugt sind, uns bemühen, sie durch unbekannte Zeitalter und Begebenheiten zu verfolgen. Statt anzunehmen, daß der Anfang unserer Geschichte beinahe im Einklang mit dem Folgenden war, halten wir uns für berechtigt, jeden Umstand unserer gegenwärtigen Lage und Gestalt als zufällig und unserer Natur fremd zu verwerfen. Der Fortschritt der Menschheit aus einem angeblichen Zustand tierischen Empfindens bis zur Erlangung der Vernunft, zum Gebrauch der Sprache und zur Gewohnheit gesellschaftlichen Lebens wurde deshalb mit einer solchen Willkür der Einbildungskraft gezeichnet und seine einzelnen Stufen mit einer solchen Kühnheit der Erfindung bestimmt, daß wir angesichts dessen versucht sind, neben den Materialien der Geschichte auch die Einflüsterungen der Phantasie gelten zu lassen und vielleicht als Vorbild unserer Natur in ihrem ursprünglichen Zustand sogar einige derjenigen Tiere ansehen, deren Gestalt die meiste Ähnlichkeit mit der unseren hat.

Es wäre lächerlich, als eine Entdeckung herauszustellen, daß die Spezies des Pferdes wahrscheinlich niemals dieselbe war wie die des Löwen. Dennoch müssen wir im Gegensatz zu dem, was die Federn hervorragender Schriftsteller geschrieben haben, betonen, daß die Menschen unter den Tieren immer als eine besondere und höhere Gattung erschienen sind. Weder der Besitz gleicher Organe, noch die Annäherung an ihre Gestalt, noch der Gebrauch der Hand, noch der fortgesetzte Umgang mit diesem souveränen Künstler hat irgendeine andere Spezies befähigt, ihre Natur oder ihre Erfindungen mit den seinen zu vermischen. Noch in seinem rohesten Zustand steht er über ihnen und noch in seiner größten Entartung sinkt er niemals auf ihre Ebene herab. Er bleibt, kurz gesagt, in jeder Lage ein Mensch, und wir können über seine Natur nichts aus der Analogie zu anderen Tieren lernen. Wenn wir ihn erkennen wollen, müssen wir auf ihn selbst achten, auf den Gang seines Lebens und den Inhalt seines Benehmens. Die Gesellschaft erscheint bei ihm so alt zu sein wie das Individuum, und der Gebrauch der Sprache so allgemein wie der der Hand und des Fußes. Wenn es wirklich eine Zeit gab, wo er erst mit seiner Gattung bekannt werden und seine Fähigkeiten erwerben mußte, dann war dies eine Zeit, von der wir keine Überlieferung besitzen und hinsichtlich deren unsere Meinungen zwecklos sind und von keinem Beweis unterstützt werden.

Oft werden wir in diese grenzenlosen Regionen der Unwissenheit und der Mutmaßungen von einer Phantasie gelockt, die sich mehr darin gefällt, neue Formen zu schaffen, als diejenigen, die sich ihr darbieten, einfach festzuhalten. Wir sind die Narren einer Spitzfindigkeit, die jedem Mangel unseres Wissens abzuhelfen verspricht und die, indem sie einige Lücken in der Geschichte der Natur ausfüllt, vorgibt, unser Verständnis näher an die Quelle des Seins zu leiten. Auf die Glaubwürdigkeit nur weniger Beobachtungen gestützt, sind wir geneigt anzunehmen, daß das Geheimnis bald gelüftet werden kann und daß, was in der Natur mit Weisheit bezeichnet wird, auf die Wirkung physikalischer Kräfte zurückgeführt werden kann. Wir vergessen dabei, daß physikalische Kräfte, die in einer Folge angewandt und zu einem heilsamen Endzweck verbunden werden, gerade jene Beweise einer planmäßigen Anordnung ausmachen, von denen wir die Existenz Gottes herleiten, und daß wir, nachdem diese Wahrheit einmal zugegeben ist, nicht mehr länger nach der Quelle des Seins zu forschen haben. Alles, was uns verbleibt, ist, die Gesetze zu sammeln, die der Schöpfer der Natur gegeben hat, und sowohl in unseren neuesten wie in unseren ältesten Entdeckungen können wir nur eine Form der Schöpfung und der Vorsehung wahrnehmen, die zuvor unbekannt war.

Wir reden von der Kunst, als ob sie sich von der Natur unterscheide, doch die Kunst selbst ist dem Menschen natürlich. Er ist gewissermaßen sowohl der Künstler seiner eigenen Gestalt als seines Schicksals und ist bestimmt, von der frühesten Zeit seiner Existenz an zu erfinden und Entwürfe zu machen. Er wendet dieselben Talente für verschiedene Absichten an und spielt in sehr verschiedenen Szenen nahezu die gleiche Rolle. Stets möchte er seine Sache verbessern, und er trägt diese Absicht überall mit sich, wohin er auch geht, ob durch die Straßen der bevölkerten Stadt oder durch die Wildnis des Waldes. Obgleich er für jeden Zustand gleich gut befähigt erscheint, ist er doch gerade deshalb unfähig, in irgendeinem zu verharren. Zugleich hartnäckig und unbeständig, beklagt er sich über Neuerungen und ist doch niemals mit Neuerungen gesättigt. Er ist fortwährend mit Verbesserungen beschäftigt und klebt beständig an seinen

Irrtümern. Wenn er in einer Höhle lebt, möchte er sie in eine Hütte verwandeln, und wenn er bereits gebaut hat, wird er in noch größerem Umfang bauen wollen. Aber er ist dabei nicht zu raschen und hastigen Übergängen geneigt. Er geht langsam, Schritt für Schritt vorwärts, und seine Kraft drängt wie die einer Sprungfeder im stillen gegen jeden Widerstand. Manchmal wird eine Wirkung hervorgerufen, bevor die Ursache wahrgenommen ist, und bei all seinem Talent für Projekte ist seine Arbeit oft vollendet, bevor der Plan ersonnen ist. Es scheint vielleicht gleich schwer zu sein, seinen Schritt aufzuhalten wie ihn zu beschleunigen. Während der Projektemacher sich beklagt, daß er zu langsam ist, hält ihn der Moralist für zu unbeständig; ob seine Bewegungen schnell oder langsam sind, die Szenen menschlicher Angelegenheiten wechseln unter dem Einfluß seiner Handhabung fortwährend. Sein Sinnbild ist ein fließender Strom, nicht ein stehendes Gewässer. Wir mögen wünschen, seine Verbesserungslust auf ihr rechtes Ziel zu lenken, wir mögen Beständigkeit in seinem Betragen verlangen, aber wir mißverständen die menschliche Natur, wenn wir ein Ende ihrer Arbeit oder einen Zustand der Ruhe herbeisehnen.

Die Beschäftigungen der Menschen verweisen in jedem Zustand auf die Freiheit ihrer Wahl, auf ihre vielfältigen Meinungen, auf die Vielfalt ihrer Bedürfnisse, durch die sie angetrieben werden. Aber sie genießen und leiden mit einer Empfindsamkeit oder einer Ausdauer, die in jeder Lage nahezu gleich sind. Sie nehmen die Küsten des Kaspischen Meeres oder des Atlantischen Ozeans in verschiedener Weise, aber mit gleicher Leichtigkeit in Besitz. Am einen Ort sind sie an den Boden gebunden und scheinen für feste Niederlassungen und die Bequemlichkeit der Städte geschaffen zu sein. Sie verleihen einer Nation und ihrem Gebiet einen einheitlichen Namen. Am anderen Ort verhalten sie sich wie Zugvögel, bereit, die Erde zu durchstreifen, mit ihren Herden auf der beständigen Suche nach neuen Weideplätzen und günstigeren Jahreszeiten, immer dem Jahreslauf der Sonne nach.

Der Mensch findet seine Behausung ebenso in der Höhle wie in der Hütte oder im Palast. Seinen Unterhalt gewinnt er gleichermaßen in den Wäldern, auf der Viehweide und im Ackerbau. Er nimmt Titel, Ausrüstung und Kleidung als Unterscheidungszeichen an. Er ersinnt reguläre Regierungssysteme und komplizierte Gesetzeswerke: oder er hat, nackt in den Wäldern lebend, kein anderes Kennzeichen seiner Überlegenheit als die Stärke seiner Glieder und seinen Scharfsinn; keine andere Verhaltensregel als die freie Wahl; kein anderes Band zwischen sich und seinen Mitmenschen als die Zuneigung, die Liebe zur Geselligkeit und das Bedürfnis nach Sicherheit. Er ist vieler verschiedener Künste fähig, aber zur Erhaltung seines Daseins doch von keiner im besonderen abhängig. In welchem Maße er seine Kunstfertigkeit auch entwickelt hat, er scheint dabei die Annehmlichkeiten, die seiner Natur entsprechen, zu genießen und jeweils denjenigen Zustand gefunden zu haben, für den er bestimmt ist. Der Baum, den sich ein eingeborener Amerikaner an den Ufern des Orinoko ausgesucht hat, um ihn als Zufluchtsort zu erklettern und als Wohnung für seine Familie, ist für diesen ein passender Aufenthaltsort. Das Sofa, die gewölbte Kuppel und der Säulengang können ihre eingeborenen Bewohner nicht wirksamer befriedigen.

Wenn wir deshalb gefragt werden, wo der Naturzustand zu finden ist, so können wir antworten: hier ist er; und es kommt nicht darauf an, ob man meint, daß wir dabei von der Britischen Insel sprechen oder vom Kap der Guten Hoffnung oder von der Magellanstraße. Solange dieses tätige Wesen im Begriff ist, seine Talente anzuwenden und auf alle Gegenstände rings herum zu wirken, sind alle Situationen in gleicher Weise natürlich. Wenn uns gesagt wird, daß das Laster doch zumindest der menschlichen Natur entgegen ist, dann können wir antworten: es ist noch schlimmer, Laster bedeutet Torheit und Erbärmlichkeit. Aber wenn die Natur nur der Kunstfertigkeit gegenübergestellt wird, so wäre zu fragen, in welchem Zustand des Menschengeschlechts die Spuren der Kunstfertigkeit wohl unbekannt sind? In den Lebensverhältnissen des Wilden wie denen des Bürgers gibt es viele Beweise menschlicher Erfindungsgabe; bei keinem von beiden Verhältnissen handelt es sich um einen fortwährenden Zustand, sondern vielmehr um ein Stadium, das zu passieren dieses wandernde Wesen bestimmt ist. Wenn der Palast unnatürlich sein soll, dann ist es die Hütte nicht weniger, und die höchste Verfeinerung politischer und moralischer Auffassungen ist in ihrer Art nicht künstlicher als die ersten Betätigungen des Gefühls und der Vernunft.

Wenn wir zugeben, daß der Mensch fähig ist, Verbesserungen zu unternehmen, und in sich selbst ein Prinzip des Fortschritts wie auch den Wunsch nach Vervollkommnung trägt, dann erscheint es unrichtig zu behaupten, daß er seinen Naturzustand verlassen habe, sobald er anfing fortzuschreiten, oder, daß er in eine Lage komme, für die er nicht bestimmt war, wenn er, wie andere Lebewesen, doch nur seiner Anlage folgt und diejenigen Kräfte anwendet, die die Natur ihm gegeben hat.

Die jeweils neuesten Äußerungen menschlichen Erfindungsgeistes sind nur die Fortsetzung gewisser Absichten, die schon in den frühesten Zeiten der Welt und im rohesten Zustand der Menschheit praktiziert wurden. Was der Wilde im Wald ersinnt oder beobachtet, das sind die Stufen, die fortgeschrittenere Völker von der Architektur der Hütte zu der des Palastes weiterführten und die den menschlichen Geist von den Sinneswahrnehmungen zu den allgemeinen Schlußfolgerungen der Wissenschaft brachten.

Erkannte Mängel sind für den Menschen in jeder Lebenslage ein Anlaß des Mißfallens. Unwissenheit und Verstandesschwäche erwecken Verachtung. Scharfsinn und moralische Führung zeichnen aus und rufen Achtung hervor. Wohin sollten seine Gefühle und Wahrnehmungen ihn in diesen Punkten führen? Doch zweifelsohne zu einem Fortschritt, an welchem der Wilde ebenso wie der Philosoph beteiligt ist, innerhalb dessen sie zwar verschieden weit vorgerückt sind, aber dasselbe Ziel verfolgen. Die Bewunderung, welche Cicero für Literatur, Beredsamkeit und bürgerliche Errungenschaften hegte, war keineswegs echter als die eines Skythen für ein solches Maß ähnlicher Vorzüge, wie es seiner Fassungskraft erreichbar war. »Wenn ich mich rühmen sollte«, sagt ein Tatarenprinz, »dann würde ich es für die Weisheit tun, die ich von Gott empfangen habe. Denn einerseits stehe ich bei der Kriegsführung, bei der Aufstellung der Armeen, sowohl zu Pferde wie zu Fuß, aber auch bei der Leitung der Bewegung großer und kleiner Heere hinter niemandem zurück, andererseits habe ich doch auch mein Talent zum Schreiben, das vielleicht nur dem der Bewohner der großen Städte Persiens und Indiens nachsteht. Von anderen mir unbekannten Völkern spreche ich nicht.«

Der Mensch mag die Zwecke seiner Bestrebungen verfehlen; er mag seinen Fleiß falsch anwenden und seine Verbesserungen fehlleiten. Wenn er unter dem Eindruck solch möglicher Irrtümer einen Maßstab finden möchte, um sein eigenes Vorgehen zu beurteilen und um so den besten Zustand seiner Natur zu erreichen, so kann er ihn wahrscheinlich weder in der Praxis eines Individuums noch irgendeines Volkes finden, nicht einmal in dem, was die Mehrheit denkt oder in der herrschenden Meinung seiner Mitmenschen. Er muß ihn in den besten Begriffen seines Verstandes, in den besten Regungen seines Herzens suchen. Von da aus muß er die Vollkommenheit und das Glück entdecken, deren er fähig ist. Bei genauerer Nachforschung wird er finden, daß sein eigentlicher Naturzustand – in diesem Sinne verstanden – nicht ein Zustand ist, von dem sich die Menschheit für immer entfernt hat, sondern einer, den sie jetzt erreichen kann; nicht ein Zustand, der vor aller Anwendung ihrer Fähigkeiten existiert hätte, sondern einer, der durch ihre richtige Anwendung gerade erreicht wird.

Franz von Baader (1765–1841)

In der Nachfolge des Jakob Böhme hat die dezidiert christliche »Gnosis des Hrn. von Baader« (Hegel) die mystische Spekulation der Theosophen über die Bedeutung der Erde im Kontext der Heilsgeschichte wiederbelebt. Der Widerspruch gegen »geistlosen Materialismus« ebenso wie gegen einen »naturscheuen Idealismus«, der in der Materie nur die Notwendigkeit ihrer Überwindung sieht, beruft sich auf den kreatürlichen Zusammenhang allen, d. h. in Baaders Sprache, des »intelligenten und des nichtintelligenten Seins«. Eine solche Position erscheint nur am Rande der Katholischen Kirche. Der Vorwurf des Pantheismus ist dem Religionsphilosophen nicht erspart geblieben. Alle, nicht zuletzt im Zusammenhang mit der Missionierung erzwungenen, Aufweichungen des Christentums haben nichts am Dogma des jenseitigen Gottes geändert, dem gegenüber jede Form von Sakralisierung der Natur, und sei es nur, daß in und durch die Natur Gott sich offenbare, zur Häresie wird.

Die Natur selbst, ihren Zustand als Ergebnis des Sündenfalls zu lesen, hatte Jakob Böhme gelernt. In der Arbeit an ihr (Cultur) einen notwendigen Teil des Cultus einzuklagen, ist die Radikalität Baaders. Cultur, d. h. Agrikultur als »Vermählung« von Mensch und Erde, als »religio«, ist die Manifestation Gottes in der Schöpfung. Wahre Cultur aber wird dort verhindert, wo Erde bloßes Wirtschaftsgut wird. Diese Einengung der Wahrnehmung von Erde und Natur findet für Baader ihren Höhepunkt in Thaers »Grundsätze(n) der rationellen Landwirtschaft«, die, in den Jahren 1809–12 erschienen, auf größten Widerhall der Zeitgenossen stoßen. Damit ist auch angemerkt, daß Baaders Reflexionen nicht zeitlose Spintisiereien sind. Im »Uebergreifen der industriellen und blossen Geldwirthschaftsweise in die landwirtschaftliche« (Baader) nicht nur einen welt-, sondern auch einen heilsgeschichtlichen Index zu diagnostizieren, verschiebt die Basis der Ökologie, die ja von nichts anderem handelt als dem »solidären Verband des intelligenten und des nichtintelligenten Seins und Wirkens« von einer bloßen, sicherlich auch notwendigen Kosten-Nutzen-Rechnung in die Perspektive der Forschung nach den Ursachen des ökologischen Elends. Als Denker einer wahren, nämlich evolutionären Restauration hat Baader wie kein Zweiter den Zusammenhang des Verhältnisses des Menschen zur Erde und das der Menschen untereinander gesehen. Damit wird er zum Kronzeugen einer tatsächlich politischen Ökologie.

1. So wie die Liebe Gottes zum Menschen sich herabläßt, (amor descendit) und diesen, falls er sein Herz ihr öffnet, zu sich emporhebt, so breitet sich diese Liebe horizontal als Liebe der Gleichen (Bruder- oder Menschenliebe) aus, und steigt abwärts als die unter den Menschen seiende (nichtintelligente) Natur und Creatur zu sich erhebend. Cultus, Humanität und Cultur haben darum eine

und dieselbe Quelle, wie dieses auch die Geschichte aller Zeiten beweiset. Sie entstehen und vergehen zusammen, und wo die eine dieser drei Lieben fehlt, da fehlt auch die andere, so wie, wo die eine wieder geweckt wird, sich bald die anderen zwei wieder ihr zugesellen. Nicht nur liebt der seinen Bruder nicht, der Gott nicht liebt und umgekehrt, sondern, wer Gott nicht liebt, liebt auch die Natur nicht, und, wer diese nicht liebt, liebt weder Gott noch den Menschen. Der Gerechte, sagt die Schrift, erbarmt sich auch seines Viehes, und unter der Hand des Ruchlosen, sagt der Bauer, gedeiht das Vieh nicht. – Wenn aber hier von der Cultur der Natur die Rede ist, so begreift man leicht, daß eigentlich nur die lebendige, organische Natur und zwar vor allem die Mutter-Erde gemeint ist, so wie bekannt ist, dass diese Cultur keinen anderen Sinn und Zweck hat, als diese Entfremdung der Erde gegen den Menschen (den Fluch, wie die Schrift sagt) wenigstens theilweise wieder aufzuheben, und durch Herstellung des ursprünglichen Verhältnisses des Menschen zu Gott (welche Herstellung der Cultus bezweckt) auch jenes ursprüngliche Hörigkeitsverhältnis der Natur zum Menschen, in einer, wenn schon meist nur schwachen, Copie wieder herzustellen. –

Das hier bemerklich gemachte Prinzip der Cultur, welches in der Liebe zur Mutter-Erde unmittelbar, mittelbar aber in der Liebe Gottes und des Menschen seinen Sitz hat, ist nun freilich ein anderes als jenes Cichoriensurrogat derselben in unserer Zeit, welches das industrielle, rationelle heisst, und welches allerdings dem rationellen Cultus und der rationellen Humanität dieser Zeit entspricht, bei welchem aber alle natürlichen und gleichsam persönlichen Bande der Anhänglichkeit und Neigung zur Mutter-Erde und zum Stammeigentum und Erbe erloschen sind. Und diese sich so nennende rationelle Landwirtschaft, dieses Übergreifen der industriellen und bloßen Geldwirtschaftsweise in die landwirtschaftliche hat denn auch dem Immobiliar selber ihre eigene Mobilität mitgeteilt, und es ist dahin gekommen, daß die Menschen mit derselben Gleichgültigkeit ihr altes Stamm-Erbe verlassen oder sich von ihm verlassen sehen, mit welcher wir in den Zeiten der Revolution sie ihre alten Dynastien verlassen sahen. Wie nun aber die (indissoluble) Ehe immer in der Liebe ist, wenn schon diese nicht immer in jener, so begreift man leicht, daß jede aufrichtige und wahrhaft gedeihliche Cultur der Erde die Liebe zu ihr, diese aber die Sicherheit ihres bleibenden treuen Besitzes voraussetzt und verlangt.

2. Dem Verhalten des Menschen zu Gott entspricht sein Verhalten zum Grund und Boden, dem Cultus die Cultur, und wie er mit seinem Vater im Himmel steht, so steht er mit seiner Mutter – der Erde. Das Christentum hat nun, wie die Geschichte und Topographie aller Länder beweiset, dieses Verhältnis anders

gestellt, als es im Heidentum war; es hat dieses Verhältnis des Mannes zur Erde (gleich jenem zum Weibe) inniger, unauflösbar (sacramentalisch) gemacht, und gleichsam beide in ihrer wechselseitigen Entfremdung und hiemit beiderseitigen Verwilderungsnot und wenigstens precären und unverbürgten Verbindung miteinander versöhnt, und in treuer Liebe (ehehaft) organisch, im höchsten Sinne dieses Wortes, verbunden. Weil nur der mit Gott versöhnte Mensch auch mit seinem Nebenmenschen und selbst mit der niedrigeren ihm ursprünglich gehörigen Natur versöhnt und hiemit befreundet oder heimlich (heimatlich) wird; weil die Liebe Gottes sich als Liebe des Menschen und als Liebe der Natur (der Mutter Erde) fortsetzt, und weil endlich alle wahre, großartige Cultur nur von dieser Liebe des heimatlichen, bleibenden (und nicht in wilder Ehe walzenden) Stamm- und Familienbodens, nicht aber von kurzsichtig-eigennütziger, rationalistisch-spießbürgerlicher Industrie ausgeht. Eben darum hat aber das Christenthum (dessen erste Verbreiter wir z. B. in Deutschland ihr Culturgeschäft des Menschen und des Bodens zugleich, gleichsam mit einem beiden zu gut kommenden Exorzismus, beginnen sehen) eine Vaterlandsliebe im höheren Sinne begründet, indem es alle Social-Institute (als Bürgschaft-Institute für die Societas oder Civitas) auf eine neue Weise mit dem heimatlichen Grunde und Boden verband, verpflichtete und immobilisirte. Mit der Schwächung des Christentums sahen und sehen wir darum diese Bande in demselben Verhältnisse wieder erschlaffen und sich lösen, hiemit aber die Menschen zusammt ihren Instituten sich abermal mobilisiren und anorganisch punctualisiren, oder in jenen gleichförmigen Grundbrei sich auflösen, welchen man in neueren Zeiten die Nation nennt.

Der wechselseitigen organischen Bürgschaft (dem Geborgensein und der Assecuranz) folgte die Noth der Unsicherheit (instabilis terra); mit dem Credo verschwand der Credit, mit dem Verschwinden des letzteren trat natürlich die Geldnoth und mit dieser der Geldwucher und die Geldmacht ein, und man kann sich nicht erwehren, bei dieser allgemeinen Mobilisirung alles bis dahin Festbestandenen an die Mobilisirung des ersten Verbrechers (Kain) sich zu erinnern, welcher zu Gott sagte: »Du hast mich vertrieben aus deinem Lande und mußt unstet und flüchtig (verflucht) sein vor dir;« – so wie denn auch der Kainitische Stamm der erste industriöse und rationalistische ward. Wenn nun aber die Civitas und alle ihre Institute mehr oder minder grund- und bodenlos geworden sind (und man sieht nicht ein, wo dieses aufhören und wie der Thron selber diesem Erdbeben entgehen soll?); – so begreift man doch ohne sonderlichen Aufwand von Scharfsinn, dass eine gründliche Restauration der Civitas nur damit zu bewerkstelligen ist, dass man diesen Instituten, Corporationen etc. wieder zu Grund und Boden behilflich ist, und daß man diesem oder dem

Grundbesitz wieder von dem Druck aufhilft, mit welchem die Geldmacht und das Purifications- und Soldsystem ihn überbürdet. Denn nicht auf Einschreibungen ins große Sünden- und Schuldenregister oder auf Pensionen und Sold können jene Institute basirt (fundirt, von Fundus, Boden) werden, sondern nur auf heimatlichen Grund und Boden.

3. Über den solidären Verband des intelligenten und des nichtintelligenten Seins und Wirkens.

Die besonders durch Cartesius in Schwung gekommene geistlose Auffassung der Natur mußte die naturlose Auffassung des Geistes, und die gottlose Auffassung beider zur Folge haben; aber nicht bloß seit Cartesius, sondern so weit beinahe unsere Geschichte des Philosophierens zurückreicht, sehen wir den solidären Verband der (geschöpflichen) Intelligenz und Nichtintelligenz (des Geistes und des Wesens oder der Natur) mehr oder minder verkannt und unbegriffen, (...) weil man zweitens Gott als dem absoluten Geist und Centrum seine von ihm untrennbare Peripherie (Wesenheit oder Natur) ableugnete, die Überwesentlichkeit Gottes (als Wesens aller Wesen) für Wesenlosigkeit nehmend, womit man, die göttliche Peripherie oder Wesenheit mit der creatürlichen vermengend, sich Gott als einen an sich natur- und wesenlosen Geist, d. h. als ein in der Natur umgehendes Spectrum oder Gespenst vorstellte und weil man endlich drittens eben darum nicht einsehen konnte, daß nur in Gott die Union oder das Einsein des Geistes und der Natur, des Centrums und der Peripherie, als absolut, essential und real besteht, wogegen jede intelligente Creatur diese Einigung und Eintracht ihrer als Geistes und Wesens nur von Gott, nicht zwar ohne ihr eigenes gottesdienstliche Tun, zu erwarten [hat] ...

Als darum der Mensch als Geist vom Lichtgeist Gottes sich in den Weltgeist aus wandte, so wich auch das Gotteswesen aus dem menschlichen, womit dieses verblich, und nur durch Wiedereinführung des göttlichen lebendigen Lebens in dieses verblichene vermochte dieses wieder real lebhaft, d. h. wieder tüchtig zu werden zur Inwohnung Gottes als Geistes in dessen in diesem Wesen ausgewirkten Idea. Aber freilich versteht man den Grundbegriff des Christentums von der Restauration und Fixation des Menschen als Gottesbildes nicht, wenn man nicht die eigene und höhere Bedeutung des letzteren versteht. Als nämlich beide, die intelligenten und die nichtintelligenten Kreaturen, dem später geschaffenen Himmel und der Erde entsprechend geschaffen waren, fehlte es doch am Schlußgeschöpf, d. h. an jenem, welches nicht bloß, wie die Intelligenzen, Bild Gottes als Überintelligenz sein sollte, oder wie die nichtintelligenten Naturen Bild Gottes als Übernatur, sondern welches diese beiden Repräsentationen in sich vereinend, als Bild des ganzen Gottes sich kund geben sollte. Wäre darum auch jene Katastrophe nicht eingetreten, hätte in Folge des Sicherhebens eines Teiles der Intelligenzen gegen Gott die trennende und zwieträchtige Confundierung und confundierende Entzweiung der intelligenten und nichtintelligenten Kreaturen, als ein Zusammensturz der ersten Schöpfung oder des Anfangs derselben, auch nicht stattgefunden, – so würde doch die Schöpfung des Menschen als Copula der intelligenten und der nichtintelligenten Naturen notwendig gewesen sein, und diese ursprüngliche Bestimmung und Funktion des Menschen (als die Union beider indissolubel fixierend) mußte sich nun (nach dem Abfall jener) nur auf andere Weise, nämlich als das wirklich Entzweite und Konfundierte wieder ausgleichend und restaurierend betätigen, wozu denn aber freilich vor allem nötig war, daß dieselbe Union des Geistes und Wesens in ihm (dem Menschen) selber par excellence bewährt und gleichwie in Gott indissolubel fixiert wurde. …

Wie denn die Intelligenz sich nicht mehr in die Natur, diese nicht mehr in jene findet, sowie der Intelligenz das Göttliche in der Natur, der Natur das Göttliche in der Intelligenz als ein wechselseitiger Segen sich entzieht und verschließt, womit also umgekehrt der wechselseitige Fluch hervortritt (als Flucht des Göttlichen). Und ist hiebei nur zu bemerken, daß die erste heimliche Präsenz Gottes, in der Nichtintelligenz und in der Intelligenz, nur durch die Konjunktion beider als gleichsam, wie gesagt, durch ihre Vermählung in Gott in die Offenbarung oder Realität tritt. – Hieraus sieht man nun das Unphilosophische jener Vorstellung von der nichtintelligenten Natur als einer nature-machine ein als einer höchstens vor Gott gestellten und aufgezogenen und nun ganz für sich ablaufenden Uhr oder eines Bratenwenders, sowie denn dieselbe die Präsenz Gottes auch in der Intelligenz leugnende Vorstellung unserer Rationalisten letztere zu einer Art esprit-machine macht. – Indem aber der Mensch auf solche Weise sich das »Introite, nam et hic Dii sunt« bezüglich auf das nichtintelligente Sein und Wirken aus dem Sinne schlägt, so meint er auch aller Verantwortlichkeit im Gegensatze der intelligenten Natur, d. i. aller Pflicht ihrer Kultur, quitt zu sein, worunter nämlich etwas anderes, als die blosse Befriedigung seiner Wissenssucht und seiner materiellen Bedürfnisse gemeint ist.

Übrigens weiß auch die Schrift des alten und des neuen Bundes so wenig von einer solchen Abwesenheit Gottes in Bezug auf die geschöpfliche nichtintelligente Natur als von einer solchen in Bezug aufdie intelligente Natur. Wenn es z. B. heißt, daß Gott an einem Menschen mehr liege, als an vielen Sperlingen, so wird doch wieder gesagt, daß kein Sperling ohne des Vaters Willen vom Dach falle, und daß ihm also an den Sperlingen keineswegs nichts liege, so wie gesagt wird, daß der himmlische Vater die in der Wüste nach Speise schreienden jungen

Raben versorge, daß er die Lilien auf dem Felde kleide, und das Gedeihen der Saat gebe oder schaffe.

Georg Friedrich Wilhelm Hegel (1770–1831)

»Die Natur ist an sich, in der Idee göttlich: aber wie sie ist, entspricht ihr Seyn ihrem Begriffe nicht; sie ist vielmehr der unaufgelöste Widerspruch« (Enzyklopädie, II, S. 54). Zweifellos ist bei Hegel das Denken über die Natur nicht originär ökologisch. Viel zu sehr geht er vom Primat des Geistes aus und nennt die Natur auch den »Abfall der Idee« (ebd.). Als Pantheist und Identitätsphilosoph – so problematisch derartige Charakterisierungen immer bleiben – ist doch Hegels Bemühen deutlich, Natur und Geist zu verbinden: Die Schlußworte aus dem ersten Band der »Enzyklopädie« von 1830 über die »Wissenschaft der Logik« heben Natur in der Idee auf (Nr. 1). Dem Dialektiker Hegel ist bewußt, daß Wirklichkeit sich im Denken konstituiert, so daß wir entweder in gedankenloser Unmittelbarkeit eins mit der Natur sein können, oder daß wir dazu verurteilt sind, wollen wir uns der Natur gedanklich annnähern, uns über sie Gedanken zu machen. Die Einheit mit Natur ist also für den denkenden Menschen nicht anders als uns in der Idee zu finden.

In der »Naturphilosophie« der »Enzyklopädie« geht Hegel deutlich von einem anthropozentrischen Standpunkt aus, wenn er der Natur die Endzweckhaftigkeit abspricht. Er verbindet indes Mensch und Natur, indem er die jeweiligen Zwecksetzungen in einem teleologischen Gesamtsystem verbindet. So unterwirft sich der Mensch zwar die Natur im praktischen Einzelfall. Doch die Natur als Ganzes, das betont er, entgeht der menschlichen Macht – ein eminent ökologischer Gedanke. Ebenfalls fundamental ökologisch ist die innere Naturteleologie, von der Hegel feststellt, daß sie Natur in ihrer immanenten Freiheit und »eigenthümlichen Lebendigkeit« betrachte (Nr. 2).

In diesem Sinne argumentiert Hegel auch im 4. Auszug. Er kritisiert die Unzulänglichkeit der physikalischen Erkenntnis und stellt ihr einerseits die unmittelbare Anschauung und Erfahrung der Natur gegenüber, die von der kosmischen Einheit und Ganzheit ahnt. Andererseits jedoch, da diese reflexionslose Anschauung philosophisch ungenügend ist, fordert er, das Unendliche der Natur als Einheit von Allgemeinheit und Besonderheit, von Idee und sinnlicher Mannigfaltigkeit in originärer natürlicher Freiheit zu denken.

Im 5. Auszug begreift Hegel die Natur als den Spiegel des Geistes, der sich in der Natur selbst wiederfindet, der in der Natur einen Teil seiner selbst entdeckt. Der Geist erkennt in der Natur seine Freiheit und umgekehrt gelangt die Natur im Geist ebenfalls zu ihrer Befreiung. Wenn das auch in der ontologischen Tradition Platons steht, in der die Natur im Geist zu ihrer Allgemeinheit und zu ihrem Wesen findet, so ist doch Hegels Bemühen unverkennbar, damit auch die konkrete Mannigfaltigkeit der Natur zu denken.

1. Wir sind jetzt zum Begriff der Idee, mit welcher wir angefangen haben, zurückgekehrt. Zugleich ist diese Rückkehr zum Anfang ein Fortgang. Das, womit wir anfingen, war das Seyn, das abstrakte Seyn, und nunmehr haben wir die Idee als Seyn; diese seyende Idee aber ist die Natur.

2. Praktisch verhält sich der Mensch zu der Natur, als zu einem Unmittelbaren und Äußerlichen, selbst als ein unmittelbar äußerliches und damit sinnliches Individuum, das sich aber auch so mit Recht als Zweck gegen die Naturgegenstände benimmt. Die Betrachtung derselben nach diesem Verhältnisse giebt den endlich-teleologischen Standpunkt. In diesem findet sich die richtige Voraussetzung, daß die Natur den absoluten Endzweck nicht in ihr selbst enthält. Wenn aber diese Betrachtung von besondern endlichen Zwecken ausgeht, macht sie diese teils zu Voraussetzungen, deren zufälliger Inhalt für sich sogar unbedeutend und schal seyn kann: theils fordert das Zweckverhältnis für sich eine tiefere Auffassungsweise, als nach äußerlichen und endlichen Verhältnissen, – die Betrachtungsweise des Begriffs, der seiner Natur nach überhaupt und damit der Natur als solcher immanent ist.

Zusatz. Das praktische Verhalten zur Natur ist durch die Begierde, welche selbstsüchtig ist, überhaupt bestimmt; das Bedürfniß geht darauf, die Natur zu unserem Nutzen zu verwenden, sie abzureiben, aufzureiben, kurz sie zu vernichten. Hier treten näher sogleich zwei Bestimmungen hervor. a) Das praktische Verhalten hat es nur mit einzelnen Producten der Natur, oder mit einzelnen Seiten dieser Producte zu thun. Die Noth und der Witz des Menschen hat unendlich mannigfaltige Weisen der Verwendung und Bemeisterung der Natur erfunden. Welche Kräfte die Natur auch gegen den Menschen entwickelt und losläßt, Kälte, wilde Thiere, Wasser, Feuer, er weiß Mittel gegen sie; und zwar nimmt er diese Mittel aus ihr, gebraucht sie gegen sie selbst; und die List seiner Vernunft gewährt, daß er gegen die natürlichen Mächte andere natürliche Dinge vorschiebt, diese jenen zum Aufreiben giebt, und sich dahinter bewahrt und erhält. Aber der Natur selbst, des Allgemeinen derselben, kann er auf diese Weise nicht sich bemeistern, noch es zu seinen Zwecken abrichten. b) Das Andere im praktischen Verhalten ist, daß, da unser Zweck das Letzte ist, nicht die natürlichen Dinge selbst, wir sie zu Mitteln machen, deren Bestimmung nicht in ihnen selbst, sondern in uns liegt, wie wenn wir z. B. die Speisen zu Blut machen. c) Was zu Stande kommt, ist unsere Befriedigung, unser Selbstgefühl, welches gestört wurde durch einen Mangel irgend einer Art. Die Negation meiner selbst, die im Hunger in mir ist, ist zugleich vorhanden als ein Anderes, als ich selbst bin, als ein zu Verzehrendes; mein Thun ist, diesen Gegensatz aufzuheben, indem ich dies Andere mit mir identisch setze, oder durch Aufopferung des Dinges die Einheit meiner selbst mit mir selbst wiederherstelle. Die vormals so beliebte teleologische Betrachtung hat zwar die Beziehung auf den Geist zu Grunde gelegt, aber sich nur an die äußerliche Zweckmäßigkeit gehalten, und den Geist in dem Sinne des endlichen und in natürlichen Zwecken befangenen genommen; um der Schalheit solcher endlichen Zwecke willen, für welche sie die natürlichen Dinge als nützlich zeigte, ist sie um ihren Kredit, die Weisheit Gottes aufzuzeigen, gekommen. Der Zweckbegriff ist aber der Natur nicht bloß äußerlich, wie wenn ich sage: »Die Wolle der Schafe ist nur dazu da, damit ich mich kleiden könne«; da kommen denn oft läppische Dinge heraus, indem z. B. die Weisheit Gottes bewundert wird, daß er, wie es in den Xenien heißt, Korkbäume für Bouteillenstöpsel: oder daß er Kräuter gegen verdorbenen Magen, und Zinnober zur Schminke wachsen lasse. Der Zweckbegriff, als den natürlichen Dingen innerlich, ist die einfache Bestimmtheit derselben, z. B. der Keim einer Pflanze, der der realen Möglichkeit nach Alles enthält, was am Baum herauskommen soll, also als zweckmäßige Thätigkeit nur auf die Selbsterhaltung gerichtet ist. Diesen Begriff des Zwecks hat auch Aristoteles schon in der Natur erkannt, und diese Wirksamkeit nennt er die Natur eines Dinges; die wahre teleologische Betrachtung, und diese ist die höchste, besteht also darin, die Natur als frei in ihrer eigenthümlichen Lebendigkeit zu betrachten.

3. Beim theoretischen Verhalten ist a) das Erste, daß wir von den natürlichen Dingen zurücktreten, sie lassen wie sie sind, und uns nach ihnen richten. Wir fangen hierbei von sinnlichen Kenntnissen der Natur an. Wenn die Physik indessen nur auf Wahrnehmungen beruhte, und die Wahrnehmungen nichts wären, als das Zeugnis der Sinne: so bestände das physikalische Thun nur im Sehen, Hören, Riechen usw. Sagten wir nun, im Theoretischen entlassen wir die Dinge frei, so bezieht sich dies nur zum Theil auf die äußeren Sinne, da diese selbst theils theoretisch, theils praktisch sind; nur das Vorstellen, die Intelligenz hat dies freie Verhalten zu den Dingen. Zwar können wir sie auch nach jenem nur Mittelseyn betrachten; aber dann ist das Erkennen auch nur Mittel, nicht Selbstzweck. b) Die zweite Beziehung der Dinge auf uns ist, daß sie die Bestimmung der Allgemeinheit für uns bekommen, oder daß wir sie in etwas Allgemeines verwandeln. Jemehr des Denkens in der Vorstellung wird, desto mehr verschwindet von der Natürlichkeit, Einzelnheit und Unmittelbarkeit der

Dinge: durch den sich eindrängenden Gedanken verarmt der Reichthum der unendlich vielgestalteten Natur, ihre Frühlinge ersterben, ihre Farbenspiele erblassen. Was in der Natur von Leben rauscht, verstummt in der Stille des Gedankens; ihre warme Fülle, die in tausendfaltig anziehenden Wundern sich gestaltet, verdorrt in trockne Formen und zu gestaltlosen Allgemeinheiten, die einem trüben nördlichen Nebel gleichen. c) Diese beiden Bestimmungen sind nicht nur den beiden praktischen entgegengesetzt, sondern wir finden das theoretische Verhalten innerhalb seiner selbst widersprechend, indem es unmittelbar das Gegentheil von dem zu bewirken scheint, was es beabsichtet. Nämlich wir wollen die Natur erkennen, die wirklich ist, nicht etwas, das nicht ist; statt sie nun zu lassen, und sie zu nehmen, wie sie in Wahrheit ist, statt sie wahrzunehmen, machen wir etwas ganz Anderes daraus. Dadurch, daß wir die Dinge denken, machen wir sie zu etwas Allgemeinem; die Dinge sind aber einzelne, und der Löwe überhaupt existiert nicht. Wir machen sie zu einem Subjektiven, von uns Producirten, uns Angehörigen und zwar uns als Menschen Eigenthümlichen, denn die Naturdinge denken nicht, und sind keine Vorstellungen oder Gedanken. Nach der zweiten Bestimmung, die sich uns vorher zuerst darbot, findet eben diese Verkehrung statt; ja, es könnte scheinen, daß, was wir beginnen, uns sogleich unmöglich gemacht wird. Das theoretische Verhalten beginnt mit der Hemmung der Begierde, ist uneigennützig, läßt die Dinge gewähren und bestehen; mit dieser Stellung haben wir sogleich zwei, Object und Subject, und die Trennung beider festgesetzt, ein Diesseits und ein Jenseits. Unsere Absicht ist aber vielmehr, die Natur zu fassen, zu begreifen, zum Unsrigen zu machen, daß sie uns nicht ein Fremdes, Jenseitiges sey. Hier also tritt die Schwierigkeit ein: Wie kommen wir Subjecte zu den Objecten hinüber? Lassen wir uns beigehen, diese Kluft zu überspringen, und wir lassen dazu uns allerdings verleiten, so denken wir diese Natur; wir machen sie, die ein Anderes ist, als wir, zu einem Anderen, als sie ist. Beide theoretischen Verhältnisse sind auch unmittelbar einander entgegengesetzt: wir machen die Dinge zu Allgemeinen oder uns zu eigen, und doch sollen sie als natürliche Dinge frei für sich seyn. Dies also ist der Punkt, um den es sich handelt, in Betreff der Natur des Erkennens, – dies das Interesse der Philosophie.

4. Das Ungenügende nun der physikalischen Denkbestimmungen läßt sich auf zwei Punkte zurückführen, die aufs engste zusammenhangen.

a. Das Allgemeine der Physik ist abstract, oder nur formell; es hat seine Bestimmung nicht an ihm selbst, und geht nicht zur Besonderheit über.

b. Der bestimmte Inhalt ist eben deswegen außer dem Allgemeinen, damit zersplittert, zerstückelt, vereinzelt, abgesondert, ohne den nothwendigen Zusammenhang in ihm selbst, eben darum nur als endlicher. Haben wir z. B. eine Blume, so bemerkt der Verstand ihre einzelnen Qualitäten; die Chemie zerreißt und analysirt sie. Wir unterscheiden so Farbe, Gestalt der Blätter, Citronensäure, ätherisches Oel, Kohlenstoff, Wasserstoff usf.; nun sagen wir, die Blume besteht aus allen diesen Theilen.

> Encheiredin nennt es die Chemie,
> Spottet ihrer selbst und weiß wie,
> Hat freilich die Theile in ihrer Hand,
> Fehlt leider nur das geistige Band,

wie Goethe sagt. Der Geist kann nicht bei dieser Weise der Verstandesreflexion stehen bleiben; und man hat zwei Wege, darüber hinauszugehen. a) Der unbefangene Geist, wenn er lebendig die Natur anschaut, wie wir dies häufig bei Goethe auf eine sinnige Weise geltend gemacht finden, so fühlt er das Leben und den allgemeinen Zusammenhang in derselben: er ahnt das Universum als ein organisches Ganzes und eine vernünftige Totalität, ebenso als er im einzelnen Lebendigen eine innige Einheit in ihm selbst empfindet; bringen wir aber auch alle jene Ingredienzien der Blume zusammen, so kommt doch keine Blume heraus. So hat man in der Naturphilosophie die Anschauung zurückgerufen, und sie über die Reflexion gesetzt; aber das ist ein Abweg, denn aus der Anschauung kann man nicht philosophieren. b) Die Anschauung muß auch gedacht werden, jenes Zerstückelte zur einfachen Allgemeinheit denkend zurückgebracht werden; diese gedachte Einheit ist der Begriff, welcher die bestimmten Unterschiede, aber als eine sich in sich selbst bewegende Einheit hat. Der philosophischen Allgemeinheit sind die Bestimmungen nicht gleichgültig; sie ist die sich selbst erfüllende Allgemeinheit, die in ihrer diamantenen Identität zugleich den Unterschied in sich enthält.

Das wahrhaft Unendliche ist die Einheit seiner selbst und des Endlichen; und das ist nun die Kategorie der Philosophie, und daher auch der Naturphilosophie. Wenn die Gattungen und Kräfte das Innere der Natur sind, und gegen dies Allgemeine das Äußere und Einzelne das Verschwindende ist: so fordert man noch als dritte Stufe das Innere des Innern, welches nach dem Vorhergehenden die Einheit des Allgemeinen und Besondern wäre.

5. Dies ist nun die Bestimmung und der Zweck der Naturphilosophie, daß der Geist sein eigenes Wesen, d. i. den Begriff in der Natur, sein Gegenbild in ihr finde. So ist das Naturstudium die Befreiung seiner in ihr; denn er wird darin, insofern er nicht auf ein anderes sich bezieht, sondern auf sich selbst. Es ist dies ebenso die

Befreiung der Natur; sie ist an sich die Vernunft, aber erst durch den Geist tritt diese als solche an ihr heraus in die Existenz. Der Geist hat die Gewißheit, die Adam hatte, als er Eva erblickte: »Dies ist Fleisch von meinem Fleisch; dies ist Gebein von meinem Gebein.« So ist die Natur die Braut, mit der sich der Geist vermählt. Aber ist diese Gewißheit auch Wahrheit? Indem das Innere der Natur nichts Anderes, als das Allgemeine ist: so sind wir, wenn wir Gedanken haben, in diesem Innern der Natur bei uns selbst. Wenn die Wahrheit, im subjectiven Sinn, die Übereinstimmung der Vorstellung mit dem Gegenstande ist: so heißt das Wahre im objectiven Sinne die Übereinstimmung des Objects, der Sache mit sich selbst, daß ihre Realität ihrem Begriffe angemessen ist. Ich in meinem Wesen ist der Begriff, das mit sich selbst Gleiche, durch Alles Hindurchgehende, welches, indem es die Herrschaft über die besonderen Unterschiede behält, das in sich zurückkehrende Allgemeine ist. Dieser Begriff ist sogleich die wahrhafte Idee, die göttliche Idee des Universums, die allein das Wirkliche. So ist Gott allein die Wahrheit, das unsterbliche Lebendige, nach Plato, dessen Leib und Seele in Eins genaturt sind. Die erste Frage ist hier: Warum hat Gott sich selbst bestimmt, die Natur zu erschaffen? …

Die Natur hat sich als die Idee in der Form des Andersseyns ergeben. Da die Idee so als das Negative ihrer selbst oder sich äußerlich ist, so ist die Natur nicht äußerlich nur relativ gegen diese Idee (und gegen die subjective Existenz derselben, den Geist), sondern die Äußerlichkeit macht die Bestimmung aus, in welcher sie als Natur ist.

Friedrich Wilhelm Joseph Schelling (1775–1854)

Schellings Philosophie kennt zwei große Abschnitte: die frühe Philosophie der Natur und der menschlichen Freiheit zwischen 1797 und 1809; und die späte Philosophie der Offenbarung, Schellings berühmte Antrittsvorlesung an der Berliner Universität im Jahre 1841, die neben Friedrich Engels, Bakunin, Jacob Burckhardt, Savigny und Ranke hörten. Beiden Phasen des romantischen Systemphilosophen Schelling ist die Skepsis gegenüber unseren rationalen Zugriffsmöglichkeiten auf Natur gemeinsam. Bereits in seinen »Ideen zu einer Philosophie der Natur« (1797) stellt er fest, daß Natur desto mehr zu uns spricht, je weniger wir über sie reflektieren. In der Reflexion wie in der naturwissenschaftlichen Erfassung stirbt die Natur, indem die Einheit von Geist und Natur zerbricht. Aber Schelling gibt dem ökologischen Denken nicht nur diese kritische Richtung vor, sondern er begreift als einer der ersten am Ende des Jahrhunderts der Aufklärung, daß das Leben von einem höheren, ganzheitlichen Prinzip beherrscht wird, das mechanistisch nicht erfaßbar ist (Nr. 1, 2). Die Ganzheit ist für Schelling auch insofern eine notwendige Idee, als er mechanistisches und teleologisches Denken in der Natur als Kreisbewegung miteinander zu verbinden sucht. Schelling hält dabei kritisch an der Identitätsphilosophie fest: Natur soll als sichtbarer Geist und der Geist als unsichtbare Natur verstanden werden (Nr. 3). Die reflektierende Vernunft ist für Schelling nur ein problematisches Mittel, die Identität zwischen Mensch und Natur, die im philosophischen und wissenschaftlichen Denken zerbrach, durch Freiheit wiederherzustellen. Es geht ihm darum, durch die menschliche Freiheit als Chance ein gesundes Gleichgewicht der Kräfte zwischen Natur und Geist zu schaffen.

Ökologisch und kritisch gegenüber den naturwissenschaftlichen Methoden kann auch seine Spätphilosophie verstanden werden. Bereits in seiner ersten Philosophie stellt Schelling fest, daß das Daß-Sein nicht gedacht werden kann, daß also Gott und Natur dem Denken vorausgehen. Unsere Logik erfaßt nur das Was-Sein der Natur und bleibt insofern negativ. Sie hat nicht mit den sinnlichen, konkreten Dingen zu tun (Nr. 4). Schelling will aber über das metaphysische Begründungsdenken hinaus zu einer positiven Philosophie des Absoluten gelangen. Das Sein soll nicht mehr bloß durch den logischen Begriff erfaßt werden; denn die Naturphilosophie scheitert metaphysisch, wenn sie unmittelbar begrifflich an die Natur anschließen will. Die Existenz ist mehr als der Begriff (Nr. 5). Um zu diesem Positiven zu gelangen, kehrt Schelling in die jüdisch-christliche Überlieferung zurück. So steht im Zentrum eines ökologischen Interesses an Schelling sein Begriff der Unvordenklichkeit des Seins als Hinweis auf die Unerfaßbarkeit der Natur an sich, die nur im nachhinein mit wissenschaftlichen Konzepten begreiflich gemacht werden kann. Das Begreifen des Ganzen, der Natur in ihren Zusammenhängen, die für den Menschen Bedingung seiner Existenz sind, ist für Schelling nur in Gott, dem Wesensbegriff des Ganzen, denkbar (Nr. 6).

1. Diese Philosophie also muß annehmen, es gebe eine Stufenfolge des Lebens in der Natur. Auch in der bloß organisirten Materie sey Leben; nur ein Leben eingeschränkter Art. Diese Idee ist so alt und hat sich bis jetzt unter den mannigfaltigsten Formen bis auf den heutigen Tag so standhaft erhalten – (in den ältesten Zeiten schon ließ man die ganze Welt von einem belebenden Princip, Weltseele genannt, durchdrungen werden, und das spätere Zeitalter Leibnizens gab jeder Pflanze ihre Seele) – daß man wohl zum Voraus vermuten kann, es müsse irgendein Grund dieses Naturglaubens im menschlichen Geiste selbst liegen. So ist es auch. Der ganze Zauber, der das Problem vom Ursprung organisirter Körper umgibt, rührt daher, daß in diesen Dingen Nothwendigkeit und Zufälligkeit innigst vereinigt sind. Nothwendigkeit, weil ihr Daseyn schon,

nicht nur (wie beim Kunstwerk) ihre Form, zweckmäßig ist; Zufälligkeit, weil diese Zweckmäßigkeit doch nur für ein anschauendes und reflektirendes Wesen wirklich ist. Dadurch wurde der menschliche Geist frühzeitig auf diese Idee einer sich selbst organisirenden Materie geführt und, weil Organisation nur in Bezug auf einen Geist vorstellbar ist, auf eine ursprüngliche Vereinigung des Geistes und der Materie in diesen Dingen. Er sah sich genöthigt, den Grund dieser Dinge einerseits in der Natur selbst, andererseits in einem über die Natur erhabenen Princip zu suchen; daher gerieth er sehr frühzeitig darauf, Geist und Natur als Eines zu denken. Hier trat es zuerst hervor aus seinem heiligen Dunkel jenes idealische Wesen, in welchem er Begriff und That, Entwurf und Ausführung als Eines denkt. Hier zuerst überfiel den Menschen eine Ahndung seiner eigenen Natur, in welcher Anschauung und Begriff, Form und Gegenstand, Ideales und Reales ursprünglich eines und dasselbe ist. Daher der eigenthümliche Schein, der um diese Probleme her ist, ein Schein, den die bloße Reflexionsphilosophie, die nur auf Trennung ausgeht, nie zu entwickeln vermag, während die reine Anschauung oder vielmehr die schöpferische Einbildungskraft längst die symbolische Sprache erfand, die man nur auslegen darf, um zu finden, daß die Natur um so verständlicher zu uns spricht, je weniger wir über sie bloß reflektirend denken.

Kein Wunder, daß jene Sprache, dogmatisch gebraucht, bald selbst Sinn und Bedeutung verlor. Solange ich selbst mit der Natur identisch bin, verstehe ich was eine lebendige Natur ist so gut, als ich mein eigenes Leben verstehe; begreife, wie dieses allgemeine Leben der Natur in den mannichfaltigsten Formen, in stufenmäßigen Entwicklungen, in allmählichen Annäherungen zur Freiheit sich offenbaret; sobald ich aber mich und mit mir alles Ideale von der Natur trenne, bleibt mir nichts übrig als ein todtes Objekt und ich höre auf, zu begreifen, wie ein Leben außer mir möglich sey.

2. Fassen wir endlich die Natur in Ein Ganzes zusammen, so stehen einander gegenüber Mechanismus, d.h. eine abwärts laufende Reihe von Ursachen und Wirkungen, und Zweckmäßigkeit, d.h. Unabhängigkeit vom Mechanismus, Gleichzeitigkeit von Ursachen und Wirkungen. Indem wir auch diese beiden Extreme noch vereinigen, entsteht in uns die Idee von einer Zweckmäßigkeit des Ganzen, die Natur wird eine Kreislinie, die in sich selbst zurückläuft, ein in sich selbst beschlossenes System ist. Die Reihe von Ursachen und Wirkungen hört völlig auf und es entsteht eine wechselseitige Verknüpfung von Mittel und Zweck; das Einzelne konnte weder ohne das Ganze, noch das Ganze ohne das Einzelne wirklich werden.

Diese absolute Zweckmäßigkeit des Ganzen der Natur nun ist eine Idee, die wir nicht willkürlich, sondern nothwendig denken. Wir fühlen uns gedrungen, alles einzelne auf eine solche Zweckmäßigkeit des Ganzen zu beziehen; wo wir etwas in der Natur finden, das zwecklos oder gar zweckwidrig zu seyn scheint, glauben wir den ganzen Zusammenhang der Dinge zerrissen oder ruhen nicht eher, bis auch die scheinbare Zweckwidrigkeit in anderer Rücksicht zur Zweckmäßigkeit wird. Es ist also eine nothwendige Maxime der reflektirenden Vernunft, in der Natur überall Verbindung nach Zweck und Mittel vorauszusetzen. Und ob wir gleich diese Maxime nicht in ein constitutives Gesetz verwandeln, befolgen wir sie doch so standhaft und so unbefangen, daß wir offenbar voraussetzen, die Natur werde unserm Bestreben, absolute Zweckmäßigkeit in ihr zu entdecken, freiwillig gleichsam entgegenkommen. Ebenso gehen wir mit vollem Zutrauen auf die Uebereinstimmung der Natur mit den Maximen unserer reflektirenden Vernunft von speciellen, untergeordneten Gesetzen zu allgemeinen, höheren Gesetzen fort; und von Erscheinungen sogar, die noch in der Reihe unserer Kenntnisse isolirt da stehen, hören wir doch nicht auf, a priori vorauszusetzen, daß auch sie noch durch irgend ein gemeinschaftliches Princip unter sich zusammenhangen. Und nur da glauben wir an eine Natur außer uns, wo wir Mannichfaltigkeit der Wirkungen und Einheit der Mittel erblicken.

3. Die Natur soll der sichtbare Geist, der Geist die unsichtbare Natur seyn. Hier also, in der *absoluten Identität des Geistes in uns und der Natur außer uns,* muß sich das Problem, wie eine Natur außer uns möglich sey, auflösen.

4. Die Naturphilosophie will keine wirklichen Pflanzen deduziren; jede wirklich existierende Pflanze ist ein Jetzt und Hier. Aber, wie in der vorbildlichen Welt Alles nur Genikos, der Gattung nach, enthalten sein soll, so enthält die reine Wissenschaft nur Gattungen und Arten. Sie hat alle sinnlichen Dinge nur als außer dem Denken sein könnende, nicht seiende. Das Letzte hat sie sogar nur als ein aus dem Denken gar nicht Herauskönnendes. Und auf diese Weise nie und in nichts das Denken überschreitend, ist diese Wissenschaft durchaus immanente, nirgends transzendente Wissenschaft, so rein apriorisch, daß sie wahr sein würde, auch wenn nichts existierte, so wie auch die Geometrie wahr ist, wenn gleich kein Dreieck existierte.

5. Seit dem Abfall von der Metaphysik, durch Baco begonnen, hatte die Ontologie alle Bedeutung verloren; die Deutschen mußten durch Kant erst davon befreit werden. Die Deutschen nach Kant hielten die Metaphysik fest, aber zugleich verwebt mit der Erfahrung; das ist die Naturphilosophie. Das Anschließen

des Gedankens an die Natur ist die europäische Bedeutung der Naturphilosophie. Sie kam der Richtung des europäischen Geistes in der Emanzipation von der Metaphysik entgegen. Die wahre objektive Logik war in der Natur- und Geistesphilosophie niedergelegt, die anders behandelte Logik ist nur subjektiv.

Die Naturphilosophie war ein Kind jenes neuern, das Reale verlangenden Geistes. Daran nahmen die düstern Geister Ärgernis. Hegel wollte versöhnen; aber er trat mit der Logik zum Denken ohne sinnliches Substrat. Der Beifall war begreiflich, aber die Naturphilosophie kann dies nicht billigen, noch es für eine Verbesserung halten.

Man wird vielleicht entgegnen: Irgendwo müssen doch in einer vollständigen Philosophie auch die Begriffe als Begriffe vorkommen. Wo hat nun die frühere Philosophie diese Stelle gehabt? Allerdings für solche Begriffe, die das Reale noch außer sich haben, hatte sie keine Stelle; sie ging durch die ganze Natur hindurch, bis zu dem Punkte, wo das sich selbst besitzende Subjekt, Ich, zu Tage kommt und nicht mehr die Natur, sondern die Begriffe von ihr in sich findet. Dies hängt zusammen mit der Lehre von den angebornen Ideen. So schaltet das Bewußtsein mit ihnen, als einem freien Besitz.

Auf diese Weise konnte man bei dem ersten Vortrage dieses Systems hören, an welcher Stelle es die Begriffe hat. Man konnte da die Formen der Logik, wie die Naturformen, abgeleitet finden. Hier, wo die unendliche Potenz sich selbst zuerst gegenständlich geworden, wo sie ihren objektiv aus einander gesetzten Organismus subjektiv als Organismus der Vernunft entfaltete, hier war die eigentliche Stelle für die Begriffe als solche. Diese konnten, nicht anders als die Körperwelt, nur Gegenstände der apriorischen Philosophie sein. Eine an diesen natürlichen Gang sich anschließende Entwicklung der Philosophie hat den Begriff selbst als etwas Wirkliches, Objektives; dagegen, wo Hegel die Begriffe hat, da sind sie nur subjektiv. Die Begriffe sind doch erst nach der Natur, nicht vor ihr; Abstrakta können sie nicht eher sein, als das ist, wovon sie abstrahiert sind.

Wenn Hegel die Philosophie damit anfangen will, daß man sich ins reine Denken begibt, hat er das Wesen der rationalen Philosophie trefflich ausgedrückt. Dieses Sich-Zurückziehen ins reine Denken ist aber bei Hegel nur mit Beziehung auf die Logik gemeint; es sind nicht die Sachen, wie sie a priori im Denken sind, sondern die Begriffe selbst als solche, als subjektive, gemeint. Aber mit bloßen Begriffen ist kein wirkliches Denken. Wo nun das wirkliche Denken anheben sollte (am Ende der Logik) da hat das Denken ganz ein Ende; denn der Begriff verliert ja, wie Hegel sagt, seine Gewalt. Was hat aber die Welt von Deinem Denken, wenn Du nichts herausbringst? Wirkliches Denken ist aber nur, wobei etwas herauskommt.

6. Anfang der positiven Philosophie ist also das Sein, das nie potentia gewesen, sondern immer actu.

Man könnte sagen: Was aller Potenz, kommt auch allem Denken zuvor! Und allerdings, das Sein, das aller Potenz zuvorkommt, werden wir auch das unvordenkliche Sein, als allem Denken vorausgehend, nennen müssen. Was der Anfang alles Denkens ist, ist noch nicht das Denken; es ist das Erste, quod se objicit cogitanti, was daher überwunden werden soll, für den Anfang außer dem Denken, ihm entgegenstehend.

Es ist ein falscher Einwurf, wenn man sagt: Wir könnten uns eine aller Möglichkeit zuvorkommende Wirklichkeit nicht vorstellen! Allerdings; menschliche Hervorbringungen können von ihrer Möglichkeit aus vorher gesehen werden. Aber es gibt auch Dinge, deren Möglichkeit erst durch ihre Wirklichkeit eingesehen wird. Nur solche nennen wir originale, ursprüngliche Hervorbringungen. Was nach einem vorhandenen Begriff hervorgebracht wird, nennt Niemand original. (…)

Man könnte auch sagen: Das dem Denken Vorausgehende sei das Begrifflose, Unbegreifliche! Aber die Philosophie macht dies a priori Unbegreifliche a posteriori zum Begreiflichen. Gott in der Unbegreiflichkeit seines Seins ist nicht der wahre Gott. Das wahre Wesen Gottes ist sein Begreifliches.

Die Hauptsache aber ist, sich zu sagen: Daß dies Reinseiende auch bloß als das Seiende im verbalen Sinne, als das Existierende in actu puro existentiae zu nehmen ist und daß sein Wesen eben dies ist, das rein Existierende zu sein. Es hat kein Wesen außer dem Sein.

Karl Marx (1818–1883)

Mit Marx gelangt der gesellschaftliche und technische Fortschrittsoptimismus auf seinen Höhepunkt: der Fortschritt der Produktivkräfte soll den Weg in eine bessere Gesellschaft öffnen, die auf der Herrschaft über Natur und auf der ihrer Ausbeutung beruht. Diese bekannte Konzeption des Marxschen Denkens gilt allerdings erst für den Marx des »Kapitals« und der »Grundrisse der politischen Ökonomie« und damit natürlich für die meisten seiner Schriften.

Dezidiert ökologische Thesen vertritt Marx hingegen in seinen Frühschriften, den »ökonomisch-philosophischen Manuskripten« von 1844, auf die in der ökologischen Debatte auch immer wieder hingewiesen wurde.

Marx' anthropologische Vorstellungen bestimmen den Menschen als Naturwesen, das wie Tier und Pflanze eine sinnlich-körperliche Konstitution besitzt. Daher ist er auch nicht auf jenseitige oder geistige Güter in seiner Tätigkeit und Leiblichkeit ausgerichtet, sondern auf konkrete, materielle Gegenstände der Natur. Allerdings vermenschlicht der Mensch die Natur und entwickelt damit ein menschliches Naturwesen. Marx ist sich durchaus bewußt, daß der Mensch keinen unmittelbaren Zugang zur Natur mehr besitzt. So unterscheidet sich auch die menschliche Geschichte von der Naturgeschichte. Jedoch ist die menschliche Geschichte die Fortsetzung der Naturgeschichte, so daß auch das »menschliche Naturwesen« eine Fortsetzung der Natur selbst bleibt (Nr. 1, 2). Insofern muß sich für Marx auch alle Wissenschaft primär auf die Natur als sinnlich-materielle Gegebenheit beziehen. In ihr ist letztlich auch jede Wissenschaft vom Menschen enthalten. In der identitätsphilosophischen Tradition Hegels fordert Marx eine einheitliche, Mensch und Natur umfassende Wissenschaft (Nr. 3).

Im Unterschied zum späteren Entfremdungskonzept bei Marx, das sich wesentlich auf die Trennung von Produzent und Produkt bezieht, integriert sein Entfremdungsbegriff in den Frühschriften gerade die destruktive Weise der industriellen Produktion und markiert diese Destruktivität vor allem auch durch die industrielle Herrschaft über Natur, die die Natur dem Arbeiter entfremdet, obwohl er selbst als Teil der Natur zu begreifen ist. In der entfremdeten Arbeit ist der Mensch von der Natur als seinem Leib getrennt: die Natur ist ihm entfremdet. Außerdem kritisiert Marx auch die destruktiven Lebensbedingungen, wenn Natur verpestet und verseucht ist (Nr. 4, 5).

Dem stellt Marx die kommunistische Utopie gegenüber, in der er dezidiert die Versöhnung mit der Natur propagiert. Kommunismus ist nicht nur ein Humanismus, sondern als solcher der »vollendete« Naturalismus. In der nicht mehr entfremdeten Gesellschaft kommt es nicht nur zur Versöhnung mit der Natur. Wo sie von entfremdeten Verhältnissen zerstört wurde, wird sie vielmehr sogar regeneriert werden. Insofern wird auch die Natur von Relikten der Barbarei befreit. Der befreite und kultivierte Mensch ist schließlich mit der Natur versöhnt, weil er den richtigen Umgang mit ihr gelernt hat (Nr. 6, 7, 8).

1. Der Mensch ist unmittelbar Naturwesen. Als Naturwesen und als lebendiges Naturwesen ist er teils mit natürlichen Kräften, mit Lebenskräften ausgerüstet, ein tätiges Naturwesen; diese Kräfte existieren in ihm als Anlagen und Fähigkeiten, als Triebe; teils ist er als natürliches, leibliches, sinnliches, gegenständliches Wesen ein leidendes, bedingtes und beschränktes Wesen, wie es auch das Tier und die Pflanze ist, d. h. die Gegenstände seiner Triebe existieren außer ihm, als von ihm unabhängige. Gegenstände, aber diese Gegenstände sind Gegenstände seines Bedürfnisses, zur Betätigung und Bestätigung seiner Wesenskräfte unentbehrliche, wesentliche Gegenstände. Daß der Mensch ein leibliches, natur-

kräftiges, lebendiges, wirkliches, sinnliches, gegenständliches Wesen ist, heißt, daß er wirkliche, sinnliche Gegenstände zum Gegenstand seines Wesens, seiner Lebensäußerung hat oder daß er nur an wirklichen, sinnlichen Gegenständen sein Leben äußern kann. Gegenständlich, natürlich, sinnlich sein und sowohl Gegenstand, Natur, Sinn außer sich haben oder selbst Gegenstand, Natur, Sinn für ein drittes sein ist identisch. Der Hunger ist ein natürliches Bedürfnis; er bedarf also einer Natur außer sich, eines Gegenstandes außer sich, um sich zu befriedigen, um sich zu stillen. Der Hunger ist das gegenständliche Bedürfnis eines Leibes nach einem außer ihm seienden, zu seiner Integrierung und Wesensäußerung unentbehrlichen Gegenstande. Die Sonne ist der Gegenstand der Pflanze, ein ihr unentbehrlicher, ihr Leben bestätigender Gegenstand, wie die Pflanze Gegenstand der Sonne ist, als Äusserung von der lebenserweckenden Kraft der Sonne, von der gegenständlichen Wesenskraft der Sonne.

2. Der Mensch als ein gegenständliches sinnliches Wesen ist daher ein leidendes und, weil seine Leiden empfindendes Wesen, ein leidenschaftliches Wesen. Die Leidenschaft, die Passion ist die nach seinem Gegenstand energisch strebende Wesenskraft des Menschen.

   Aber der Mensch ist nicht nur Naturwesen, sondern er ist menschliches Naturwesen; d. h. für sich selbst seiendes Wesen, darum Gattungswesen, als welches er sich sowohl in seinem Sein als in seinem Wissen bestätigen muß. Weder sind also die menschlichen Gegenstände die Naturgegenstände, wie sie sich unmittelbar bieten, noch ist der menschliche Sinn, wie er unmittelbar ist, gegenständlich ist, menschliche Sinnlichkeit, menschliche Gegenständlichkeit. Weder die Natur – objektiv – noch die Natur subjektiv ist unmittelbar dem menschlichen Wesen adäquat vorhanden. Und wie alles Natürliche entstehen muß, so hat auch der Mensch seinen Entstehungsakt, die Geschichte, die aber für ihn eine gewußte und darum als Entstehungsakt mit Bewußtsein sich aufhebender Entstehungsakt ist. Die Geschichte ist die wahre Naturgeschichte des Menschen.

3. Die Sinnlichkeit (siehe Feuerbach) muß die Basis aller Wissenschaft sein. Nur, wenn sie von ihr, in der doppelten Gestalt sowohl des sinnlichen Bewußtseins als des sinnlichen Bedürfnisses, ausgeht – also nur wenn die Wissenschaft von der Natur ausgeht –, ist sie wirkliche Wissenschaft. Damit der »Mensch« zum Gegenstand des sinnlichen Bewußtseins und das Bedürfnis des »Menschen als Menschen« zum Bedürfnis werde, dazu ist die ganze Geschichte die Vorbereitungs-, Entwicklungsgeschichte. Die Geschichte selbst ist ein wirklicher Teil der Naturgeschichte, des Werdens der Natur zum Menschen. Die Naturwissen-

schaft wird später ebensowohl die Wissenschaft von dem Menschen wie sich selber unter sich subsumieren: Es wird auf diese Weise eine Wissenschaft sein.

Der Mensch ist der unmittelbare Gegenstand der Naturwissenschaft; denn die unmittelbare sinnliche Natur für den Menschen ist unmittelbar die menschliche Sinnlichkeit (ein identischer Ausdruck), unmittelbar als der andere sinnlich für ihn vorhandene Mensch; denn seine eigene Sinnlichkeit ist erst durch den anderen Menschen als menschliche Sinnlichkeit für ihn selbst. Aber die Natur ist der unmittelbare Gegenstand der Wissenschaft vom Menschen. Der erste Gegenstand des Menschen – der Mensch – ist Natur, Sinnlichkeit, und die besonderen menschlichen sinnlichen Wesenskräfte, wie sie nur in natürlichen Gegenständen ihre gegenständliche Verwirklichung, können nur in der Wissenschaft des Naturwesens überhaupt ihre Selbsterkenntnis finden. Das Element des Denkens selbst, das Element der Lebensäußerung des Gedankens, die Sprache ist sinnlicher Natur. Die gesellschaftliche Wirklichkeit der Natur und die menschliche Naturwissenschaft oder die natürliche Wissenschaft vom Menschen sind identische Ausdrücke.

4. Wir haben den Akt der Entfremdung der praktischen menschlichen Tätigkeit, die Arbeit, nach zwei Seiten hin betrachtet. (1) Das Verhältnis des Arbeiters zum Produkt der Arbeit als fremden und über ihn mächtigen Gegenstand. Dieses Verhältnis ist zugleich das Verhältnis zur sinnlichen Außenwelt, zu den Naturgegenständen als einer fremden, ihm feindlich gegenüberstehenden Welt. (2) Das Verhältnis der Arbeit zum Akt der Produktion innerhalb der Arbeit. Dieses Verhältnis ist das Verhältnis des Arbeiters zu seiner eigenen Tätigkeit als einer fremden, ihm nicht angehörigen, die Tätigkeit als Leiden, die Kraft als Ohnmacht, die Zeugung als Entmannung, die eigene physische und geistige Energie des Arbeiters, sein persönliches Leben – denn was ist Leben (anderes) als Tätigkeit – als eine wider ihn selbst gewendete, von ihm unabhängige, ihm nicht gehörige Tätigkeit. Die Selbstentfremdung, wie oben die Entfremdung der Sache.

Wir haben nun noch eine dritte Bestimmung der entfremdeten Arbeit aus den beiden bisherigen zu ziehen.

Der Mensch ist ein Gattungswesen, nicht nur indem er praktisch und theoretisch die Gattung, sowohl seine eigene als die der übrigen Dinge, zu seinem Gegenstand macht, sondern – und dies ist nur ein anderer Ausdruck für dieselbe Sache – auch indem er sich zu sich selbst als der gegenwärtigen, lebendigen Gattung verhält, indem er sich zu sich als einem universellen, darum freien Wesen verhält.

Das Gattungsleben, sowohl beim Mensch als beim Tier, besteht physisch einmal darin, daß der Mensch (wie das Tier) von der unorganischen Natur lebt, und umso universeller der Mensch als das Tier, umso universeller ist der Bereich der unorganischen Natur, von der er lebt. Wie Pflanzen, Tiere, Steine, Luft, Licht etc. theoretisch einen Teil des menschlichen Bewußtseins, teils als Gegenstände der Naturwissenschaft, teils als Gegenstände der Kunst bilden – seine geistige unorganische Natur, geistige Lebensmittel, die er erst zubereiten muß zum Genuß und zur Verdauung –, so bilden sie auch praktisch einen Teil des menschlichen Lebens und der menschlichen Tätigkeit. Physisch lebt der Mensch nur von diesen Naturprodukten, mögen sie nun in der Form der Nahrung, Heizung, Kleidung, Wohnung etc. erscheinen. Die Universalität des Menschen erscheint praktisch eben in der Universalität, die die ganze Natur zu seinem unorganischen Körper macht, sowohl insofern sie (1) ein unmittelbares Lebensmittel, als inwiefern sie (2) die Materie, der Gegenstand und das Werkzeug seiner Lebenstätigkeit ist. Die Natur ist der unorganische Leib des Menschen, nämlich die Natur, soweit sie nicht selbst menschlicher Körper ist. Der Mensch lebt von der Natur heißt: Die Natur ist sein Leib, mit dem er in beständigem Prozeß bleiben muß, um nicht zu sterben. Daß das physische und geistige Leben des Menschen mit der Natur zusammenhängt, hat keinen anderen Sinn, als daß die Natur mit sich selbst zusammenhängt, denn der Mensch ist ein Teil der Natur.

Indem die entfremdete Arbeit dem Menschen (1) die Natur entfremdet, (2) sich selbst, seine eigene tätige Funktion, seine Lebenstätigkeit, so entfremdet sie dem Menschen die Gattung; sie macht ihm das Gattungsleben zum Mittel des individuellen Lebens. Erstens entfremdet sie das Gattungsleben und das individuelle Leben, und zweitens macht sie das letztere in seiner Abstraktion zum Zweck des ersten, ebenfalls in einer abstrakten und entfremdeten Form.

Denn erstens erscheint dem Menschen die Arbeit, die Lebenstätigkeit, das produktive Leben selbst nur als ein Mittel zur Befriedigung eines Bedürfnisses, des Bedürfnisses der Erhaltung der physischen Existenz. Das produktive Leben ist aber das Gattungsleben. Es ist das Leben erzeugende Leben. In der Art der Lebenstätigkeit liegt der ganze Charakter einer species, ihr Gattungscharakter, und die freie bewußte Tätigkeit ist der Gattungscharakter des Menschen. Das Leben selbst erscheint nur als Lebensmittel.

Das Tier ist unmittelbar eins mit seiner Lebenstätigkeit. Es unterscheidet sich nicht von ihr. Es ist sie. Der Mensch macht seine Lebenstätigkeit selbst zum Gegenstand seines Wollens und seines Bewußtseins. Er hat bewußte Lebenstätigkeit. Es ist nicht eine Bestimmtheit, mit der er unmittelbar zusammenfließt. Die bewußte Lebenstätigkeit unterscheidet den Menschen unmittelbar von der tierischen Lebenstätigkeit. Eben nur dadurch ist er ein Gattungswesen. Oder er ist nur ein bewußtes Wesen, d. h. sein eigenes Leben ist ihm Gegenstand, eben weil er ein Gattungswesen ist. Nur darum ist seine Tätigkeit freie Tätigkeit. Die entfremdete Arbeit kehrt das Verhältnis dahin um, daß der Mensch, eben weil er ein bewußtes Wesen ist, seine Lebenstätigkeit, sein Wesen nur zu einem Mittel für seine Existenz macht.

Das praktische Erzeugen einer gegenständlichen Welt, die Bearbeitung der unorganischen Natur ist die Bewährung des Menschen als eines bewußten Gattungswesens, d. h. eines Wesens, das sich zu der Gattung als seinem eigenen Wesen oder zu sich als Gattungswesen verhält. Zwar produziert auch das Tier. Es baut sich ein Nest, Wohnungen, wie die Biene, Biber, Ameise etc. Allein es produziert nur, was es unmittelbar für sich oder sein Junges bedarf; es produziert einseitig, während der Mensch universell produziert; es produziert nur unter der Herrschaft des unmittelbaren physischen Bedürfnisses, während der Mensch selbst frei vom physischen Bedürfnis produziert und erst wahrhaft produziert in der Freiheit von demselben; es produziert nur sich selbst, während der Mensch die ganze Natur reproduziert; sein Produkt gehört unmittelbar zu seinem physischen Leib, während der Mensch frei seinem Produkt gegenübertritt. Das Tier formiert nur nach dem Maß und dem Bedürfnis der species, der es angehört, während der Mensch nach dem Maß jeder species zu produzieren weiß und überall das inhärente Maß dem Gegenstand anzulegen weiß; der Mensch formiert daher auch nach den Gesetzen der Schönheit.

Eben in der Bearbeitung der gegenständlichen Welt bewährt sich der Mensch daher erst wirklich als ein Gattungswesen. Diese Produktion ist sein werktätiges Gattungsleben. Durch sie erscheint die Natur als sein Werk und seine Wirklichkeit. Der Gegenstand der Arbeit ist daher die Vergegenständlichung des Gattungslebens des Menschen: indem er sich nicht nur wie im Bewußtsein intellektuell, sondern werktätig, wirklich verdoppelt und sich selbst daher in einer von ihm geschaffenen Welt anschaut. Indem daher die entfremdete Arbeit dem Menschen den Gegenstand seiner Produktion entreißt, entreißt sie ihm sein Gattungsleben, seine wirkliche Gattungsgegenständlichkeit und verwandelt seinen Vorzug vor dem Tier in den Nachteil, daß sein unorganischer Leib, die Natur, ihm entzogen wird.

Ebenso indem die entfremdete Arbeit die Selbsttätigkeit, die freie Tätigkeit, zum Mittel herabsetzt, macht sie das Gattungsleben des Menschen zum Mittel seiner physischen Existenz.

Das Bewußtsein, welches der Mensch von seiner Gattung hat, verwandelt sich durch die Entfremdung also dahin, daß das Gattungsleben ihm zum Mittel wird.

Die entfremdete Arbeit macht also:

(3) das Gattungswesen des Menschen, sowohl die Natur als sein geistiges Gattungsvermögen, zu einem ihm fremden Wesen, zum Mittel seiner individuellen Existenz. Sie entfremdet dem Menschen seinen eigenen Leib, wie die Natur außer ihm, wie sein geistiges Wesen, sein menschliches Wesen.

(4) Eine unmittelbare Konsequenz davon, daß der Mensch dem Produkt seiner Arbeit, seiner Lebenstätigkeit, seinem Gattungswesen entfremdet ist, ist die Entfremdung des Menschen von dem Menschen. Wenn der Mensch sich selbst gegenübersteht, so steht ihm der andere Mensch gegenüber. Was von dem Verhältnis des Menschen zu seiner Arbeit, zum Produkt seiner Arbeit und zu sich selbst, das gilt von dem Verhältnis des Menschen zum anderen Menschen, wie zu der Arbeit und dem Gegenstand der Arbeit des anderen Menschen.

Überhaupt, der Satz, daß dem Menschen sein Gattungswesen entfremdet ist, heißt, daß ein Mensch dem anderen, wie jeder von ihnen dem menschlichen Wesen entfremdet ist.

Die Entfremdung des Menschen, überhaupt jedes Verhältnis, in dem der Mensch zu sich selbst steht, ist erst verwirklicht, drückt sich aus in dem Verhältnis, in welchem der Mensch zu den anderen Menschen steht.

5. Teils zeigt sich diese Entfremdung, indem die Raffinierung der Bedürfnisse und ihrer Mittel auf der einen Seite, die viehische Verwilderung, vollständige, rohe, abstrakte Einfachheit des Bedürfnisses auf der anderen Seite produziert; oder vielmehr nur sich selbst in seiner gegenteiligen Bedeutung wiedergebiert. Selbst das Bedürfnis der freien Luft hört bei dem Arbeiter auf, ein Bedürfnis zu sein, der Mensch kehrt in die Höhlenwohnung zurück, die aber nun von dem mephytischen Pesthauch der Zivilisation verpestet ist und die er nur mehr prekär, als eine fremde Macht, die sich ihm täglich entfliehen, aus der er täglich, wenn er nicht zahlt, herausgeworfen werden kann, bewohnt. Dieses Totenhaus muß er bezahlen. Die Lichtwohnung, welche Prometheus bei Äschylus als eines der großen Geschenke, wodurch er den Wilden zum Menschen gemacht, bezeichnet, hört auf, für den Arbeiter zu sein. Licht, Luft etc., die einfachste tierische Reinlichkeit hört auf, ein Bedürfnis für den Menschen zu sein. Der Schmutz, diese Versumpfung, Verfaulung des Menschen, der Gossenablauf (dies ist wörtlich zu verstehen) der Zivilisation wird ihm ein Lebenselement. Die völlige unnatürliche Verwahrlosung, die verfaulte Natur, wird zu seinem Lebenselement. Keiner seiner Sinne existiert mehr, nicht nur nicht in seiner menschlichen Weise, sondern in einer unmenschlichen, darum selbst nicht einmal tierischen Weise. Die rohsten Weisen (und Instrumente) der menschlichen Arbeit kehren wieder, wie die Tretmühle der römischen Sklaven zur Produktionsweise, Daseinsweise vieler englischen Arbeiter geworden ist, selbst die tierischen Bedürfnisse hören auf. Der Irländer kennt nur mehr das Bedürfnis des Essens, und zwar nur mehr des Kartoffelessens, und zwar nur der Lumpenkartoffel, der schlechtesten Art von Kartoffel. Aber England und Frankreich haben schon in jeder Industriestadt ein kleines Irland. Der Wilde,

das Tier, hat doch das Bedürfnis der Jagd, der Bewegung etc., der Geselligkeit. – Die Vereinfachung der Maschine, der Arbeit wird dazu benutzt, um den erst werdenden Menschen, den ganz unausgebildeten Menschen – das Kind – zum Arbeiter zu machen, wie der Arbeiter ein verwahrlostes Kind geworden ist. Die Maschine bequemt sich der Schwäche des Menschen, um den schwachen Menschen zur Maschine zu machen.

6. Der Kommunismus als positive Aufhebung des Privateigentums als menschlicher Selbstentfremdung und darum als wirkliche Aneignung des menschlichen Wesens durch und für den Menschen; darum als vollständige, bewußt und innerhalb des ganzen Reichtums der bisherigen Entwicklung gewordene Rückkehr des Menschen für sich als eines gesellschaftlichen, d. h. menschlichen Menschen. Dieser Kommunismus ist als vollendeter Naturalismus = Humanismus, als vollendeter Humanismus = Naturalismus, er ist die wahrhafte Auflösung des Widerstreites zwischen dem Menschen mit der Natur und mit dem Menschen, die wahre Auflösung des Streits zwischen Existenz und Wesen, zwischen Vergegenständlichung und Selbstbestätigung, zwischen Freiheit und Notwendigkeit, zwischen Individuum und Gattung. Er ist das aufgelöste Rätsel der Geschichte und weiß sich als diese Lösung.

7. Wir haben gesehen, wie unter Voraussetzung des positiv aufgehobenen Privateigentums der Mensch den Menschen produziert, sich selbst und den anderen Menschen; wie der Gegenstand, welcher die unmittelbare Betätigung seiner Individualität, zugleich sein eigenes Dasein für den anderen Menschen, dessen Dasein, und dessen Dasein für ihn ist. Ebenso sind aber sowohl das Material der Arbeit, als der Mensch als Subjekt, wie Resultat so Ausgangspunkt der Bewegung (und daß sie dieser Ausgangspunkt sein müssen, eben darin liegt die geschichtliche Notwendigkeit des Privateigentums). Also ist der gesellschaftliche Charakter der allgemeine Charakter der ganzen Bewegung; wie die Gesellschaft selbst den Menschen als Menschen produziert, so ist sie durch ihn produziert. Die Tätigkeit und der Genuß, wie ihrem Inhalt, sind auch der Existenzweise nach gesellschaftlich, gesellschaftliche Tätigkeit und gesellschaftlicher Genuß. Das menschliche Wesen der Natur ist erst da für den gesellschaftlichen Menschen; denn erst hier ist sie für ihn da als Band mit dem Menschen, als Dasein seiner für den anderen und des anderen für ihn, wie als Lebenselement der menschlichen Wirklichkeit, erst hier ist sie da als Grundlage seines eigenen menschlichen Daseins. Erst hier ist ihm sein natürliches Dasein sein menschliches Dasein und die Natur für ihn zum Menschen geworden. Also die Gesellschaft ist die vollendete Wesenseinheit des Menschen mit der

Natur, die wahre Resurrektion der Natur, der durchgeführte Naturalismus des Menschen und der durchgeführte Humanismus der Natur.

8. Die Aufhebung des Privateigentums ist daher die vollständige Emanzipation aller menschlichen Sinne und Eigenschaften; aber sie ist diese Emanzipation gerade dadurch, daß diese Sinne und Eigenschaften menschlich, sowohl subjektiv als objektiv, geworden sind. Das Auge ist zum menschlichen Auge geworden, wie sein Gegenstand zu einem gesellschaftlichen, menschlichen, vom Menschen für den Menschen herrührenden Gegenstand geworden ist. Die Sinne sind daher unmittelbar in ihrer Praxis Theoretiker geworden. Sie verhalten sich zu der Sache um der Sache willen, aber die Sache selbst ist ein gegenständliches menschliches Verhalten zu sich selbst und zum Menschen und umgekehrt. Das Bedürfnis oder der Genuß haben darum ihre egoistische Natur und die Natur ihre bloße Nützlichkeit verloren, indem der Nutzen zum menschlichen Nutzen geworden ist.

9. Andererseits und subjektiv gefaßt: Wie erst die Musik den musikalischen Sinn des Menschen erweckt, wie für das unmusikalische Ohr die schönste Musik keinen Sinn hat, (kein) Gegenstand ist, weil mein Gegenstand nur die Bestätigung einer meiner Wesenskräfte sein kann, also nur so für mich sein kann, wie meine Wesenskraft als subjektive Fähigkeit für sich ist, weil der Sinn eines Gegenstandes für mich (nur Sinn für einen ihm entsprechenden Sinn hat) gerade so weit geht, als mein Sinn geht, darum sind die Sinne des gesellschaftlichen Menschen andere Sinne wie die des ungesellschaftlichen; erst durch den gegenständlich entfalteten Reichtum des menschlichen Wesens wird der Reichtum der subjektiven menschlichen Sinnlichkeit, wird ein musikalisches Ohr, ein Auge für die Schönheit der Form, kurz, werden erst menschlicher Genüsse fähige Sinne, Sinne, welche als menschliche Wesenskräfte sich bestätigen, teils erst ausgebildet, teils erst erzeugt. Denn nicht nur die fünf Sinne, sondern auch die sogenannten geistigen Sinne, die praktischen Sinne (Wille, Liebe etc.), mit einem Wort der menschliche Sinn, die Menschlichkeit der Sinne wird erst durch das Dasein seines Gegenstandes, durch die vermenschlichte Natur. Die Bildung der fünf Sinne ist eine Arbeit der ganzen bisherigen Weltgeschichte. Der unter dem rohen praktischen Bedürfnis befangene Sinn hat auch nur einen bornierten Sinn. Für den ausgehungerten Menschen existiert nicht die menschliche Form der Speise, sondern nur ihr abstraktes Dasein als Speise; ebensogut könnte sie in rohester Form vorliegen, und es ist nicht zu sagen, wodurch sich diese Nahrungstätigkeit von der tierischen Nahrungstätigkeit unterscheide. Der sorgenvolle, bedürftige Mensch hat keinen Sinn für das schönste Schauspiel; der Mineralienkrämer sieht nur den merkantilischen Wert, aber nicht die Schönheit

und eigentümliche Natur des Minerals; er hat keinen mineralogischen Sinn; also die Vergegenständlichung des menschlichen Wesens, sowohl in theoretischer als praktischer Hinsicht, gehörte dazu, sowohl um die Sinne des Menschen menschlich zu machen als um für den ganzen Reichtum des menschlichen und natürlichen Wesens entsprechenden menschlichen Sinn zu schaffen.

John Ruskin (1819–1900)

Der englische Sozialreformer, Schriftsteller und Maler war Professor für Kunstgeschichte in Oxford und kritisierte immer wieder den seelenlosen Universitätsbetrieb. Im Mittelpunkt einer von ihm geforderten Wirtschaftsethik steht der Mensch. Industrialisierung und fortschreitende Rationalisierung verkrüppeln für Ruskin den Menschen an Leib und Seele. So trat er für einen – als sittliche Verpflichtung verstandenen – Arbeitsbegriff ein, der die Einheit des Lebens bewahren soll. Vor allem durch diese Ideen gewann er maßgeblichen Einfluß auf den englischen Sozialismus. Das drückte sich auch in seinen kunstgeschichtlichen Bemühungen aus. In der mittelalterlichen Kunst sah er noch den Ausdruck eines ungebrochenen und beseelten, nicht entfremdeten Menschentums. Als Maler befaßte er sich mit genauen Naturstudien.

Im ersten Auszug formuliert Ruskin *den* ökologischen Grundgedanken, daß wir die Erde nicht als unseren Besitz betrachten dürfen, daß sie vielmehr genauso unseren Nachkommen gehört: wir dürfen ihre Zukunft nicht durch unser Tun gefährden. Die Zukunft beleuchtet die menschlichen Handlungen und gibt ihnen Sinn. Die Erde betrachtet Ruskin als Schöpfung, die uns von unserem Schöpfer nur geliehen wurde. Naturverbundenheit und Verehrung der Natur zeugen für ihn zugleich von einem tiefen religiösen Gefühl (Nr. 2).

Im dritten Auszug wird deutlich, daß Ruskin auch ein früher Kritiker der Technik war. In diesem Sinne betont er, daß das menschliche Wesen nicht in der Geschwindigkeit liegt, sondern im Sein, daß uns die technische Fortbewegung gar nichts nützt, wenn wir keine Inhalte zu transportieren haben. Er stellt die Frage, welchen Sinn es hat, anderen Völkern die industrielle Zivilisation zu bringen, und bezweifelt, daß die Errungenschaften der Technik uns weiser oder glücklicher gemacht haben. Derartige Erkenntnisse und Wahrheiten sind technisch nicht herstellbar.

1. Gott hat uns die Erde auf Lebenszeit verliehen; es ist ein großes Erb-Lehen. So gut wie uns gehört sie denen, die nach uns kommen, deren Namen bereits in das Buch der Schöpfung eingetragen sind; wir haben kein Recht, sie durch unser

Tun oder Unterlassen in unnötige Strafen zu verwickeln oder sie der Vorteile, die ihnen zu vermachen in unserer Macht stand, zu berauben. Und das umso weniger, weil es der Arbeit des Menschen gesetzt ist, daß die Fülle ihrer Frucht im Gleichmaß steht zu der Zeit, die zwischen Saat und Ernte liegt, und daß im Allgemeinen das Maß unseres Erfolges voller und reicher sein wird, je weiter wir unser Ziel hinausstecken, je weniger wir selbst die Zeugen dessen, wofür wir arbeiten, zu sein begehren. Die Menschen können denen, die mit ihnen leben, nicht so wohltun, wie denen, die nach ihnen kommen; unter allen Kanzeln, von denen die Menschenstimme ausgesandt wird, ist keine, von der aus sie so weit vernehmbar ist, wie das Grab.

Durch solche Rücksicht auf die Zukunft verliert die Gegenwart nicht. Jede menschliche Handlung gewinnt durch die Beziehung auf die Dinge, die da kommen an Ehre, Anmut und aller wahren Größe. Der weite Blick und die ruhige vertrauende Geduld sondern vor allen anderen Eigenschaften den Menschen vom Menschen ab und nähern ihn seinem Schöpfer; es gibt kein Tun und keine Kunst, an deren Erhabenheit wir nicht diesen Maßstab legen könnten. Darum, wenn wir bauen, laßt uns denken, daß wir für immer bauen. Nicht nur zu gegenwärtiger Freude, zu gegenwärtigem Gebrauch. Laßt unsere Arbeit solcher Art sein, daß unsere Nachkommen uns dafür danken werden, und wie wir Stein auf Stein legen, laßt uns bedenken, daß eine Zeit kommen wird, in der diese Steine heilig gehalten werden, weil unsere Hände sie berührten, und daß die Menschen, wenn sie unser Werk und Arbeit ansehen, sagen werden: »Seht, das taten unsere Väter für uns!« Denn, in der Tat, der größte Ruhm eines Gebäudes liegt nicht in seinen Steinen, noch in seinem Gold. Sein Ruhm liegt in seinem Alter, in jenem tiefen Empfinden der Volltönigkeit seiner Sprache, der ernsten Wachsamkeit, des geheimnisvollen Mitgefühls, ja sogar des Billigens oder Verdammens, das uns Mauern einflößen, welche lange von den vergehenden Wellen der Menschheit bespült worden sind. In ihrem dauernden Zeugnis wider die Menschen, in ihrem stillen Gegensatz zu dem flüchtigen Charakter aller Dinge, in der Stärke, welche, während Jahre und Zeiten verflossen, Herrschergeschlechter vergingen und entstanden, und die Oberfläche der Erde und die Grenzen des Meeres sich wandelten, ihre kunstreiche Wohlgestalt für unüberwindliche Zeit aufrecht erhält, vergessene und nachfolgende Zeitalter miteinander verbindet und, wie sie das Mitempfinden der Völker vereinigt, fast ihre Identität ausmacht: In dieser goldenen Befleckung der Zeit sollen wir das wirkliche Licht, die Farbe und Kostbarkeit der Baukunst suchen. Und erst wenn ein Gebäude diesen Charakter angenommen hat, wenn es durch den Ruhm und die Taten der Menschen geweiht ist, wenn seine Mauern zu Zeugen des Leidens geworden sind, und seine Pfeiler sich aus dem Schatten des Todes erheben, kann sein Dasein, das die natürlichen Dinge der umgebenden Welt überdauert, mit soviel Sprache und Leben, wie diese besitzen, begabt werden.

2. Wir werden finden, daß Liebe zur Natur, wo immer sie vorhanden war, ein gläubiges und heiliges Gefühlselement gewesen ist, so daß, angenommen, alle anderen Umstände hinsichtlich zweier Persönlichkeiten wären die gleichen, diejenige, welche die Natur am meisten liebt, immer als von größerer Fähigkeit des Glaubens an Gott empfunden werden wird. Wir werden finden, daß aus der Naturverehrung ein solches Gefühl für die Gegenwart und Macht eines großen Geistes hervorgeht, wie es rein logisches Denken weder bewirken noch erschüttern kann; und wo solche Naturverehrung unschuldig, d.h. unter gebührender Rücksichtnahme auf andere Ansprüche an Zeit, Gefühl und Anstrengung getrieben wird, und wo sich ihr die tiefen Urkräfte der Religion vereinen, wird sie zum Kanal bestimmter heiliger Wahrheiten, die auf keinem anderen Wege mitgeteilt werden können.

3. Es gibt zwei Klassen kostbarer Dinge in der Welt: diejenigen die uns Gott umsonst gibt, Sonne, Luft und Leben (beides sterbliches und unsterbliches Leben) und die in zweitem Grade kostbaren Dinge, welche er uns für einen Preis gibt; diese, weltlicher Wein und Milch, können nur für bestimmtes Geld gekauft werden; man kann sie niemals billiger machen. Kein Betrügen oder Handeln bekommt je ein einziges Ding aus dem Haushalt der Natur zu halbem Preis. Wollen wir stark sein? – wir müssen arbeiten. Hungrig? – wir müssen fasten. Glücklich? – wir müssen gütig sein. Weise? – wir müssen sehen und denken. Daß wir hundert Meilen in der Stunde zurücklegen, tausend Ellen in der Minute fabrizieren können, wird uns nicht um das Geringste stärker, glücklicher oder weiser machen. Es gab immer mehr in der Welt, als Menschen sehen konnten, gingen sie auch noch so langsam. Bei schnellem Gehen werden sie es nicht besser sehen. Schließlich werden sie bald herausfinden, daß ihre großen (wie sie meinen) Raum und Zeit überwindenden Erfindungen in Wirklichkeit nichts überwinden; denn Raum und Zeit sind in sich unüberwindlich und wollen außerdem auf keine Weise überwunden, sondern ausgenutzt sein. Der Tor will Raum und Zeit immer verkürzen; der Weise will sie erst gewinnen und sodann beleben. Wenn du sie recht verstehst, ist die Eisenbahn nur ein Mittel, die Welt kleiner zu machen, und was das betrifft, daß man nun im Stande ist, von einem Ort zum anderen zu sprechen, so ist es freilich gut und schön; aber stelle dir vor, du hättest im Grunde nichts zu sagen! Schließlich sehen wir uns genötigt, zuzugeben, was wir längst erkannt haben sollten, daß die wirklich kostbaren Dinge Gedanke und Gesicht sind, nicht Gang und Schritt. Es nutzt

einer Flintenkugel nichts, daß sie schnell vorankommt und es schadet einem Menschen, wenn er in Wahrheit Mensch ist, nicht, langsam zu gehen. Denn seine Ehre besteht durchaus nicht im Gehen, sondern im Sein.

»Ja, aber Eisenbahnen und Telegraphen sind so nützlich, den wilden Völkern Wissen mitzuteilen.« Gewiß, wenn ihr ihnen etwas zu geben habt. Wenn ihr nichts wißt, als Eisenbahnen, nichts mitteilen könnt als Wasserdampf und Schießpulver – was dann? Habt ihr aber anderes zu geben, so ist die Eisenbahn nur deshalb von Nutzen, weil sie das andere mitteilt, und die Frage ist – was das andere sein mag. Ist es Religion? Ich glaube, wenn wir sie wirklich hätten mitteilen wollen, so hätten wir es in weniger als 1800 Jahren ohne Dampf tun können. Die meiste religiöse Unterweisung, deren ich mich erinnere, ist zu Fuß geschehen und kann nicht leicht schneller als im langsamen Schritt geschehen. Ist es Wissenschaft – der Bewegung, der Nahrung, der Arznei? Gut; wenn du den Wilden bekleidet, mit Weißbrot gespeist und ihn gelehrt hast, ein Glied einzurenken – was dann? Verfolge diese Frage. Stelle dir jedes Hindernis als besiegt vor; gib dem Wilden jeden Fortschritt der Kultur im höchsten Grade; nimm an, daß du den Indianer in enge Schuhe gesteckt, den Chinesen gelehrt hast, Wedgwoodporzellan zu machen und es mit Farben, die sich abnutzen, zu bemalen, daß du alle Hindufrauen überredet hast, es sei viel frommer, ihre Gatten ins Grab hinein zu ärgern, als sich bei ihrer Beerdigung verbrennen zu lassen, – was dann? Allmählich, wenn wir Punkt für Punkt weiterdenken, kommen wir zu der Beobachtung, daß alle wahre Glückseligkeit und Würde uns nahe und doch von uns vernachlässigt ist, und daß, ehe wir nicht gelernt haben, glücklich und edel zu sein, wir selbst den Indianern nicht viel zu sagen haben. Pferderennen und Jagd, Gesellschaften bei Nacht statt bei Tag, kostspielige und ermüdende Musik, kostspielige und beschwerliche Kleidung, verdrießlicher Wettstreit um Stellung, Macht, Reichtum oder die Blicke der Menge, all diese endlose Beschäftigung ohne Zweck, die Trägheit ohne Ruhe in unserer gemeinen Welt sind, deucht mir, keine Genüsse, die wir mitzuteilen ehrgeizig sein sollten. Alle wirklichen und gesunden Freuden, die dem Menschen möglich sind, sind ihm hauptsächlich im Frieden möglich und waren es ebenso, seit er zuerst aus Erde gemacht wurde, wie sie es heute sind. Das Korn wachsen und die Blüten ansetzen sehen, über Pflugschar und Spaten tief Atem holen, lesen, lieben, denken, hoffen, beten, – das ist es, was die Menschen glücklich macht; das zu tun hat immer in ihrer Macht gestanden; sie werden nie mehr zu tun vermögen. Der Welt Glück oder Unglück hängt davon ab, daß wir diese wenigen Dinge erkennen und lehren, – aber in keiner Weise von Eisen oder Glas oder Elektrizität oder Dampf.

5. Teil

Denker des Übergangs

© Springer Fachmedien Wiesbaden GmbH, ein Teil von Springer Nature 2019
P. C. Mayer-Tasch et al. (Hrsg.), *Natur denken*,
https://doi.org/10.1007/978-3-658-24635-8_6

Überblick

Wann geht das moderne Denken in ein anderes über? Womit beginnt sein Ende? Wann beginnt der Übergang?

Der Rahmen dieser Anthologie zur Vorgeschichte des ökologischen Denkens endet mit diesem selbst, d. h. mit dem Beginn der eigentlichen ökologischen Debatte in den siebziger Jahren des 20. Jahrhunderts sowie seinen unmittelbaren Vorläufern und Wegweisern, auf die wir hier ebenfalls verzichten müssen, weil mit ihnen das moderne Denken bereits an sein Ende gelangt ist.

Die Vorgeschichte des ökologischen Denkens endet indes mit jenen Konzeptionen, die bereits tiefe Zweifel am Fortschrittsbewußtsein der Aufklärung und an der rationalistischen Weltbeherrschung hegen, ohne bereits den Weg in das ökologische Denken selber zu gehen. Der Prozeß des Endens nimmt in dem Augenblick seinen Lauf, in dem das moderne Denken zunehmend seine Schwächen offenbart und diese Schwächen von kritischen und skeptischen Denkern so markiert werden, daß sie nicht mehr übersehbar sind, und sich dieses Bewußtsein daher auch bei den Menschen wie in den Wissenschaften auszubreiten beginnt.

Wann man den Anfangspunkt eines Übergangsprozesses markiert, bleibt letztlich ein willkürliches Unterfangen. Daß man diesen Prozeß noch nicht bei den frühen Kritikern der Aufklärung ansetzen sollte, läßt sich wohl damit rechtfertigen, daß diese Kritik peripher bleibt und von Spinoza bis zu Rousseau allererst nur die Begleitmusik zum Aufklärungsoptimismus darstellt. Man könnte jedoch dafür plädieren, diesen Anfangspunkt in der Romantik zu sehen. Zwei Argumente allerdings sprechen dagegen: Die Romantik kritisiert zwar teilweise die rein rationalistische Sichtweise der Aufklärung, und dies vor allem dort, wo sie in ihrer späten Phase katholisch geworden ist. Obwohl sie aber Schwächen der Aufklärung sieht, hält sie vor allem in ihrer frühen Phase weitgehend an der rationalistischen Zugangsweise zur Welt fest und hat auch den aufklärerischen Fortschrittsoptimismus noch keineswegs über Bord geworfen. Ihr langjähriger Weggefährte Hegel vollendet eher den Rationalismus, als daß er sich von ihm verabschieden würde.

Indes blitzt bei Hegel, wenn auch noch nicht in der Romantik, zum ersten Mal in der Neuzeit der Gedanke eines Endes der Geschichte auf, der für die Denker des Übergangs zunehmend wesentlich werden wird, um schließlich bei Paul de Man 1951 auf den Begriff gebracht zu werden: »Es handelt sich bei der post-histoire nicht um die Lethargie einer Kultur, deren Lebenskraft erloschen ist, sondern um den Eintritt in eine Phase des Weltgeschehens, die überhaupt aus dem Rahmen herausfällt, weil die sonstigen historisch feststellbaren Zusammenhänge zwischen Ursache und Wirkung fehlen.« Die Idee aber eines historischen Fortschritts, sei es auf dem Weg zum jüngsten Gericht oder auf dem Weg in die bessere diesseitige Zukunft, kommt mit Nietzsches – im Rückgriff auf die antike Philosophie entwickelter – Vorstellung einer ewigen Wiederkehr des Gleichen in seine erste große Krise, der eigentlich nur der Marxismus noch ein Jahrhundert lang standzuhalten vermag, um schließlich in Gorbatschows Perestroika ebenfalls zu erliegen.

Mit Schopenhauer lassen wir deshalb die Linie des Übergangs beginnen, weil er als Wegbereiter nietzscheanischen Denkens und als Kritiker Hegels gelten kann. Gleichzeitig – und das macht ihn für eine Vorgeschichte ökologischen Denkens besonders bedeutsam – entwickelt er skeptische Thesen gegenüber dem Rationalismus der Aufklärung, treten der Leib und das Leben in den Vordergrund, die nicht mehr einfach rational einholbar und steuerbar werden. Damit eröffnet Schopenhauer auch die lebensphilosophische Debatte, die in der zweiten Hälfte des 19. Jahrhunderts immer wesentlicher wird und in der sich eine erste Distanz gegenüber den Hoffnungen auf das rational Machbare artikuliert. Aber nicht nur der Zweifel, daß die Welt nicht rational, sondern eher irrational sei, kommt mit Schopenhauer auf. Beinahe ökologisch kritisiert er den Wahn, die Zeit beschleunigen zu wollen, und fordert demgegenüber Gelassenheit und Askese: Wir müssen es uns versagen, die Welt nach unseren Wünschen immer weiter zu verändern. So gerät der historische Fortschritt bei Schopenhauer in seine erste ernste und nicht mehr zu überwindende Krise.

Expliziter Dreh- und Angelpunkt eines Denkens des Übergangs wie Wegbereiter der Nachmoderne ist Nietzsche, der den Begriff des Übergangs in seinem »Zarathustra« auch begrifflich einholt. Der Übermensch ist ein Mensch-des-Übergangs, und zwar im Sinne von Übergang und Ausgang aus einer Geschichte menschlicher Hybris, in der er mit sich selbst wie der Natur brutal experimentierte, ohne zu bedenken, daß seine rationalen Wissenschaften keinerlei Fundament in der Natur besitzen, sondern halt- und grundlos sind. So ist der Übermensch, der Mensch-des-Übergangs, zugleich der Untergang des gegenwärtigen Menschen, der als Techniker und Rationalist den Sinn der Erde verloren hat und Nihilist geworden ist. Der Übergang indes läßt sich als Ende der Geschichte des Fortschritts und als Rückkehr zum Sinn der Erde interpretieren.

Die daran anschließende Lebensphilosophie, vor allem Bergsons, sucht dann explizit wieder nach einer ganzheitlichen Vorstellung, in der die Differenzierungen und Spaltungen des naturwissenschaftlich-technischen Weltbildes aufgehoben werden könnten. Wenn auch Bergson von einem Ende der Geschichte nicht spricht, so ergibt für ihn der Prozeß der Technisierung doch eine Sinnentleerung, die wieder ganzheitliches Denken oder Religiosität herausfordert.

Weniger religiös und im Grunde sogar noch geschichtlich denkend, wenn auch diese Geschichtlichkeit historistisch im Sinne einer subjektiven Teleologie und Intentionalität aufgehoben ist, begreift Edmund Husserl die Krisis des europäischen Menschentums in der Entfremdung von den Wissenschaften, die ihre Lebenssinn stiftende Kraft verloren haben. Indem sich der Prozeß von Wissenschaft und Technik von der Lebenswelt entfremdet hat, haben beide ihr Sinnesfundament verloren, ist eine adäquate Einbindung des Menschen in seine Welt wie in die Natur unmöglich geworden. Das – noch vorökologische – Krisenbewußtsein erfaßt jedenfalls bereits die wesentlichen Wirklichkeitsbestimmungen des okzidentalen Denkens der Neuzeit und zieht mit dem Rationalismus auch jedes Modell einer objektiven Geschichte in Zweifel.

Die Krise des historischen Fortschritts und, damit verbunden, ein Ende der Geschichte selbst taucht ebenfalls bei Oswald Spengler auf, wenn auch als zweifelhafter »Untergang des Abendlandes«, der bei de Mans Bestimmung eigentlich ausgeschlossen ist. Deutlicher im Sinne de Mans und in der Tradition seit Schopenhauer und Nietzsche wird dieses Krisenbewußtsein bei Heidegger, der die Geschichte des historischen Fortschritts nur noch als Geschick der Entbergung begreifen kann, das mit der modernen Technik in das Stadium der höchsten Gefahr getreten ist, in dem bestenfalls noch Rettung geboten werden kann, eine Rettung, die aber kein Fortschritt mehr zu sein vermag, sondern höchstens noch ein Verwinden, ein Einrichten in der Gefahr, ein Bewußtwerden, daß Technik vornehmlich unser Denken und damit unsere Wirklichkeit beherrscht, daß die Gefahr der Technik daher nicht im technischen, sondern in ihrem hermeneutischen Charakter liegt. Das gewährt uns indes im Sinne Heideggers auch eine Hoffnung auf Rettung in höchster Gefahr, eine Schlußfolgerung, deren Zweifelhaftigkeit gemildert werden könnte, wenn wir darüber nicht vergessen, daß das Technische an der Technik auch nicht bloß anders hermeneutisch bestimmbar ist, um seinen destruktiven Charakter zu verlieren.

Von einem ähnlichen Ende der Geschichte ist auch Horkheimers und Adornos in der marxistischen Tradition stehende »Dialektik der Aufklärung«, sowie Adornos und Sonnemanns negatives Denken beseelt, das die Geschichte nicht mehr als Fortschritt, sondern eher als Rückschritt, bestenfalls aber als Stillstand begreift. Im Übergangszeitalter erstarrt die Geschichte oder löst sich auf. Vielleicht findet auch beides gemeinsam statt. Adorno und Horkheimer begreifen diese Krise als ein Zusammenspiel von Fortschritt und Rückschritt, wenn jede Weiterentwicklung der Naturbeherrschung auch die Herrschaft des Menschen über den Menschen intensiviert, wie sie gerade in der ökologischen Kritik am Atom-Staat wieder aufgegriffen wird. Auch für Walter Benjamin ist in derselben neomarxistischen Tradition die Geschichte zu einer bloßen Geschichte der Sieger reduziert, eine Vorstellung, die nicht nur den marxistischen Fortschrittsoptimismus an sein Ende gelangen läßt. Deutlich wird daran, daß ein Zeitalter des Übergangs ein Bewußtseinsphänomen ist, das sich in allen Bereichen des Denkens ausbreitet. Hinzuweisen wäre an dieser Stelle auch auf Albert Einsteins Relativitätstheorie, nach der wir auch im naturwissenschaftlichen Verständnis keine objektiven Erkenntnisse mehr gewinnen können. Heisenberg, der in seiner Quantentheorie die unabdingbare Instrumentenabhängigkeit der atomphysikalischen Objekte beschreibt, stellt gar fest, daß der Mensch sich hier, am atomistischen Grund all seiner Erkenntnisse, nur noch selbst begegnet. Ob man nun Heisenberg zustimmen will oder eher Heidegger, der aus solchen Voraussetzungen den umgekehrten Schluß zieht, daß sich der Mensch nämlich nirgendwo mehr selbst begegnet – im Zeitalter des Übergangs wird an solchen Schlußfolgerungen jedenfalls deutlich, daß das Verhältnis von Mensch, Natur und Kosmos in eine tiefe Krise geraten ist.

Arthur Schopenhauer (1788–1860)

Der Gegner des deutschen Idealismus von Fichte und Hegel beeinflußte nicht nur Richard Wagner, Nietzsche, Wittgenstein und Horkheimer tiefgreifend. Er geht auch zunehmend in die gegenwärtige ökologische Debatte ein. Dabei steht allerdings weniger seine umfängliche Naturphilosophie im Vordergrund, ist diese doch noch zu sehr von mechanistischen, aber auch voluntaristischen Vorstellungen geprägt, als vielmehr seine ethischen und anthropologischen Ideen. Den Schlüssel zum Menschen sieht Schopenhauer in Abkehr vom Rationalismus der Aufklärung nicht mehr in der Vernunft, sondern im Leib des Menschen, in seiner Sehnsucht, seinem Verlangen und seinem Lebensdrang. Die Wirklichkeit enthüllt sich wesentlich nicht in der rationalen oder mathematischen Kalkulation, sondern in der Sprache des leiblichen Lebens. Damit öffnet er zwar in der Sinnlichkeit des Leibes einen ökologischen Bezug des Menschen zur Natur. Doch so weit denkt Schopenhauer selbst die Leiblichkeit noch nicht. Vielmehr verharrt er in ihrer Negation. Für ihn – und damit mag er im Zeichen der ökologischen Krise recht haben – ist mit der Leiblichkeit vor allem Leiden verbunden, das höchstens in der Kunst überwunden werden kann. Ökologisches Denken kann jedoch nicht in einer solchen Negation des Leibes verharren, sondern muß darüber hinaus zu einem positiven leiblichen Naturbezug gelangen.

Vielleicht hat Schopenhauer aber eine ethische Konzeption entwickelt, die letztlich doch wieder zu diesem Naturbezug verhilft. Für ihn führt die Erkenntnis zu vermehrtem Leiden, aber gleichzeitig zu der Möglichkeit, zum Sein frei Stellung zu nehmen, wenn man erkennt, was ist. Denn aus der Erkenntnis heraus gelangt man zu der Fähigkeit, sich blinder Willenshandlungen zu enthalten. Aus Schopenhauers Ethik könnte insofern durchaus eine ökologische Ethik resultieren, die darauf abzielt, auf die bloß gewalttätige technische Herrschaft über Natur zu verzichten. Schopenhauer fordert vielmehr Gelassenheit und ruhige Einsicht in das menschliche Geschick und in die menschliche Unzulänglichkeit, um vor Unglück gewappnet zu sein. Keine Hast und keine Übereilung kann den notwendigen Weltlauf verändern. Ökologisch gewendet hieße das Verzicht auf die krampfhafte technische Bemühung, den Tod zu überwinden.

Weltklugheit bedeutet dabei für Schopenhauer gerade kluge Voraussicht, was ökologisch weniger in die Richtung der Berechnung von Naturprozessen als vielmehr hinsichtlich der Kalkulation der zerstörerischen Wirkungen der modernen Technik gewendet werden mag, in die Vorsicht gegenüber (technischen) Unglücken. Ökologisch besonders relevant ist Schopenhauers Gedanke, daß wir die Zeit nicht antizipieren und beschleunigen dürfen, da wir sonst destruktive Kräfte entfesseln. Das aber genau versucht die Industriegesellschaft mit ihrem technischen und wirtschaftlichen Wachstum. Von vielen Krankheiten genesen wir, so Schopenhauer, nur, wenn wir ihnen ihren natürlichen Verlauf lassen.

1. Jedoch nur theoretisch und durch Vorhersehn ihrer Wirkung soll man die Zeit antizipieren, nicht praktisch, nämlich nicht so, daß man ihr vorgreife, indem man vor der Zeit verlangt, was erst die Zeit bringen kann. Denn wer dies tut, wird erfahren, daß es keinen schlimmeren, unnachlassendern Wucherer gibt als eben die Zeit und daß sie, wenn zu Vorschüssen gezwungen, schwerere Zinsen nimmt als irgendein Jude. Z. B. man kann durch ungelöschten Kalk und Hitze einen Baum dermaßen treiben, daß er binnen weniger Tage Blätter, Blüten und Früchte trägt: dann aber stirbt er ab. – Will der Jüngling die Zeugungskraft des Mannes schon jetzt, wenn auch nur auf etliche Wochen ausüben und im neunzehnten Jahre leisten, was er im dreißigsten sehr wohl könnte; so wird allenfalls die Zeit den Vorschuß leisten, aber ein Teil der Kraft seiner künftigen Jahre, ja ein Teil seines Lebens selbst ist der Zins. – Es gibt Krankheiten, von denen man gehörig und gründlich nur dadurch genest, daß man ihnen ihren natürlichen Verlauf läßt, nach welchem sie von selbst verschwinden, ohne eine Spur zu hinterlassen. Verlangt man aber sogleich und jetzt, nur gerade jetzt, gesund zu sein; so muß auch hier die Zeit Vorschuß leisten: die Krankheit wird vertrieben, aber der Zins ist Schwäche und chronische Übel zeitlebens. – Wenn man in Zeiten des Krieges oder der Unruhen Geld gebraucht, und zwar sogleich, gerade jetzt; so ist man genötigt, liegende Gründe oder Staatspapiere für ein Drittel und noch weniger ihres Wertes zu verkaufen, den man zum vollen erhalten würde, wenn man der Zeit ihr Recht widerfahren lassen, also einige Jahre warten wollte: aber man zwingt sie, Vorschuß zu leisten. – Oder auch man bedarf einer Summe zu einer weiten Reise: binnen eines oder zweier Jahre könnte man sie von seinem Einkommen zurückgelegt haben. Aber man will nicht warten; sie wird also geborgt und einstweilen vom Kapital genommen: d. h., die Zeit muß vorschießen. Da ist ihr Zins eingerissene Unordnung in der Kasse, ein bleibendes und wachsendes Defizit, welches man nie mehr loswird. – Dies also ist der Wucher der Zeit: seine Opfer werden alle, die nicht warten können. Den Gang der gemessen ablaufenden Zeit beschleunigen zu wollen ist das kostspieligste Unternehmen. Also hüte man sich, der Zeit Zinsen schuldig zu werden.

2. Überhaupt aber zeigt der, welcher bei allen Unfällen gelassen bleibt, daß er weiß, wie kolossal und tausendfältig die möglichen Übel des Lebens sind; weshalb er das jetzt eingetretene ansieht als einen sehr kleinen Teil dessen, was kommen könnte: dies ist die stoische Gesinnung, in Gemäßheit welcher man niemals

»condicionis humanae oblitus« (die menschliche Lage vergessend), sondern stets eingedenk sein soll, welch ein trauriges und jämmerliches Los das menschliche Dasein überhaupt ist und wie unzählig die Übel sind, denen es ausgesetzt ist; diese Einsicht aufzufrischen braucht man überall nur einen Blick um sich zu werfen: wo man auch sei, wird man es bald vor Augen haben, dieses Ringen und Zappeln und Quälen um die elende, kahle, nichts abwerfende Existenz. Man wird demnach seine Ansprüche herabstimmen, in die Unvollkommenheit aller Dinge und Zustände sich finden lernen und Unfällen stets entgegensehn, um ihnen auszuweichen oder sie zu ertragen. Denn Unfälle, große und kleine, sind das Element unsers Lebens: dies sollte man also stets gegenwärtig haben; darum jedoch nicht als ein Unzufriedener mit Beresford über die ständlichen Mißgeschicke des menschlichen Lebens lamentieren und Gesichter schneiden noch weniger bei einem Flohstich Gott zu Hilfe rufen sondern als ein Bedächtiger die Behutsamkeit im Zuvorkommen und Verhüten der Unfälle, sie mögen von Menschen oder von Dingen ausgehn, so weit treiben und so sehr darin raffinieren, daß man wie ein kluger Fuchs jedem großen und kleinen Mißgeschick (welches meistens nur ein verkapptes Ungeschick ist) säuberlich aus dem Wege geht.

Daß ein Unglücksfall uns weniger schwer zu tragen fällt, wenn wir zum voraus ihn als möglich betrachtet und, wie man sagt, uns darauf gefaßt gemacht haben, mag hauptsächlich daher kommen, daß, wenn wir den Fall, ehe er eingetreten, als eine bloße Möglichkeit mit Ruhe überdenken, wir die Ausdehnung des Unglücks deutlich und nach allen Seiten übersehn und so es wenigstens als ein endliches und überschaubares erkennen; infolge wovon es, wenn es nun wirklich trifft, doch mit nicht mehr als seiner wahren Schwere wirken kann. Haben wir hingegen jenes nicht getan, sondern werden unvorbereitet getroffen; so kann der erschrockene Geist im ersten Augenblick die Größe des Unglücks nicht genau ermessen: es ist jetzt für ihn unübersehbar, stellt sich daher leicht als unermeßlich, wenigstens viel größer dar, als es wirklich ist. Auf gleiche Art läßt Dunkelheit und Ungewißheit jede Gefahr größer erscheinen. Freilich kommt noch hinzu, daß wir für das als möglich antizipierte Unglück zugleich auch die Trostgründe und Abhülfen überdacht oder wenigstens uns an die Vorstellung desselben gewöhnt haben.

Nichts aber wird uns zum gelassenen Ertragen der uns treffenden Unglücksfälle besser befähigen als die Überzeugung von der Wahrheit, welche ich in meiner »Preisschrift über die Freiheit des Willens« aus ihren letzten Gründen abgeleitet und festgestellt habe, nämlich, wie es daselbst heißt: »Alles was geschieht, vom Größten bis zum Kleinsten, geschieht notwendig.« Denn in das unvermeidlich Notwendige weiß der Mensch sich bald zu finden, und jene Erkenntnis läßt ihn alles, selbst das durch die fremdartigsten Zufälle Herbeigeführte, als ebenso notwendig ansehn wie das nach den bekanntesten Regeln und unter vollkommener Voraussicht Erfolgende. Ich verweise hier auf das, was ich (»Welt als Wille und Vorstellung«) über die beruhigende Wirkung der Erkenntnis des Unvermeidlichen und Notwendigen gesagt habe. Wer davon durchdrungen ist, wird zuvörderst willig tun, was er kann, dann aber willig leiden, was er muß.

Die kleinen Unfälle, die uns stündlich vexieren, kann man betrachten als bestimmt, uns in Übung zu erhalten, damit die Kraft, die großen zu ertragen, im Glück nicht ganz erschlaffe. Gegen die täglichen Hudeleien, kleinlichen Reibungen im menschlichen Verkehr, unbedeutende Anstöße, Ungebührlichkeiten andrer, Klatschereien u. dgl. mehr muß man ein gehörnter Siegfried sein, d.h. sie gar nicht empfinden, viel weniger sich zu Herzen nehmen und darüber brüten; sondern von dem allen nichts an sich kommen lassen, es von sich stoßen wie Steinchen, die im Wege liegen, und keineswegs es aufnehmen in das Innere seiner Überlegung und Rumination.

Was aber die Leute gemeiniglich das Schicksal nennen, sind meistens nur ihre eigenen dummen Streiche. Man kann daher nicht genugsam die schöne Stelle im Homer beherzigen, wo er die kluge Überlegung empfiehlt. Denn wenn auch die schlechten Streiche erst in jener Welt gebüßt werden; so doch die dummen schon in dieser – wiewohl hin und wieder einmal Gnade für Recht ergehn mag.

Nicht wer grimmig, sondern wer klug dareinschaut, sieht furchtbar und gefährlich aus – so gewiß des Menschen Gehirn eine furchtbarere Waffe ist als die Klaue des Löwen.

Der vollkommene Weltmann wäre der, welcher nie in Unschlüssigkeit stockte und nie in Übereilung geriete.

Friedrich Nietzsche (1844–1900)

Nietzsche beendet radikal die Tradition der abendländischen Metaphysik, die er als blanken Willen zur Macht erklärt. Zentraler Gedanke hierbei ist Nietzsches Einsicht, daß mit Reformation und Aufklärung der okzidentale Mensch sein hermeneutisches Zentrum verloren hat: das ist der Gehalt von Nietzsches Feststellung, daß Gott tot ist. Damit, und das bleibt auch für ökologisches Denken nicht folgenlos, haben wir die Erde von ihrem Zentrum gelöst: das Verhältnis von Mensch und Natur, Mensch und Kosmos ist grundsätzlich fragwürdig geworden (Nr. 1).

Aber Nietzsches Analyse bleibt hierbei nicht stehen. In der »Morgenröte« schreibt er fest, daß wir im Gefängnis unserer Sinne sind, daß unsere Erkenntnisfähigkeit dieses Gefängnis in keiner Weise zu öffnen vermag. Es gibt daher keinen Ausweg aus diesem Gefängnis in die wirkliche Welt (Nr. 2). Im Gegenteil. In der »Götzen-Dämmerung« findet sich der Satz, daß die wahre Welt zur Fabel geworden sei (Nr. 3). Wir können auch ökologisch überhaupt keine Hoffnung mehr haben, mit ökologischem Denken zur objektiven Welt, zur wahren Natur zurückzukehren. Das einzige, was uns nach Nietzsche auch ökologisch noch bleibt, das ist die Produktion von vielen verschiedenen Irrtümern über die Welt. In der »fröhlichen Wissenschaft« konstatiert Nietzsche, daß auch die Grundkategorien unseres Verstandes bloße Irrtümer sind, an die wir uns im Laufe von Jahrtausenden eben gewöhnt haben. Jede Form der Wahrheit sei damit zum Irrtum geworden. Was der Wahrheit noch am nächsten komme, das sei die »unkräftigste Form der Erkenntnis« (Nr. 4). Auch eine Ökologie als Leitwissenschaft im Zeitalter der Postmoderne müßte sich dieser Idee einer unkräftigen Wahrheit verpflichtet fühlen, um gerade den destruktiven Tendenzen moderner Wissenschaft und Technik ein skeptisches Verständnis entgegenzusetzen.

Unser technisches und wissenschaftliches Selbstbewußtsein hat Nietzsche mit drastischen Worten in der »Genealogie der Moral« beschrieben: Unser Verhältnis zur Natur, zu Gott und zu uns selbst sei Hybris, reiner Wille zur Macht (Nr. 5). In der »Morgenröte« beschreibt er, wohin der Weg der Menschheit führen wird. Der Idee des wissenschaftlichen, technischen und sozialen Fortschritts stellt Nietzsche die Vision des Niedergangs entgegen. Denn wir können unserem historischen Erbe und unserer Erdverbundenheit auch technisch nicht entgehen. Das führt Nietzsche in seinem »Also sprach Zarathustra« zur Idee des letzten Menschen, mit der er visionär den Zustand der Industriegesellschaft beschreibt (Nr. 6).

Den einzigen Ausweg skizziert Nietzsche mit dem Übermenschen. Aber der Übermensch ist weniger Ausweg oder Lösung der menschheitlichen Probleme im Zeitalter der industriellen Naturzerstörung. Er ist eher Einsicht in die tiefe Krise, eine Einsicht, die sich darüber klar ist, daß alle Auswege grundlos sind und auf bloßem Machtwillen beruhen. Der Übermensch ist sich jedenfalls klar darüber, daß er zur Erde zurückkehren muß (Nr. 7). Der Sinn der Erde ist auch ein ökologisches Postulat, wenn göttliche Wege fragwürdig geworden sind. Nicht nur der Übermensch, vielleicht auch die übermenschliche Bemühung, in der ökologischen Krise eine Wende zur Natur zu öffnen, bedarf ob der menschlichen Orientierungslosigkeit des ästhetischen Spiels: In den »drei Verwandlungen« gelangt der Übermensch in die Nähe des Kindes (Nr. 8).

1. »Wohin ist Gott?« rief er, »ich will es euch sagen! Wir haben ihn getötet – ihr und ich! Wir alle sind seine Mörder! Aber wie haben wir dies gemacht? Wie vermochten wir das Meer auszutrinken? Wer gab uns den Schwamm, um den

ganzen Horizont wegzuwischen; Was taten wir, als wir diese Erde von ihrer Sonne losketteten? Wohin bewegt sie sich nun? Wohin bewegen wir uns? Fort von allen Sonnen? Stürzen wir nicht fortwährend? Und rückwärts, seitwärts, vorwärts, nach allen Seiten? Gibt es noch ein Oben und ein Unten? Irren wir nicht wie durch ein unendliches Nichts? Haucht uns nicht der leere Raum an? Ist es nicht kälter geworden? Kommt nicht immerfort die Nacht und mehr Nacht? Müssen nicht Laternen am Vormittage angezündet werden? Hören wir noch nichts von dem Lärm der Totengräber, welche Gott begraben? Riechen wir noch nichts von der göttlichen Verwesung? – auch Götter verwesen! Gott ist tot! Gott bleibt tot! Und wir haben ihn getötet! Wie trösten wir uns, die Mörder aller Mörder? Das Heiligste und Mächtigste, was die Welt bisher besaß, es ist unter unsern Messern verblutet – wer wischt dies Blut von uns ab? Mit welchem Wasser könnten wir uns reinigen?«

2. Im Gefängnis. – Mein Auge, wie stark oder schwach es nun ist, sieht nur ein Stück weit, und in diesem Stück webe und lebe ich, diese Horizont-Linie ist mein nächstes großes und kleines Verhängnis, dem ich nicht entlaufen kann. Um jedes Wesen legt sich derart ein konzentrischer Kreis, der einen Mittelpunkt hat und der ihm eigentümlich ist. Ähnlich schließt uns das Ohr in einen kleinen Raum ein, ähnlich das Getast. Nach diesen Horizonten, in welche, wie in Gefängnismauern, jeden von uns unsere Sinne einschließen, messen wir nun die Welt, wir nennen dieses nah und jenes fern, dieses groß und jenes klein, dieses hart und jenes weich: dieses Messen nennen wir Empfinden – es sind alles, alles Irrtümer an sich! Nach der Menge von Erlebnissen und Erregungen, die uns durchschnittlich in einem Zeitpunkte möglich sind, mißt man sein Leben, als kurz oder lang, arm oder reich, voll oder leer: und nach dem durchschnittlichen menschlichen Leben mißt man das aller andern Geschöpfe – es sind alles, alles Irrtümer an sich! Hätten wir hundertfach schärfere Augen für die Nähe, so würde uns der Mensch ungeheuer lang erscheinen; ja es sind Organe denkbar, vermöge deren er als unermeßlich empfunden würde. Andererseits könnten Organe so beschaffen sein, daß ganze Sonnensysteme verengt und zusammengeschnürt gleich einer einzigen Zelle empfunden werden: und vor Wesen entgegengesetzter Ordnung könnte eine Zelle des menschlichen Leibes sich als ein Sonnensystem in Bewegung, Bau und Harmonie darstellen. Die Gewohnheiten unserer Sinne haben uns in Lug und Trug der Empfindung eingesponnen: diese wieder sind die Grundlagen aller unserer Urteile und »Erkenntnisse« – es gibt durchaus kein Entrinnen, keine Schlupf- und Schleichwege in die wirkliche Welt! Wir sind in unserem Netze, wie Spinnen, und was wir auch darin fangen, wir können gar nichts fangen, als was sich eben in unserem Netze fangen läßt.

3. Geschichte eines Irrtums

(1) Die wahre Welt, erreichbar für den Weisen, den Frommen, den Tugendhaften, – er lebt in ihr, er ist sie.

(2) Die wahre Welt, unerreichbar für jetzt, aber versprochen für den Weisen, den Frommen, den Tugendhaften (»für den Sünder, der Buße tut«). (Fortschritt der Idee: sie wird feiner, verfänglicher, unfaßlicher – sie wird Weib, sie wird christlich…)

(3) Die wahre Welt, unerreichbar, unbeweisbar, unversprechbar, aber schon als gedacht ein Trost, eine Verpflichtung, ein Imperativ. (Die alte Sonne im Grunde, aber durch Nebel und Skepsis hindurch; die Idee sublim geworden, bleich, nordisch, königsbergisch.)

(4) Die wahre Welt – unerreichbar? Jedenfalls unerreicht. Und als unerreicht auch unbekannt. Folglich auch nicht tröstend, erlösend, verpflichtend: wozu könnte uns etwas Unbekanntes verpflichten? (Grauer Morgen. Erstes Gähnen der Vernunft. Hahnenschrei des Positivismus.)

(5) Die »wahre Welt« – eine Idee, die zu nichts mehr nütz ist, nicht einmal mehr verpflichtend – eine unnütz, eine überflüssig gewordene Idee, folglich eine widerlegte Idee: schaffen wir sie ab! (Heller Tag; Frühstück; Rückkehr des bon sens und der Heiterkeit; Schamröte Platos; Teufelslärm aller freien Geister.)

(6) Die wahre Welt haben wir abgeschafft: welche Welt blieb übrig? die scheinbare vielleicht? …Aber nein! mit der wahren Welt haben wir auch die scheinbare abgeschafft! (Mittag; Augenblick des kürzesten Schattens; Ende des längsten Irrtums; Höhepunkt der Menschheit; INCIPIT ZARATHUSTRA.)

4. *Ursprung der Erkenntnis.* – Der Intellekt hat ungeheure Zeitstrecken hindurch nichts als Irrtümer erzeugt (…), die immer weiter vererbt und endlich fast zum menschlichen Art- und Grundbestand wurden, sind zum Beispiel diese: daß es dauernde Dinge gebe, daß es gleiche Dinge gebe, daß es Dinge, Stoffe, Körper gebe, daß ein Ding das sei, als was es erscheine, daß unser Wollen frei sei, daß was für mich gut ist, auch an und für sich gut sei. Sehr spät erst traten die Leugner und Anzweifler solcher Sätze auf – sehr spät erst trat die Wahrheit auf, als die unkräftigste Form der Erkenntnis. (…) jene Sätze wurden selbst innerhalb der Erkenntnis zu den Normen, nach denen man »wahr« und »unwahr« bemaß – bis hinein in die entlegensten Gegenden der reinen Logik. Also: die Kraft der Erkenntnisse liegt nicht in ihrem Grade von Wahrheit, sondern in ihrem Alter, ihrer Einverleibtheit, ihrem Charakter als Lebensbedingung. (…) sie mußten sich Unpersönlichkeit und Dauer ohne Wechsel andichten, das Wesen des Erkennenden verkennen, die Gewalt der Triebe im Erkennen leugnen und überhaupt die Vernunft als völlig freie, sich selbst entsprungene Aktivität fassen.

5. Es steht, wie gesagt, nicht anders mit allen guten Dingen, auf die wir heute stolz sind; selbst noch mit dem Maße der alten Griechen gemessen, nimmt sich unser ganzes modernes Sein, soweit es nicht Schwäche, sondern Macht und Machtbewußtsein ist, wie lauter Hybris und Gottlosigkeit aus: denn gerade die umgekehrten Dinge, als die sind, welche wir heute verehren, haben die längste Zeit das Gewissen auf ihrer Seite und Gott zu ihrem Wächter gehabt. Hybris ist heute unsre ganze Stellung zur Natur, unsre Natur-Vergewaltigung mit Hilfe der Maschinen und der so unbedenklichen Techniker- und Ingenieur-Erfindsamkeit; Hybris ist unsere Stellung zu Gott, will sagen zu irgendeiner angeblichen Zweck- und Sittlichkeits-Spinne hinter dem großen FangnetzGewebe der Ursächlichkeit – wir dürften, wie Karl der Kühne im Kampfe mit Ludwig dem Elften, sagen »je combats l'universelle araignée« –; Hybris ist unsre Stellung zu uns, denn wir experimentieren mit uns, wie wir es uns mit keinem Tiere erlauben würden, und schlitzen uns vergnügt und neugierig die Seele bei lebendigem Leibe auf: was liegt uns noch am »Heil« der Seele! Hinterdrein heilen wir uns selber: Kranksein ist lehrreich, wir zweifeln nicht daran, lehrreicher noch als Gesundsein – die Krankmacher scheinen uns heute nötiger selbst als irgendwelche Medizinmänner und »Heilande«. Wir vergewaltigen uns jetzt selbst, es ist kein Zweifel, wir Nußknacker der Seele, wir Fragenden und Fragwürdigen, wie als ob Leben nichts andres sei, als Nüsseknacken; ebendamit müssen wir notwendig täglich immer noch fragwürdiger, würdiger zu fragen werden, ebendamit vielleicht auch würdiger – zu leben?...

6. Als Zarathustra diese Worte gesprochen hatte, sah er wieder das Volk an und schwieg. »Da stehen sie«, sprach er zu seinem Herzen, »da lachen sie; sie verstehen mich nicht, ich bin nicht der Mund für diese Ohren.

Man muß ihnen erst die Ohren zerschlagen, daß sie lernen, mit den Augen hören? Muß man rasseln gleich Pauken und Bußpredigern? Oder glauben sie nur dem Stammelnden?

Sie haben etwas, worauf sie stolz sind. Wie nennen sie es doch, was sie stolz macht? Bildung nennen sie's, es zeichnet sie aus vor den Ziegenhirten.

Drum hören sie ungern von sich das Wort ›Verachtung‹. So will ich denn zu ihrem Stolze reden.

So will ich ihnen vom Verächtlichsten sprechen: das aber ist *der letzte Mensch.*«

Und also sprach Zarathustra zum Volke: Es ist an der Zeit, daß der Mensch den Keim seiner höchsten Hoffnung pflanze.

Noch ist sein Boden dazu reich genug. Aber dieser Boden wird einst arm und zahm sein, und kein hoher Baum wird mehr aus ihm wachsen können. Wehe! Es kommt die Zeit, wo der Mensch nicht mehr den Pfeil seiner Sehnsucht über den Menschen hinaus wirft, und die Sehne seines Bogens verlernt hat, zu schwirren!

Ich sage euch: man muß noch Chaos in sich haben, um einen tanzenden Stern gebären zu können. Ich sage euch: ihr habt noch Chaos in euch. Wehe! Es kommt die Zeit, wo der Mensch keinen Stern mehr gebären wird. Wehe! Es kommt die Zeit des verächtlichsten Menschen, der sich selber nicht mehr verachten kann.

Seht! Ich zeuge euch *den letzten Menschen*.

»Was ist Liebe? Was ist Schöpfung? Was ist Sehnsucht? Was ist Stern?« – so fragt der letzte Mensch und blinzelt.

Die Erde ist dann klein geworden, und auf ihr hüpft der letzte Mensch, der alles klein macht. Sein Geschlecht ist unaustilgbar wie der Erdfloh; der letzte Mensch lebt am längsten.

»Wir haben das Glück erfunden« – sagen die letzten Menschen und blinzeln.

Sie haben die Gegenden verlassen, wo es hart war zu leben: denn man braucht Wärme. Man liebt noch den Nachbar und reibt sich an ihm: denn man braucht Wärme.

Krankwerden und Mißtrauen-haben gilt ihnen sündhaft: man geht achtsam einher. Ein Tor, der noch über Steine oder Menschen stolpert!

Ein wenig Gift ab und zu: das macht angenehme Träume. Und viel Gift zuletzt, zu einem angenehmen Sterben.

Man arbeitet noch, denn Arbeit ist eine Unterhaltung. Aber man sorgt, daß die Unterhaltung nicht angreife.

Man wird nicht arm und reich: beides ist zu beschwerlich. Wer will noch regieren? Wer noch gehorchen? Beides ist zu beschwerlich. Kein Hirt und eine Herde! Jeder will das Gleiche, jeder ist gleich: wer anders fühlt, geht freiwillig ins Irrenhaus.

»Ehemals war alle Welt irre« – sagen die Feinsten und blinzeln.

Man ist klug und weiß alles, was geschehn ist: so hat man kein Ende zu spotten. Man zankt sich noch, aber man versöhnt sich bald – sonst verdirbt es den Magen.

Man hat sein Lüstchen für den Tag und sein Lüstchen für die Nacht: aber man ehrt die Gesundheit.

»Wir haben das Glück erfunden« – sagen die letzten Menschen und blinzeln. –

7. Als Zarathustra in die nächste Stadt kam, die an den Wäldern liegt, fand er daselbst viel Volk versammelt auf dem Markte: denn es war verheißen worden, daß man einen Seiltänzer sehen solle. Und Zarathustra sprach also zum Volke:

Ich lehre euch den Übermenschen. Der Mensch ist etwas, das überwunden werden soll. Was habt ihr getan, ihn zu überwinden?

Alle Wesen bisher schufen etwas über sich hinaus: und ihr wollt die Ebbe dieser großen Flut sein und lieber noch zum Tiere zurückgehn, als den Menschen überwinden?

Was ist der Affe für den Menschen? Ein Gelächter oder eine schmerzliche Scham. Und ebendas soll der Mensch für den Übermenschen sein: Ein Gelächter oder eine schmerzliche Scham.

Ihr habt den Weg vom Wurme zum Menschen gemacht, und vieles ist in euch noch Wurm.

Einst wart ihr Affen, und auch jetzt noch ist der Mensch mehr Affe, als irgendein Affe.

Wer aber der Weiseste von euch ist, der ist auch nur ein Zwiespalt und Zwitter von Pflanze und von Gespenst. Aber heiße ich euch zu Gespenstern oder Pflanzen werden?

Seht, ich lehre euch den Übermenschen!

Der Übermensch ist der Sinn der Erde. Euer Wille sage: der Übermensch sei der Sinn der Erde!

Ich beschwöre euch, meine Brüder, bleibt der Erde treu und glaubt denen nicht, welche euch von überirdischen Hoffnungen reden! Giftmischer sind es, ob sie es wissen oder nicht.

Verächter des Lebens sind es, Absterbende und selber Vergiftete, deren die Erde müde ist: so mögen sie dahinfahren!

Einst war der Frevel an Gott der größte Frevel, aber Gott starb, und damit starben auch diese Frevelhaften. An der Erde zu freveln ist jetzt das Furchtbarste und die Eingeweide des Unerforschlichen höher zu achten, als den Sinn der Erde!

Einst blickte die Seele verächtlich auf den Leib: und damals war diese Verachtung das Höchste – sie wollte ihn mager, gräßlich, verhungert. So dachte sie ihm und der Erde zu entschlüpfen.

Oh diese Seele war selber noch mager, gräßlich und verhungert: und Grausamkeit war die Wollust dieser Seele!

Aber auch ihr noch, meine Brüder, sprecht mir: was kündet euer Leib von eurer Seele? Ist eure Seele nicht Armut und Schmutz und ein erbärmliches Behagen?

Wahrlich, ein schmutziger Strom ist der Mensch. Man muß schon ein Meer sein, um einen schmutzigen Strom aufnehmen zu können, ohne unrein zu werden.

Seht, ich lehre euch den Übermenschen: der ist dies Meer, in ihm kann eure große Verachtung untergehn.

8. Meine Brüder, wozu bedarf es des Löwen im Geiste? Was genügt nicht das lastbare Tier, das entsagt und ehrfürchtig ist?

Neue Waffen schaffen – das vermag auch der Löwe noch nicht: aber Freiheit sich schaffen zu neuem Schaffen – das vermag die Macht des Löwen.

Freiheit sich schaffen und ein heiliges Nein auch vor der Pflicht: dazu, meine Brüder, bedarf es des Löwen.

Recht sich nehmen zu neuen Werten – das ist das furchtbarste Nehmen für einen tragsamen und ehrfürchtigen Geist. Wahrlich, ein Rauben ist es ihm und eines raubenden Tieres Sache.

Als sein Heiligstes liebte er einst das »Du-sollst«: nun muß er Wahn und Willkür auch noch im Heiligsten finden, daß er sich Freiheit raube von seiner Liebe: des Löwen bedarf es zu diesem Raube.

Aber sagt, meine Brüder, was vermag noch das Kind, das auch der Löwe nicht vermochte? Was muß der raubende Löwe auch noch zum Kinde werden?

Unschuld ist das Kind und Vergessen, ein Neubeginn, ein Spiel, ein aus sich rollendes Rad, eine erste Bewegung, ein heiliges Jasagen.

Ja, zum Spiele des Schaffens, meine Brüder, bedarf es eines heiligen Ja-sagens: seinen Willen will nun der Geist, seine Welt gewinnt sich der Weltverlorene.

Drei Verwandlungen nannte ich euch des Geistes: wie der Geist zum Kamele ward, und zum Löwen das Kamel, und der Löwe zuletzt zum Kinde. –

Also sprach Zarathustra. Und damals weilte er in der Stadt, welche genannt wird: die bunte Kuh.

Henri Bergson (1859–1941)

Der französische Philosoph, der vor allem die Existenzialisten beeinflußte, kritisiert die Evolutionstheorien Darwins und Spencers. Sein zentraler Begriff »élan vital« orientiert sich eher an der Intuition denn an begrifflichem Denken. Metaphysik bedeutet Bergson kein spekulatives System, sondern den wahren Empirismus als subjektive Teilnahme an der Welt, von der uns vor allem der Verstand trennt. So geht es Bergson um die Überwindung der Trennung von Subjekt und Objekt, Ich und Welt, Ich und Gott. Der Verstand mit seinen analytischen Kategorien entfremdet den Menschen von der Welt, indem er die Einheit des Lebens zersetzt und nicht zu begreifen in der Lage ist, weil sie nur intuitiv erfahrbar ist. So erfaßt der Verstand nicht die wahre Welt. Vielmehr vermag er diese im Zerfall zu erfahren. Die wahre Welt ist Bewegung, ist das Leben selbst, ist gegenseitige Durchdringung von Geist und Materie.

Was in den Grundzügen der Bergsonschen Philosophie bereits an ökologisch-ganzheitlichem Denken vorscheint, wird in seiner Betrachtung über »Die beiden Quellen der Moral und der Religion« noch deutlicher. Im zweiten Auszug unterscheidet Bergson einen natürlichen, ursprünglichen Quell der Moral von der differenzierten der entwickelten Gesellschaft. Verstand und Intelligenz liegen grundsätzlich in der Naturabsicht. Teilweise – und gerade in manchen Aspekten der künstlichen Moral – haben sie den natürlichen Rahmen gesprengt und sich gegen die Naturabsicht gerichtet. Damit thematisiert Bergson das Problem, inwieweit die Errungenschaften des Verstandes im Rahmen einer ökologisch friedlichen Gesellschaft verbleiben oder diesen zu sprengen vermögen.

Bergsons Begriff des »Lebensschwungs« (»élan vital«) soll dabei die Unzulänglichkeiten einer bloß finalistischen oder bloß mechanistischen wissenschaftlichen Betrachtungsweise wechselseitig ausgleichen und zu einer Weise der Welterfahrung beitragen, die das Ganze wie seine Teile als Einheit erfährt und derart auch in einen wissenschaftlichen Zusammenhang zu bringen vermag (Nr. 2). Wie man das zu denken hat, zeigt der vierte Auszug, in dem Bergson einen geläuterten Anthropozentrismus vertritt. Während das Tier die Welt naturhaft auf sich hinordnet und sie so behandelt, als sei sie nur für es da, vermag der vom Verstand gelenkte Mensch das nicht mehr nachzuvollziehen. Indes bringt der »élan vital« den Menschen wieder in jenes natürlich-anthropozentrische Gefühl zurück, indem er vitalistisch die Welt auf sich bezieht. Insofern stellt auch die Religion eine »Abwehrmaßnahme der Natur« gegenüber dem bloßen, seelenlosen Verstand dar. Denn die Religion bindet den Menschen wieder in die natürliche Ordnung ein. Hat die Natur den Verstand auch gewollt, so hat sie ihn durch die Religion gezügelt (Nr. 4). So vereint Bergson Materie und Leben in einer großen religiösen Vision der Liebe (Nr. 5). Technikphilosophisch erkennt er sehr wohl, daß die Mystik in ihrem Streben nach Verbreitung Wesentliches zur Ausbreitung der Technik beigetragen hat. Doch ihre Sinnentleerung wird schließlich dazu führen, daß die Technik am Ende wieder der Mystik bedarf (Nr. 6).

1. Die ursprüngliche und grundlegende moralische Struktur des Menschen ist für einfache und geschlossene Gesellschaften geschaffen. Diese organischen Tendenzen kommen uns, das gebe ich zu, nicht klar zum Bewußtsein. Aber darum bilden sie doch innerhalb der Verpflichtung den solidesten Kern. So komplex unsere Ethik auch geworden ist, und obwohl sie sich mit Tendenzen verkoppelt hat, die nicht bloße Modifikationen der natürlichen Tendenzen sind und die ihrerseits nicht in der Richtung der Natur verlaufen, so kommen wir doch auf diese natürlichen Tendenzen hinaus, wenn wir von allem, was diese flüssige Masse an reiner Verpflichtung enthält, einen Niederschlag haben wollen. Das ist also die erste Hälfte der Ethik. Die andre war im Plan der Natur nicht enthalten. Wir wollen damit sagen, daß die Natur zwar eine gewisse Erweiterung

des sozialen Lebens durch die Intelligenz vorhergesehen habe, aber nur eine begrenzte Erweiterung. Sie kann nicht gewollt haben, daß diese Erweiterung so weit gehen sollte, daß sie die ursprüngliche Struktur in Gefahr brächte.

2. Ob man sich auf den Boden des reinen Mechanismus stellt oder auf den Boden der reinen Finalität, in beiden Fällen sind die Schöpfungen des Lebens im voraus bestimmt, da die Zukunft sich aus der Gegenwart durch Berechnung ableiten läßt oder sich als Idee darin abzeichnet, und die Zeit somit ohne Wirkung ist. Die reine Erfahrung suggeriert uns nichts Derartiges. Weder Antrieb noch Anziehung, scheint sie zu sagen. Gerade ein Schwung hingegen kann etwas Derartiges suggerieren, und einerseits durch die Unteilbarkeit dessen, was davon innerlich gefühlt wird, anderseits durch die endlose Teilbarkeit dessen, was äußerlich davon wahrgenommen wird, kann er auch an jene wahre, wirksame Dauer denken lassen, die das wesentliche Attribut des Lebens ist. – Das waren die Vorstellungen, die wir in das Bild vom »Lebensschwung« eingeschlossen haben. Vernachlässigt man sie, wie man es nur zu oft getan hat, so steht man begreiflicherweise vor einem leeren Begriff, wie dem des reinen »Lebenswillens«, und vor einer sterilen Metaphysik. Berücksichtigt man sie dagegen, dann hat man eine Idee, die mit Stoff erfüllt und empirisch gefunden ist, eine Idee, die imstande ist, die Einzelforschung zu orientieren, die im Großen zusammen-faßt, was wir vom Lebensprozeß wissen, und auch das betont, was wir davon nicht wissen.

3. In Wahrheit muß die Religion, da sie unserer Gattung coextensiv ist, zu unse-rer Struktur gehören. Wir haben sie soeben auf eine fundamentale Erfahrung zurückgeführt; aber diese Erfahrung selbst könnte man ahnen, bevor man sie gemacht hat, jedenfalls kann man sie sich gut erklären, nachdem man sie gemacht hat, es genügt dazu, den Menschen wieder in die Gesamtheit der Lebewesen und die Psychologie wieder in die Biologie zurückzuversetzen. Wir brauchen ja nur ein anderes Tier als den Menschen zu betrachten. Es benutzt alles, was ihm dienen kann. Glaubt es ausdrücklich, die Welt sei für es geschaffen? Sicher nicht, denn es stellt sich die Welt nicht vor und hat übrigens gar keine Lust zu spekulieren. Aber da es nur das sieht, jedenfalls nur das ansieht, was seine Bedürfnisse befriedigen kann, da die Dinge für es nur insoweit existieren, als es sie benutzen wird, benimmt es sich offenbar so, als wenn alles in der Natur nur im Hinblick auf sein Wohl und im Interesse seiner Gattung eingerichtet wäre. Das ist seine erlebte Überzeugung; sie erhält es, sie fällt übrigens zusam-men mit seinem Lebensdrang. Man lasse nun die Reflexion auftauchen: diese Überzeugung wird hinschwinden; der Mensch wird sich wahrnehmen und

denken als einen Punkt in der Unendlichkeit des Weltalls. Er würde sich verloren fühlen, wenn nicht der Lebensdrang in seine Intelligenz gerade an eben die Stelle, die diese Wahrnehmung und dieser Gedanke einnehmen wollte, sofort das gegenteilige Bild projizieren würde: das Bild einer Hinwendung der Dinge und der Ereignisse nach dem Menschen zu: ob wohlwollend oder übelwollend – überallhin folgt ihm eine Absicht der Umgebung, so wie der Mond mit ihm zu laufen scheint, wenn er selbst läuft. Ist sie gut, dann wird er auf ihr ruhen. Sinnt sie ihm Böses, wird er versuchen, die Folgen abzuwenden. In jedem Falle ist auf ihn Rücksicht genommen worden. Keine Theorie, kein Raum für das Willkürliche. Die Überzeugung drängt sich auf, weil sie nichts Philosophisches hat, da sie ja von vitaler Ordnung ist.

4. Der Mensch ist das einzige Lebewesen, dessen Handeln nicht sicher ist, das zögert und tastet, das Pläne macht mit der Hoffnung auf Gelingen und mit der Furcht vor dem Mißlingen. Das einzige, das sich der Krankheit unterworfen fühlt, und auch das einzige, das weiß, daß es sterben muß. Die übrige Natur entfaltet sich in vollkommener Geruhsamkeit. Wohl sind Pflanzen und Tiere allen Zufällen ausgesetzt, aber sie leben trotzdem im flüchtigen Augenblick, als wäre er die Ewigkeit. Etwas von diesem unwandelbaren Vertrauen atmen wir ein, wenn wir einen Spaziergang auf dem Lande machen und voll inneren Friedens zurückkehren. Aber damit ist noch nicht alles gesagt. Von allen gesellschaftlich lebenden Wesen ist der Mensch das einzige, das von der sozialen Linie abweichen kann, indem es egoistischen Neigungen nachgibt, wenn das allgemeine Wohl in Frage steht; überall sonst ist das individuelle Interesse unweigerlich dem allgemeinen Interesse gleich- oder übergeordnet. Diese doppelte Unvollkommenheit ist das Lösegeld, das die Intelligenz zu zahlen hat. Der Mensch kann sein Denkvermögen nicht ausüben, ohne sich eine ungewisse Zukunft vorzustellen, die seine Furcht und seine Hoffnung erweckt. Er kann nicht über das nachdenken, was die Natur von ihm verlangt, insofern sie ein soziales Wesen aus ihm gemacht hat, ohne sich zu sagen, daß es oft sein Vorteil wäre, die andern zu vernachlässigen und sich nur um sich selber zu kümmern. Beide Fälle wären ein Bruch der normalen, natürlichen Ordnung. Und gleichwohl war es die Natur, die die Intelligenz gewollt hat, die sie an das Ende der einen der beiden großen Entwicklungslinien gestellt hat, als Gegenstück zu dem vollkommensten Instinkt, der den Endpunkt der andern Linie bildet. Es ist unmöglich, daß sie nicht ihre Vorsichtsmaßregeln getroffen haben sollte, damit die Ordnung, kaum daß sie von der Intelligenz gestört war, sich automatisch wieder herstelle. Tatsächlich hat die fabulatorische Funktion, die zur Intelligenz gehört, aber nicht reine Intelligenz ist, gerade dies zum Gegen-

stand. Ihre Aufgabe ist es, die Religion herauszuarbeiten, von der wir bisher gehandelt haben, die wir statisch nennen, und von der wir sagen würden, sie sei die natürliche Religion, wenn dieser Ausdruck nicht schon einen andern Sinn angenommen hätte. Wir brauchen also nur zu resümieren, um diese Religion in genauen Worten zu definieren. Sie ist eine Abwehrmaßnahme der Natur gegen das, was sich bei der Betätigung der Intelligenz an Niederdrückendem für das Individuum und an Auflösendem für die Gesellschaft ergeben könnte.

5. Man würde zögern, das zuzugeben, wenn es sich nur um die mittelmäßigen Bewohner jenes Winkels im Weltall handelte, den wir Erde nennen. Doch, wie wir schon früher gesagt haben, beseelt das Leben wahrscheinlich all die Planeten, die an all den Sternen hangen. Sicher nimmt es dort, wegen der verschiedenen Bedingungen, die ihm gegeben sind, die mannigfaltigsten Formen an, Formen, die weit von allem entfernt sind, was wir uns vorstellen; überall aber ist sein Wesen das gleiche, nämlich allmählich potentielle Energie aufzuhäufen, um sie plötzlich in freien Handlungen auszugeben. Man könnte immer noch zögern das zuzugeben, wenn man es für einen bloßen Zufall hielte, daß unter den Tieren und Pflanzen, die die Erde bevölkern, ein Lebewesen wie der Mensch erschien, das fähig ist zu lieben und Liebe zu erwecken. Aber wir haben gezeigt, daß dieses Erscheinen, wenn es auch nicht vorherbestimmt war, doch auch kein Zufall war. Obgleich es neben der Entwicklungslinie, die zum Menschen geführt hat, noch andere gegeben hat, und trotz allem, was dem Menschen selbst an Unvollkommenheit anhaftet, kann man, sich sehr eng an die Erfahrung haltend, doch sagen, daß eben der Mensch der Daseinsgrund für das Leben auf unserm Planeten ist. – Ein letzter Anlaß für jenes Zögern wäre dann gegeben, wenn man glaubte, das Weltall sei wesentlich rohe Materie und das Leben hätte sich zur Materie hinzugefügt. Aber wir haben im Gegenteil gezeigt, daß Materie und Leben, so wie wir sie definierten, zusammen und solidarisch gegeben sind. Unter diesen Umständen hindert den Philosophen nichts, die Idee zu Ende zu führen, die der Mystiker ihm suggeriert, die Idee eines Weltalls, das nur der sichtbare und fühlbare Aspekt der Liebe und des Bedürfnisses zu lieben ist, mit allen Konsequenzen, die diese schöpferische Emotion nach sich zieht, ich meine mit der Erscheinung von lebenden Wesen, in denen dieses Gefühl seine Ergänzung findet, und in einer Unzahl anderer lebender Wesen, ohne die jene nicht hätten erscheinen können, und schließlich mit einer ungeheuren Menge von Stofflichkeit, ohne die das Leben nicht möglich gewesen wäre.

6. Daß die Mystik zur Askese führt, das ist nicht zweifelhaft. Beide werden immer der Besitz einer kleinen Anzahl sein. Aber daß die wahre, vollkommene,

handelnde Mystik danach strebt sich zu verbreiten, vermöge der Caritas, die ihr Wesen ist, das ist nicht weniger gewiß. Wie könnte sie sich, wenn auch, was ja unausbleiblich ist, verdünnt und abgeschwächt, in einer Menschheit verbreiten, die von der Furcht besessen ist, daß sie nicht satt zu essen haben wird? Der Mensch wird sich nicht über die Erde erheben, wenn nicht ein mächtiger Apparat von Werkzeugen ihm den Stützpunkt liefert. Er wird auf der Materie ruhen müssen, wenn er sich von ihr lösen will. Mit andern Worten: die Mystik ruft die Mechanik herbei. Man hat das nicht genügend erkannt, weil die Mechanik, durch einen Zufall der Weichenstellung, auf einen Weg geraten ist, an dessen Ende übertriebenes Wohlleben und Luxus für eine gewisse Anzahl, und nicht die Befreiung für alle steht. Wir sind von dem zufälligen Ergebnis geblendet, wir sehen die Technik nicht in dem, was sie sein sollte, was ihr Wesen ausmacht. Ja, noch mehr. Wenn unsre Organe natürliche Instrumente sind, dann sind unsre Instrumente eben dadurch künstliche Organe. Das Werkzeug des Arbeiters setzt seinen Arm fort; das Werkgerät der Menschheit ist also eine Fortsetzung ihres Körpers. So hatte die Natur, indem sie uns mit einer wesentlich werkzeugschaffenden Intelligenz begabte, für uns eine gewisse Ausweitung vorbereitet. Aber Maschinen, die mit Petroleum, mit Kohle oder Elektrizität angetrieben werden und Millionen von Jahren hindurch aufgehäufte potentielle Energien in Bewegung umsetzen, haben unserm Organismus eine so große Ausdehnung und eine so bedeutende Macht verliehen, die zu seiner Größe und Kraft gar nicht mehr im Verhältnis stehen, daß davon in dem Anlageplan unserer Spezies sicher noch nichts vorhergesehen war: das war ein einmaliger Glücksfall, der größte materielle Erfolg des Menschen auf unserm Planeten. Am Anfang hatte vielleicht ein geistiger Impuls gestanden: die Ausbreitung hatte sich dann automatisch vollzogen, unterstützt von dem zufälligen Spatenstich, der unter der Erde auf einen wunderbaren Schatz stieß. In diesem ungeheuer vergrößerten Körper bleibt nun aber die Seele so wie sie war, jetzt zu klein um ihn zu füllen, zu schwach um ihn zu leiten. Daher die Leere zwischen ihm und ihr. Daher die furchtbaren sozialen, politischen, internationalen Probleme, die ebenso viele Definitionen dieser Leere sind und zu ihrer Überbrückung heute so viel ungeordnete und unwirksame Anstrengungen hervorrufen: man müßte dazu neue Reserven an potentieller Energie haben, und zwar diesmal sittliche Reserven. Wir wollen uns also nicht darauf beschränken zu sagen, wie wir weiter oben getan haben, daß die Mystik die Mechanik herbeirufe. Wir möchten hinzufügen, daß der vergrößerte Körper auch ein Mehr an Seele erwartet und daß die Mechanik eine Mystik erfordern würde. Die Ursprünge dieser Mechanik sind vielleicht mystischer als man glaubt; sie wird ihre wahre Richtung nur dann wiederfinden und ihrer Macht entsprechende Dienste nur

dann leisten, wenn die Menschheit, die sie noch mehr zur Erde niedergedrückt
hat, durch sie dazu gelangt, sich wieder aufzurichten und den Himmel zu sehen.

Edmund Husserl (1859–1938)

Der Begründer der transzendentalen Phänomenologie, der die Philosophie des
20. Jahrhunderts – vor allem aber Heidegger und Sartre – tiefgreifend beeinflußte,
stellt in seinem späten Werk »Die Krisis der europäischen Wissenschaften und die
transzendentale Phänomenologie« die Frage, warum die europäischen Wissenschaften auf die wesentlichen Fragen der Menschen in ihrem realen Leben keine
Antworten mehr zu geben wissen. Aus dieser Fragestellung heraus entwirft er den
berühmt gewordenen Begriff der »Lebenswelt«, der für ein ökologisches Denken,
das sich nicht mit einer naturwissenschaftlich-technischen Begründung zufrieden-
geben möchte, von erheblicher Bedeutung werden könnte. Husserl unterscheidet
einen lebensweltlichen Wahrheitsbegriff, der sich auf praktische Evidenz gründet,
vom wissenschaftlichen, dessen wesentliche Kriterien die der Objektivität und der
Exaktheit sind. Wohl hat der wissenschaftliche Wahrheitsbegriff sein eigentliches
Sinnesfundament im lebensweltlichen, und insofern bleibt auch die Wissenschaft
Teil der Lebenswelt. Doch bereits bei Galilei beginnt eine Sinnverschiebung der
ursprünglichen naturwissenschaftlichen Methode, die bis heute dazu geführt hat,
daß der wissenschaftliche Wahrheitsbegriff, der das Wesen des abendländischen
Menschentums intentional bestimmt, seinen Ursprungssinn in der Lebenswelt nicht
mehr beachtet – einer der Gründe, warum Wissenschaft gegenüber den lebensweltlichen Problemen teilnahmslos geworden ist. Heute könnte man das auch auf die
ökologischen Probleme beziehen, die die Wissenschaften genausowenig integrativ
anzugehen vermögen. Galilei begründet nicht nur die Naturwissenschaften mathematisch, sondern entwirft damit auch eine einheitliche Methode der exakten
Quantifizierung aller möglicher Vorgänge im Universum, die gleichzeitig objektiv
die Natur zu erfassen vermag. Ist für Galilei das Buch der Natur in Zahlen geschrieben, unterschiebt er damit in seiner derart mathematisch exakten Begründung der
Naturwissenschaft dem lebensweltlichen Naturbegriff einen gleichsam idealisierten,
der seinen Sinn eigentlich in der lebensweltlichen Erfahrung hat, statt dessen aber
der lebensweltlichen als objektive Natur unterstellt wird – eine eminent ökologische Einsicht, die man in den Theorien Einsteins und Heisenbergs bestätigt finden
könnte. Galilei nimmt nicht nur an, daß die Formen der natürlichen Gegenstände
quantifizierbar sind, sondern auch, daß es für alle Qualitäten einen quantitativen
Index gebe, daß also beispielsweise sinnlich wahrnehmbare Qualitäten wie Farben

objektiv, d. h. also quantitativ meßbar seien. Was für uns heute selbstverständlich ist, konnte einerseits für Galilei noch keineswegs selbstverständlich sein, brachte doch erst seine Methode diese Selbstverständlichkeit hervor. Andererseits beruht diese Fraglosigkeit auf einer Sinnverschiebung der ursprünglichen Methode – der Unterstellung nämlich der naturwissenschaftlich idealisierten Natur als wahre Natur und der Entwertung der lebensweltlichen Erfahrung als subjektiv, relativ und zufällig. Trotzdem, und das bekräftigt Husserl in dem folgenden Auszug aus der oben genannten Schrift, vermag die mathematische Naturwissenschaft nicht die. lebensweltliche Erfahrung der Natur zu ersetzen, in der wir unvermeidlich leben. Angesichts der Umweltkrise könnte man im Anschluß an Husserl hypostasieren, daß die technische Verstellung der Natur als ihre Zerstörung auf Mensch und Ökosystem zurückschlägt. Das wäre kein Wunder, wenn wir uns wissenschaftlich ein idealisiertes Bild von der Natur machen und darauf unsere Technik gründen bzw. umgekehrt im technischen Experiment die Natur so zerlegen, daß wir sie an die naturwissenschaftlichen Methoden annähern können. Die hergestellte Natur erklären wir zur wahren Natur, die jetzt ihrerseits die lebensweltliche Erfahrung von Natur zu beurteilen hat, anstatt umgekehrt in ihr ihren Sinn zu finden.

1. Die Lebenswelt als vergessenes Sinnesfundament der Naturwissenschaft

Aber nun ist als höchst wichtig zu beachten eine schon bei Galilei sich vollziehende Unterschiebung der mathematisch substruierten Welt der Idealitäten für die einzig wirkliche, die wirklich wahrnehmungsmäßig gegebene, die je erfahrene und erfahrbare Welt – unsere alltägliche Lebenswelt. Diese Unterschiebung hat sich alsbald auf die Nachfolger, auf die Physiker der ganzen nachfolgenden Jahrhunderte vererbt.

Galilei war hinsichtlich der reinen Geometrie selbst Erbe. Die ererbte Geometrie und die ererbte Weise »anschaulichen« Erdenkens, Erweisens, »anschaulicher« Konstruktionen war nicht mehr ursprüngliche Geometrie, war selbst schon in dieser »Anschaulichkeit« sinnentleert. In ihrer Art war auch die antike Geometrie schon techné, von den Urquellen wirklich unmittelbarer Anschauung und ursprünglich anschaulichen Denkens entfernt, aus welchen Quellen die sogenannte geometrische Anschauung, d. i. die mit Idealitäten operierende, allererst ihren Sinn schöpfte. Der Geometrie der Idealitäten ging voran die praktische Feldmeßkunst, die von Idealitäten nichts wußte. Solche vorgeometrische Leistung war aber für die Geometrie Sinnesfundament, Fundament für die große Erfindung der Idealisierung: darin gleich mitbefaßt die Erfindung der idealen Welt der Geometrie bzw. der Methodik objektivierender Bestimmung der Idealitäten durch die »mathematische Existenz« schaffenden Konstruktionen. Es war ein verhängnisvolles Versäumnis, daß Galilei nicht auf die ursprünglich sinngebende Leistung zurückfragte, welche, als Idealisierung an dem Urboden alles theoretischen wie praktischen Lebens – der unmittelbar anschaulichen Welt (und hier speziell an der empirisch anschaulichen Körperwelt) – betätigt, die geometrischen Idealgebilde ergibt. Des näheren hat er nicht überlegt: wie das freie Umphantasieren dieser Welt und ihrer Gestalten erst nur mögliche empirisch-anschauliche und nicht die exakten Gestalten ergibt; welche Motivation und welche neue Leistung die eigentlich erst geometrische Idealisierung erforderte. Für die ererbte geometrische Methode waren ja diese Leistungen nicht mehr lebendig betätigte, geschweige denn reflektiv als innerlich den Sinn der Exaktheit zustandebringende Methoden in das theoretische Bewußtsein erhoben. So konnte es scheinen, daß die Geometrie in einem eigenen unmittelbar evidenten apriorischen »Anschauen« und damit hantierenden Denken eine eigenständige absolute Wahrheit schaffe, die als solche – selbstverständlich – ohne weiteres anwendbar sei. Daß diese Selbstverständlichkeit ein Schein war – wie wir, im Auslegen der Galileischen Gedanken selbst mitdenkend, oben in Grundzügen merklich gemacht haben –, daß auch der Sinn der Anwendung der Geometrie seine komplizierten Sinnesquellen hat, blieb für Galilei und die Folgezeit verdeckt. Gleich mit Galilei beginnt also die Unterschiebung der idealisierten Natur für die vorwissenschaftlich anschauliche Natur.

So macht denn jede gelegentliche (oder auch »philosophische«) Rückbesinnung von der kunstmäßigen Arbeit auf ihren eigentlichen Sinn stets bei der idealisierten Natur halt, ohne die Besinnungen radikal durchzuführen bis zu dem letztlichen Zweck, dem die neue Naturwissenschaft mit der von ihr unabtrennbaren Geometrie, aus dem vorwissenschaftlichen Leben und seiner Umwelt hervorwachsend, von Anfang an dienen sollte, einem Zwecke, der doch in diesem Leben selbst liegen und auf seine Lebenswelt bezogen sein mußte. Der in dieser Welt lebende Mensch, darunter der naturforschende, konnte alle seine praktischen und theoretischen Fragen nur an sie stellen, theoretisch nur sie in ihren offen unendlichen Unbekanntheitshorizonten betreffen. Alle Gesetzeserkenntnis konnte nur Erkenntnis von gesetzlich zu fassenden Voraussichten der Verläufe wirklicher und möglicher Erfahrungsphänomene sein, welche sich ihm mit der Erweiterung der Erfahrung durch systematisch in die unbekannten Horizonte eindringende Beobachtungen und Experimente vorzeichnen und sich in der Weise von Induktionen bewähren. Aus der alltäglichen Induktion wurde so freilich die Induktion nach wissenschaftlicher Methode, aber das ändert nichts an dem wesentlichen Sinn der vorgegebenen Welt als Horizont aller sinnvollen Induktionen. Sie finden wir als Welt aller bekannten und unbekannten Realitäten. Ihr, der Welt der wirklich erfahrenden Anschauung, gehört zu die Raumzeitform mit allen dieser einzuordnenden körperlichen Gestalten, in ihr leben wir selbst, gemäß unserer leiblich personalen Seinsweise. Aber hier finden wir nichts von geometrischen Idealitäten, nicht den geometrischen Raum, nicht die mathematische Zeit mit allen ihren Gestalten.

Eine wichtige, obschon so triviale Bemerkung. Aber diese Trivialität ist eben durch die exakte Wissenschaft, und schon seit der antiken Geometrie, verschüttet, eben durch jene Unterschiebung einer methodisch idealisierenden Leistung für das, was unmittelbar, als bei aller Idealisierung vorausgesetzte Wirklichkeit gegeben ist, gegeben in einer in ihrer Art unübertrefflichen Bewährung. Diese wirklich anschauliche, wirklich erfahrene und erfahrbare Welt, in der sich unser ganzes Leben praktisch abspielt, bleibt, als die sie ist, in ihrer eigenen Wesensstruktur, in ihrem eigenen konkreten Kausalstil ungeändert, was immer wir kunstlos oder als Kunst tun. Sie wird also auch nicht dadurch geändert, daß wir eine besondere Kunst, die geometrische und Galileische Kunst erfinden, die da Physik heißt. Was leisten wir durch sie wirklich? Eben eine ins Unendliche erweiterte Voraussicht. Auf Voraussicht, wir können dafür sagen, auf Induktion beruht alles Leben. In primitivster Weise induziert schon die Seinsgewißheit einer jeden schlichten Erfahrung. Die »gesehenen« Dinge sind immer schon mehr als was wir von ihnen »wirklich und eigentlich« sehen. Sehen, Wahrnehmen ist wesensmäßig ein Selbsthaben in eins mit Vorhaben, Vor-meinen. Alle Praxis mit ihren Vorhaben impliziert Induktionen, nur daß die gewöhnlichen, auch die ausdrücklich formulierten und »bewährten« induktiven Erkenntnisse (die Voraussichten) »kunstlose« sind, gegenüber den kunstvollen »methodischen«, in der Methode der Galileischen Physik in ihrer Leistungsfahigkeit ins Unendliche zu steigernden Induktionen.

In der geometrischen und naturwissenschaftlichen Mathematisierung messen wir so der Lebenswelt – der in unserem konkreten Weltleben uns ständig als wirklich gegebenen Welt – in der offenen Unendlichkeit möglicher Erfahrungen ein wohlpassendes Ideenkleid an, das der sogenannten objektiv-wissenschaftlichen Wahrheiten, d. i. wir konstruieren in einer (wie wir hoffen) wirklich und bis ins Einzelne durchzuführenden und sich ständig bewährenden Methode zunächst bestimmte Zahlen-Induzierungen für die wirklichen und möglichen sinnlichen Füllen der konkret-anschaulichen Gestalten der Lebenswelt, und eben damit gewinnen wir Möglichkeiten einer Voraussicht der konkreten, noch nicht oder nicht mehr als wirklich gegebenen, und zwar der lebensweltlich-anschaulichen Weltgeschehnisse; einer Voraussicht, welche die Leistungen der alltäglichen Voraussicht unendlich übersteigt.

Das Ideenkleid »Mathematik und mathematische Naturwissenschaft«, oder dafür das Kleid der Symbole, der symbolisch-mathematischen Theorien, befaßt alles, was wie den Wissenschaftlern so den Gebildeten als die »objektiv wirkliche und wahre« Natur die Lebenswelt vertritt, sie verkleidet. Das Ideenkleid macht es, daß wir für wahres Sein nehmen, was eine Methode ist – dazu da, um die innerhalb des lebensweltlich wirklich Erfahrenen und Erfahrbaren ursprünglich allein möglichen rohen Voraussichten durch »wissenschaftliche« im Progressus in infinitum zu verbessern: die Ideenverkleidung macht es, daß der eigentliche Sinn der Methode, der Formeln, der »Theorien« unverständlich blieb und bei der naiven Entstehung der Methode niemals verstanden wurde.

So ist auch nie das radikale Problem bewußt geworden, wie eine solche Naivität tatsächlich als lebendige historische Tatsache möglich wurde und immerfort wird, wie eine Methode, die wirklich auf ein Ziel, die systematische Lösung einer unendlichen wissenschaftlichen Aufgabe ausgerichtet ist und dafür immerfort zweifellose Ergebnisse zeitigt, je erwachsen konnte und dann durch die Jahrhunderte hindurch immerfort nützlich zu fungieren vermag, ohne daß irgend jemand ein wirkliches Verständnis des eigentlichen Sinnes und der inneren Notwendigkeit solcher Leistungen besaß. Es fehlte also und fehlt noch fortgesetzt die wirkliche Evidenz, in welcher der Erkennend-Leistende sich selbst Rechenschaft geben kann nicht nur über das, was er Neues tut und womit er hantiert, sondern auch über alle durch Sedimentierung bzw. Traditionalisierung verschlossenen Sinnes-Implikationen, also über die beständigen Voraussetzungen seiner Gebilde, Begriffe, Sätze, Theorien. Gleicht die Wissenschaft und ihre Methode nicht einer offenbar sehr Nützliches leistenden und darin verläßlichen Maschine, die jedermann lernen kann, richtig zu handhaben, ohne im mindesten die innere Möglichkeit und Notwendigkeit sogearteter Leistungen zu verstehen? Aber konnte die Geometrie, konnte die Wissenschaft im voraus wie eine Maschine entworfen worden sein aus einem in ähnlichem Sinne vollkommenen – wissenschaftlichen – Verständnis? Führte das nicht auf einen »regressus in infinitum«?

Schließlich: Ist es nicht ein Problem, das in eine Reihe rückt mit dem Problem der Instinkte im gewöhnlichen Sinn? Ist es nicht das Problem der verborgenen Vernunft, die erst offenbar geworden sich selbst als Vernunft weiß?

Galilei, der Entdecker – oder, um seinen Vorarbeitern Gerechtigkeit angedeihen zu lassen: der vollendende Entdecker – der Physik bzw. der physikalischen Natur ist zugleich entdeckender und verdeckender Genius. Er entdeckt die mathematische Natur, die methodische Idee, er bricht der Unendlichkeit physikalischer Entdecker und Entdeckungen die Bahn. Er entdeckt gegenüber der universalen Kausalität der anschaulichen Welt (als ihrer invarianten Form) das, was seither ohne weiteres das Kausalgesetz heißt, die »apriorische Form« der »wahren« (idealisierten und mathematisierten) Welt, das »Gesetz der exakten Gesetzlichkeit«, wonach jedes Geschehen der »Natur« – der idealisierten

– unter exakten Gesetzen stehen muß. Das alles ist Entdeckung-Verdeckung, und wir nehmen das bis heute als schlichte Wahrheit. Es ändert sich ja im Prinzipiellen nichts durch die angeblich philosophisch umstürzende Kritik »des klassischen Kausalgesetzes« vonseiten der neuen Atomphysik. Denn bei allem Neuen verbleibt doch, wie mir scheint, das prinzipiell Wesentliche: die an sich mathematische Natur, die in Formeln gegebene, aus den Formeln erst heraus zu interpretierende.

Ich nenne Galilei natürlich ganz im Ernste auch weiterhin an der Spitze der größten Entdecker der Neuzeit, und ebenso bewundere ich natürlich ganz im Ernste die großen Entdecker der klassischen und nachklassischen Physik und deren nichts weniger als bloß mechanische, sondern in der Tat höchst erstaunliche Denkleistung. Diese wird durchaus nicht herabgesetzt durch die gegebene Aufklärung derselben als techné und durch die prinzipielle Kritik, welche zeigt, daß der eigentliche, der ursprungs-echte Sinn dieser Theorien den Physikern, auch den großen und größten, verborgen blieb, und verborgen bleiben mußte. Es handelt sich nicht um einen Sinn, der metaphysisch hineingeheimnißt, hineinspekuliert wird, sondern der in zwingendster Evidenz ihr eigentlicher, ihr allein wirklicher ist, gegenüber dem Methoden-Sinn, der seine eigene Verständlichkeit hat im Operieren mit den Formeln und deren praktischer Anwendung, der Technik.

Oswald Spengler (1880–1936)

In seinem berühmten Werk »Der Untergang des Abendlandes« vergleicht der Kulturphilosoph die großen Kulturen universalgeschichtlich mit aufblühenden und wieder zerfallenden Organismen. Sein biologistischer Determinismus läßt ihn die Technik als Ausdruck eines Willens zur Macht des faustisch-nordischen Menschen begreifen, dessen fundamentaler Fehler es war, dieses Wissen an andere Rassen weiterzugeben. Mit dem Ende der abendländischen Hochkultur und seiner geborenen Führergestalten wird, so Spengler, auch die technische Zivilisation untergehen, weil die »farbigen« Rassen Technik nur gegen den nordischen Menschen einsetzen, ohne sich von ihr selbst beseelen lassen zu können.

Trotz dieses mißverstandenen Nietzscheanismus und seines anthropologischen, elitären Rassismus, die nichts mit ökologischem Denken gemein haben können, gibt es in Spenglers Lebensphilosophie »Der Mensch und die Technik« einige Gedanken und Einschätzungen, die im Zusammenhang mit ökologischer Kritik an der Kulturentwicklung gesehen werden können. So interpretiert Spengler im ersten Auszug Wissenschaft und Technik, wie sie Francis Bacon entworfen hat. Letzterer forderte, daß die Natur im wissenschaftlich-technischen Experiment wie im Hexenprozeß auf die Folter gespannt werden müsse, damit sie ihre Geheimnisse preisgebe. Naturwissenschaft und Technik, so Spengler, gehe es jedoch nicht um die Einsicht in die Natur, sondern um die Herrschaft über sie. Spengler ahnt bereits von der Expertenherrschaft, die Naturwissenschaft und Technik festschreiben, und erkennt die Umwandlung und Zerstörung der natürlichen Umwelt (Nr. 2). Mit Bedauern, insofern wenig ökologisch, trotzdem zu einem frühen Zeitpunkt, stellt Spengler die Abwendung der Menschen von der abendländischen Technik fest und konstatiert deren Hinwendung zu anderen Denkgebäuden, die heute teilweise eng mit ökologischen Vorstellungen verbunden sind (Nr. 3).

1. Mit derselben Kühnheit und demselben Hunger nach geistiger Macht und Beute dringen nordische Mönche des 13. und 14. Jahrhunderts in die Welt technisch-physikalischer Probleme ein. Hier ist nichts von der tatfremden müßigen Neugierde chinesischer, indischer, antiker und arabischer Gelehrter. Hier gibt es keine Spekulation mit dem Ziel, eine bloße »Theorie«, ein Bild zu erhalten von dem, was man nicht wissen kann. Zwar ist jede naturwissenschaftliche Theorie ein Mythus des Verstandes von den Mächten der Natur, und jede ist von der zugehörigen Religion durch und durch abhängig. Hier aber, und hier allein, ist die Theorie von Anfang an Arbeitshypothese. Eine Arbeitshypothese braucht nicht »richtig« zu sein, nur praktisch brauchbar. Sie will die Geheimnisse der Welt rings um uns her nicht enthüllen, sondern bestimmten Zwecken dienstbar machen. Deshalb die Forderung der mathematischen Methode, die von den Engländern Grosseteste (geb. 1175) und Roger Bacon (geb. um 1210), den Deutschen Albertus Magnus (geb. 1193) und Witelo (geb. 1220) erhoben wurde. Deshalb das Experiment, Bacons scientia experimentalis, die Befragung der Natur mit der Folter, mit Hebeln und Schrauben. Experimentum enim solum certificat, wie Albertus Magnus schrieb. Es ist die Kriegslist geistiger Raubtiere. Sie glaubten, daß sie »Gott erkennen« wollten, und wollten doch allein die Kräfte der anorganischen Natur, die unsichtbare Energie in allem, was geschieht, isolieren, faßbar, benutzbar machen. Die faustische Naturwissenschaft und diese allein ist Dynamik, gegenüber der Statik der Griechen und der Alchymie der Araber. Nicht auf Stoffe, sondern auf Kräfte kommt es an. Die Masse selbst ist eine Funktion der Energie. Grosseteste entwickelt eine Theorie des Raumes als einer Funktion des Lichtes, Petrus Peregrinus eine Theorie des Magnetismus. In einer Handschrift von 1322 wird die kopernikanische Theorie von der Bewegung der Erde um die Sonne angedeutet, worauf fünfzig Jahre später Nikolaus von Oresme in »De coelo et mundo« diese Theorie klarer und

tiefer begründet als Kopernikus selbst und in »De differentia qualitatum« die Fallgesetze Galileis und die Koordinatengeometrie von Descartes vorwegnimmt. Man erblickt in Gott nicht mehr den Herren, der von seinem Thron aus die Welt regiert, sondern eine unendliche, kaum noch persönlich gedachte Kraft, die überall in der Welt gegenwärtig ist. Es war ein seltsamer Gottesdienst, diese experimentelle Erforschung der geheimen Kräfte durch fromme Mönche. Und, wie ein alter deutscher Mystiker sagte: Indem du Gott dienst, dient Gott dir.

Man hatte es satt, sich mit dem Dienste von Pflanzen, Tieren und Sklaven zu begnügen, die Natur ihrer Schätze zu berauben – der Metalle, Steine, Hölzer, Faserstoffe, des Wassers in Kanälen und Brunnen –, ihre Widerstände zu besiegen durch Schiffahrt, Straßen, Brücken, Tunnels und Deiche. Sie sollte nicht mehr in ihren Stoffen geplündert, sondern in ihren Kräften selbst ins Joch gespannt werden und Sklavendienste tun, um die Stärke des Menschen zu vervielfachen. Dieser ungeheuerliche Gedanke, so fremd allen andern, ist so alt wie die faustische Kultur. Schon im 10. Jahrhundert treffen wir technische Konstruktionen von einer ganz neuen Art. Schon Roger Bacon und Albertus haben über Dampfmaschinen, Dampfschiffe und Flugzeuge nachgedacht. Und viele grübelten in ihren Klosterzellen über die Idee des Perpetuum mobile.

Dieser Gedanke ließ uns nicht wieder los. Das wäre der endgültige Sieg über Gott oder die Natur – deus sive natura – gewesen: Eine kleine selbstgeschaffene Welt, die sich wie die große aus eigener Kraft bewegt und nur dem Finger des Menschen gehorcht. Selbst eine Welt erbauen, selbst Gott sein – das war der faustische Erfindertraum, aus dem von da an alle Entwürfe von Maschinen hervorgingen, die sich dem unerreichbaren Ziel des Perpetuum mobile so sehr als möglich näherten. Der Begriff der Beute des Raubtieres wird zu Ende gedacht. Nicht dies und das, wie das Feuer, das Prometheus stahl, sondern die Welt selbst wird mit dem Geheimnis ihrer Kraft als Beute davongeschleppt, hinein in den Bau dieser Kultur. Wer nicht selbst von diesem Willen zur Allmacht über die Natur besessen war, mußte das als teuflisch empfinden, und man hat die Maschine stets als die Erfindung des Teufels empfunden und gefürchtet. Mit Roger Bacon beginnt die lange Reihe derjenigen, die als Zauberer und Ketzer zugrunde gingen.

Aber die Geschichte der westeuropäischen Technik schritt vorwärts. Um 1500 beginnt mit Vasco da Gama und Kolumbus eine neue Reihe von Wikingerzügen. Neue Reiche werden in West- und Ostindien geschaffen oder erobert, und ein Strom von Menschen nordischen Blutes ergießt sich nach Amerika, wo einst die Islandfahrer vergeblich gelandet waren. Und gleichzeitig werden die Winkingerfahrten des Geistes in gewaltigem Maßstabe fortgesetzt. Schießpulver und Buchdruck werden erfunden. Seit Kopernikus und Galilei folgen unzählige technische Verfahren aufeinander, die sämtlich den Sinn hatten, anorganische Kraft aus der Umwelt zu isolieren und an der Stelle von Tieren und Menschen Arbeit leisten zu lassen.

Die Technik ist mit den wachsenden Städten bürgerlich geworden. Der Nachfolger jener gotischen Mönche war der weltlich gelehrte Erfinder, der wissende Priester der Maschine. Mit dem Rationalismus endlich wird der »Glaube an die Technik« fast zur materialistischen Religion: Die Technik ist ewig und unvergänglich wie Gott Vater; sie erlöst die Menschheit wie der Sohn; sie erleuchtet uns wie der Heilige Geist. Und ihr Anbeter ist der Fortschrittsphilister der Neuzeit, von Lamettrie bis Lenin.

2. Aber das gehört zur Tragik dieser Zeit, daß das entfesselte menschliche Denken seine eigenen Folgen nicht mehr zu erfassen vermag. Die Technik ist esoterisch geworden wie die höhere Mathematik, deren sie sich bedient, wie die physikalische Theorie, die bei ihrem Zerdenken von Abstraktionen der Erscheinung bis zu den reinen Grundformen menschlichen Erkennens vorgedrungen ist, ohne es recht zu bemerken. Die Mechanisierung der Welt ist in ein Stadium gefährlichster Überspannung eingetreten. Das Bild der Erde mit ihren Pflanzen, Tieren und Menschen hat sich verändert. In wenigen Jahrzehnten sind die meisten großen Wälder verschwunden, in Zeitungspapier verwandelt worden und damit Veränderungen des Klimas eingetreten, welche die Landwirtschaft ganzer Bevölkerungen bedrohen; unzählige Tierarten sind wie der Büffel ganz oder fast ganz ausgerottet, ganze Menschenrassen wie die nordamerikanischen Indianer und die Australier beinahe zum Verschwinden gebracht worden.

Alles Organische erliegt der um sich greifenden Organisation. Eine künstliche Welt durchsetzt und vergiftet die natürliche. Die Zivilisation ist selbst eine Maschine geworden, die alles maschinenmäßig tut oder tun will. Man denkt nur noch in Pferdekräften. Man erblickt keinen Wasserfall mehr, ohne ihn in Gedanken in elektrische Kraft umzusetzen. Man sieht kein Land voll weidender Herden, ohne an die Auswertung ihres Fleischbestandes zu denken, kein schönes altes Handwerk einer urwüchsigen Bevölkerung ohne den Wunsch, es durch ein modernes technisches Verfahren zu ersetzen. Ob es einen Sinn hat oder nicht, das technische Denken will Verwirklichung. Der Luxus der Maschine ist die Folge eines Denkzwanges. Die Maschine ist letzten Endes ein Symbol, wie ihr geheimes Ideal, das Perpetuum mobile, eine seelisch-geistige, aber keine vitale Notwendigkeit.

Sie beginnt der wirtschaftlichen Praxis vielfach zu widersprechen. Der Zerfall meldet sich schon allenthalben. Die Maschine hebt ihren Zweck durch ihre Zahl und ihre Verfeinerung zuletzt auf. Das Automobil hat sich in den großen Städten durch seine Massenhaftigkeit um die Wirkung gebracht und man kommt schneller zu Fuß vorwärts. In Argentinien, Java und anderswo erweist sich der einfache Pferdepflug der kleinen Besitzer den großen Motoren gegenüber als wirtschaftlich überlegen und verdrängt sie wieder. Schon ist in vielen tropischen Gebieten der farbige Bauer mit seiner primitiven Arbeitsweise ein gefährlicher Konkurrent des modernen technischen Plantagenbetriebes der Weißen geworden. Und der weiße Industriearbeiter im alten Europa und in Nordamerika beginnt mit seiner Arbeit fragwürdig zu werden.

3. Das wendet sich seit Jahrzehnten immer deutlicher, in allen Ländern mit großer und alter Industrie. Das faustische Denken beginnt der Technik satt zu werden. Eine Müdigkeit verbreitet sich, eine Art Pazifismus im Kampfe gegen die Natur. Man wendet sich zu einfacheren, naturnäheren Lebensformen, man treibt Sport statt technischer Versuche, man haßt die großen Städte, man möchte aus dem Zwang seelenloser Tätigkeiten, aus der Sklaverei der Maschine, aus der klaren und kalten Atmosphäre technischer Organisation heraus. Gerade die starken und schöpferischen Begabungen wenden sich von praktischen Problemen und Wissenschaften ab und der reinen Spekulation zu. Okkultismus und Spiritismus, indische Philosophien, metaphysische Grübeleien christlicher oder heidnischer Färbung, die man zur Zeit des Darwinismus verachtete, tauchen wieder auf. Es ist die Stimmung Roms zur Zeit des Augustus. Aus Lebensüberdruß flüchtet man aus der Zivilisation in primitivere Erdteile, ins Landstreichertum, in den Selbstmord. Die Flucht der geborenen Führer vor der Maschine beginnt. Bald werden nur noch Talente zweiten Ranges, Nachzügler einer großen Zeit, verfügbar sein. Jeder große Unternehmer stellt die Abnahme der geistigen Qualitäten des Nachwuchses fest. Aber die großartige technische Entwicklung des 19. Jahrhunderts war nur auf Grund des beständig steigenden geistigen Niveaus möglich gewesen. Nicht die Abnahme allein, schon der Stillstand ist gefährlich und weist auf ein Ende, mögen noch soviel gutgeschulte Hände zur Arbeit bereit sein.

Walter Benjamin (1889–1940)

Benjamin, der auf der Flucht vor Hitlers Schergen zum Selbstmord gezwungen wurde, steht in neomarxistischer Tradition und bemüht sich gleichzeitig um eine lebendige Philosophie. So kritisiert er als einer der ersten die Wirkungen, die die technische Entwicklung auf die Kunst genommen hat, wenn Kunst technisch reproduzierbar wird.

In diesem Zusammenhang gewinnt der Begriff der Aura des Kunstwerks an Bedeutung, die das Werk in seiner technischen Reproduktion verliert. So ist an Benjamins Kunstkritik nicht nur ihr technikphilosophischer Ansatz ökologisch interessant. Den Begriff der Aura entwirft Benjamin gerade im Zusammenhang mit naturästhetischen Vorstellungen. Eine Aura haben nicht nur Kunstwerke in ihrer Originalität, sondern beispielsweise genauso Landschaften, wie die Natur überhaupt. Ihre Aura, ihr (auch aus dem Ehedem gespeistes) Hier und Jetzt, ihre Einmaligkeit wie ihr Erleben läßt sich sowenig wie in der Kunst technisch reproduzieren. Im Gegenteil, deren technische Reproduktion zerstört ihre Aura gerade im Bemühen um Nähe. So kann ökologisches Denken nicht nur an Benjamins Urteil über die Technik in ihrer destruktiven Dimension anschließen und bezweifeln, ob die Technik in der Lage wäre, Natur ökologisch zu rekonstruieren, wenn sie deren Aura nicht einfangen kann. Der Begriff der Aura, im Sinne Benjamins auf die Natur angewendet, weist über ein bloßes »ästhetisch-erfreulich-Sein« der Natur weit hinaus und ergänzt den Naturbegriff gerade insoweit ökologisch, wie er auf die Einmaligkeit der Natur deutet. Auf Benjamins Begriff der Aura könnte eine ästhetische Theorie der Ökologie Bezug nehmen, die umso nötiger wäre, je mehr Natur bereits zerstört ist und die gleichzeitig damit auch die Argumentation für Eigenrechte der Natur untermauern könnte (Nr. 1, 2).

In Benjamins berühmten Thesen »Über den Begriff der Geschichte«, in denen er darauf hinweist, daß alle Geschichte immer nur die Geschichte sein könne, die die Sieger geschrieben haben, also eine pessimistische, aber wohl auch nicht unrealistische Position, kritisiert er nicht nur den politischen Fortschrittsglauben des Marxismus, sondern gerade dessen technische Begründung. Der Zweck der neuzeitlichen Technik, mit der sich die Arbeiterbewegung weitgehend identifiziert, ist nicht allein Naturbeherrschung. Vielmehr reduziert er Natur zum verfügbaren Gut, das in jeder Hinsicht ausgebeutet werden darf (Nr. 3).

So zeigt sich Benjamin nicht nur in seiner technikphilosophischen Kunstkritik als Denker des Übergangs. Er hat auch eingesehen, daß die Krise des gesellschaftlichen Fortschritts wesentlich eine Krise des naturwissenschaftlich-technischen Fortschritts ist, der ungeheure Destruktivität gegenüber der Natur entfaltet, so daß die großen Hoffnungen der Moderne zweifelhaft werden.

1.	Das Hier und Jetzt des Originals macht den Begriff seiner Echtheit aus. Analysen chemischer Art an der Patina einer Bronze können der Feststellung einer Echtheit förderlich sein; entsprechend kann der Nachweis, daß eine bestimmte Handschrift des Mittelalters aus einem Archiv des fünfzehnten Jahrhunderts

stammt, der Feststellung ihrer Echtheit förderlich sein. Der gesamte Bereich der
Echtheit entzieht sich der technischen – und natürlich nicht nur der technischen
– Reproduzierbarkeit. Während das Echte aber der manuellen Reproduktion
gegenüber, die von ihm im Regelfall als Fälschung abgestempelt wurde, seine
volle Autorität bewahrt, ist das der technischen Reproduktion gegenüber nicht
der Fall. Der Grund ist ein doppelter. Erstens erweist sich die technische Reproduktion dem Original gegenüber selbständiger als die manuelle. Sie kann,
beispielsweise, in der Photographie Ansichten des Originals hervorheben,
die nur der verstellbaren und ihren Blickpunkt willkürlich wählenden Linse,
nicht aber dem menschlichen Auge zugänglich sind, oder mit Hilfe gewisser
Verfahren wie der Vergrößerung oder der Zeitlupe Bilder festhalten, die sich
der natürlichen Optik schlechtweg entziehen. Das ist das Erste. Sie kann zudem
zweitens das Abbild des Originals in Situationen bringen, die dem Original
selbst nicht erreichbar sind. Vor allem macht sie ihm möglich, dem Aufnehmenden entgegenzukommen, sei es in Gestalt der Photographie, sei es in der
der Schallplatte. Die Kathedrale verläßt ihren Platz, um in dem Studio eines
Kunstfreundes Aufnahme zu finden; das Chorwerk, das in einem Saal oder
unter freiem Himmel exekutiert wurde, läßt sich in einem Zimmer vernehmen.

Die Umstände, in die das Produkt der technischen Reproduktion des Kunstwerks gebracht werden kann, mögen im übrigen den Bestand des Kunstwerks
unangetastet lassen – sie entwerten auf alle Fälle sein Hier und Jetzt. Wenn
das auch keineswegs vom Kunstwerk allein gilt, sondern entsprechend z. B.
von einer Landschaft, die im Film am Beschauer vorbeizieht, so wird durch
diesen Vorgang am Gegenstande der Kunst ein empfindlicher Kern berührt,
den so verletzbar kein natürlicher hat. Das ist seine Echtheit. Die Echtheit einer
Sache ist der Inbegriff alles von Ursprung her an ihr Tradierbaren, von ihrer
materiellen Dauer bis zu ihrer geschichtlichen Zeugenschaft. Da die letztere auf
der ersteren fundiert ist, so gerät in der Reproduktion, wo die erstere sich dem
Menschen entzogen hat, auch die letztere: die geschichtliche Zeugenschaft der
Sache ins Wanken. Freilich nur diese; was aber dergestalt ins Wanken gerät,
das ist die Autorität der Sache.

Man kann, was hier ausfällt, im Begriff der Aura zusammenfassen und
sagen: was im Zeitalter der technischen Reproduzierbarkeit des Kunstwerks
verkümmert, das ist seine Aura. Der Vorgang ist symptomatisch; seine Bedeutung weist über den Bereich der Kunst hinaus. Die Reproduktionstechnik, so
ließe sich allgemein formulieren, löst das Reproduzierte aus dem Bereich der
Tradition ab. Indem sie Reproduktion vervielfältigt, setzt sie an die Stelle seines
einmaligen Vorkommens sein massenweises. Und indem sie der Reproduktion
erlaubt, dem Aufnehmenden in seiner jeweiligen Situation entgegenzukommen,

aktualisiert sie das Reproduzierte. Diese beiden Prozesse führen zu einer gewaltigen Erschütterung des Tradierten – einer Erschütterung der Tradition, die die Kehrseite der gegenwärtigen Krise und Erneuerung der Menschheit ist. Sie stehen im engsten Zusammenhang mit den Massenbewegungen unserer Tage. Ihr machtvollster Agent ist der Film. Seine gesellschaftliche Bedeutung ist auch in ihrer positivsten Gestalt, und gerade in ihr, nicht ohne diese seine destruktive, seine katarthische Seite denkbar: die Liquidierung des Traditionswertes am Kulturerbe. Diese Erscheinung ist an den großen historischen Filmen am handgreiflichsten. Sie bezieht immer weitere Positionen in ihr Bereich ein. Und wenn Abel Gance 1927 enthusiastisch ausrief: »Shakespeare, Rembrandt, Beethoven werden filmen... Alle Legenden, alle Mythologien und alle Mythen, alle Religionsstifter, ja alle Religionen... warten auf ihre belichtete Auferstehung, und die Heroen drängen sich an den Pforten« so hat er, ohne es wohl zu meinen, zu einer umfassenden Liquidation eingeladen.

2. Es empfiehlt sich, den oben für geschichtliche Gegenstände vorgeschlagenen Begriff der Aura an dem Begriff einer Aura von natürlichen Gegenständen zu illustrieren. Diese letztere definieren wir als einmalige Erscheinung einer Ferne, so nah sie sein mag. An einem Sommernachmittag ruhend einem Gebirgszug am Horizont oder einem Zweig folgen, der seinen Schatten auf den Ruhenden wirft – das heißt die Aura dieser Berge, dieses Zweiges atmen. An der Hand dieser Beschreibung ist es ein Leichtes, die gesellschaftliche Bedingtheit des gegenwärtigen Verfalls der Aura einzusehen. Er beruht auf zwei Umständen, die beide mit der zunehmenden Bedeutung der Massen im heutigen Leben zusammenhängen. Nämlich: Die Dinge sich räumlich und menschlich »näherzubringen« ist ein genauso leidenschaftliches Anliegen der gegenwärtigen Massen wie es ihre Tendenz einer Überwindung des Einmaligen jeder Gegebenheit durch die Aufnahme von deren Reproduktion ist. Tagtäglich macht sich unabweisbarer das Bedürfnis geltend, des Gegenstands aus nächster Nähe im Bild, vielmehr im Abbild, in der Reproduktion, habhaft zu werden. Und unverkennbar unterscheidet sich die Reproduktion, wie illustrierte Zeitung und Wochenschau sie in Bereitschaft halten, vom Bilde. Einmaligkeit und Dauer sind in diesem so eng verschränkt wie Flüchtigkeit und Wiederholbarkeit in jener. Die Entschälung des Gegenstandes aus seiner Hülle, die Zertrümmerung der Aura, ist die Signatur einer Wahrnehmung, deren »Sinn für das Gleichartige in der Welt« so gewachsen ist, daß sie es mittels der Reproduktion auch dem Einmaligen abgewinnt. So bekundet sich im anschaulichen Bereich was sich im Bereich der Theorie als die zunehmende Bedeutung der Statistik bemerkbar macht. Die Ausrichtung der Realität auf die Massen und der Massen auf sie

ist ein Vorgang von unbegrenzter Tragweite sowohl für das Denken wie für die Anschauung.

3. Der Konformismus, der von Anfang an in der Sozialdemokratie heimisch gewesen ist, haftet nicht nur an ihrer politischen Taktik, sondern auch an ihren ökonomischen Vorstellungen. Er ist eine Ursache des späteren Zusammenbruchs. Es gibt nichts, was die deutsche Arbeiterschaft in dem Grade korrumpiert hat wie die Meinung, sie schwimme mit dem Strom. Die technische Entwicklung galt ihr als das Gefälle des Stromes, mit dem sie zu schwimmen meinte. Von da war es nur ein Schritt zu der Illusion, die Fabrikarbeit, die im Zuge des technischen Fortschritts gelegen sei, stelle eine politische Leistung dar. Die alte protestantische Werkmoral feierte in säkularisierter Gestalt bei den deutschen Arbeitern ihre Auferstehung. Das Gothaer Programm trägt bereits Spuren dieser Verwirrung an sich. Es definiert die Arbeit als »die Quelle alles Reichtums und aller Kultur«. Böses ahnend, entgegnete Marx darauf, daß der Mensch, der kein anderes Eigentum besitze als seine Arbeitskraft, »der Sklave der andern Menschen sein muß, die sich zu Eigentümern... gemacht haben«. Unbeschadet dessen greift die Konfusion weiter um sich, und bald darauf verkündet Josef Dietzgen: »Arbeit heißt der Heiland der neueren Zeit... In der... Verbesserung ... der Arbeit... besteht der Reichtum, der jetzt vollbringen kann, was bisher kein Erlöser vollbracht hat.« Dieser vulgär-marxistische Begriff von dem, was die Arbeit ist, hält sich bei der Frage nicht lange auf, wie ihr Produkt den Arbeitern selbst anschlägt, solange sie nicht darüber verfügen können. Er will nur die Fortschritte der Naturbeherrschung, nicht die Rückschritte der Gesellschaft wahr haben. Er weist schon die technokratischen Züge auf, die später im Faschismus begegnen werden. Zu diesen gehört ein Begriff der Natur, der sich auf unheilverkündende Art von dem in den sozialistischen Utopien des Vormärz abhebt. Die Arbeit, wie sie nunmehr verstanden wird, läuft auf die Ausbeutung der Natur hinaus, welche man mit naiver Genugtuung der Ausbeutung des Proletariats gegenüber stellt. Mit dieser positivistischen Konzeption verglichen erweisen die Phantastereien, die so viel Stoff zur Verspottung eines Fourier gegeben haben, ihren überraschend gesunden Sinn. Nach Fourier sollte die wohlbeschaffene gesellschaftliche Arbeit zur Folge haben, daß vier Monde die irdische Nacht erleuchteten, daß das Eis sich von den Polen zurückziehen, daß das Meerwasser nicht mehr salzig schmecke und die Raubtiere in den Dienst des Menschen träten. Das alles illustriert eine Arbeit, die, weit entfernt die Natur auszubeuten, von den Schöpfungen sie zu entbinden imstande ist, die als mögliche in ihrem Schoße schlummern. Zu dem korrumpierten Begriff

von Arbeit gehört als sein Komplement die Natur, welche, wie Dietzgen sich ausgedrückt hat, »gratis da ist«.

Max Horkheimer (1895–1973)

Max Horkheimer, seit 1930 Direktor des Instituts für Sozialforschung und später in die USA emigrierter Professor für Sozialphilosophie, gilt als der Begründer der Kritischen Theorie, einer der bedeutendsten Richtungen des Neomarxismus im 20. Jahrhundert. Eines seiner wichtigsten Werke trägt den Titel »Zur Kritik der instrumentellen Vernunft«. Das dritte Kapitel dieses Werkes, das überschrieben ist mit den Worten »Die Revolte der Natur«, mag sowohl als Antizipation ökologischen Denkens als auch als Kritik der Ökologie begriffen werden.

Horkheimer analysiert in diesem in erster Auflage 1947 in New York erschienenen Buch die Zerstörungskräfte der zeitgenössischen Gesellschaft. Dabei steht er natürlich unter dem Eindruck des Faschismus. Der wissenschaftlich-technische Fortschritt hat sich weitgehend verselbständigt. Dabei geht sein ursprüngliches Ziel, zur Selbstverwirklichung des Menschen beizutragen nämlich, zunehmend verloren. Horkheimer kritisiert vor allem, daß Vernunft in der modernen Gesellschaft sich tendentiell aufs Instrumentelle beschränkt: Immer weniger könne die instrumentelle Vernunft die Zwecke des Handelns sowie der Gesellschaftsentwicklung reflektieren und bestimmen. Vielmehr beschränke sie sich zunehmend darauf, nur noch die Effektivität der Mittel zu eruieren und zu berechnen.

Solches Denken hat nun bedeutsame ökologische Konsequenzen. Naturbeherrschung macht nicht vor dem Menschen halt, sondern hat im Gegenteil in ihm seine Grundlage. Der Mensch muß die eigene Natur in sich unterjochen. Dabei kennt die Industriegesellschaft keine Zwecke mehr außerhalb ihrer selbst, weiß nicht mehr zu deuten, warum überhaupt Naturbeherrschung stattfindet. Wo die Mittel immer rationaler werden, verschwimmen die Zwecke in der Irrationalität (Nr. 1). In einer instrumentalisierten Vernunft kommt die Natur nicht mehr zur Sprache, sondern wird vielmehr zum bloßen Material reduziert. Horkheimer analysiert dabei die sozialen, ökonomischen und historischen Hintergründe, warum die immer perfektere Herrschaft über Natur destruktiv als eine Art Revolte der Natur auf den Menschen zurückschlägt. Wenn die Natur nicht mehr zur Sprache kommt und selbst der Mond noch als Werbeträger erscheint, geht unabhängiges Denken, geht die Philosophie als Spekulation über das Verhältnis zwischen Mensch und Natur verloren und wird durch Positivismus und Pragmatismus ersetzt (Nr. 2, 3, 4).

Als Vorläufer einer selbstkritischen Ökologie muß der letzte Auszug (Nr. 5) begriffen werden. Es ist nicht das Scheitern der wissenschaftlich-technischen Entwicklung, an dem Mensch und Natur zugrunde gehen, sondern ihr Erfolg. Vulgärer Darwinismus bedeutet immer bessere Anpassung an die Umweltbedingungen und postuliert damit zugleich auch die immer intensivere Herrschaft des Menschen über die Natur. Alles Denken, das nicht im Dienst der Selbsterhaltung und des Überlebens der Menschheit steht, gilt als überflüssig. Die scheinbare Bescheidenheit einer empirisch-pragmatischen Vernunft – und auch eine solche könnte ökologisch genannt werden – verglichen mit den anspruchsvollen Modellen der Metaphysik, wird indes zum finalen Garanten der totalen Unterwerfung der Natur. Auch die Vernunft, die sich die Natur zum Prinzip machen möchte, verfällt in Blindheit und versteht die Natur gerade nicht. Sie gelangt zu keiner Versöhnung mit der Natur. So stehen wir unvermeidlich in der Tradition der Aufklärung wie des technischen Fortschritts. Regression auf primitivere Stufen früherer Entwicklung bleibt für Horkheimer ausgeschlossen. Fraglich allerdings, ob sich das unabhängige Denken, auf das Horkheimer hofft, noch in Verbindung mit den großen Rationalisierungstendenzen der modernen Kulturentwicklung – und insbesondere mit der Technik – »entfesseln« läßt, um »der Natur beizustehen«.

1. Der Mensch teilt im Prozeß seiner Emanzipation das Schicksal seiner übrigen Welt. Naturbeherrschung schließt Menschenbeherrschung ein. Jedes Subjekt hat nicht nur an der Unterjochung der äußeren Natur, der menschlichen und der nichtmenschlichen, teilzunehmen, sondern muß, um das zu leisten, die Natur in sich selbst unterjochen. Herrschaft wird um der Herrschaft willen ›verinnerlicht‹. Was gewöhnlich als Ziel bezeichnet wird – das Glück des Individuums, Gesundheit und Reichtum –, gewinnt seine Bedeutung ausschließlich von seiner Möglichkeit, funktional zu werden. Diese Begriffe kennzeichnen günstige Bedingungen für geistige und materielle Produktion. Deshalb hat die Selbstverleugnung des Individuums in der Industriegesellschaft kein Ziel, das über die Industriegesellschaft hinausgeht. Solcher Verzicht bringt hinsichtlich der Mittel Rationalität und hinsichtlich des menschlichen Daseins Irrationalität hervor. Die Gesellschaft und ihre Institutionen tragen nicht weniger als das Individuum selbst den Stempel dieser Diskrepanz. Da die Unterjochung der Natur innerhalb und außerhalb des Menschen ohne ein sinnvolles Motiv vonstatten geht, wird Natur nicht wirklich transzendiert oder versöhnt, sondern bloß unterdrückt.

2. Einmal war es das Bestreben von Kunst, Literatur und Philosophie, die Bedeutung der Dinge und des Lebens auszudrücken, die Stimme alles dessen zu sein, was

stumm ist, der Natur ein Organ zu leihen, ihre Leiden mitzuteilen oder, wie wir sagen könnten, die Wirklichkeit bei ihrem richtigen Namen zu nennen. Heute ist der Natur die Sprache genommen. Einmal wurde geglaubt, jede Äußerung, jedes Wort, jeder Schrei oder jede Geste habe eine innere Bedeutung; heute handelt es sich um einen bloßen Vorgang.

Die Geschichte des Jungen, der zum Himmel aufblickte und fragte, »Papa, wofür soll der Mond Reklame machen?«, ist eine Allegorie dessen, was aus dem Verhältnis von Mensch und Natur im Zeitalter der formalisierten Vernunft geworden ist. Auf der einen Seite wurde die Natur alles inneren Werts oder Sinnes entkleidet. Auf der anderen wurde der Mensch aller Ziele außer dem der Selbsterhaltung beraubt. Er versucht, alles in seiner Reichweite in ein Mittel zu diesem Zweck zu verwandeln. Jedes Wort oder jeder Satz, der auf andere als pragmatische Beziehungen weist, ist verdächtig. Wenn ein Mensch aufgefordert wird, ein Ding zu bewundern, ein Gefühl oder eine Haltung zu respektieren, eine Person um ihrer selbst willen zu lieben, wittert er Sentimentalität und argwöhnt, daß ihn jemand zum Narren haben will oder versucht, ihm etwas zu verkaufen. Obgleich die Menschen nicht fragen mögen, wofür der Mond Reklame machen soll, neigen sie dazu, an ihn zu denken in Vorstellungen der Ballistik oder zurückzulegender Himmelsentfernungen.

Die vollständige Transformation der Welt in eine Well, die mehr eine von Mitteln ist als von Zwecken, ist selbst die Folge der historischen Entwicklung der Produktionsmethoden. Indem die materielle Produktion und soziale Organisation komplizierter und verdinglichter werden, wird es immer schwieriger, die Mittel als solche zu erkennen, da sie die Erscheinung autonomer Wesenheiten annehmen. Solange die Produktionsmittel primitiv sind, sind auch die Formen der sozialen Organisation primitiv. Die Institutionen der polynesischen Stämme spiegeln den unmittelbaren und überwältigenden Druck der Natur. Ihre soziale Organisation ist durch ihre materiellen Bedürfnisse geformt. Die alten Menschen, die schwächer als die jüngeren, aber erfahrener sind, machen die Pläne für die Jagd, den Brückenbau, für die Auswahl von Lagerorten usw.; die jüngeren müssen gehorchen. Die Frauen, die schwächer sind als die Männer, gehen nicht auf die Jagd und nehmen nicht an der Zubereitung und dem Verzehren von Großwild teil; ihre Pflicht ist es, Pflanzen zu sammeln und Schellfische zu fangen. Die blutigen magischen Riten dienen teils dazu, die Jugend zu initiieren, und teils, ihr einen ungeheuren Respekt vor der Macht der Priester und der Alten einzuschärfen.

Was von den Primitiven gilt, gilt auch für die zivilisierten Gemeinschaften: die Waffen- oder Maschinenarten, die der Mensch auf den verschiedenen Stufen seiner Entwicklung benutzt, erfordern bestimmte Formen von Befehl und Gehorsam, Zusammenarbeit und Unterordnung, und sie sind dadurch auch wirksam beim Hervorbringen bestimmter rechtlicher, künstlerischer und religiöser Formen. Während seiner langen Geschichte hat der Mensch zuweilen eine solche Freiheit vom unmittelbaren Druck der Natur erlangt, daß er über Natur und Wirklichkeit nachdenken konnte, ohne dabei direkt oder indirekt für seine Selbsterhaltung zu planen. Diese relativ unabhängigen Formen des Denkens, das Aristoteles als theoretische Kontemplation beschreibt, wurden besonders in der Philosophie gepflegt. Philosophie erstrebte eine Einsicht, die nicht nützlichen Kalkulationen dienen, sondern das Verständnis der Natur an und für sich fördern sollte.

3. In unserer Ära ist der Intellektuelle keineswegs von Druck verschont, den die Wirtschaft auf ihn ausübt, den stets wechselnden Anforderungen der Realität nachzukommen. Infolgedessen wird Meditation, die den Blick der Ewigkeit zuwandte, durch pragmatische Intelligenz verdrängt, die auf den nächsten Augenblick abzielt. Anstatt den Charakter eines Privilegs zu verlieren, wird das spekulative Denken gänzlich liquidiert – und das kann schwerlich ein Fortschritt genannt werden. Zwar hat die Natur in diesem Prozeß ihren Schrecken verloren, ihre qualitates occultae, aber völlig der Möglichkeit beraubt, durch das Bewußtsein der Menschen, selbst in der verzerrten Sprache dieser bevorrechteten Gruppen, zu sprechen, scheint die Natur Rache zu üben.

Die moderne Gleichgültigkeit gegenüber der Natur ist in der Tat nur eine Variante der pragmatischen Einstellung, die für die abendländische Zivilisation insgesamt typisch ist. Die Formen sind verschieden. Der frühe Trapper sah in den Prärien und Bergen nur die Aussicht auf gute Jagd; der moderne Geschäftsmann sieht in der Landschaft eine günstige Gelegenheit für das Aufstellen von Zigarettenreklamen. Das Schicksal der Tiere in unserer Welt wird durch eine Notiz symbolisiert, die vor einigen Jahren durch die Zeitungen ging. Sie berichtete, daß Landungen von Flugzeugen in Afrika oft durch Herden von Elefanten und anderen Tieren behindert würden. Die Tiere werden hier einfach als Verkehrshindernisse betrachtet. Diese Vorstellung vom Menschen als dem Herrn läßt sich bis auf die ersten Kapitel der Genesis zurückverfolgen. Die wenigen Gebote zugunsten der Tiere, denen wir in der Bibel begegnen, sind durch die hervorragendsten religiösen Denker, Paulus, Thomas von Aquin und Luther, so interpretiert worden, daß sie nur die moralische Erziehung des Menschen betreffen und keineswegs irgendeine Verpflichtung des Menschen gegenüber anderen Kreaturen. Nur die Seele des Menschen kann gerettet werden; Tiere haben nur das Recht zu leiden. »Einige Männer und Frauen«, schrieb ein englischer Geistlicher vor ein paar Jahren, »leiden und sterben für das Leben,

Wohlergehen und Glück anderer. Dieses Gesetz ist fortwährend wirksam. Sein höchstes Beispiel wurde der Welt (ich schreibe es mit Hochachtung) auf Golgatha gezeigt. Warum sollten Tiere von der Wirksamkeit dieses Gesetzes ausgenommen sein?«

Papst Pius IX. ließ nicht zu, daß in Rom eine Gesellschaft zur Verhinderung von Grausamkeiten an Tieren gegründet wurde, weil, wie er erklärte, die Theologie lehrt, daß der Mensch einem Tier gegenüber nicht verpflichtet ist. Der Nationalsozialismus brüstete sich zwar mit seinem Tierschutz, aber nur, um jene ›niederen Rassen‹ um so tiefer zu erniedrigen, die er als bloße Natur behandelte.

Diese Beispiele werden nur angeführt, um zu zeigen, daß pragmatische Vernunft nichts Neues ist. Jedoch die hinter ihr stehende Philosophie, die Vorstellung, daß Vernunft, das höchste geistige Vermögen des Menschen, es einzig mit Instrumenten zu tun hat, ja selbst ein Instrument ist, wird heute klarer ausgesprochen und allgemeiner akzeptiert als zuvor. Das Prinzip der Herrschaft ist das Idol, dem alles geopfert wird.

Die Geschichte der Anstrengungen des Menschen, die Natur zu unterjochen, ist auch die Geschichte der Unterjochung des Menschen durch den Menschen. Die Entwicklung des Ichbegriffs reflektiert diese doppelte Geschichte.

4. Nichtsdestoweniger wird Natur heute mehr denn je als ein bloßes Werkzeug des Menschen aufgefaßt. Sie ist das Objekt totaler Ausbeutung, die kein von der Vernunft gesetztes Ziel und daher keine Schranke kennt. Der grenzenlose Imperialismus des Menschen ist niemals befriedigt. Die Herrschaft der menschlichen Gattung über die Erde hat keine Parallele in jenen Epochen der Naturgeschichte, in denen andere Tierarten die höchsten Formen der organischen Entwicklung darstellten. Ihr Verlangen war beschränkt durch die Notwendigkeit ihrer physischen Existenz. Freilich geht die Gier des Menschen, seine Macht in zwei Unendlichkeiten hinein auszudehnen, den Mikrokosmos und das Universum, nicht unmittelbar aus seiner eigenen Natur hervor, sondern aus der Struktur der Gesellschaft. Wie die Angriffe der imperialistischen Völker auf die übrige Welt mehr aus ihren inneren Kämpfen erklärt werden müssen als aus ihrem sogenannten Nationalcharakter, so leitet sich der totalitäre Angriff der menschlichen Gattung auf alles, was sie von sich ausschließt, mehr aus Beziehungen zwischen Menschen her als aus eingeborenen menschlichen Qualitäten. Der Kriegszustand unter den Menschen in Krieg und Frieden ist der Schlüssel für die Unersättlichkeit der Gattung und für die aus ihr sich ergebenden praktischen Verhaltensweisen; er ist ebenso der Schlüssel für die Kategorien und Methoden der wissenschaftlichen Intelligenz, in denen die Natur immer mehr unter dem Aspekt ihrer wirksamsten Ausbeutung erscheint. Diese

Form der Wahrnehmung hat auch die Weise bestimmt, in der die Menschen in ihren ökonomischen und politischen Verhältnissen sich ein Bild voneinander machen. Die Muster, nach denen die Menschheit die Natur anschaut, wirken schließlich zurück auf die Spiegelung von Menschen im menschlichen Geist, determinieren sie und schalten das letzte objektive Ziel aus, das den Prozeß zu motivieren vermöchte. Die Unterdrückung der Wünsche, die die Gesellschaft vermittels des Ichs erreicht, wird immer unvernünftiger nicht nur für die Bevölkerung als ganze, sondern auch für jedes Individuum. Je lauter die Idee der Rationalität verkündet und anerkannt wird, desto mehr wächst in der Geistesverfassung der Menschen das bewußte oder unbewußte Ressentiment gegen die Zivilisation und ihre Instanz im Individuum, das Ich.

5. In der traditionellen Theologie und Metaphysik wurde das Natürliche weitgehend als das Böse aufgefaßt und das Geistige oder Übernatürliche als das Gute. Im populären Darwinismus ist das Gute das Gut-angepaßte, und der Wert dessen, woran der Organismus sich anpaßt, bleibt unbestritten oder wird einzig an weiterer Anpassung gemessen. An seine Umgebung gut angepaßt zu sein, ist jedoch gleichbedeutend damit, daß man imstande ist, erfolgreich mit ihr fertig zu werden, die Kräfte zu meistern, die einen umringen. So läuft die theoretische Leugnung des Antagonismus von Geist und Natur – wie selbst die Lehre von der Wechselbeziehung der verschiedenen Formen des organischen Lebens einschließlich des Menschen ihn impliziert – in der Praxis häufig darauf hinaus, sich dem Prinzip der fortwährenden und extremen Herrschaft des Menschen über die Natur zu verschreiben. Die Vernunft als ein natürliches Organ zu betrachten, entkleidet sie nicht der Tendenz zur Herrschaft, stattet sie nicht mit größeren Möglichkeiten zur Versöhnung aus. Im Gegenteil, die Abdankung des Geistes im populären Darwinismus führt zur Ablehnung jeglicher Elemente des Denkens, die über die Anpassungsfunktion hinausgehen und folglich keine Instrumente der Selbsterhaltung sind. Die Vernunft rückt ab von ihrem eigenen Primat und bekennt sich als bloßer Diener der natürlichen Zuchtwahl. Oberflächlich gesehen, scheint diese neue empirische Vernunft bescheidener gegenüber der Natur zu sein als die Vernunft der metaphysischen Tradition. In Wirklichkeit jedoch ist es der anmaßende pragmatische Verstand, der rücksichtslos über das ›nutzlose Geistige‹ sich hinwegsetzt und jede Ansicht von der Natur aufgibt, in der diese für mehr gehalten wird als für einen Anreiz zu menschlicher Tätigkeit. Die Wirkungen dieser Ansicht sind nicht auf die moderne Philosophie beschränkt.

Die Lehren, die die Natur oder den Primitivismus auf Kosten des Geistes erhöhen, begünstigen die Versöhnung mit der Natur nicht; im Gegenteil, sie drücken emphatische Kälte und Blindheit gegenüber der Natur aus. Immer wenn der Mensch vorsätzlich Natur zu einem Prinzip macht, regrediert er auf primitive Triebe. Kinder sind grausam in ihren mimetischen Reaktionen, weil sie die Zwangslage der Natur nicht wirklich verstehen. Wie Tiere fast behandeln sie einander oft kalt und gedankenlos, und wir wissen, daß selbst Herdentiere isoliert sind, wenn sie zusammen sind. Offenbar ist individuelle Isolierung unter nicht gesellig lebenden Tieren und in Gruppen von Tieren verschiedener Arten noch viel häufiger festzustellen. All dies jedoch scheint in gewissem Grad unschuldig. Tiere, und in einem bestimmten Sinn auch Kinder, denken nicht vernünftig. Die Absage der Philosophen und Politiker an die Vernunft infolge ihrer Kapitulation vor der Wirklichkeit beschönigt eine weit schlimmere Form der Regression und gipfelt unvermeidlich in einer Verwechslung der philosophischen Wahrheit mit erbarmungsloser Selbsterhaltung und Krieg.

Kurzum, wir sind zum Guten oder Schlechten die Erben der Aufklärung und des technischen Fortschritts. Sich ihnen zu widersetzen durch Regression auf primitive Stufen, mildert die permanente Krise nicht, die sie hervorgebracht haben. Im Gegenteil, solche Auswege führen von historisch vernünftigen zu äußerst barbarischen Formen gesellschaftlicher Herrschaft. Der einzige Weg, der Natur beizustehen, liegt darin, ihr scheinbares Gegenteil zu entfesseln, das unabhängige Denken.

Max Horkheimer (1895–1973), Theodor W. Adorno (1903–1970)

Die »Dialektik der Aufklärung«, die 1947 zum ersten Mal in Amsterdam erschien, ist wohl wie kein zweites Buch zur Signatur des Zeitalters geworden: im Angesicht von Auschwitz und Hiroshima meldet es so grundsätzliche Zweifel am Aufklärungsfortschritt an, daß es kein Wunder ist, wenn dabei auch wesentliche Aspekte des ökologischen Denkens antizipiert werden. Die »Dialektik der Aufklärung« darf daher auch in einer anthologischen Sammlung zum ökologischen Denkens auf keinen Fall fehlen. Adorno und Horkheimer erkennen in ihrer Kritik am Aufklärungsdenken nicht bloß seinen instrumentellen Charakter, der an sich schon einen Fortschrittsoptimismus fragwürdig werden läßt, sondern vor allem den Rückfall der Aufklärung in die Barbarei und den Mythos. Die Ursachen für diese Entwicklung liegen jedoch nicht in einer zufälligen Depravation der Aufklärung, sondern in ihrer Struktur selbst, die sie dem Mythos annähert, dabei aber im Gegensatz zu diesem die Barbarei ideologisch zu verschleiern sucht. Der gemeinsame Prozeß von Mythos und Aufklärung, den Adorno und Horkheimer analysieren und der das

Buch gerade für ein ökologisches Denken so bedeutsam macht, ist jedoch, daß der Fortschritt der Rationalisierung seine Wurzeln in der Bemühung um Herrschaft über Natur hat, die nicht anders erreichbar ist als durch soziale Herrschaft. Wo Naturbeherrschung und Klassenherrschaft einander bedingen, ist beides nur mittels des menschlichen Opfers und – wenn wir weiterdenken – desjenigen der Natur vorstellbar. Am Grunde der Kulturentwicklung lauern Gewalt und Zerstörung – ein Gedanke, der die ökologische Krise fast schon zu einer Selbstverständlichkeit werden läßt. Gewalt und Zerstörung aber sind von der modernen Entwicklung von Wissenschaft, Technik, Wirtschaft und Gesellschaft genauso wenig zu trennen wie im Zeitalter des Mythos.

Dabei kritisieren die beiden Autoren zwar in erster Linie die sozialen Auswirkungen des Autklärungsfortschritts, gelangen darüber hinaus jedoch – fast Heideggers Technikkritik antizipierend – auch zu den destruktiven Seiten des technologischen Fortschritts (Auszüge 1, 2, 3). Dazu suchen sie nach dessen Grundlagen in den Naturwissenschaften, die die Welt schematisieren, aber nicht adäquat erfassen (Auszüge 4, 5, 6). So stellen sie fest, daß jeder Versuch, sich die Natur zu unterwerfen, zurück in den Zwang führt, von dem er sich befreien möchte (Auszug 7). Dabei gehe auch die vermeintliche Herrschaft des Menschen über sich selbst verloren (Auszug 8). Ganz ähnlich wie Nietzsche kritisieren die Autoren den Prozeß der Kulturentwicklung, der sich gewaltsam seinen Weg durch die Natur und über den Menschen bahnte. Sie stellen dabei erstaunliche Parallelen zum Mythos fest, der selbst bereits Aufklärung darstellt und dabei auch entlarvt, was die Ideologie verschweigt (Auszüge 9, 10, 11, 12). Vernunft, die die Aufklärung auf ihre Fahnen geschrieben hat, und die die ökologische Krise nicht bloß nicht verhindern konnte, sondern geradewegs in sie hineinsteuerte, erklären sie dabei für obsolet (Auszug 13) und fordern daher eine positive Aufklärung, die über Aufklärung aufklärt.

1. Die Naturverfallenheit der Menschen heute ist vom gesellschaftlichen Fortschritt nicht abzulösen. Die Steigerung der wirtschaftlichen Produktivität, die einerseits die Bedingungen für eine gerechtere Welt herstellt, verleiht andererseits dem technischen Apparat und den sozialen Gruppen, die über ihn verfügen, eine unmäßige Überlegenheit über den Rest der Bevölkerung. Der Einzelne wird gegenüber den ökonomischen Mächten vollends annulliert. Dabei treiben diese die Gewalt der Gesellschaft über die Natur auf nie geahnte Höhe. Während der Einzelne vor dem Apparat verschwindet, den er bedient, wird er von diesem besser als je versorgt. Im ungerechten Zustand steigt die Ohnmacht und Lenkbarkeit der Masse mit der ihr zugeteilten Gütermenge. Die materiell ansehnliche und sozial klägliche Hebung des Lebensstandards der Unteren spiegelt sich in der gleißnerischen Verbreitung des Geistes. Sein

wahres Anliegen ist die Negation der Verdinglichung. Er muß zergehen, wo er zum Kulturgut verfestigt und für Konsumzwecke ausgehändigt wird. Die Flut präziser Information und gestriegelten Amüsements witzigt und verdummt die Menschen zugleich.

2. Daß der hygienische Fabrikraum und alles, was dazugehört, Volkswagen und Sportpalast, die Metaphysik stumpfsinnig liquidiert, wäre noch gleichgültig, aber daß sie im gesellschaftlichen Ganzen selbst zur Metaphysik werden, zum ideologischen Vorhang, hinter dem sich das reale Unheil zusammenzieht, ist nicht gleichgültig.

3. Seit je hat Aufklärung im umfassendsten Sinn fortschreitenden Denkens das Ziel verfolgt, von den Menschen die Furcht zu nehmen und sie als Herren einzusetzen. Aber die vollends aufgeklärte Erde strahlt im Zeichen triumphalen Unheils.

4. Von nun an soll die Materie endlich ohne Illusion waltender oder innewohnender Kräfte, verborgener Eigenschaften beherrscht werden. Was dem Maß von Berechenbarkeit und Nützlichkeit sich nicht fügen will, gilt der Aufklärung für verdächtig. Darf sie sich einmal ungestört von auswendiger Unterdrückung entfalten, so ist kein Halten mehr. Ihren eigenen Ideen von Menschenrecht ergeht es dabei nicht anders als den älteren Universalien. An jedem geistigen Widerstand, den sie findet, vermehrt sich bloß ihre Stärke. Das rührt daher, daß Aufklärung auch in den Mythen noch sich selbst wiedererkennt. Auf welche Mythen der Widerstand sich immer berufen mag, schon dadurch, daß sie in solchem Gegensatz zu Argumenten werden, bekennen sie sich zum Prinzip der zersetzenden Rationalität, das sie der Aufklärung vorwerfen. Aufklärung ist totalitär.

5. Die bürgerliche Gesellschaft ist beherrscht vom Äquivalent. Sie macht Ungleichnamiges komparabel, indem sie es auf abstrakte Größen reduziert. Der Aufklärung wird zum Schein, was in Zahlen, zuletzt in der Eins, nicht aufgeht; der moderne Positivismus verweist es in die Dichtung. Einheit bleibt die Losung von Parmenides bis auf Russell. Beharrt wird auf der Zerstörung von Göttern und Qualitäten.

6. Der Mythos geht in die Aufklärung über und die Natur in bloße Objektivität. Die Menschen bezahlen die Vermehrung ihrer Macht mit der Entfremdung von dem, worüber sie die Macht ausüben. Die Aufklärung verhält sich zu den Dingen wie der Diktator zu den Menschen. Er kennt sie, insofern er sie ma-

nipulieren kann. Der Mann der Wissenschaft kennt die Dinge, insofern er sie machen kann. Dadurch wird ihr An sich Für ihn. In der Verwandlung enthüllt sich das Wesen der Dinge immer als je dasselbe, als Substrat von Herrschaft. Diese Identität konstituiert die Einheit der Natur. Sie so wenig wie die Einheit des Subjekts war von der magischen Beschwörung vorausgesetzt. Die Riten des Schamanen wandten sich an den Wind, den Regen, die Schlange draußen oder den Dämon im Kranken, nicht an Stoffe oder Exemplare. Es war nicht der eine und identische Geist, der Magie betrieb; er wechselte gleich den Kultmasken, die den vielen Geistern ähnlich sein sollten.

Magie ist blutige Unwahrheit, aber in ihr wird Herrschaft noch nicht dadurch verleugnet, daß sie sich, in die reine Wahrheit transformiert, der ihr verfallenen Welt zugrundelegt.

7. Jeder Versuch, den Naturzwang zu brechen, indem Natur gebrochen wird, gerät nur umso tiefer in den Naturzwang hinein. So ist die Bahn der europäischen Zivilisation verlaufen. Die Abstraktion, das Werkzeug der Aufklärung, verhält sich zu ihren Objekten wie das Schicksal, dessen Begriff sie ausmerzt: als Liquidation. Unter der nivellierenden Herrschaft des Abstrakten, die alles in der Natur zum Wiederholbaren macht, und der Industrie, für die sie es zurichtet, wurden schließlich die Befreiten selbst zu jenem »Trupp«, den Hegel als das Resultat der Aufklärung bezeichnet hat.

8. Naturbeherrschung zieht den Kreis, in den Kritik der reinen Vernunft das Denken bannte. Kant hat die Lehre von dessen rastlos mühseligem Fortschritt ins Unendliche mit dem Beharren auf seiner Unzugänglichkeit und ewigen Begrenztheit vereint. Der Bescheid, den er erteilte, ist ein Orakelspruch. Kein Sein ist in der Welt, das Wissenschaft nicht durchdringen könnte, aber was von Wissenschaft durchdrungen werden kann, ist nicht das Sein. Auf das Neue zielt nach Kant das philosophische Urteil ab, und doch erkennt er nichts Neues, da es stets bloß wiederholt, was Vernunft schon immer in den Gegenstand gelegt. Diesem in den Sparten der Wissenschaft vor den Träumen eines Geistersehers gesicherten Denken aber wird die Rechnung präsentiert; die Weltherrschaft über die Natur wendet sich gegen das denkende Subjekt selbst, nichts wird von ihm übriggelassen, als eben jenes ewig gleiche Ich denke, das alle meine Vorstellungen muß begleiten können. Subjekt und Objekt werden beide nichtig.

9. Mimetische, mythische, metaphysische Verhaltensweisen galten nacheinander als überwundene Weltalter, auf die hinabzusinken mit dem Schrecken behaftet war, daß das Selbst in jene bloße Natur zurückverwandelt werde, der es sich mit

unsäglicher Anstrengung entfremdet hatte, und die ihm eben darum unsägliches Grauen einflößte. Die lebendige Erinnerung an die Vorzeit, schon an die nomadischen, um wie viel mehr an die eigentlich präpatriarchalischen Stufen, war mit den furchtbarsten Strafen in allen Jahrtausenden aus dem Bewußtsein der Menschen ausgebrannt worden. Der aufgeklärte Geist ersetzte Feuer und Rad durch das Stigma, das er aller Irrationalität aufprägte, da sie ins Verderben führt. Der Hedonismus war maßvoll, die Extreme ihm nicht weniger verhaßt als dem Aristoteles. Das bürgerliche Ideal der Natürlichkeit meint nicht die amorphe Natur, sondern die Tugend der Mitte. Promiskuität und Askese, Überfluß und Hunger sind trotz der Gegensätzlichkeit unmittelbar identisch als Mächte der Auflösung. Durch die Unterstellung des gesamten Lebens unter die Erfordernisse seiner Erhaltung garantiert die befehlende Minorität mit ihrer eigenen Sicherheit auch den Fortbestand des Ganzen. Zwischen der Szylla des Rückfalls in einfache Reproduktion und der Charybdis der fessellosen Erfüllung will der herrschende Geist von Homer bis zur Moderne hindurchsteuern; jedem anderen Leitstern als dem des kleineren Übels hat er von je mißtraut.

10. Das Wesen der Aufklärung ist die Alternative, deren Unausweichlichkeit die der Herrschaft ist. Die Menschen hatten immer zu wählen zwischen ihrer Unterwerfung unter Natur oder der Natur unter das Selbst. Mit der Ausbreitung der bürgerlichen Warenwirtschaft wird der dunkle Horizont des Mythos von der Sonne der kalkulierenden Vernunft aufgehellt, unter deren eisigen Strahlen die Saat der neuen Barbarei heranreift. Unter dem Zwang der Herrschaft hat die menschliche Arbeit seit je vom Mythos hinweggeführt, in dessen Bannkreis sie unter der Herrschaft stets wieder geriet.

In einer homerischen Erzählung ist die Verschlingung von Mythos, Herrschaft und Arbeit aufbewahrt. Der zwölfte Gesang der Odyssee berichtet von der Vorbeifahrt an den Sirenen.

11. Furchtbares hat die Menschheit sich antun müssen, bis das Selbst, der identische, zweckgerichtete, männliche Charakter des Menschen geschaffen war, und etwas davon wird in jeder Kindheit wiederholt. Die Anstrengung, das Ich zusammenzuhalten, haftet dem Ich auf allen Stufen an, und stets war die Lockung, es zu verlieren, mit der blinden Entschlossenheit zu seiner Erhaltung gepaart. …

Die Bande, mit denen er sich unwiderruflich an die Praxis gefesselt hat, halten zugleich die Sirenen aus der Praxis fern: ihre Lockung wird zum bloßen Gegenstand der Kontemplation neutralisiert, zur Kunst. Der Gefesselte wohnt einem Konzert bei, reglos lauschend wie später die Konzertbesucher, und sein begeisterter Ruf nach Befreiung verhallt schon als Applaus. So treten Kunstgenuß und Handarbeit im Abschied von der Vorwelt auseinander. Das Epos enthält bereits die richtige Theorie. Das Kulturgut steht zur kommandierten Arbeit in genauer Korrelation, und beide gründen im unentrinnbaren Zwang zur gesellschaftlichen Herrschaft über die Natur.

12. Die Menschheit, deren Geschicklichkeit und Kenntnis mit der Arbeitsteilung sich differenziert, wird zugleich auf anthropologisch primitivere Stufen zurückgezwungen, denn die Dauer der Herrschaft bedingt bei technischer Erleichterung des Daseins die Fixierung der Instinkte durch stärkere Unterdrückung. Die Phantasie verkümmert. Nicht daß die Individuen hinter der Gesellschaft oder ihrer materiellen Produktion zurückgeblieben seien, macht das Unheil aus. Wo die Entwicklung der Maschine in die der Herrschaftsmaschinerie schon umgeschlagen ist, so daß technische und gesellschaftliche Tendenz, von je verflochten, in der totalen Erfassung der Menschen konvergieren, vertreten die Zurückgebliebenen nicht bloß die Unwahrheit.

Demgegenüber involviert Anpassung an die Macht des Fortschritts den Fortschritt der Macht, jedes Mal aufs neue jene Rückbildungen, die nicht den mißlungenen, sondern gerade den gelungenen Fortschritt seines eigenen Gegenteils überführen. Der Fluch des unaufhaltsamen Fortschritts ist die unaufhaltsame Regression.

Diese beschränkt sich nicht auf die Erfahrung der sinnlichen Welt, die an leibhafte Nähe gebunden ist, sondern affiziert zugleich den selbstherrlichen Intellekt, der von der sinnlichen Erfahrung sich trennt, um sie zu unterwerfen. Die Vereinheitlichung der intellektuellen Funktion, kraft welcher die Herrschaft über die Sinne sich vollzieht, die Resignation des Denkens zur Herstellung von Einstimmigkeit, bedeutet Verarmung des Denkens so gut wie der Erfahrung; die Trennung beider Bereiche läßt beide als Beschädigte zurück.

13. Die Absurdität des Zustandes, in dem die Gewalt des Systems über die Menschen mit jedem Schritt wächst, der sie aus der Gewalt der Natur herausführt, denunziert die Vernunft der vernünftigen Gesellschaft als obsolet. Ihre Notwendigkeit ist Schein, nicht weniger als die Freiheit der Unternehmer, die ihre zwangshafte Natur zuletzt in deren unausweichlichen Kämpfen und Abkommen offenbart. Solchen Schein, in dem sich die restlos aufgeklärte Menschheit verliert, vermag das Denken nicht aufzulösen, das als Organ der Herrschaft zwischen Befehl und Gehorsam zu wählen hat. Ohne sich der Verstrickung, in der es in der Vorgeschichte befangen bleibt, entwinden zu können, reicht es jedoch hin, die Logik des Entweder-Oder, Konsequenz und Antinomie, mit der es von Natur radikal sich emanzipierte, als diese Natur, unversöhnt und sich selbst entfremdet, wie-

derzuerkennen. Denken, in dessen Zwangsmechanismus Natur sich reflektiert und fortsetzt, reflektiert eben vermöge seiner unaufhaltsamen Konsequenz auch sich selber als ihrer selbst vergessene Natur, als Zwangsmechanismus. Zwar ist Vorstellung nur ein Instrument. Die Menschen distanzieren denkend sich von Natur, um sie so vor sich hinzustellen, wie sie zu beherrschen ist.

14. Die Verfemung des Aberglaubens hat stets mit dem Fortschritt der Herrschaft zugleich deren Bloßstellung bedeutet. Aufklärung ist mehr als Aufklärung, Natur, die in ihrer Entfremdung vernehmbar wird. In der Selbsterkenntnis des Geistes als mit sich entzweiter Natur ruft wie in der Vorzeit Natur sich selber an, aber nicht mehr unmittelbar mit ihrem vermeintlichen Namen, der die Allmacht bedeutet, als Mana, sondern als Blindes, Verstümmeltes. Naturverfallenheit besteht in der Naturbeherrschung, ohne die Geist nicht existiert. Durch die Bescheidung, in der dieser als Herrschaft sich bekennt und in Natur zurücknimmt, zergeht ihm der herrschaftliche Anspruch, der ihn gerade der Natur versklavt. Vermag die Menschheit in der Flucht vor der Notwendigkeit, in Fortschritt und Zivilisation, auch nicht innezuhalten, ohne Erkenntnis selbst preiszugeben, so verkennt sie die Wälle, die sie gegen die Notwendigkeit aufführt, die Institutionen, die Praktiken der Beherrschung, die von der Unterjochung der Natur auf die Gesellschaft seit je zurückgeschlagen haben, wenigstens nicht mehr als Garanten der kommenden Freiheit.

Martin Heidegger (1889–1976)

Der ob seiner nationalsozialistischen Vergangenheit umstrittene Philosoph hat wie kaum ein zweiter den Niedergang der Aufklärung und der modernen Gesellschaft erkannt und beschrieben. Vor allem mit seiner kleinen Schrift über »Die Technik und die Kehre« hat er die Gefährlichkeit der Technik als Herausforderung des modernen Menschen philosophisch so treffend erfaßt, daß er heute als Vater der Technikphilosophie zu betrachten ist – fast eine neue Disziplin, die Wesentliches zur Ökologiedebatte beizutragen vermag.

Heidegger beschreibt in seiner Technik-Schrift die Charakteristika der Technik, die zur Destruktivität der modernen Kulturentwicklung geführt und damit die ökologische Krise mitverursacht haben. Für ihn ist die Technik nichts Neutrales, die wir gut oder schlecht anwenden können, wie sie z. B. von Arnold Gehlen oder Ernst Bloch begriffen wird. Technik, so Heidegger, ist die größte Gefahr, in die der Mensch geraten ist. Wenn sie nichts Neutrales ist, dann kann der Mensch die

Technik auch nicht meistern und beherrschen; sie steht dem Menschen schlichtweg nicht (mehr) zur Verfügung. Ganz im Gegenteil droht die Technik dem Menschen immer mehr zu entgleiten oder gar ihn zu beherrschen (Nr. 2, 4).

Moderne Maschinen-Technik, so Heidegger, entbirgt nicht mehr wie die antike Technik Wahrheit, d. h., sie entspricht nicht mehr der Natur, sondern sie fordert Mensch und Natur aus sich heraus und stellt sie beide als technischen Bestand her. Mittels der modernen Naturwissenschaften berechnet die Technik die Natur nach ihren Erfordernissen, fördert sie aus ihrem ursprünglichen Zustand heraus und formt sie zu technisch brauchbarem Bestand um, als Vorrat nämlich und als Gerät. So wird die Natur zu einem System von Informationen. Technik stellt Natur neu her, wie sie sie braucht (Nr. 1, 2, 3). Moderne, auf der Naturwissenschaft beruhende Technik ist für Heidegger eine Herausforderung der Natur und des Menschen, der selbst nicht mehr Herr der Technik ist, sondern eben Teil des Bestandes (Auszug 1, 4). Die aus sich herausgeforderte Natur ist unsere Umwelt im Zeitalter der ökologischen Krise. Die Herausforderung der Natur aus sich selbst können wir zugleich als das destruktive Wesen der Technik verstehen. Insofern läßt sich die Heideggersche Technikphilosophie auch ohne weiteres ökologisch fortdenken.

Diese Möglichkeit des Weiterdenkens wird auch keineswegs dadurch beeinträchtigt, daß für Heidegger das Wesen der Technik nichts Technisches ist, sondern das »Gestell«. Denn Technik stellt die Welt nicht nur technisch her und wandelt dabei die Natur und den Menschen um; sie gibt uns auch Natur und Mensch auf technische Weise zu denken. Im Zeitalter der modernen Technik können wir die Natur und die Welt nur noch technisch erklären und verstehen. Technik gibt uns damit das Sein selbst zu verstehen und verhindert gleichzeitig, daß uns dieser Prozeß bewußt wird: Heidegger spricht von Seinsvergessenheit, die wir ökologisch unmittelbar als die in Vergessenheit geratene Natur interpretieren dürfen, die die Technik umgewandelt und zerstört hat: irgendwann werden die Menschen vom Wald nichts mehr wissen und ihn auch nicht mehr vermissen (Nr. 1, 4, 5).

Gleichzeitig aber, und hier kommt noch eine gewisse Hoffnung ins Heideggersche Denken, öffnet sich, wie Hölderlin sagt, mit der Gefahr auch das Rettende. Denn die Technik als Hermeneutik kann zwar nicht einfach beherrscht werden, aber sie kann durchdacht werden. Gerade dann, wenn sie naturzerstörerisch und damit Naturverständnis verstellend die Welt umgräbt, blitzt in ihr noch etwas von ihrem Wesen auf als Entbergen der Wahrheit. Die Technik selbst ist für Heidegger keine Hoffnung, aber sie gewährt uns Einblick in unser technisches Geschick, das sie uns philosophisch als Verweigerung von Sein, ökologisch als Verweigerung von Natur vorführt (Nr. 4, 5). Wir können nach Heidegger die Technik wohl kaum überwinden, können sie höchstens wie eine Krankheit *ver*winden. Vielleicht hat Heidegger die ökologische Krise vorausgeahnt.

1. Das Entbergen, das die moderne Technik durchherrscht, entfaltet sich nun aber nicht in ein Her-vor-bringen im Sinne der poiesis. Das in der modernen Technik waltende Entbergen ist ein Herausfordern, das an die Natur das Ansinnen stellt, Energie zu liefern, die als solche herausgefördert und gespeichert werden kann. Gilt dies aber nicht auch von der alten Windmühle? Nein. Ihre Flügel drehen sich zwar im Winde, seinem Wehen bleiben sie unmittelbar anheimgegeben. Die Windmühle erschließt aber nicht Energien der Luftströmung, um sie zu speichern.

Ein Landstrich wird dagegen in die Förderung von Kohle und Erzen herausgefordert. Das Erdreich entbirgt sich jetzt als Kohlenrevier, der Boden als Erzlagerstätte. Anders erscheint das Feld, das der Bauer vormals bestellte, wobei bestellen noch hieß: hegen und pflegen. Das bäuerliche Tun fordert den Ackerboden nicht heraus. Im Säen des Korns gibt es die Saat den Wachstumskräften anheim und hütet ihr Gedeihen. Inzwischen ist auch die Feldbestellung in den Sog eines andersgearteten Bestellens geraten, das die Natur stellt. Es stellt sie im Sinne der Herausforderung. Ackerbau ist jetzt motorisierte Ernährungsindustrie. Die Luft wird auf die Abgabe von Stickstoff hin gestellt, der Boden auf Erze, das Erz z. B. auf Uran, dieses auf Atomenergie, die zur Zerstörung oder friedlichen Nutzung entbunden werden kann.

Das Stellen, das die Naturenergien herausfordert, ist ein Fördern in einem doppelten Sinne. Es fördert, indem es erschließt und herausstellt. Dieses Fördern bleibt jedoch im voraus darauf abgestellt, anderes zu fördern, d. h. vorwärts zu treiben in die größtmögliche Nutzung bei geringstem Aufwand. Die im Kohlenrevier geförderte Kohle wird nicht gestellt, damit sie nur überhaupt und irgendwo vorhanden sei. Sie lagert, d. h. sie ist zur Stelle für die Bestellung der in ihr gespeicherten Sonnenwärme. Diese wird herausgefordert auf Hitze, die bestellt ist, Dampf zu liefern, dessen Druck das Getriebe treibt, wodurch eine Fabrik in Betrieb bleibt.

Das Wasserkraftwerk ist in den Rheinstrom gestellt. Es stellt ihn auf seinen Wasserdruck, der die Turbinen daraufhin stellt, sich zu drehen, welche Drehung diejenige Maschine umtreibt, deren Getriebe den elektrischen Strom herstellt, für den die Überlandzentrale und ihr Stromnetz zur Strombeförderung bestellt sind. Im Bereich dieser ineinandergreifenden Folgen der Bestellung elektrischer Energie erscheint auch der Rheinstrom als etwas Bestelltes. Das Wasserkraftwerk ist nicht in den Rheinstrom gebaut wie die alte Holzbrücke, die seit Jahrhunderten Ufer mit Ufer verbindet. Vielmehr ist der Strom in das Kraftwerk verbaut. Er ist, was er jetzt als Strom ist, nämlich Wasserdrucklieferant, aus dem Wesen des Kraftwerks. Achten wir doch, um das Ungeheuere, das hier waltet, auch nur entfernt zu ermessen, für einen Augenblick auf den Gegensatz, der sich in den beiden Titeln ausspricht: »Der Rhein«, verbaut in das Kraftwerk, und »Der

Rhein«, gesagt aus dem Kunstwerk der gleichnamigen Hymne Hölderlins. Aber der Rhein bleibt doch, wird man entgegnen, Strom der Landschaft. Mag sein, aber wie? Nicht anders denn als bestellbares Objekt der Besichtigung durch eine Reisegesellschaft, die eine Urlaubsindustrie dorthin bestellt hat.

Das Entbergen, das die moderne Technik durchherrscht, hat den Charakter des Stellens im Sinne der Herausforderung. Diese geschieht dadurch, daß die in der Natur verborgene Energie aufgeschlossen, das Erschlossene umgeformt, das Umgeformte gespeichert, das Gespeicherte wieder verteilt und das Verteilte erneut umgeschaltet wird. Erschließen, umformen, speichern, verteilen, umschalten sind Weisen des Entbergens. Dieses läuft jedoch nicht einfach ab. Es verläuft sich auch nicht ins Unbestimmte. Das Entbergen entbirgt ihm selber seine eigenen, vielfach verzahnten Bahnen dadurch, daß es sie steuert. Die Steuerung selbst wird ihrerseits überall gesichert. Steuerung und Sicherung werden sogar die Hauptzüge des herausfordernden Entbergens.

Welche Art von Unverborgenheit eignet nun dem, was durch das herausfordernde Stellen zustande kommt? Überall ist es bestellt, auf der Stelle zur Stelle zu stehen, und zwar zu stehen, um selbst bestellbar zu sein für ein weiteres Bestellen. Das so Bestellte hat seinen eigenen Stand. Wir nennen ihn den Bestand. Das Wort sagt hier mehr und Wesentlicheres als nur »Vorrat«. Das Wort »Bestand« rückt jetzt in den Rang eines Titels. Er kennzeichnet nichts Geringeres als die Weise, wie alles anwest, was vom herausfordernden Entbergen betroffen wird. Was im Sinne des Bestandes steht, steht uns nicht mehr als Gegenstand gegenüber.

2. Nur insofern der Mensch seinerseits schon herausgefordert ist, die Naturenergien herauszufördern, kann dieses bestellende Entbergen geschehen. Wenn der Mensch dazu herausgefordert, bestellt ist, gehört dann nicht auch der Mensch, ursprünglicher noch als die Natur, in den Bestand? Die umlaufende Rede vom Menschenmaterial, vom Krankenmaterial einer Klinik spricht dafür. Der Forstwart, der im Wald das geschlagene Holz vermißt und dem Anschein nach wie sein Großvater in der gleichen Weise dieselben Waldwege begeht, ist heute von der Holzverwertungsindustrie bestellt, ob er es weiß oder nicht. Er ist in die Bestellbarkeit von Zellulose bestellt, die ihrerseits durch den Bedarf an Papier herausgefordert ist, das den Zeitungen und illustrierten Magazinen zugestellt wird. Diese aber stellen die öffentliche Meinung daraufhin, das Gedruckte zu verschlingen, um für eine bestellte Meinungsherrichtung bestellbar zu werden. Doch gerade weil der Mensch ursprünglicher als die Naturenergien herausgefordert ist, nämlich in das Bestellen, wird er niemals zu einem bloßen Bestand. Indem der Mensch die Technik betreibt, nimmt er am Bestellen als einer Weise des Entbergens teil. Allein, die Unverborgenheit selbst, innerhalb

deren sich das Bestellen entfaltet, ist niemals ein menschliches Gemächte, so wenig wie der Bereich, den der Mensch jederzeit schon durchgeht, wenn er als Subjekt sich auf ein Objekt bezieht.

Wo und wie geschieht das Entbergen, wenn es kein bloßes Gemächte des Menschen ist? Wir brauchen nicht weit zu suchen. Nötig ist nur, unvoreingenommen Jenes zu vernehmen, was den Menschen immer schon in Anspruch genommen hat, und dies so entschieden, daß er nur als der so Angesprochene jeweils Mensch sein kann. Wo immer der Mensch sein Auge und Ohr öffnet, sein Herz aufschließt, sich in das Sinnen und Trachten, Bilden und Werken, Bitten und Danken freigibt, findet er sich überall schon ins Unverborgene gebracht. Dessen Unverborgenheit hat sich schon ereignet, so oft sie den Menschen in die ihm zugemessenen Weisen des Entbergens hervorruft. Wenn der Mensch auf seine Weise innerhalb der Unverborgenheit das Anwesende entbirgt, dann entspricht er nur dem Zuspruch der Unverborgenheit, selbst dort, wo er ihm widerspricht. Wenn also der Mensch forschend, betrachtend der Natur als einem Bezirk seines Vorstellens nachstellt, dann ist er bereits von einer Weise der Entbergung beansprucht, die ihn herausfordert, die Natur als einen Gegenstand der Forschung anzugehen, bis auch der Gegenstand in das Gegenstandlose des Bestandes verschwindet. So ist denn die moderne Technik als das bestellende Entbergen kein bloß menschliches Tun. Darum müssen wir auch jenes Herausfordern, das den Menschen stellt, das Wirkliche als Bestand zu bestellen, so nehmen, wie es sich zeigt. Jenes Herausfordern versammelt den Menschen in das Bestellen. Dieses Versammelnde konzentriert den Menschen darauf, das Wirkliche als Bestand zu bestellen.

Was die Berge ursprünglich zu Bergzügen entfaltet und sie in ihrem gefalteten Beisammen durchzieht, ist das Versammelnde, das wir Gebirg nennen.

Wir nennen jenes ursprünglich Versammelnde, daraus sich die Weisen entfalten, nach denen uns so und so zumute ist, das Gemüt.

Wir nennen jetzt jenen herausfordernden Anspruch, der den Menschen dahin versammelt, das Sichentbergende als Bestand zu bestellen – das Gestell.

3. Wahr bleibt allerdings, daß der Mensch des technischen Zeitalters auf eine besonders hervorstechende Weise in das Entbergen herausgefordert ist. Dieses betrifft zunächst die Natur als den Hauptspeicher des Energiebestandes. Dementsprechend zeigt sich das bestellende Verhalten des Menschen zuerst im Aufkommen der neuzeitlichen exakten Naturwissenschaft. Ihre Art des Vorstellens stellt der Natur als einem berechenbaren Kräftezusammenhang nach. Die neuzeitliche Physik ist nicht deshalb Experimentalphysik, weil sie Apparaturen zur Befragung der Natur ansetzt, sondern umgekehrt: weil die

Physik, und zwar schon als reine Theorie, die Natur daraufhin stellt, sich als einen vorausberechenbaren Zusammenhang von Kräften darzustellen, deshalb wird das Experiment bestellt, nämlich zur Befragung, ob sich die so gestellte Natur und wie sie sich meldet. Aber die mathematische Naturwissenschaft ist doch um fast zwei Jahrhunderte vor der modernen Technik entstanden. Wie soll sie da schon von der modernen Technik in deren Dienst gestellt sein? Die Tatsachen sprechen für das Gegenteil. Die moderne Technik kam doch erst in Gang, als sie sich auf die exakte Naturwissenschaft stützen konnte. Historisch gerechnet, bleibt dies richtig. Geschichtlich gedacht, trifft es nicht das Wahre.

Die neuzeitliche physikalische Theorie der Natur ist die Wegbereiterin nicht erst der Technik, sondern des Wesens der modernen Technik. Denn das herausfordernde Versammeln in das bestellende Entbergen waltet bereits in der Physik. Aber es kommt in ihr noch nicht eigens zum Vorschein. Die neuzeitliche Physik ist der in seiner Herkunft noch unbekannte Vorbote des Gestells. Das Wesen der modernen Technik verbirgt sich auf lange Zeit auch dort noch, wo bereits Kraftmaschinen erfunden, die Elektrotechnik auf die Bahn und die Atomtechnik in Gang gesetzt sind.

Alles Wesende, nicht nur das der modernen Technik, hält sich überall am längsten verborgen. Gleichwohl bleibt es im Hinblick auf sein Walten solches, was allem voraufgeht: das Früheste. Davon wußten schon die griechischen Denker, wenn sie sagten: Jenes, was hinsichtlich des waltenden Aufgehens früher ist, wird uns Menschen erst später offenkundig. Dem Menschen zeigt sich die anfängliche Frühe erst zuletzt. Darum ist im Bereich des Denkens eine Bemühung, das anfänglich gedachte noch anfänglicher zu durchdenken, nicht der widersinnige Wille, Vergangenes zu erneuern, sondern die nüchterne Bereitschaft, vor dem Kommenden der Frühe zu erstaunen.

Für die historische Zeitrechnung liegt der Beginn der neuzeitlichen Naturwissenschaft im 17. Jahrhundert. Dagegen entwickelt sich die Kraftmaschinentechnik erst in der zweiten Hälfte des 18. Jahrhunderts. Allein, das für die historische Feststellung Spätere, die moderne Technik, ist hinsichtlich des in ihm waltenden Wesens das geschichtlich Frühere.

Wenn die moderne Physik in zunehmendem Maße sich damit abfinden muß, daß ihr Vorstellungsbereich anschaulich bleibt, dann ist dieser Verzicht nicht von irgendeiner Kommission von Forschern diktiert. Er ist vom Walten des Gestells herausgefordert, das die Bestellbarkeit der Natur als Bestand verlangt. Darum kann die Physik bei allem Rückzug aus dem bis vor kurzem allein maßgebenden, nur den Gegenständen zugewandten Vorstellen auf eines niemals verzichten: daß sich die Natur in irgendeiner rechnerisch feststellbaren Weise meldet und als ein System von Informationen bestellbar bleibt.

4. Das Geschick der Entbergung ist in sich nicht irgendeine, sondern die Gefahr.

Waltet jedoch das Geschick in der Weise des Gestells, dann ist es die höchste Gefahr. Sie bezeugt sich uns nach zwei Hinsichten. Sobald das Unverborgene nicht einmal mehr als Gegenstand, sondern ausschließlich als Bestand den Menschen angeht und der Mensch innerhalb des Gegenstandlosen nur noch der Besteller des Bestandes ist, – geht der Mensch am äußersten Rand des Absturzes, dorthin nämlich, wo er selber nur noch als Bestand genommen werden soll. Indessen spreizt sich gerade der so bedrohte Mensch in die Gestalt des Herrn der Erde auf. Dadurch macht sich der Anschein breit, alles was begegne, bestehe nur, insofern es ein Gemächte des Menschen sei. Dieser Anschein zeitigt einen letzten trügerischen Schein. Nach ihm sieht es so aus, als begegne der Mensch überall nur noch sich selbst. Heisenberg hat mit vollem Recht darauf hingewiesen, daß sich dem heutigen Menschen das Wirkliche so darstellen muß. Indessen begegnet der Mensch heute in Wahrheit gerade nirgends mehr sich selber, d. h. seinem Wesen. Der Mensch steht so entschieden im Gefolge der Herausforderung des Gestells, daß er dieses nicht als einen Anspruch vernimmt, daß er sich selber als den Angesprochenen übersieht und damit auch jede Weise überhört, inwiefern er aus seinem Wesen her im Bereich eines Zuspruchs ek-sistiert und darum niemals nur sich selber begegnen kann.

Allein, das Gestell gefährdet nicht nur den Menschen in seinem Verhältnis zu sich selbst und zu allem, was ist. Als Geschick verweist es in das Entbergen von der Art des Bestellens. Wo dieses herrscht, vertreibt es jede andere Möglichkeit der Entbergung. Vor allem verbirgt das Gestell jenes Entbergen, das im Sinne der poiesis das Anwesende ins Erscheinen her-vor-kommen läßt. Im Vergleich hierzu drängt das herausfordernde Stellen in den entgegengesetzt gerichteten Bezug zu dem, was ist. Wo das Gestell waltet, prägen Steuerung und Sicherung des Bestandes alles Entbergen. Sie lassen sogar ihren eigenen Grundzug, nämlich dieses Entbergen als ein solches nicht mehr zum Vorschein kommen.

So verbirgt denn das herausfordernde Gestell nicht nur eine vormalige Weise des Entbergens, das Her-vor-bringen, sondern es verbirgt das Entbergen als solches und mit ihm Jenes, worin sich Unverborgenheit, d. h. Wahrheit ereignet.

Das Gestell verstellt das Scheinen und Walten der Wahrheit. Das Geschick, das in das Bestellen schickt, ist somit die äußerste Gefahr. Das Gefährliche ist nicht die Technik. Es gibt keine Dämonie der Technik, wohl dagegen das Geheimnis ihres Wesens. Das Wesen der Technik ist als ein Geschick des Entbergens die Gefahr. Die gewandelte Bedeutung des Wortes »Gestell« wird uns jetzt vielleicht schon um einiges vertrauter, wenn wir Gestell im Sinne von Geschick und Gefahr denken.

Die Bedrohung des Menschen kommt nicht erst von den möglicherweise tödlich wirkenden Maschinen und Apparaturen der Technik. Die eigentliche Bedrohung hat den Menschen bereits in seinem Wesen angegangen. Die Herrschaft des Gestells droht mit der Möglichkeit, daß dem Menschen versagt sein könnte, in ein ursprünglicheres Entbergen einzukehren und so den Zuspruch einer anfänglicheren Wahrheit zu erfahren.

5. Das Bestellen des Gestells stellt sich vor das Ding, läßt es als Ding ungewahrt, wahrlos. So verstellt das Gestell die im Ding nähernde Nähe von Welt. Das Gestell verstellt sogar noch dieses sein Verstellen, so wie das Vergessen von etwas sich selber vergißt und sich in den Sog der Vergessenheit wegzieht. Das Ereignis der Vergessenheit läßt nicht nur in die Verborgenheit entfallen, sondern dieses Entfallen selbst entfällt mit in die Verborgenheit, die selber noch bei diesem Fallen wegfällt.

Und dennoch – in allem Verstellen des Gestells lichtet sich der Lichtblick von Welt, blitzt Wahrheit des Seins. Dann nämlich, wenn das Gestell sich in seinem Wesen als die Gefahr lichtet, d. h. als das Rettende. Im Gestell noch als einem Wesensgeschick des Seins west ein Licht vom Blitz des Seins. Das Gestell ist, obzwar verschleiert, noch Blick, kein blindes Geschick im Sinne eines völlig verhangenen Verhängnisses.

Einblick in das was ist – so heißt der Blitz der Wahrheit des Seins in das wahrlose Sein.

Wenn Einblick sich ereignet, dann sind die Menschen die vom Blitz des Seins in ihr Wesen Getroffenen. Die Menschen sind die im Einblick Erblickten.

Erst wenn das Menschenwesen im Ereignis des Einblickes als das von diesem Erblickte dem menschlichen Eigensinn entsagt und sich dem Einblick zu, von sich weg, ent-wirft, entspricht der Mensch in seinem Wesen dem Anspruch des Einblickes. So entsprechend ist der Mensch ge-eignet, daß er im gewahrten Element von Welt als der Sterbliche dem Göttlichen entgegenblickt.

Anders nicht; denn auch der Gott ist, wenn er ist, ein Seiender, steht als Seiender im Sein und dessen Wesen, das sich aus dem Welten von Welt ereignet.

Erst wenn Einblick sich ereignet, lichtet sich das Wesen der Technik als Gestell, erkennen wir, wie im Bestellen des Bestandes die Wahrheit des Seins als Welt verweigert bleibt, merken wir, daß alles bloße Wollen und Tun nach der Weise des Bestellens in der Verwahrlosung beharrt. So bleibt denn auch alles bloße Ordnen der universalhistorisch vorgestellten Welt wahr- und bodenlos. Alle bloße Jagd auf die Zukunft, ihr Bild in der Weise zu errechnen, daß man halb gedachtes Gegenwärtiges in das verhüllte Kommende verlängert, bewegt sich selber noch in der Haltung des technisch-rechnenden Vorstellens. Alle Versuche, das bestehende Wirkliche morphologisch, psychologisch auf Verfall und Verlust, auf Verhängnis und Katastrophe, auf Untergang zu verrechnen, sind nur ein technisches Gebaren. Es operiert mit der Apparatur der Aufzählung von Symptomen, deren Bestand ins Endlose vermehrt und immer neu variiert werden kann. Diese Analysen der Situation merken nicht, daß sie nur im Sinne und nach der Weise der technischen Zerstückung arbeiten und so dem technischen Bewußtsein die ihm gemäße historisch-technische Darstellung des Geschehens liefern. Aber kein historisches Vorstellen der Geschichte als Geschehen bringt in den schicklichen Bezug zum Geschick und vollends nicht zu dessen Wesensherkunft im Ereignis der Wahrheit des Seins.

Alles nur Technische gelangt nicht in das Wesen der Technik. Es vermag nicht einmal seinen Vorhof zu erkennen.

Darum beschreiben wir, indem wir versuchen, den Einblick in das, was ist, zu sagen, nicht die Situation der Zeit. Die Konstellation des Seins sagt sich uns zu.

Aber wir hören noch nicht, wir, denen unter der Herrschaft der Technik Hören und Sehen durch Funk und Film vergeht. Die Konstellation des Seins ist die Verweigerung von Welt als die Verwahrlosung des Dinges. Verweigerung ist nicht nichts, sie ist das höchste Geheimnis des Seins innerhalb der Herrschaft des Gestells.

Pierre Teilhard de Chardin (1881–1955)

Der Jesuit, Paläontologe, Anthropologe und Philosoph lehrte am Institut Catholique in Paris und lebte lange in China, wo er an der Ausgrabung des Pekingmenschen teilnahm. Teilhard de Chardin versucht nicht nur in seinem philosophischen Hauptwerk »Der Mensch im Kosmos« (1955) die modernen Naturwissenschaften, vor allem Charles Darwins materialistische Evolutionstheorie mit der christlichen Heilslehre wie Heilsgeschichte zu vermitteln. Er geht davon aus, daß Materie als Urmaterie bereits beseelt sein mußte, um den menschlichen Geist hervorbringen zu können. Je komplexer die Materie in ihrer äußeren Molekülbildung sich darstellt, um so stärker erhält sie auch eine innere Beseelung. Im menschlichen Geist wird sie sich schließlich selbst bewußt. Dadurch schafft sie den qualitativen Sprung von der Biosphäre in die Noosphäre, wo jetzt der Mensch zum Träger der weiteren Entwicklung des Kosmos wird. Damit findet Teilhard de Chardin sich in eine mystische Vision universaler Ganzheit ein. Denn die menschliche Entwicklung wird von einem teleologischen Prinzip durchherrscht: alle menschlichen Kulturen neigen dazu, sich in einer einzigen Weltkultur, dem »Punkt Omega« zu vereinigen. Dieses Ziel einer versöhnten Gesellschaft erreicht der Mensch nach Teilhard de Chardin durch die christliche Liebe, so daß der Anthropologe durchaus als Optimist und Fortschrittsdenker einzuschätzen ist. Sowohl im ersten Auszug aus seinem Hauptwerk wie im zweiten und dritten aus der Schrift »Die menschliche Energie« zeigt sich Teilhard de Chardins Vision einer vollendeten und in der Liebe vereinigten Menschheit. Im ersten Auszug vergleicht er den Prozeß zur Gemeinschaft außerdem mit dem der Individuation. In den beiden folgenden steht die Liebe im Vordergrund. Im letzten Auszug erzählt Teilhard de Chardin von einer persönlichen Erfahrung praktischer Ganzheit.

1. Wenn sich tatsächlich jenseits der elementaren Menschwerdung, die im einzelnen Individuum gipfelt, eine zweite Menschwerdung über uns vollzieht, diesmal eine kollektive, die die ganze Art umfaßt – dann erscheint die Feststellung ganz natürlich, daß sich parallel mit der gesellschaftlichen Organisation der Menschheit dieselben drei psychobiologischen Eigenschaften, nun aber im Erdmaßstab, herausbilden, die erstmals beim Individuum der Übergang zum Denken ausgelöst hat:

a) Erstens die Fähigkeit zur Erfindung. Da sich heute alle Forschungskräfte planmäßig gegenseitig stützen, hat sie sich so rasch verstärkt, daß man bereits (wie ich weiter oben sagte) von einem Wiederanspringen (einer Wiederankurbelung) der menschlichen Evolution sprechen könnte.

b) Zweitens die Fähigkeit der Anziehung (oder der Abstoßung). Diese Kräfte wirken in der Welt noch auf chaotische Weise, doch sind sie rings um uns in einem so raschen Anstieg begriffen, daß das Wirtschaftliche (was man auch sagen mag) morgen möglicherweise dem Ideologischen und Gefühlsmäßigen gegenüber sehr wenig bei der Ordnung der Erde zählen wird.

c) Schließlich und vor allem die Forderung der Irreversibilität. Sie geht von der noch ein wenig zögernden Zone der individuellen Strebungen aus, um sich im Bewußtsein und durch die Stimme der Art kategorisch zum Ausdruck zu bringen. – Kategorisch, sage ich, und zwar in folgendem Sinn: ein einzelner Mensch kann vielleicht dahin gelangen, sich vorzustellen, daß es ihm physisch oder sogar moralisch möglich sei, seiner vollständigen Vernichtung ins Auge zu sehen; gegenüber einer totalen Zunichtemachung der Evolution mit ihren mühsam errungenen Früchten (oder auch schon bei ihrer unzureichenden Erhaltung) würde der Menschheit, und darüber beginnt sie sich völlig klarzuwerden, nur der Streik übrigbleiben. Die Anstrengung, die Erde voranzubringen, fällt zu schwer; auch droht sie zu lange zu dauern. Nur wenn wir im Unzerstörbaren arbeiten können, vermögen wir sie auf uns zu nehmen...

Diese und noch viele andere Anzeichen scheinen mir vereint einen ernsthaften wissenschaftlichen Beweis dafür zu erbringen, daß die zoologische Gruppe Mensch (in Übereinstimmung mit dem allgemeinen Gesetz der Zentro-Komplexität) weit davon entfernt ist, sich durch fessellosen Individualismus biologisch in einen Zustand zunehmender Körnung zu verlieren, noch auch (durch Flug in den Astralraum) in siderischer Ausbreitung Rettung vor dem Tod zu suchen, oder ganz einfach in eine Katastrophe oder in Vergreisung hineinzugleiten. Nein, dank der planetarischen Ordnung und Konvergenz aller Elemente, die auf der Erde reflektierend geworden sind, strebt sie tatsächlich nach einem zweiten kritischen Reflexionspunkt, der kollektiv und übergeordnet ist: jenseits dieses Punktes (eben weil er kritisch ist) können wir direkt nichts mehr sehen; doch (wie ich gezeigt habe) können wir voraussagen, daß sich in diesem Punkt der Kontakt vollziehen werde zwischen dem Denken, das aus der Involution der Materie entstanden ist, und einem transzendenten Brennpunkt Omega, dem Prinzip, das eine Rückwärtsentwicklung unmöglich macht und zugleich Antrieb ist und Sammler dieser Involution.

2. In einem zentro-komplexen Universum gibt es keinen Gegensatz, sondern im Gegenteil Koinzidenz zwischen dem Personalen und dem Universellen.

Unter diesem Gesichtspunkt hat das unwiderstehliche Zusammendrängen, das uns immer mehr dazu zwingt, uns auf der geschlossenen Oberfläche unseres Planeten wechselseitig zu durchdringen, nichts Beunruhigendes an sich.

Es ist lediglich eine gewaltigere Bekundung als die anderen jener kosmischen Kräfte, die seit immer schon daran arbeiten, die Welt eins zu machen und zu vertiefen, indem sie sie komplizieren.

(…) In einer Welt, deren Formel »zur Personalisation durch die Vereinigung« lautet, nehmen die Kräfte der Liebe, das ist evident, einen vorrangigen Platz ein – denn die Liebe ist gerade eben das Band, das die Personen einander nähert und vereint.

3. In einem Universum zentro-komplexer Struktur ist die Liebe wesentlich nichts anderes als die der Kosmogenese eigene Energie.

Und deshalb erweist sich sie allein unter allen Energien der Welt als fähig, die kosmische Personalisation, die Frucht der Zentrogenese, bis an ihr Ziel voranzutreiben. Die Vereinigung, sagten wir, personalisiert. Allerdings nur … unter einer Bedingung: daß nämlich die von ihr gruppierten Zentren sich einander nicht auf irgendeine Weise … annähern – sondern spontan, von Zentrum zu Zentrum – das heißt, *indem sie sich lieben*.

Letzten Endes vermag allein, dank ihrem spezifischen und einzigartigen Vermögen, »die Komplexe zu personalisieren«, die Liebe dieses Wunder zu bewirken, den Menschen durch die Kräfte und mittels der Kräfte der Kollektivisation zu überhumanisieren; und sie allein kann ihm im Laufe einer noch entscheidenderen Phase den Zugang zu Omega eröffnen.

(...) Aus alldem, was wir bisher gesagt haben, ergibt sich, daß das in seiner Totalität genommene Universum sich konzentriert, indem es sich unter dem Einfluß einer von Omega herkommenden Anziehung kompliziert. Von der menschlichen Isosphäre [oder Noosphäre] an gewinnt diese Anziehung die Form der Liebe. Und letzten Endes können die Menschen, weil im Grunde eines jeden die Gegenwart des gemeinsamen Zielpunktes durchscheint, auf den hin sie sich bewegen, einmütig werden. Vom Standpunkt der Zentrogenese aus gesehen, badet letzten Endes alles in einem Strom konvergenter psychischer Energie, deren Qualität und Quantität von Isosphäre zu Isosphäre im gleichen Rhythmus wie die Personalisation aufsteigen.

4. Zahlreiche Male hat das Leben mich Menschen nahekommen lassen, die auf Grund ihrer Überzeugungen und ihres Tuns in einem Lager standen, das als dem meinen entgegengesetzt eingeordnet wurde. Zwischen diesen Menschen und mir hätte sich nach den geltenden Konventionen Mißtrauen oder Feindschaft bekunden müssen. Doch anstatt dieser Kälte brach beim ersten Kontakt eine tiefe Sympathie hervor, eine dieser wachsenden und endgültigen Sympathien, wie sie zwischen Waffengefährten entstehen. Dem Etikett nach Feinde, haben wir uns unmittelbar als Brüder erkannt. Und weshalb? (...) Einfach weil wir, sie und ich, letzten Endes jeder auf seiner Seite, nur dahin strebten, die Erde zu verherrlichen und eins zu machen. Was kam es darauf an, ob sich, um zu diesem Ergebnis zu gelangen, unsere Methoden noch unterschieden. Diese Divergenzen, das spürten wir, waren nur sekundär und vorläufig: sie würden sich durchaus eines Tages schließlich berichtigen und auflösen. Wesentlich war, daß wir uns unterdessen in der Atmosphäre und dem Lichte ein und desselben Ideals begegnen konnten.

Wirklich, die Suche nach dem Universellen, die fähig ist, unseren Lauf zur Vereinigung unfehlbar zu lenken und »automatisch« zu berichtigen, hat obendrein noch die geheimnisvolle Kraft, diese Vereinigung unmittelbar zu bewirken. – Spekulativ und praktisch verschwindet an der Grenze *nach oben* der Gegensatz zwischen einem *universalisierten* Demokratismus, Kommunismus, »Achsismus« [und, so kann ich durchaus hinzufügen, Christentum]. Auf Grund der Universalisation konvergieren die vier Strömungen; und aus ihrem Zusammenströmen muß, so denke ich mir, die neue, noch unvorstellbare Ordnung entstehen, in die wir morgen erwachen werden.

Agrippa von Nettesheim: De occulta philosophia. Auswahl, Einführung und Kommentar von Willy Schrödter. Remagen: Reichl, 1967.
S. 30–31; S. 56; S. 95; S. 113; S. 116; S. 117; S. 17; S. 91; S. 41; S. 49; S. 63; S. 34; S. 39

Albertus Magnus: Ausgewählte Texte: lat.-dt. Hrsg. u. übers. von Albert Fries. Mit e. Kurzbiogr. von Willehad Paul Eckert. – Darmstadt: Wissenschaftliche Buchgesellschaft, 1981 (Texte zur Forschung; Bd. 35).
S. 155–157; S. 165–167; S. 167–171; S. 5–9; S. 89–91; S. 93; S. 97–99; S. 107–109; S. 113–115

Alkidamas: [Textauszüge], in: Die Vorsokratiker. Deutsch in Auswahl mit Einleitungen von Wilhelm Nestle. – 3. Aufl. – Jena: Diederichs, 1929 (Die griechischen Philosophen; Bd. 1).
S. 210

Ambrosius: [Textauszüge], in: Texte der Kirchenväter. Eine Auswahl nach Themen geordnet. Erster Band. [Zus.gest. u. hrsg. von Alfons Heilmann unter wiss. Mitarb. von Heinrich Kraft.] – München: Kösel, 1963.
S. 161–162; S. 167–169; S. 128–129

Anaxagoras: [Textauszüge], in: Die Vorsokratiker. Deutsch in Auswahl mit Einleitungen von Wilhelm Nestle. – 3. Aufl. – Jena: Diederichs, 1929 (Die griechischen Philosophen; Bd. 1).
S. 160; S. 156; S. 158–159; S. 157; S. 159

Anaximander: [Textauszüge], in: Die Vorsokratiker. Deutsch in Auswahl mit Einleitungen von Wilhelm Nestle. – 3. Aufl. – Jena: Diederichs, 1929 (Die griechischen Philosophen; Bd. 1).
S. 109

Anonymos (Pseudo-Aristoteles): Von der Welt, in: Die Nachsokratiker. Deutsch in Auswahl mit Einleitungen von Wilhelm Nestle. Bd. 2. – Jena: Diederichs, 1923 (Die griechischen Philosophen; Bd. 4).
S. 144–145

Antiphon: [Textauszüge], in: Die Vorsokratiker. Deutsch in Auswahl mit Einleitungen von Wilhelm Nestle. – 3. Aufl. – Jena: Diederichs, 1929 (Die griechischen Philosophen; Bd. 1).
S. 224–228

Aristoteles: Metaphysik. – Berlin: Aufbau-Verl., 1960.
S. 17–18; S. 75–76; S. 108–109

Aristoteles: Nikomachische Ethik. – Paderborn: Schöningh, 1956 (Aristoteles. Die Lehrschriften).
S. 46–47; S. 55–56; S. 95

© Springer Fachmedien Wiesbaden GmbH, ein Teil von Springer Nature 2019
P. C. Mayer-Tasch et al. (Hrsg.), *Natur denken*,
https://doi.org/10.1007/978-3-658-24635-8

Aristoteles: Politik. Übers. u. mit erklärenden Anm. u. Registern versehen von Eugen Rolfes.
– Hamburg: Meiner, 1958 (Philosophische Bibliothek; Bd. 7).
S. 4–6

Athanasius: [Textauszüge], in: Texte der Kirchenväter. Eine Auswahl nach Themen geordnet.
Erster Band. [Zus.gest. u. hrsg. von Alfons Heilmann unter wiss. Mitarb. von Heinrich
Kraft.] – München: Kösel, 1963.
S. 206–210

Augustinus: [Textauszüge], in: Texte der Kirchenväter. Eine Auswahl nach Themen geordnet.
Erster Band. [Zus.gest. u. hrsg. von Alfons Heilmann unter wiss. Mitarb. von Heinrich
Kraft.] – München: Kösel, 1963.
S. 146; S. 147; S. 148–149; S. 165–166

Baader, Franz Xaver von: Gesammelte Schriften zur Sozietätsphilosophie. Hrsg. von Franz
Hoffmann. Bd. 1. Neudruck der Ausgabe Leipzig 1854 – Aalen: Scientia Verl., 1963
(Sämtliche Werke; Bd. 5).
S. 275–276; S. 310–312

Baader, Franz Xaver von: Gesammelte Schriften zur philosophischen Anthropologie. Hrsg.
von Franz Hoffmann. – Neudruck der Ausgabe Leipzig 1853 – Aalen: ScientiaVerl., 1963
(Sämtliche Werke; Bd. 4).
S. 297–302

Benjamin, Walter: Gesammelte Schriften. Unter Mitw. von Theodor W. Adorno u. Gershom
Scholem hrsg. von Rolf Tiedemann u. Hermann Schweppenhäuser. – Frankfurt/M.:
Suhrkamp. I. [Abhandlungen], hrsg. von Rolf Tiedemann u. Hermann Schweppen-
häuser. 2. Aufl. – 1978.
S. 476–478; S. 479–480; S. 698–699

Bergson, Henri: Die beiden Quellen der Moral und der Religion. – Olten, Freiburg i. Brsg.:
Walter, 1980.
S. 52–53; S. 112–113; S. 175; S. 202–203; S. 253–254; S. 308–310

Böhme, Jakob: Sämtliche Schriften. Faksimile-Neudruck der Ausgabe von 1730 in elf Bän-
den. Bd. 8, XVII: Mysterium Magnum, oder Erklärung über Das Erste Buch Mosis.
– Stuttgart: Frommann, 1958.
S. 8–9; S. 10; S. 54–55

Böhme, Jakob: Sämtliche Schriften. Faksimile-Neudruck der Ausgabe von 1730 in elf Bänden.
Bd. 1, I: Aurora, oder Morgenröthe im Aufgang. – Stgt.: Frommann, 1955.
S. 308; S. 309; S. 310–311

Böhme, Jakob: Sämtliche Schriften. Faksimile-Neudruck der Ausgabe von 1730 in elf Bänden.
Bd. 6, XV: De electione gratiae, Von der Gnaden-Wahl oder Von dem Willen Gottes
über die Menschen. – Stuttgart: Frommann, 1957.
S. 59–60

Böhme, Jakob: Sämtliche Schriften. Faksimile-Neudruck der Ausgabe von 1730 in elf
Bänden. Bd. 6, XIV: De signatura rerum, oder Von der Geburt und Bezeichnung aller
Wesen. – Stuttgart: Frommann, 1957.
S. 7; S. 72; S. 19; S. 79–80; S. 86; S. 90; S. 230–231; S. 232–233

Boethius, Anicius Manlius Severinus: Trost der Philosophie, [lat./dt.] Übers. von Eberhard
Gothein. – Berlin: Verlag Die Runde, 1932.
S. 89–109; S. 123–125

Bruno, Giordano: Von der Ursache, dem Prinzip und dem Einen. Aus d. Ital. übers. u. mit
    erläuternden Anm. versehen von Adolf Lasson. – 4. Aufl. – Leipzig: Meiner, 1923 (Phi-
    losophische Bibliothek; Bd. 21).
    S. 97–98; S. 100–101; S. 102–103; S. 114–115
Bruno, Giordano: Acrotismus seu rationes articulorum physicorum [Textauszüge], in:
    Renaissance und frühe Neuzeit. Hrsg. von Stephan Otto. – Stuttgart: Reclam, 1984
    (Geschichte der Philosophie in Text und Darstellung; Bd. 3).
    S. 333–334

Cassiodor: Vom Adel des Menschen. »De Anima«. Übers. u. eingel. von Leo Helbling. –
    Einsiedeln: Johannes Verl., 1965 (Sigillum. 26).
    S. 19–20; S. 23–24; S. 45–46; S. 49–50; S. 15–16
Chrysippos: [Textauszüge], in: Die Nachsokratiker. Zweiter Band. In Auswahl übersetzt
    und herausgegeben von Wilhelm Nestle. – Jena: Diederichs, 1923.
    S. 30–31; S. 38; S. 32–36; S. 43; S. 56

Diderot, Denis: Enzyklopädie. Philosophische und politische Texte aus der »Encyclopédie«
    sowie Prospekt und Ankündigung der letzten Bände. – München: Deutscher Taschen-
    buchverlag, 1969; Lizenzausgabe des Aufbau-Verlags, Berlin, und der Europäischen
    Verlagsanstalt, Frankfurt am Main (dtv: Wissenschaftliche Reihe; 4026).
    S. 60–64
Diogenes von Apollonia: [Textauszüge], in: Die Vorsokratiker. Deutsch in Auswahl mit
    Einleitungen von Wilhelm Nestle. – 3. Aufl. – Jena: Diederichs, 1929 (Die griechischen
    Philosophen; Bd. 1).
    S. 160–162

Empedokles: [Textauszüge], in: Die Vorsokratiker. Deutsch in Auswahl mit Einleitungen von
    Wilhelm Nestle. – 3. Aufl. – Jena: Diederichs, 1929 (Die griechischen Philosophen; Bd. 1).
    S. 142–143; S. 143–146
Epikur: Von der Überwindung der Furcht. Katechismus, Lehrbriefe, Spruchsammlung,
    Fragmente. Eingel. u. übertr. von Olof Gigon. – Zürich: Artemis, 1949 (Die Bibliothek
    der Alten Welt. Griechische Reihe).
    S. 31; S. 4–5; S. 51; S. 47–48; S. 6; S. 58–59
(Die) Essener, s. Die verlorenen Schriftrollen der Essener…; s. a. Die unbekannten Schriften
    der Essener…

Ferguson, Adam: Versuch über die Geschichte der bürgerlichen Gesellschaft. Hrsg. u.
    eingel. von Zwi Batscha und Hans Medick. Aus dem Englischen von Hans Medick. –
    © Suhrkamp Verlag Frankfurt am Main, 1988.
    S. 101–107
Ficinus, Marsilius: Theologica Platonica, Buch III, Kap. 2, in: Renaissance und frühe Neuzeit.
    Hrsg. von Stephan Otto. – Stuttgart: Reclam, 1984 (Geschichte der Philosophie in Text
    und Darstellung; Bd. 3).
    S. 268–271
Franz von Assisi: s. Thomas von Celano: Leben und Wunder des heiligen Franziskus von
    Assisi…

Franz von Assisi: Die Schriften des Heiligen Franziskus von Assisi. Einf., Übers., Erl. Lothar
   Hardick und Engelbert Grau. – 7. verb. Aufl. – Werl/Westf.: Coelde, 1982 (Franziska-
   nische Quellenschriften; Bd. 1).
   S. 214–215

Galilei, Galileo: Dialog über die beiden hauptsächlichen Weltsysteme, das ptolemäische
   und das kopernikanische (Auszüge), in: ders.: Schriften, Briefe, Dokumente. Hrsg. von
   Anna Mudry. Bd. 1. Schriften. – München: Beck, 1987.
   S. 179
Galilei, Galileo: [Textauszüge], in: Vorländer, Karl: Philosophie der Renaissance, Beginn der
   Naturwissenschaft. Bearb. von Hinrich Knittermeyer. Mit Quellentexten und biblio-
   graph. Ergänzungen versehen von Eckhard Keßler. – Reinbek bei Hamburg: Rowohlt,
   1965 (rowohlts deutsche enzyklopädie: Geschichte der Philosophie; 3).
   S. 250–251
Galilei, Galileo: Dialog…
   S. 212–213
Galilei, Galileo: [Textauszüge]…
   S. 252
Gorgias: [Textauszüge], in: Die Vorsokratiker: Deutsch in Auswahl mit Einleitungen von
   Wilhelm Nestle. – 3. Aufl. – Jena: Diederichs, 1929 (Die griechischen Philosophen; Bd. 1).
   S. 201–202

Hegel, Georg Wilhelm Friedrich: System der Philosophie. Erster Teil. Die Logik. – 3. Aufl.
   der Jubiläumsausgabe – Stuttgart: Frommann, Holzboog, 1955 (Sämtliche Werke; Bd. 8).
   S. 452
Hegel, Georg Wilhelm Friedrich: System der Philosophie. Zweiter Teil. Die Naturphiloso-
   phie. – 3. Aufl. der Jubiläumsausgabe – Stuttgart: Frommann, Holzboog, 1958 (Sämtliche
   Werke; Bd. 9).
   S. 35; S. 36–37; S. 38–39; S. 45–46; S. 48–49
Heidegger, Martin: Die Technik und die Kehre. – 4. Aufl. – Pfullingen: Neske, 1978.
   S. 14–16; S. 17–19; S. 21–22; S. 26–28; S. 44–46
Heraklit: [Textauszüge], in: Die Vorsokratiker. Deutsch in Auswahl mit Einleitungen von
   Wilhelm Nestle. – 3. Aufl. – Jena: Diederichs, 1929 (Die griechischen Philosophen; Bd. 1).
   S. 119–121
Hildegard von Bingen: Der Mensch in der Verantwortung. Das Buch der Lebensverdienste
   (Liber vitae meritorum). Nach den Quellen übers. u. erl. von Heinrich Schipperges. –
   Salzburg: Otto Müller, 1972.
   S. 133–134; S. 191–192
Hildegard von Bingen: Welt und Mensch. Das Buch »De operatione dei«. Aus dem Genter
   Kodex übers. u. erl. von Heinrich Schipperges. – Salzburg: Otto Müller, 1965.
   S. 37; S. 44–45; S. 54–55; S. 87
Hippokrates: Fünf auserlesene Schriften. Eingel. u. neu übertr. von Wilhelm Capelle. – Zü-
   rich: Artemis, 1955. (Die Bibliothek der Alten Welt: Griechische Reihe).
   S. 90–92; S. 106–108; S. 110; S. 115
Horkheimer, Max/Theodor W. Adorno: Dialektik der Aufklärung. Philosophische Frag-
   mente. – Frankfurt/M.: Fischer, 1973.
   S. 4; S. 5; S. 7; S. 9–10; S. 11; S. 12; S. 15–16; S. 27; S. 31; S. 33; S. 35; S. 38; S. 39

Horkheimer, Max: Zur Kritik der instrumentellen Vernunft. Aus den Vorträgen und Aufzeichnungen seit Kriegsende. Hrsg. von Alfred Schmidt. – Frankfurt/M.: S. Fischer, 1967.
S. 94; S. 100–102; S. 102–104; S. 107–108; S. 122–123
Husserl, Edmund: Die Krisis der europäischen Wissenschaften und die transzendentale Phänomenologie. Eine Einleitung in die phänomenologische Philosophie. Hrsg. von Walter Biemel. – Haag: Nijhoff, 1954. (Husserliana; Bd. 6).
S. 48–54

Isidor von Sevilla: De Natura Rerum. Traité de la nature. Hrsg. von Jacques Fontaine. – Bordeaux: Féret et Fils, 1960 (Eigene Übersetzung).
S. 207; S. 215–217; S. 289–291.

Johannes Scotus Eriugena: Über die Einteilung der Natur. Übers. von Ludwig Noack. – © 1994 Felix Meiner Verlag, Hamburg. Quelle: Johannes Scotus Eriugena „Über die Einteilung der Natur" (Philosophische Bibliothek 86/87).
S. 20–21; S. 50–53; S. 113–115; S. 398–401

Kant, Immanuel: Kant's gesammelte Schriften. Hrsg. von der Königlich Preußischen Akademie der Wissenschaften. Abt. 1. Werke. Bd. 5 Kritik der praktischen Vernunft. Kritik der Urtheilskraft. – Berlin: Reimer, 1913.
S. 421–422; S. 368–369; S. 427–428; S. 429–431; S. 444; S. 478–479

Leibniz, Gottfried Wilhelm: Die Hauptwerke. Zus.gef. u. übertr. von Gerhard Krüger. Mit e. Vorw. von Dietrich Mahnke. – 2., durchges. Aufl. – Stuttgart: Kröner, 1933.
S. 94–96; S. 148–150; S. 248; S. 192–193; S. 239–240

Marx, Karl: Texte zu Methode und Praxis. II. Pariser Manuskripte 1844. Mit einem Essay »Zum Verständnis der Texte«, Erläuterungen und Bibliographie hrsg. von Günther Hillmann. – Reinbek bei Hamburg: Rowohlt, 1971 (Rowohlts Klassiker der Literatur und der Wissenschaft: Philosophie der Neuzeit; Bd. 9).
S. 117; S. 118; S. 83–84; S. 55–58; S. 87–88; S. 75–76; S. 77; S. 80; S. 81
Meister Eckhart: Deutsche Predigten und Schriften. – Ausgew. u. übers. aus dem Mittelhochdeutschen von G. Durstewitz. Paderborn (u. a.): Schöningh, 1936.
S. 93–95; S. 15–16; S. 446–447; S. 452
Meister Eckhart: [Textauszüge], in: Mittelalter. Hrsg. von Kurt Flasch. – Stuttgart: Reclam, 1982 (Geschichte der Philosophie in Text und Darstellung; Bd. 2).
S. 446–447; S. 452
Meister Eckhart: Deutsche Predigten…
S. 11–12; S. 45–47; S. 33
Montesquieu [Charles Louis de Secondat]: Vom Geist der Gesetze. In neuer Übertragung eingel. u. hrsg. von Ernst Forsthoff. Bd. 1. – Tübingen: Laupp'sche Buchhandlung, 1951.
S. 374–375; S. 378; S. 381–382

Nietzsche, Friedrich: Werke, Bd. 2. Hrsg. von Karl Schlechta. – Frankfurt/M. u. a.: Ullstein, 1981. Lizenzausgabe des Carl Hanser Verl., München.
S. 401; S. 92–93; S. 409; S. 390–391; S. 300–301; S. 557–559; S. 553–554; S. 568

Nikolaus von Cues: Kompendium (Kurze Darstellung der philosophisch-theologischen Lehren). Übers. u. mit Einl. u. Anm. hrsg. von Bruno Decker und Karl Bormann. Lateinisch-deutsch. – Hamburg: Meiner, 1970.
S. 31–35

Nikolaus von Cues: Mutmaßungen. Übers. u. mit Einführung u. Anm. hrsg. von Josef Koch und Winfried Happ. Lateinisch-deutsch. – Hamburg: Meiner, 1971.
S. 155–159

Nikolaus von Cues: Kompendium...
S. 37–39

Nikolaus von Cues: Vom Wissen des Nichtwissens. – Hellerau: Hellerauer Verl. Jakob Hegner, 1919.
S. 96–98; S. 50–52

Ockham, Wilhelm von: [Textauszüge], in: Mittelalter. Hrsg. von Kurt Flasch. – Stuttgart: Reclam, 1982 (Geschichte der Philosophie in Text und Darstellung; Bd. 2).
S. 476–477; S. 468–470

Paracelsus [Theophrast von Hohenheim]: Sämtliche Werke. 1. Abt.: Medizinische, naturwissenschaftliche und philosophische Schriften. Hrsg. von Karl Sudhoff, Bd. 4. – München, Berlin: Oldenbourg 1931.
S. 495–496; S. 501–502

Paracelsus, Theophrastus: Werke. Bd. 3: Philosophische Schriften. Besorgt von Will-Erich Peuckert. – Darmstadt: Wiss. Buchgesellschaft, 1967.
S. 53–55; S. 61; S. 63; S. 66–67; S. 70; S. 72–73; S. 76; S. 105; S. 199–200

Parmenides: [Textauszüge], in: Die Vorsokratiker. Deutsch in Auswahl mit Einleitungen von Wilhelm Nestle. – 3. Aufl. – Jena: Diederichs, 1929 (Die griechischen Philosophen; Bd. 1).
S. 128–133

Pico della Mirandola, Giovanni: De dignitate hominis. Lateinisch und deutsch. Eingel. von Eugenio Garin. – Bad Homburg (u. a.): Gehlen, 1968 (Res publica literaria; Bd. 1).
S. 27–29; S. 33

Philolaos: [Textauszüge], in: Die Vorsokratiker. Deutsch in Auswahl mit Einleitungen von Wilhelm Nestle. – 3. Aufl. – Jena: Diederichs, 1929 (Die griechischen Philosophen; Bd. 1).
S. 165–167

Platon: Sämtliche Werke. Bd. 3. Phaidon, Politeia. In der Übersetzung von Friedrich Schleiermacher mit der Stephans-Numerierung hrsg. von Walter F. Otto, Ernesto Grassi, Gert Plamböck. – Reinbek bei Hamburg: Rowohlt, 1959 (rororo Klassiker: Griechische Philosophie; Bd. 4).
S. 49; S. 220–221; S. 235–239

Platon: Sämtliche Werke. Bd. 5. Politikos, Philebos, Timaios, Kritias. Nach d. Übersetzung von Friedrich Schleiermacher und Hieronymus Müller... – Reinbek bei Hamburg: Rowohlt, 1959 (rororo Klassiker: Griechische Philosophie; Bd. 6).
S. 169–170

Platon: Sämtliche Werke. Bd. 2. Menon, Hippias I, Euthydemos, Menexenos, Kratylos, Lysis, Symposion. In d. Übersetzung von Friedrich Schleiermacher... – Reinbek bei Hamburg: Rowohlt, 1957 (rororo Klassiker: Griechische Philosophie; Bd. 3).
S. 217–219

Platon: Sämtliche Werke. Bd. 6. Nomoi. Nach d. Übersetzung von Hieronymus Müller... –
   Reinbek bei Hamburg: Rowohlt, 1959 (rororo Klassiker: Griechische Philosophie; Bd. 7).
   S. 151–152; S. 208–210
Plotin: Ausgewählte Schriften. In d. Übersetzung von Richard Harder, teilw. überarb. von
   Willy Theiler und Rudolf Beutler, hrsg. von Walter Marg. – Stuttgart: Reclam, 1973.
   S. 51–54; S. 233–235; S. 203–204; S. 223–226
Poseidonios: [Textauszüge], in: Die Nachsokratiker. In Auswahl übersetzt und herausgegeben
   von Wilhelm Nestle. – Jena: Diederichs, 1923 (Zweiter Band).
   S. 100; S. 103; S. 105–107; S. 112; S. 116–118; S. 128
Protagoras: [Textauszüge], in: Die Vorsokratiker. Deutsch in Auswahl mit Einleitungen von
   Wilhelm Nestle. – 3. Aufl. – Diederichs: Jena, 1929 (Die griechischen Philosophen; Bd. 1).
   S. 187–192
Pseudo-Aristoteles s. Anonymos
Pseudo-Dionysius Aeropagita: [Textauszüge], in: Kurt Flasch (Hrsg.): Mittelalter. – Stuttgart:
   Reclam, 1982 (Geschichte der Philosophie in Text und Darstellung; Bd. 2).
   S. 152–153; S. 161–162
Pseudo-Dionysius Aeropagita: Über die himmlische Hierarchie. Über die kirchliche Hier-
   archie. Eingel., übers. u. mit Anm. versehen von Günter Heil. – Stuttgart: Hiersemann,
   1986 (Bibliothek der griechischen Literatur; Bd. 22).
   S. 29–30; S. 36–37

Richard von Ely: Dialog über das Schatzamt. Lateinisch u. Deutsch. Eingel., übers. u. erl.
   von Marianne Siegrist. – Zürich, Stuttgart: Artemis 1963 (Die Bibliothek der Alten Welt:
   Reihe Antike und Humanismus).
   S. 129–133
Rousseau, Jean-Jacques: Schriften zur Kulturkritik (Die zwei Diskurse von 1750 und 1755):
   Hat der Wiederaufstieg der Wissenschaften und Künste zur Läuterung der Sitten beige-
   tragen? Über den Ursprung der Ungleichheit unter den Menschen. Übers. u. mit Einl.
   u. Anm. hrsg. von Kurt Weigand. Hamburg: Meiner, 1955.
   S. 91–95; S. 99–101; S. 109–111; S. 115–117, S. 121; S. 125–127; S. 73
Ruskin, John: Menschen untereinander. – Königstein/Ts., Leipzig: Langewiesche, [ca. 1915].
   S. 174–176; S. 164; S. 20–23

Schelling, Friedrich Wilhelm Joseph: Werke. Nach der Originalausgabe in neuer Anordnung
   hrsg. von Manfred Schröter. Erster Hauptband: Jugendschriften, 1793–1798 – Unveränd.
   Nachdr. des 1927 erschienenen Münchner Jubiläumsdruckes. – München: Beck'sche
   Verlagsbuchhandlung, 1958.
   S. 696–698; S. 704–705; S. 706
Schelling, Friedrich Wilhelm Joseph: Philosophie der Offenbarung 1841/42. Hrsg. u. ein-
   gel. von Manfred Frank. – Frankfurt/M.: Suhrkamp, 1977. (Suhrkamp-Taschenbücher
   Wissenschaft; 181).
   S. 118; S. 119; S. 128–129; S. 159–160; S. 161
Schopenhauer, Arthur: Parerga und Paralipomena. Kleine philosophische Schriften. I. –
   Darmstadt: Wiss. Buchges., 1963 (Sämtliche Werke, Bd. 4).
   S. 562–563; S. 564–566

Die Schriften des Heiligen Franziskus von Assisi. Einf., Übers., Erl. Lothar Hardick und
    Engelbert Grau. – 7. verb. Aufl. – Werl/Westf: Coelde, 1982 (Franziskanische Quellen-
    schriften; Bd. 1).
    S. 214–215
Spengler, Oswald: Der Mensch und die Technik. Beitrag zu einer Philosophie des Lebens.
    – München: Beck'sche Verlagsbuchhandlung, 1931.
    S. 46–49; S. 54–56; S. 57
Spinoza, Baruch: Kurze Abhandlung von Gott / dem Menschen und seinem Glück. Übertr.
    u. hrsg. von Carl Gebhardt. – Leipzig: Meiner, 1922 (Philosophische Bibliothek; Bd. 91).
    S. 32–34
Spinoza, Baruch: Abhandlung über die Verbesserung des Verstandes / Abhandlung vom
    Staate. Neu übertr. u. eingel. sowie mit Anm. u. Reg. versehen von Carl Gebhardt. – 4.
    Aufl. – Leipzig: Meiner, 1922 (Philosophische Bibliothek; Bd. 95).
    S. 7–8; S. 36
Spinoza, Baruch: Werke. Bd. 1. Theologisch-politisches Traktat. – Darmstadt: Wiss. Buch-
    ges., 1979.
    S. 133–135

Teilhard de Chardin, Pierre: Der Mensch im Kosmos. [Aus dem Französischen übertragen
    von Othon Marbach.] – München: Beck, 1959 (1981).
    S. 317–319
Teilhard de Chardin, Pierre: Die menschliche Energie. [Aus dem Französischen übertragen
    von Karl Schmitz-Moormann.] – Olten, Freiburg i. Brsg.: Walter, 1966.
    S. 359–360; S. 361–362; S. 332–333
Thomas von Aquin: Summa contra gentiles oder die Verteidigung der höchsten Wahrheiten.
    Aus d. Lat. ins Deutsche übertr. mit Übersichten, Erläuterungen u. Aristoteles-Texten
    versehen von Helmut Fahsel. Bd. 3. – Zürich: Fraumünster, 1946.
    S. 464; S. 75–77; S. 382
Thomas von Aquin: Summa contra gentiles… Bd. 4. – Zürich: Fraumünster, 1949.
    S. 354
Thomas von Aquin: Summa contra gentiles… Bd. 3.
    S. 494
Thomas von Aquin: Summa contra gentiles… Bd. 2. Zürich: Fraumünster, 1945.
    S. 6
Thomas von Aquin: Summa contra gentiles… Bd. 3.
    S. 33; S. 367–368; S. 109
Thomas von Aquin: Summa contra gentiles… Bd. 2.
    S. 121; S. 120; S. 233–234; S. 13
Thomas von Aquin: Summa contra gentiles… Bd. 4.
    S. 251
Thomas von Aquin: Summa contra gentiles… Bd. 2.
    S. 145
Thomas von Aquin: Summa contra gentiles… Bd. 4.
    S. 287
Thomas von Aquin: Über die Herrschaft der Fürsten. Übersetzung von Friedrich Schreyvogl.
    Nachwort von Ulrich Matz. – Stuttgart: Reclam, 1981.
    S. 63–66

Thomas von Celano: Leben und Wunder des Heiligen Franziskus von Assisi. Einf., Übers.,
    Anm. Engelbert Grau.–3., verb. Aufl. – Werl/Westf.: Coelde, 1980 (Franziskanische
    Quellenschriften; Bd. 5).
    S. 380–382; S. 124–125; S. 127; S. 147

(Die) unbekannten Schriften der Essener. Das Friedensevangelium Buch 2. Aus dem Aramä-
    ischen von Ed. B. Székely. – Frankfurt/M.: Martin, 1978.
    S. 34–35.

(Die) verlorenen Schriftrollen der Essener. Das Friedensevangelium Buch 3 aus dem Aramäi-
    schen und Hebräischen von Ed. Bordeaux Székely. – 7. Aufl. – Frankfurt/M.: Martin, 1985.
    S. 27–29; S. 15

Zenon: [Textauszüge] in: Die Nachsokratiker. In Auswahl übersetzt und herausgegeben von
    Wilhelm Nestle. Zweiter Band – Jena: Diederichs, 1923.
    S. 1–2; S. 31
Zenon: [Textauszug] in: Cicero, Marcus Tullius: Vom Wesen der Götter. Herausgegeben,
    übers. und erl. von Wolfgang Gerlach und Karl Bayer. – 2. Aufl. – München: Artemis, 1987.
    S. 169